Th. Klotz, A. M. Zafari, M. Schupp

Innere Medizin in Frage und Antwort

W0365746

Th. Klotz, A. M. Zafari, M. Schupp

Innere Medizin

in Frage und Antwort

Fragen und Fallgeschichten zur Vorbereitung auf mündliche Prüfungen während des Semesters und im Examen

6. Auflage

ELSEVIER
URBAN & FISCHER

URBAN & FISCHER München • Jena

Zuschriften und Kritik an:
Elsevier GmbH, Urban & Fischer Verlag, Lektorat Medizinstudium, Karlstraße 45, 80333 München

Wichtiger Hinweis für den Benutzer
Die Erkenntnisse in der Medizin unterliegen laufendem Wandel durch Forschung und klinische Erfahrungen. Herausgeber und Autoren dieses Werkes haben große Sorgfalt darauf verwendet, dass die in diesem Werk gemachten therapeutischen Angaben (insbesondere hinsichtlich Indikation, Dosierung und unerwünschten Wirkungen) dem derzeitigen Wissensstand entsprechen. Das entbindet den Nutzer dieses Werkes aber nicht von der Verpflichtung, anhand der Beipackzettel zu verschreibender Präparate zu überprüfen, ob die dort gemachten Angaben von denen in diesem Buch abweichen und seine Verordnung in eigener Verantwortung zu treffen.
Wie allgemein üblich wurden Warenzeichen bzw. Namen (z.B. bei Pharmapräparaten) nicht besonders gekennzeichnet.
Der Verlag hat sich bemüht, sämtliche Rechteinhaber von Abbildungen zu ermitteln. Sollte dem Verlag gegenüber dennoch der Nachweis der Rechtsinhaberschaft geführt werden, wird das branchenübliche Honorar gezahlt.

Bibliografische Information Der Deutschen Bibliothek
Die Deutsche Bibliothek verzeichnet diese Publikation in der Deutschen Nationalbibliografie; detaillierte bibliografische Daten sind im Internet über http://dnb.ddb.de abrufbar.

Alle Rechte vorbehalten
6. Auflage 2005
© Elsevier GmbH, München
Der Urban & Fischer Verlag ist ein Imprint der Elsevier GmbH.

06 07 08 5 4 3 2

Für Copyright in Bezug auf das verwendete Bildmaterial siehe Abbildungsnachweis.

Das Werk einschließlich aller seiner Teile ist urheberrechtlich geschützt. Jede Verwertung außerhalb der engen Grenzen des Urheberrechtsgesetzes ist ohne Zustimmung des Verlages unzulässig und strafbar. Das gilt insbesondere für Vervielfältigungen, Übersetzungen, Mikroverfilmungen und die Einspeicherung und Verarbeitung in elektronischen Systemen.

Um den Textfluss nicht zu stören, wurde bei Patienten und Berufsbezeichnungen die grammatikalisch maskuline Form gewählt. Selbstverständlich sind in diesen Fällen immer Frauen und Männer gemeint.

Planung: Dr. Dorothea Hennessen
Lektorat: Dr. Kathrin Feyl
Redaktion: Dr. Franziska Kaestner
Herstellung: Christine Jehl
Satz: abavo GmbH, Buchloe
Druck und Bindung: Printer Trento, Italien
Umschlaggestaltung: SpieszDesign, Neu-Ulm
Titelfotografie: Eckard Schulz, Fotodesign, München
Gedruckt auf Nopacoat prestige 90g
ISBN-13: 978-3-437-41502-9
ISBN-10: 3-437-41502-6

Aktuelle Informationen finden Sie im Internet unter www.elsevier.de und www.elsevier.com.

Vorwort

Mündliche Prüfungen sind seit nun fast zwei Jahrzehnten wesentlicher Bestandteil von Physikum und Staatsexamen. Durch die aktuelle Studienreform werden mündliche Prüfungen v.a. auch während des Semesters weiter an Gewicht gewinnen. Dennoch bereitet die strukturierte Beantwortung mündlicher Prüfungsfragen vielen Studenten Schwierigkeiten.

Das Echo auf die vorausgegangenen Auflagen zeigt, dass kommentierte Originalfragen eine große Hilfe darstellen, um das Riesenfach „Innere" zu bewältigen. Aus diesem Grund fand in der 6. Auflage eine komplette Überarbeitung der Fragen und Antworten statt. Erreicht wurde dies u.a. durch die Auswertung von Prüfungsprotokollen des 2. und 3. Staatsexamens, die Examenskandidaten von deutschen Universitäten nach ihrer Prüfung angefertigt haben.

In dieser Auflage wurde versucht, der Tendenz zu interdisziplinären Fragestellungen in mündlichen Prüfungen Rechnung zu tragen. Meist wurden die Originalformulierungen belassen, damit im Rahmen einer Lerngruppe eine realistische Prüfungssituation geübt werden kann. Alternativ können einzelne Themen herausgegriffen und eventuelle Wissenslücken im Einzelstudium ausgefüllt werden.

Es wurde versucht, die Ausführlichkeit der Antworten entsprechend dem Prüfungscharakter zuzuschneiden und über Tabellen und Abbildungen zu veranschaulichen. Anmerkungen sollen Ratschläge zur Beantwortung in der Prüfungssituation sein.

Das Buch soll und kann keineswegs ein ausführliches Lehrbuch der Inneren Medizin ersetzen, es dient vielmehr der strukturierten Wiederholung zur Prüfungsvorbereitung.

Wir hoffen, dass die nun vorliegende überarbeitete sechste Auflage dieses Buches in der Vorbereitungsphase zur mündlichen Prüfung Hilfestellung gibt und Ängste abbaut.

Viel Erfolg!

Weiden, Atlanta und Berlin im Januar 2005

T. Klotz

A. Maziar Zafari

M. Schupp

Danksagung

Für die kompetente fachliche Durchsicht sowie wertvolle Hinweise und Anregungen danken wir:

Herrn Dr. med. M. Pollok, Köln

Frau Dr. med. R. Klotz, München

Herrn Privatdozent Dr. med. F. Sommer, Köln

Herrn Dr. med. M. J. Mathers, Essen

Frau B. Yaban, Berlin

Frau A. Kianzad, Göttingen

Für die Überlassung von Prüfungsprotokollen danken wir den Fachschaften der medizinischen Fakultäten der Universitäten Köln, Freiburg, Bochum, Regensburg, Würzburg und München.

Besonderer Dank gilt Frau Dr. Kathrin Feyl im Lektorat Medizinstudium des Urban & Fischer Verlages, die diese Neuauflage engagiert betreut und optimale Rahmenbedingungen geschaffen haben.

Adressen

Privatdozent Dr. med. Theodor Klotz, MPH (Master of Public Health)
Chefarzt der Klinik für Urologie und Kinderurologie
Klinikum Weiden
Söllnerstr. 16
D-92637 Weiden
Tel.: 0961/3033302
E-Mail: klotz@klinikum-weiden.de

Dr. med. A. Maziar Zafari
Assistent Professor of Medicine
Director, Cardiovascular Disease Training Program
Emory Universität
1639 Pierce Drive, WMB 319
Atlanta, Georgia 30322
U.S.A.
E-Mail: azafari@emory.edu

Dr. med. Marco Schupp
Facharzt für Innere Medizin
Süntelsteig 9
14163 Berlin

Inhaltsverzeichnis

Abbildungsverzeichnis

[1] Jipp, P./Zoller, W.: Differentialdiagnose internistischer Erkrankungen. Urban & Fischer, 2. Auflage 2003.

[2] Lohr, M./Keppler, B.: Innere Medizin. Urban & Fischer, 3. Auflage 2000.

[3] Renz-Polster, H./Braun, J.: Basis Lehrbuch Innere Medizin, Urban & Fischer, 3. Auflage 2004.

[4] Bühling, K.J./Lepenies, J./Witt, K.: Intensivkurs Allgemeine und spezielle Pathologie. Urban & Fischer, 2. Auflage 2004.

[5] Roche Lexikon. Urban & Fischer, 5. Auflage 2003.

[6] mediscript-Examensband 3/2003. München, mediscript/Urban & Fischer.

[7] Classen, M./Diehl, V./Kochsiek, K.: Innere Medizin. Urban & Fischer. 5. Auflage 2003.

Allgemeine Hinweise und Tipps

Prüfungsvorbereitung

Zur optimalen Prüfungsvorbereitung empfiehlt es sich, neben dem Einzelstudium Lerngruppen zu bilden. Zwei bis drei Monate sollten sich die Teilnehmer der Lerngruppen etwa 2–3-mal pro Woche treffen. Vor jedem Treffen sollte ein Thema vereinbart werden, das für das nächste Mal vorbereitet wird. Dies erhöht die Motivation zum regelmäßigen Lernen und ermöglicht gleichberechtigte und ergänzende Diskussionen. Punkte, die dem Einzelnen während des Einzelstudiums unklar geblieben sind, sollten notiert und in der Gruppe vorgestellt und beraten werden. Auf diesem Weg kann man das eigene Wissen kontrollieren und Sicherheit gewinnen.

Das Lernen in Lerngruppen hilft, Ängste vor der freien Rede abzubauen und trainiert das freie und strukturierte Antworten. Durch regelmäßiges Treffen wird der Kontakt zu den anderen Studierenden aufrecht gehalten. Meist stellt man zudem fest, dass das Lernen in der Gruppe mehr Spaß macht, als zu Hause oder in der Bibliothek allein vor seinen Büchern zu hocken. Und wenn man dann doch einmal in ein „Tief" fällt, schaffen es andere meist wesentlich besser, die Stimmung und das Selbstbewusstsein wieder zu heben.

Verhalten während der Prüfung

Es empfiehlt sich, sich als Prüfungsgruppe bei den Prüfern vorzustellen. Nur wenige Prüfer sind zu einem Gespräch nicht bereit. Viele Prüfer geben Tipps und Hinweise, worauf man sich vorbereiten sollte, oder nennen Themen, die sie auf keinen Fall abfragen. Alle Prüflinge sollten nach der Vorbereitungszeit einen ähnlichen Wissensstand haben. Extrem schlechte oder extrem gute Prüflinge stören die Gruppendynamik und können Prüfer zu sehr verärgern, bzw. begeistern. Beim 3. Staatsexamen wird die Prüfung meist zweigeteilt, d.h., zuerst werden ein oder mehrere Patienten untersucht, und später erfolgt die eigentliche mündliche Prüfung. Vielfach wird auf den zuvor untersuchten Patienten eingegangen, sodass man die freie Zeit zwischen den Prüfungsteilen nutzen sollte, sich über das Krankheitsbild des Patienten genauer zu informieren.

Die Kleidung zur Prüfung sollte man innerhalb der Gruppe besprechen: „etwas feiner als sonst" hat sich bewährt; es muss nicht gleich Anzug oder Kostüm sein. Auf alle Fälle sollte man sich in seiner Haut einigermaßen wohl fühlen.

Natürlich kann man für eine Prüfung nicht den Typ abstreifen, der man ist. Trotzdem sollte man sich bewusst machen, dass manche Verhaltensweisen eher verärgern und nicht zu einer angenehmen Prüfungssituation beitragen. Sicherlich ist es gut, eine Prüfung selbstbewusst zu bestreiten. Arroganz und Überheblichkeit jedoch sind, selbst wenn man exzellent vorbereitet und die Kompetenz des Prüfers zweifelhaft ist, fehl am Platz. Jeder Prüfer kann einen, so er möchte, vorführen und jämmerlich zappeln lassen. Also: besser keinen vermeidbaren Anlass dazu liefern. Genauso unsinnig und peinlich ist es, devot und unterwürfig zu sein.

Auch wenn man vor der Prüfung gemeinsam gelitten, während der Vorbereitungszeit von der Gruppe profitiert hat, geht es in der Prüfung um das eigene Bestehen, die eigene Note. Man braucht sich darüber nichts vorzumachen. Trotzdem sollte man in der Prüfung fair bleiben und z.B. nicht aus freien Stücken gerade die Fragen und Themen aufgreifen, an denen sich der Mitprüfling die Zähne ausgebissen hat.

Häufige Frageformen

Offene Fragen: Dies ist die häufigste Frageform. Die Antwort sollte strukturiert und flüssig erfolgen. Ziel ist es, möglichst lange zu reden, sich gleichzeitig aber nicht in unwichtigen Dingen zu verlieren. Viele Prüfer unterbrechen dann den Redefluss und dies kann enorm verwirren. Schon in den Vorbereitungsmeetings sollte man sich zur Beantwortung der Fragen eine gute Struktur angewöhnen, z.B. Definition - Ätiologie - Symptomatik - Diagnostik - Therapie. Es empfiehlt sich, im Schlusssatz eine neue Problematik, in der man sich gut auskennt, anzuschneiden, die der Prüfer aufgreifen kann.

Nachfragen: Im Anschluss an eine offene Frage kommt es oft zu einigen Nachfragen, die das angeschnittene Thema vertiefen. Dabei wird der Schwierigkeitsgrad der Fragen meist höher. Die Prüfer tasten sich an die Grenzen der Prüflinge heran.

Fallbeispiele: Fallbeispiele eignen sich immer gut, praktische Belange abzufragen. Daher sind sie besonders in den handwerklichen Fächern sehr beliebt. Es besteht die Chance, dass sich zwischen Prüfer und Prüfling ein kollegiales Gespräch entwickelt. Eindeutige Beschreibungen und charakteristische Krankheitsbilder machen die Beantwortung der Frage meist einfach. Zu Anfang sollte immer auf mögliche Differentialdiagnosen eingegangen werden. Vorsicht ist bei Krankheitsbildern geboten, über die man nicht viel weiß. Der Prüfer könnte sie bei einer weiteren Frage aufnehmen und man gerät arg ins Schwitzen. Also sich selbst keine *Grube* graben.

Probleme während der mündlichen Prüfung

Während einer mündlichen Prüfung können vielfältige Probleme auftreten, die man im Gegensatz zur schriftlichen Prüfung sofort und möglichst souverän managen muss.

- Kann man eine Frage nicht beantworten, braucht man nicht sofort zu verzweifeln. Auf Nachfragen oder Bitten um weitere Informationen formuliert der Prüfer seine Frage oft anders. Dies kann auch sinnvoll sein, wenn man merkt, dass man am Prüfer vorbeiredet.
- Was ist jedoch, wenn es nicht zum „Aha-Effekt" kommt? Ein Problem, das nur schwer zu lösen ist. Die meisten Prüfer helfen weiter oder wechseln das Thema. Selbst wenn eine Frage nicht beantwortet wird, ist dies noch lange kein Grund durchzufallen.
- In Prüfungssituationen beginnen viele Prüflinge vor Aufregung zu stottern oder sich zu verhaspeln. Dies ist normal. Vor und während einer Prüfung darf man aufgeregt sein, dafür hat jeder Prüfer Verständnis. Übertriebene Selbstsicherheit löst sogar bei manchen Prüfern Widerwillen und Antipathie aus.
- Sehr unangenehm wird die Situation, wenn Mitstreiter „abstürzen". Die Prüfung spitzt sich zu und der Prüfer reagiert verärgert. Hier hilft nur der Leitsatz: Ruhig bleiben. Der Gedanke, dass der Prüfer sich ebenfalls unwohl fühlt und kein persönliches Interesse hat, die Situation weiter zu verschärfen, erleichtert ungemein.
- Gelassen die Fragen der anderen geschehen lassen. Das Gefühl, „alle guten Fragen sind schon weg, ehe ich an die Reihe komme", ist nicht außergewöhnlich.
- Häufig ist ein Prüfer bekannt dafür, dass er besonders „gemein" und schwer prüft. Bemerkenswert ist jedoch, dass die Kritik oft von früheren Prüflingen stammt, die entweder durchgefallen sind oder die Prüfung mit einer schlechten Note bestanden haben. Weiß man jedoch, dass dies nicht der Fall sein kann, weil man die Informationsquelle kennt, hilft nur eins: Lernen, Lernen, Lernen.

Manche Prüfer fragen, ob zur Notenverbesserung eine weitere Fragenrunde gewünscht wird. Eine solche Chance sollte man sich nicht entgehen lassen, da man nur gewinnen kann.

Hinweise für die Benutzung

Alle Angaben entsprechen den Standards und dem Kenntnisstand zur Zeit der Drucklegung. Dennoch können klinikinterne abweichende diagnostische und therapeutische Vorgehensweisen üblich sein.

Alle diejenigen, die zum ersten Mal mit einer „In Frage und Anwort"-Reihe arbeiten, sollten sich anfangs durch die sehr ausführlichen Antworten, so wie sie in der mündlichen Prüfung nur ein sehr guter Student geben würde, nicht entmutigen lassen. Zweck der IFA ist es, sich durch häufiges Wiederholen ein strukturiertes und inhaltlich vollständiges Wissen anzutrainieren.

Bedeutung der Symbole in der Randspalte

? Frage

+ Zusatzwissen

tip Tipps zur Prüfungssituation

! Merksätze

Fallbeispiele

Zur Erleichterung der Wiederholung kann in der Randspalte neben der Frage angekreuzt werden,

- ob die Frage **richtig** beantwortet wurde ☺
- ob die Frage **falsch** beantwortet wurde ☹
- ob die Frage **wiederholt** werden sollte 😐

1 Herz und Gefäße

1.1 Herzinsuffizienz

Fallbeispiel: Sie erhalten zur Prüfung unten abgebildetes Röntgenbild. Es handelt sich um einen 87-jährigen Patienten, der am Vorabend aus einem Alten- und Pflegeheim stationär eingewiesen wurde. Der Patient kann – wegen Konzentrationsschwäche, fehlender Orientierung und Gedächtnisleistung – keine detaillierten Angaben über die Vorgeschichte machen, zudem ist er schwerhörig. Was Sie unter großen Mühen zu erfahren glauben, ist:

- Bereits seit einiger Zeit hat er Luftnot, vorgestern akut verschlimmert, nachdem er sich einen „Zug" geholt habe. Heute sei es aber schon wieder viel besser.
- Er fühlt sich völlig schlapp und kraftlos.
- Er kann nur noch mit erhöhtem Oberkörper schlafen.
- V.a. abends hat er immer dicke Beine.
- Vor kurzem hatte die Schwiegertochter einen „dicken Bauch" bemerkt.
- Schwierigkeiten beim Wasserlassen führten zur Anlage eines Dauerkatheters.
- Bereits seit 20 Jahren nimmt er eine kleine, weiße „Herztablette", seit sechs Monaten ergänzt durch eine „Wassertablette".
- Seit sechs Jahren ist er linksseitig „ein bisschen" gelähmt.

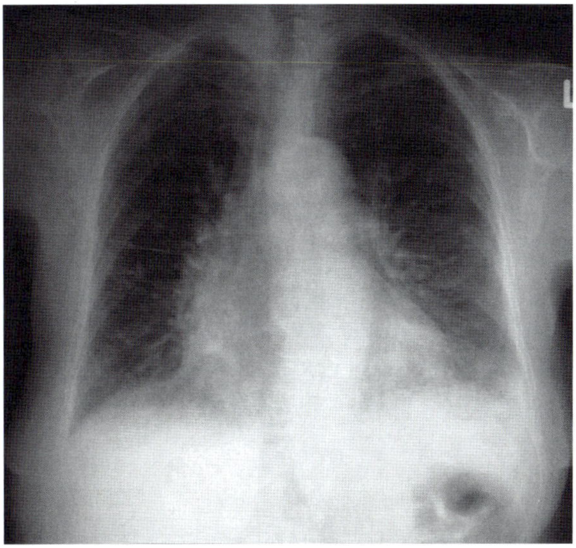

Abb. 1.1: Röntgen-Thorax [1]

☒ ☐ ☐

Frage: Beschreiben Sie das Röntgenbild und äußern Sie eine Verdachtsdiagnose.

Antwort: Es handelt sich um eine p.a. Röntgenaufnahme des Thorax. Der knöcherne Thorax ist soweit unauffällig. Es ist eine perihiläre symmetrische Verdichtung zu sehen, unscharfe Zwerchfellabgrenzungen und kleiner Winkelerguss links. Mit der Anamnese zusammengenommen, spricht der Röntgenbefund für eine Lungenstauung, vermutlich in Folge einer dekompensierten Herzinsuffizienz.

☐ ☒ ☐

Frage: Welches sind die **röntgenologischen Kennzeichen** einer **Lungenstauung?**

Antwort: Bei Linksherzinsuffizienz sprechen folgende Zeichen für eine Lungenstauung:

- **Fluid lung** (symmetrische perihiläre Verdichtung = „Schmetterlingslunge", Interlobärspaltenerguss)
- **Kerley B-Linien:** waagerechte bis 1 cm lange Streifen in den Unterlappen
- evtl. Pleuraerguss re > li
- fleckförmige **Herdschatten**, v.a. basal
- **Milchglaszeichnung** bei alveolärem Lungenödem

✚ Bei Rechtsherzinsuffizienz finden sich eine Verbreiterung der V. azygos, der V. cava superior und des rechten Vorhofs.

Merke: Ein global vergrößertes Herz mit Herz-Thorax-Quotient > 0,5 kann bei Herzinsuffizienz nachgewiesen werden. Bei Vergrößerung des rechten Ventrikels kann dieser im p.a. Bild den linken Herzrand bilden.

☐ ☐ ☐

Frage: Sie erhalten nun noch folgenden Zusatzbefund:
87-jähriger Patient in ausreichendem Ernährungszustand bei stark reduziertem Kräftezustand, ansprechbar, aber nicht zu Ort, Raum und Zeit orientiert. Kein Fieber. Mäßige Ruhedyspnoe, bei geringer körperlicher Aktivität wie z.B. Sprechen verstärkt. Pupillenreaktionen prompt und seitengleich. Periphere, linksseitige Fazialisparese.

- **Lungen:** sonorer Klopfschall, keine Dämpfung, beidseits basal deutliche spätinspiratorische, feinblasige feuchte RG
- **Herz:** Arrhythmia absoluta, Puls zentral 96/Min., peripher 84/Min. Herzspitzenstoß in vorderer Axillarlinie tastbar, RR li = re 170/100 mmHg, massive Beinödeme bds., erhöhter Jugularvenendruck, positiver hepatojugulärer Reflux

- **Abdomen:** prall gespanntes Abdomen, V.a. Aszites, aber kein sicheres Undulationsphänomen, Leber fraglich vergrößert, Genitalbefund inspektorisch unauffällig, liegender Dauerkatheter
- **Pulsstatus:** unauffällig
- **Neurologischer Status:** Kraftminderung links, periphere Reflexe ohne Seitendifferenz, Babinski beidseits negativ

Frage: Welche Haupt- und Nebendiagnosen stellen Sie? Diskutieren Sie Ihre Überlegungen! **?**

☐ ☒ ☐

Antwort: Als Hauptdiagnose stelle ich **akute Dekompensation einer Globalinsuffizienz NYHA IV** mit Aszitesbildung fest, letzteres klinisch am ehesten ebenfalls kardialer Genese. Für eine Linksherzinsuffizienz sprechen Lungenstauung (feuchte RG bds.) und Orthopnoe. Für eine Rechtsherzinsuffizienz sprechen Beinödeme bds., erhöhter Jugularvenendruck, V.a. Aszites und pos. hepatojugulärer Reflux. Für die Chronizität der Herzinsuffizienz sprechen Vormedikation (offenbar Digitalis sowie seit kürzerem ein Diuretikum), für die akute Verschlimmerung das Lungenödem.

Nebendiagnosen sind:
- Arterielle Hypertonie
- Z.n. rechtshirnigem apoplektischen Insult
- V.a. Harninkontinenz, DD: neurogene Blasenstörung
- V.a. senile Demenz, DD: akutes Durchgangssyndrom
- Presbyakusis beidseits

Frage: Wie sieht die **Initialtherapie** einer akut dekompensierten Herzinsuffizienz aus? **?**

☒ ☐ ☐

Antwort:
- Atemwege freimachen (ggf. absaugen)
- O_2-Gabe (2–4 l/min.) über Maske oder Atemsonde, evtl. nach BGA (= Blutgasanalyse)
- unblutiger Aderlass: Blutdruckmanschetten an den Extremitäten, Manschettendruck = RR diastolisch
- Nitroglycerin sublingual oder als Perfusor unter Blutdruckkontrolle, Dosierung 1–3 (max. 6) mg/h
- Furosemid i.v. 20–40 mg, evtl. Urindauerkatheter zur Flüssigkeitsbilanzierung Schleifendiuretikum

☐ ☒ ☐

? **Frage:** Berichten Sie uns etwas über die **Diuretikatherapie**.

+ Als Ergänzung zur klassischen Therapie kann Spironolacton bei Patienten mit Herzinsuffizienz Stadium III–IV die Mortalität signifikant senken. Bei Auftreten von NW von Spironolacton kann der selektive Aldosteronantagonist Epleronon, der nur die Mineralkortikoidsteroidrezeptoren hemmt, eingesetzt werden.

Antwort: Diuretika **vermindern** v.a. die **Vorlast**. Eingesetzt werden:

- **Thiazide:** z.B. Hydrochlorothiazid 25–50 mg tägl. Sie werden zur langsamen, bis zu 15 % der glomerulären Filtrationsrate (= GFR), Ödemausschwemmung (bis 1000 g tägl. bei generalisierten Ödemen, 300 g tägl. bei Aszites) eingesetzt. Sie blockieren den Na^+Cl^--Kotransport am frühdistalen Tubulus.
  NW: Hypokaliämie, verminderte Glukosetoleranz, Hyperurikämie, Pankreatitis.
- **Schleifendiuretika:** bei akuter Herzinsuffizienz und Lungenödem geeignet, ferner wenn gleichzeitig eine Nierenfunktionseinschränkung vorliegt oder Thiazide nicht ausreichend wirken. Durch Blockierung des Na^+/K^+2Cl^--Carriers im aufsteigenden Schenkel der Henleschen Schleife werden bis zu 40% des glomerulär filtrierten Na^+ ausgeschieden; z.B. Furosemid (20–400 mg tägl.).
  NW: Hypokaliämie, Hypokalziämie, Hörstörungen (besonders in Verbindung mit Aminoglykosiden).
- **Kaliumsparende Diuretika:** schwach wirksam (bis zu 3–5% der GFR) durch Hemmung der Na^+-Absorption und K^+-Sekretion im Sammelrohr; deshalb häufig in Kombination z.B. mit Schleifendiuretika eingesetzt. Substanzen sind z.B. Amilorid: 100–200 mg tägl. und Triamteren (5–10 mg tägl.).
  NW: Hyperkaliämie, Juckreiz, megaloblastäre Anämie
  KI: Niereninsuffizienz
- **Aldosteronantagonisten:** wirkt als kaliumsparendes Diuretikum durch Hemmung der Na^+-Absorption (kompetitive Hemmung der Mineralkortikoide) und K^+-Sekretion im Sammelrohr, z.B. Spironolacton (25–50 mg tägl. p.o.), Wirkungsmax. erst nach 3–5 Tagen
  Ind.: Hyperaldosteronismus, z.B. bei Ödemen, Stauungsleber und zur Aszitestherapie
  NW: Hyperkaliämie, Exantheme, Gynäkomastie, Impotenz, Hirsutismus

☒ ☐ ☐

? **Frage:** Noch einmal zurück zum klinischen Befund bei dem Patienten – wie würden Sie den Aszites innerhalb der vermutlichen Grunderkrankung einer Herzinsuffizienz einordnen?

Antwort: Bei dem Patienten liegt wahrscheinlich ein **Aszites** bei kardialer Stauung vor. **Differenzialdiagnostisch** sind abzugrenzen:

- **Pseudoaszites** z.B. im Rahmen einer massiven Raumforderung oder Schwangerschaft
- Aszites mit **Splenomegalie** (häufig bei Leberzirrhose), Nierenperfusion sinkt mit der Folge eines sekundären Hyperaldosteronismus

(vermehrte Synthese von Aldosteron + verminderte hepatische Inaktivierung von Aldosteron)
- Aszites mit **Pleuraerguss** z.B. bei Leberzirrhose, Kollagenosen, bei diffuser Metastasierung eines Malignoms und selbstverständlich auch bei kardialer Stauung

Frage: Wie würden Sie den Aszites, der die Atemnot des Patienten durchaus verschlimmert haben mag, behandeln?

Antwort: Beim alten Menschen so schonend wie möglich!

Im Einzelnen umfasst die Therapie:
- **Gewichtskontrolle** und Ein-/Ausfuhr-Bilanzierung
- NaCl-Restriktion auf 1 – 2 g tägl. und Flüssigkeitsrestriktion 750 ml/die
- **Spironolacton** z.B. 2 × 25 mg und 2 × 40 mg Furosemid, einschleichend beginnen, nicht mehr als 1000 ml tägl. ausschwemmen, da Gefahr der Verschlechterung der Nierenfunktion und NH_3-Anstieg
- Therapeutische **Aszitespunktion** nur bei Misserfolg der medikamentösen Therapie oder Ateminsuffizienz (Zwerchfellhochstand) bzw. venöser Stauung in den Beinen. Pro Sitzung max. 1000 ml abpunktieren (Albuminverlust 25 g pro 1000 ml Aszites).
- Zur Langzeit-Therapie **Spironolacton** 25 – 100 mg tägl., ggf. zusätzlich Furosemid 40 – 120 mg täglich unter regelmäßiger Elektrolytkontrolle.

Frage: Nun noch einmal zu den Grundlagen: Definieren Sie den Begriff **Herzinsuffizienz!** Nennen Sie eine neuere klinische Stadieneinteilung!

Antwort: Als Herzinsuffizienz bezeichnet man die mangelhafte Fähigkeit des Herzens, das vom Körper benötigte Blutvolumen bereitzustellen. Nach der betroffenen Kammer unterscheidet man eine **Links-, Rechts-** und **Globalherzinsuffizienz**. Abhängig von der Zeitdauer des Bestehens spricht man von einer **akuten** oder **chronischen** Herzinsuffizienz. Nach den Ursachen der Herzinsuffizienz (bei low-output-failure) unterscheidet man zwischen **systolischen**, **diastolischen** und **kombinierten Ventrikelfunktionsstörungen**. Systolische Funktionsstörungen sind die Folge einer Kontraktionsstörung des Myokards, wobei diastolische Funktionsstörungen Folge einer verminderten Dehnbarkeit (Compliance) des linken Ventrikels sind.

> **tipp** Diese Antwort müsste jeden Prüfer zufrieden stellen.
> Das Thema Herzinsuffizienz bietet sehr viele schwierige Aspekte. Wie immer sollte man über Beispiele, die man selbst aufgeführt hat, auch Bescheid wissen.

Die häufigsten Ursachen für angeborene Herzfehler sind chromosomale Aberrationen (z.B. Trisomie 21), Pharmaka, Alkohol, Infektionen (z.B. Röteln) oder Diabetes mellitus der Mutter.

✚ High-output-failure beschreibt eine mangelhafte Blut- und Sauerstoffversorgung der Peripherie bei erhöhtem Herzzeitvolumen, z.B. bei Anämie, Hyperthyreose, AV-Fistel. Siehe die Stadieneinteilung der Herzinsuffizienz nach subjektiven Beschwerden (NYHA-Stadien der New York Association) unter Tab. 1.8.

ABCD-Stadien der Herzinsuffizienz der American Heart Association (AHA)	
A	Patienten ohne Symptome einer Herzinsuffizienz, aber mit Risikofaktoren für eine Herzinsuffizienz: Hypertonie, Koronare Herzkrankheit, Einnahme potenziell kardiotoxischer Medikamente, Alkoholabusus, rheumatisches Fieber in der Eigenanamnese, Kardiomyopathie in der Familienanamnese u.a.
B	Keine Symptome der Herzinsuffizienz, aber Zeichen einer strukturellen Herzschädigung: Linksventrikuläre Hypertrophie und/oder Dilatation, Hypokontraktilität, Infarktnarben u.a.
C	Strukturelle Herzschäden in Verbindung mit Symptomen einer Herzinsuffizienz
D	Terminale Herzinsuffizienz

Tab. 1.1: AHA-Stadieneinteilung der Herzinsuffizienz

Ursachen für eine Herzinsuffizienz:
- Koronare Herzkrankheit und Hypertonie (am häufigsten)
- Myokarditis, Herzklappenfehler, Kardiomyopathien
- Herzrhythmusstörungen
- Z.n. Infarkt
- Speicherkrankheiten (z.B. Glykogenosen)
- Toxische Herzmuskelschädigungen (z.B. Diphtherie, Chemotherapie mit Adriamycin)
- Störung des Stoffwechsels (Hyperthyreose)

☐ ☐ ☐

?

Frage: Nehmen wir als Beispiel eine Herzinsuffizienz, die durch eine langjährige koronare Herzkrankheit bedingt ist. Ein solcher Patient ist sicher nicht sofort herzinsuffizient geworden. Welche **Kompensationsmechanismen** des Organismus kennen Sie, die bei einer eintretenden Herzinsuffizienz bewirken, dass die Herzleistung konstant bleibt?

tipp Eine Frage nach physiologischen Regelmechanismen. Man kann sich zur Beantwortung ruhig etwas Zeit lassen. Die Prüfer werten dies eher positiv.

Antwort: Einige Kompensationsmechanismen zur Konstanthaltung der Herzleistung (Herzminutenvolumen) sind:
- **Neuroendokrine Aktivierung:** Neuroendokrine Aktivierung des Sympathikus und eine Katecholaminausschüttung führen zur Steigerung von Kontraktilität und Herzfrequenz. Aktivierung des Renin-Angiotensin-Aldosteron-Systems (RAAS) und Vasopressin-(ADH-)Systems führen zu Natrium- und Wasserretention und damit zur Erhöhung des intravasalen Volumens. Die Steigerung der Vorlast wird nach Symphatikusaktivierung durch Kontraktion der venösen Kapazitätsgefäße (z.B. Beinvenen) erreicht. Durch Erhöhung des enddiastolischen Füllungsdruckes (= Vorlast) vergrößert sich die Kontraktionskraft des Myokards und das Schlagvolumen bis zu einem linksventrikulären Füllungsdruck von 20 mmHg **(Frank-Star-**

ling-Mechanismus). Ein weiterer Kompensationsmechanismus ist die Freisetzung der kardialen Gewebshormone ANP (= atriales natriuretisches Peptid) und BNP (= brain natriuretic peptide) infolge der Dehnung der Vorhöfe oder Kammern. Beide Hormone wirken vasodilatatorisch und natriuretisch-diuretisch. Mit zunehmender Herzinsuffizienz durch das Überwiegen vasokonstriktorisch wirkender Hormone (Angiotensin II, Noradrenalin) wird die Wirkung der steigenden Spiegel von ANP und BNP jedoch überspielt, welche zu einem Circulus vitiosus führt.
- **Herzhypertrophie:** Gesunde Myokardanteile reagieren mit einer Muskelhypertrophie und passen so ihre Leistung den Erfordernissen an. Wird die kritische Grenze der kompensatorischen Myokardhypertrophie überschritten, kommt es zu einer Verschlechterung der Herzinsuffizienz.

Merke: Volumenbelastung führt zur exzentrischen und Druckbelastung zur konzentrischen Hypertrophie. **!**

Frage: Welche Symptome bzw. Befunde sehen Sie bei einer **manifesten Herzinsuffizienz?** **?**

☐ ☐ ☐
☺ 😐 ☹

Antwort: Vorwiegende **Linksherzinsuffizienz** (z.B. Hypertonie, Z.n. Infarkt) führt zu einer Stauung im vorgeschalteten „kleinen" Lungenkreislauf mit:
- **Dyspnoe** (typisch Asthma cardiale = anfallsweise nächtliche Atemnot + Husten)
- **feuchte RG** beidseits (rechts > links)
- Husten, Zyanose und Lungenödem (bei Dekompensation)
- Vorhofflimmern bzw. -flattern
- Galopprhythmus und 3. Herzton
- Hämoptoe (im Sputum so genannte „Herzfehlerzellen" = hämosiderinhaltige Alveolarmakrophagen)
- Nykturie

tipp Es ist gut, die Relevanz der klinischen Untersuchung in den Vordergrund zu stellen.

✚ Bei der Anamnese nach der Anzahl der Kopfkissen fragen, die nachts benötigt werden!

Vorwiegende **Rechtsherzinsuffizienz** (z.B. chron. Bronchitis mit Emphysem, Asthma bronchiale) führt zu einer Stauung in dem vorgeschalteten Körperkreislauf mit:
- **sichtbar** blutgefüllten **Halsvenen** (Vena jugularis externa)
- **Leber-** und **Milzstauung** mit Spannungskapselschmerz (Milz ist oft palpabel)
- **Gewichtszunahme** und lageabhängige **Ödeme** an den Beinen bzw. am Rücken (= Anasarka)
- Stauungsgastritis
- Belastungsdyspnoe
- Aszites

- Pleura- und Perikarderguss (rechts > links)
- Nykturie und Stauungsproteinurie

Im klinischen Alltag dominieren Mischbilder. Häufig pfropft sich auf eine lange bestehende Linksherzinsuffizienz eine Rechtsherzinsuffizienz auf. **Echokardiographie** ist die optimale bildgebende Untersuchungsmethode zum Nachweis vergrößerter Herzhöhlen, zur Bestimmung der Ejektionsfraktion und der Myokarddicke, zur Beurteilung des Herzminutenvolumens und der Blutströmung (Farbduplex) wie auch zur Erfassung von kausalen Faktoren, z.B. Vitien, Störungen der Ventrikelwandbewegung nach Infarkt, Perikarderguss u.a.

? **Frage:** Nennen Sie **medikamentöse Angriffspunkte** für die Beeinflussung einer Herzinsuffizienz.

Antwort:

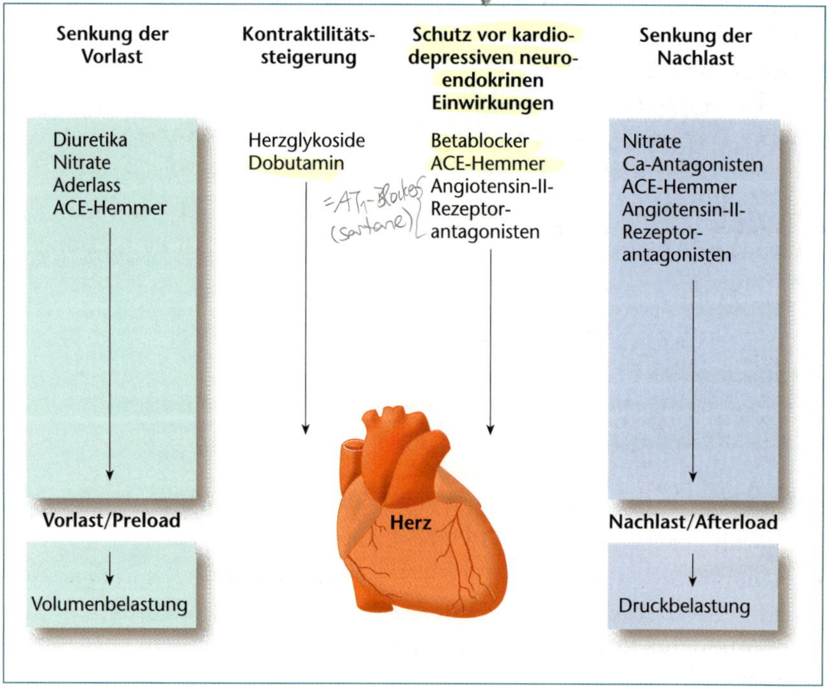

Abb. 1.2: Medikamentöse Beeinflussung der Hämodynamik

Frage: Geben Sie grobe Richtlinien für die **Behandlung** einer Herzinsuffizienz.

?

Antwort: Bei der Therapie muss die Genese abgeklärt werden. Möglicherweise kann man durch **Therapie der Grundkrankheit** auch die Herzinsuffizienz in den Griff bekommen. Beispiele:

- Hypertone Krise → Normalisierung des Blutdrucks
- Herzinfarkt → Fibrinolyse, Akut-PTCA
- Perikardtamponade → Perikarddrainage
- Herzklappenfehler → Klappenersatz durch Prothesen
- Bradykarde Rhythmusstörungen → Schrittmacherimplantation, Antiarrhythmika

tipp Gefragt ist nach Richtlinien. Also erstmal die Therapie-Grundsätze darstellen und nicht mit der Herztransplantation beginnen.

Bei der **symptomatischen Therapie** der Herzinsuffizienz wird versucht, die Kontraktilität des Herzmuskels zu steigern, das Herz durch Verringerung von „pre- und afterload“ zu entlasten und es vor kardiodepressiven neuroendokrinen Einwirkungen zu schützen. Weiterhin sollen vorhandene Ödeme ausgeschwemmt werden.

- **Kontraktilitätssteigerung:**
  - Herzglykoside (siehe nächste Frage)
  - Dobutamin/Dopamin (parenteral in der Akuttherapie)
  - Phosphodiesterasehemmer (z.B. Amrinon, Milrinon) in der Akuttherapie
- **Senkung der Vorlast** (preload):
  - Nitrate
  - Diuretika
  - im Notfall Aderlass
- **Senkung der Nachlast** (afterload):
  - Nitrate
  - Ca-Antagonisten (bei Hypertonie)
  - ACE-Hemmer
  - Angiotensin-II-Rezeptorantagonisten
  - Natriuretisches Peptid vom Typ BNP (Nesiritide) in der Akuttherapie
- **Schutz vor kardiodepressiven neuroendokrinen Einwirkungen:**
  - ACE-Hemmer
  - Angiotensin-II-Rezeptorantagonisten
  - Betablocker

Meist werden 2–4 Medikamente kombiniert (z.B. Diuretika, ACE-Hemmer und Betablocker), um an verschiedenen Punkten therapeutisch anzusetzen und einen **synergistischen Effekt** zu erzielen. Ebenso sollte durch die Medikation eine Rhythmisierung und Frequenznormalisierung der Herzaktion angestrebt werden.

+ Betablocker schützen das Herz vor toxischer Katecholaminwirkung, senken die Herzfrequenz und verhindern die Downregulation der Betarezeptoren.

Frage: Was können Sie uns über die **Herzglykoside** erzählen?

tipp In mündlichen Prüfungen werden nur selten Medikamente und Dosisangaben verlangt. Eine Ausnahme stellen die Herzglykoside dar. Da es sich hier um eine offene Frage handelt, ist oberstes Gebot, eine strukturierte Antwort zu basteln. Nachteil dieser Antwort ist, dass viele Punkte nur oberflächlich angesprochen werden können, um den geforderten Überblick zu geben.

Antwort: Es gibt 3 wesentliche **Grundwirkungen** der Digitalispräparate (Wirkmechanismus: Hemmung der Na-K-ATPase):

- **positive** Inotropie → Herzkraft ↑
- **negative** Chronotropie → Herzfrequenz ↓
- **negative** Dromotropie → Überleitung ↓

Bei gleich bleibendem enddiastolischen Druck wird ein größeres Schlagvolumen gefördert. Das Herzzeitvolumen nimmt bei Herzfrequenzkonstanz bzw. -abnahme zu. Bedeutsam ist, dass dies nicht mit einem gesteigerten O_2-Verbrauch, im Gegensatz zur Sympathikusaktivierung, einhergeht. Man spricht deshalb von einer Ökonomisierung der Herzarbeit. Zu beachten ist die **geringe therapeutische Breite** der Herzglykoside, welche individuell variiert. Vor allem bei Elektrolytstörungen (Hypokaliämie, Hyperkalzämie) kann die Glykosidempfindlichkeit bzw. die Toxizität gesteigert sein. Sehr schnell können **Nebenwirkungen** auftreten:

- Rhythmusstörungen (am gefährlichsten)
- Kopfschmerzen
- Störungen des Farbsinnes (typisch „Gelbsehen")
- gastrointestinale Beschwerden

Frage: Suchen Sie sich ein Glykosid heraus und beschreiben Sie, wie der Patient damit eingestellt wird.

tipp Eine schwere Frage. Es empfiehlt sich, in der Antwort eine kurze Einleitung zu geben und erst dann Dosisangaben zu machen.

Antwort: Bei der Digitalisierung wird je nach der Dauer, die zum Erreichen des Vollwirkspiegels (= im Körper vorhandene Dosis, bei der eine optimale Wirkung erreicht wird) benötigt wird, eine **schnelle, mittelschnelle** und **langsame Sättigung** unterschieden. Meist wird man sich für die mittelschnelle Aufsättigung innerhalb von 3–6 Tagen entscheiden, mit einem Kompromiss zwischen der Gefahr der Überdosierung und der Schnelligkeit des Wirkungseintritts.

Es stehen mehrere Substanzen zur Verfügung, die sich in ihren pharmakokinetischen Eigenschaften wie Resorptionsquote, Serumeiweißbindung, Wirkungseintritt, Abklingquote, Eliminationsweise und Erhaltungsdosis wesentlich unterscheiden. Es ist sinnvoll, sich auf ein oder zwei Glykoside, über die man exaktes Wissen verfügt, zu beschränken.

Am Beispiel des **Digitoxins** lässt sich gut eine mittelschnelle Sättigung demonstrieren. In den ersten drei Tagen der Behandlung muss der Patient 0,2 mg Digitoxin einnehmen (z.B. 2 Tabl. Digimerck®), ab dann kann auf die Dauermedikation von 0,1 mg tägl. (1 Tabl.) zurückgegangen werden. Nach 4 Tagen wird der Vollwirkspiegel von ca. 1,2 mg erreicht (Plasmaspiegel kontrollieren). Ein Vorteil des Digitoxins ist die

Metabolisierung durch die Leber und die Ausscheidung über den Darm, sodass eine Einschränkung der Nierenfunktion wenig Einfluss in Hinblick auf eine Überdosierung hat. Liegt allerdings eine Überdosierung vor, ist diese bei Digitoxin durch seine niedrige Abklingquote und hohe Eiweißbindung schwerer zu beeinflussen.

Frage: Die Medikamentengruppe der **ACE-Hemmer** steht bei der Therapie der Herzinsuffizienz im Vordergrund. Wie würden Sie einen Patienten damit einstellen?

Antwort: ACE-Hemmer senken **Vor-** und **Nachlast** als arteriell und venös wirksame Vasodilatoren und schützen das Herz vor negativen Auswirkungen durch die Überaktivierung des RAAS-Systems. Sie vermindern die Bildung von Angiotensin II aus Angiotensin I. Bei der Herzinsuffizienz werden meist ACE-Hemmer mit Diuretika kombiniert. Zu beachten ist ein ausgeprägter **„First dose"-Effekt** mit eventueller Hypotonie (cave: engmaschige Blutdruck- und Retentionswertkontrollen). ACE-Hemmer müssen einschleichend dosiert werden, doch muss die Menge bis zur optimal verträglichen und wirksamen Dosis gesteigert werden.

✚ ACE-Hemmer gehören zur Standardmedikation in der Therapie der Herzinsuffizienz und Hypertonie.

Dosierungsschema: Captopril (z.B. Tensobon®)	
Initialdosis	6,25 – 12,5 mg
Erhaltungsdosis	2 x 25 mg
Wirkdauer	ca. 8 – 12 h
Ausscheidung	Niere

Tab. 1.2: Dosierungsschema von Captopril

1.2 Rhythmusstörungen

☐ ☑ ☐
☺ 😐 ☹

?

Frage: Suchen Sie sich eine Klasse von **Rhythmusstörungen** aus und berichten Sie uns über Ursache, Klinik und Behandlungsstrategie.

tipp Fragen wie diese, bei denen man selbst Einfluss auf das Thema nehmen kann, sind unserer Meinung nach die schwersten. Durch die eigene Aufregung und durch den Druck des „angestauten" Wissens möchte man alles auf einmal erzählen und verzettelt sich leicht. Deshalb Ruhe bewahren und am besten ein selbst erlebtes Beispiel anführen.

Antwort: Herzrhythmusstörungen kann man in Reizbildungsstörungen und Reizleitungsstörungen einteilen. Häufige **Reizleitungsstörungen** stellen die AV-Blöcke I.–III. Grades dar.

- **AV-Block I:** Nur im EKG durch eine Verlängerung der PQ-Zeit über 0,2 Sek. erkennbar; der Herzrhythmus wird davon meist nicht berührt.
- **AV-Block II:** Man unterscheidet zwei Typen:
  - **Typ 1** (Wenckebach oder Mobitz I): Lokalisation der Blockierung oberhalb des His-Bündels. Die PQ-Zeit wird mit jeder Herzaktion länger, bis eine Überleitung von den Vorhöfen auf die Kammern ausfällt.
  - **Typ 2** (Mobitz II): Lokalisation der Blockierung innerhalb oder unterhalb des His-Bündels. Vereinzelte oder regelmäßige AV-Blockierungen, d.h. nur jede zweite (2:1 Block), dritte (3:1 Block) oder vierte (4:1 Block) Vorhoferregung wird zu den Kammern übergeleitet.
- **AV-Block III:** Totaler Block zwischen Vorhöfen und Kammern. Beide schlagen unabhängig voneinander.

Beim AV-Block III. Grades können **Morgagni-Adams-Stokes-Anfälle** auftreten. Darunter versteht man einen Bewusstseinsverlust durch eine mangelhafte Gehirndurchblutung aufgrund von Herzrhythmusstörungen. Springt ein Reizersatzzentrum (z.B. Purkinje-Fasern der Ventrikel) zu spät ein, kann ein solcher Anfall tödlich enden.

Ursachen für AV-Blockierungen sind **Myokarditiden, koronare Herzkrankheit, Herzinfarkt** und häufig Überdosierung von **Digitalispräparaten** oder **Antiarrhythmika.** Neben dem Versuch der Beseitigung der Ursachen muss ab einem AV-Block II. Grades die Anlage eines Schrittmachers in Erwägung gezogen werden.

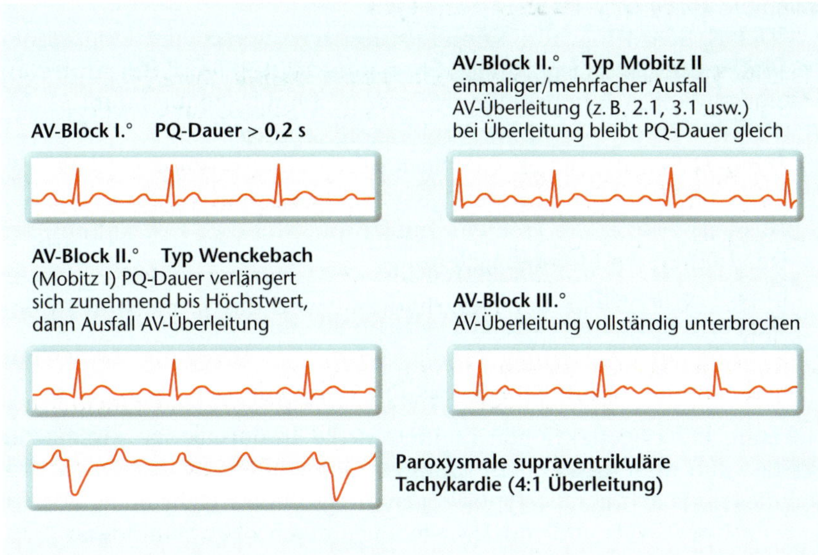

Abb. 1.3: Wichtige Rhythmusstörungen

Frage: Nennen Sie einige Medikamente, die einen **AV-Block als Nebenwirkung** hervorrufen können. **?**

Antwort: Viele Antiarrhythmika führen zu einer Verlängerung der Überleitungszeit mit AV-Block. **Beispiele:** Digitalispräparate, Verapamil, β-Blocker, Chinidin.

Frage: Welchen **Schrittmacher** würden Sie beim AV-Block III. Grades mit einer Herzfrequenz von 30/min empfehlen? **?**

Antwort: Bei Schrittmachern wird u. a. in einem fünfstelligen Code unterschieden:

- 1. Ort des Schrittmacherreizes (A = Atrium, V = Ventrikel, D = doppelt = Ventrikel und Atrium)
- 2. Ort der Wahrnehmung der Herzimpulse (A, V, D, wie oben)
- 3. Art der Schrittmachersteuerung (I = Inhibition bei Herzeigenaktionen, T = getriggert, in Abhängigkeit von der Vorhofaktion, D = Triggerung vom Vorhof, Inhibition von Vorhof und Ventrikel).
- 4. Programmierbarkeit: P = 1–2 Funktionen, M = multiprogrammierbar, R = frequenzadaptiert
- 5. Antitachykardiefunktion: 0 = keine, P = antiarrhythmische Stimulation, S = Elektroschock (= Defibrillation), D = doppelt = P + S

tipp Wer als Therapie „Schrittmacher“ erwähnt hat, muss auf eine Nachfrage hierzu gefasst sein. Wenn möglich, gibt man einen kurzen Überblick über gängige Schrittmachersysteme und geht erst dann auf die Frage ein.

Beispiele:

- **VVI-R** Schrittmacher: Impulsabgabe nur, wenn eine eingestellte Minimalfrequenz (meist 60/min) unterschritten wird. Bei Auftreten eines höheren Eigenrhythmus wird die Impulsabgabe inhibiert. Indikation: Bradyarrhythmie bei Vorhofflimmern.
- **DDD-R** Schrittmacher: Gewährleistung einer physiologischen Abfolge der Vorhof- und Kammerkontraktion, somit Verbesserung der Auswurfleistung des Herzens. Indikation: Binodale Erkrankung der Reizbildung und Erregungsleitung.
  Funktionsprinzip:
  Bei Ausfall des Sinusknotens → Erregung des Vorhofs
  Störung der Überleitung auf die Ventrikel → Erregung von Vorhof und Kammer in zeitlich eingestellter Kopplung

Normale Herzeigenaktionen inhibieren die Impulsabgabe. Beim AV-Block wählt man meist einen Kammer-Demand-Schrittmacher (VVI). Bei diesem Schrittmachertypus liegen die größten Erfahrungen vor. Er ist relativ preiswert und verhältnismäßig einfach zu implantieren.

☑ ☺ ☐ 😐 ☐ ☹

? **Frage:** In welchen Teil des Herzens liegt die Sonde eines VVI-Schrittmachers?

Antwort: Die Schrittmachersonde liegt im rechten Ventrikel.

> **tipp** Immer im vollständigen Satz antworten.

☐ ☺ ☐ 😐 ☑ ☹

? **Frage:** Was versteht man unter der kardialen Resynchronisationstherapie?

Antwort: Bei der kardialen Resynchronisationstherapie (**C**ardiac **R**esynchronization **T**herapy) handelt es sich um Optimierung der myokardialen Kontraktionsabläufe mittels vorhofgesteuerter biventrikulärer Elektrostimulation, die die Pumpleistung des Herzen verbessert (MIRACLE-Studie u. a.). Diese Therapiemaßnahme ist bei Herzinsuffizienz-Patienten indiziert, die einen Sinusrhythmus haben und asynchrone Aktionen beider Ventrikel durch kompletten Linksschenkelblock demonstrieren. Solche Patienten befinden sich trotz optimaler medikamentöser Pharmakotherapie im Stadium III–IV (NYHA). Die CRT führt bei zwei Dritteln der Patienten zur verbesserten Leistungsfunktion und Lebensqualität.

☐ ☺ ☐ 😐 ☑ ☹

? **Frage:** Ich nenne Ihnen drei Medikamente, die in der Therapie von kardialen Arrhythmien eine wichtige Rolle spielen. Sie sagen mir, welche Arrhythmien bevorzugt damit behandelt werden können. Digitalis/Verapamil/Lidocain.

Antwort:
- **Digitalispräparate** werden bei einer Tachyarrhythmie bei Vorhofflimmern oder -flattern mit schneller Überleitung angewandt. Die hohe Kammerfrequenz wird durch die Verlangsamung der Vorhof-Kammer-Überleitung gesenkt (negativ dromotrope Wirkung). Um einen stabilen Sinusrhythmus zu erhalten, sollte man versuchen, die Ursache des Vorhofflimmerns (z.B. Mitralstenose) zu beseitigen.
- **Verapamil** ist ein Kalzium-Antagonist und wird bei supraventrikulären Tachykardien (normaler QRS-Komplex) eingesetzt. Die Dosierung in der Therapie der supraventrikulären Tachykardie beträgt 5 mg Verapamil langsam i.v.
- **Lidocain** wird bei Auftreten von Kammertachykardie verabreicht. Die Dosierung beträgt 100 mg initial i.v., dann 2–4 mg/Min. über einen Perfusor.

Als **Kontraindikation** für alle drei genannten Antiarrhythmika (und auch für die meisten anderen) gilt der **AV-Block I. Grades.**

tipp Keine schwere Frage, wenn man bedenkt, dass diese drei Medikamente auch Lieblingsthemen in den schriftlichen Prüfungen sind. Hier sollte man sich möglichst auf eine sichere Indikation beschränken.

Frage: Eine **supraventrikuläre paroxysmale Tachykardie** kann gelegentlich ohne Medikamente und technische Hilfsmittel durchbrochen werden. Was meine ich damit?

Antwort: Durch Reizung des Nervus vagus oder Erregung des Karotissinus kann eine supraventrikuläre Tachykardie durchbrochen werden. Bei Auftreten einer supraventrikulären Tachykardie (der Patient berichtet z.B. von häufigem Herzrasen) können folgende einfache Therapien zum Erfolg führen.
- **Valsalva-Pressversuch:** Nase zuhalten und bei geschlossenem Mund versuchen, die Luft herauszupressen.
- **Druck auf den Karotissinus** (Vorsicht: Nie beidseits gleichzeitig!): Stimulierung der Pressorezeptoren mit nachfolgender Erregung des Parasympathikus über den N. vagus.
- **Kalten Sprudel** trinken oder Brausepulver essen lassen.

Eine gründliche kardiologische Abklärung ist selbstverständlich dringend erforderlich.

tipp Eine Frage, die auf physiologische Zusammenhänge und Reflexmechanismen abzielt.

Frage: Ventrikuläre Extrasystolen gehören zu den häufigsten Rhythmusstörungen. Sind Sie immer ein Zeichen für eine Herzerkrankung?

Antwort: Ventrikuläre Extrasystolen (VES) können auch beim herzgesunden Menschen vorkommen. Auslösende Faktoren sind u.a. **vegetative Labilität, emotionale Erregung, erhöhter Vagotonus** und Verbrauch von **Genussmitteln** (Alkohol, Koffein, Nikotin). Sie bedürfen keiner Behandlung und haben eine gute Prognose; bei subjektiven Beschwerden kann eine sedierende Behandlung eingeleitet werden.

tipp Rhetorische Frage, jedoch den Faden aufnehmen und Ätiologie, Symptome und Diagnostik kurz schildern.

✚ Da die CAST-Studie bei Postinfarkt-Patienten Prognoseverschlechterung für Klasse-IC-Antiarrhythmika gezeigt hat, sollten bei erhöhtem Risiko eines Kammerflimmerns nichtmedikamentöse Therapiealternativen eingesetzt werden (Implantierbarer Cardioverter/Defibrillator = ICD).

Sehr häufig sind sie allerdings bei der **koronaren Herzkrankheit.** Klinisch imponieren sogenannte Palpitationen und „Aussetzer“. Weiterhin sind Dyspnoe und Schwindel nicht selten. Im EKG (Langzeit-EKG) als Standarddiagnostik finden sich Verformungen des QRS-Komplexes. Bei **frischem Infarkt** bedeutet das gehäufte Auftreten von VES ein Alarmsignal mit erhöhter Gefahr für Kammerflimmern; allerdings kann es auch ohne vorausgegangene Warnarrhythmien zu Kammerflimmern kommen.

☐ ☐ ☐

? **Frage:** Schildern Sie die **Lown-Klassifikation** der ventrikulären Extrasystolen.

Antwort:

Klassifikation der VES nach Lown	
Grad I	< 30 Extrasystolen/Stunde
Grad II	> 30 Extrasystolen/Stunde
Grad III a	Multiforme VES im EKG
Grad III b	Bigeminus (VES und normale QRS-Komplexe im Wechsel)
Grad IV a	Couplets (zwei VES hintereinander)
Grad IV b	Salven (mehrere VES hintereinander)
Grad V	R- auf T-Phänomen (Extrasystole fällt in vulnerable Phase Risiko: Kammerflimmern)

Tab. 1.3: Lown-Klassifikation

☐ ☐ ☐

? **Frage:** Zu welcher Klasse der Antiarrhythmika nach **Vaughan-Williams** gehören β-Blocker?

tipp Eher eine Detailfrage für die Facharztprüfung.

Antwort: Mit der Klassifikation nach Vaughan-Williams werden medikamentöse Antiarrhythmika **nach** ihrem **Wirkprinzip** eingeteilt. β-Rezeptorenblocker gehören zur Klasse II (Einsatz z.B. bei supraventrikulären Tachykardien und Arrhythmien mit schneller Überleitung).

Klassifikation der Antiarrhythmika nach Vaughan / Williams	
Gruppe IA	Verlängerung des Aktionspotentials: Chinidin, Ajmalin, Procainamid
Gruppe IB	Verkürzung des Aktionspotentials: Lidocain, Phenytoin, Mexiletin
Gruppe IC	Keine Wirkung auf das Aktionspotential: Propafenon, Flecainid
Gruppe II	β-Rezeptorenblocker: Metoprolol
Gruppe III	K^+-Antagonismus: Amiodaron, Sotalol
Gruppe IV	Ca-Antagonismus: Verapamil, Diltiazem

Tab. 1.4: Vaughan-Williams-Klassifikation

1.3 Angina pectoris

Frage: Ein ca. 50-jähriger beleibter, bisher gesunder Mann klagt über **Schmerzen in der Brust,** die vor allem sonntags beim Joggen auftreten. Was meinen Sie dazu?

Antwort: Zuerst wird eine genaue **Anamnese** erhoben, wobei besonders auf folgende Fragestellungen eingegangen wird:

- Bestehen Vor- oder Begleiterkrankungen?
- Seit wann besteht die Schmerzsymptomatik?
- Wie ist der Schmerzcharakter?
- Wie lange dauert eine Schmerzepisode?
- Sind während der Schmerzen noch andere Symptome aufgefallen?

> **tipp** Hier liegt eine Mischung von offener Frage und Fallbeispiel vor. Gerade weil die Frage relativ leicht ist, sollte man versuchen, klar und gegliedert zu antworten.

Besteht ein belastungsabhängiger, retrosternaler, evtl. in den linken Arm ausstrahlender Schmerz, kann die Verdachtsdiagnose Koronarinsuffizienz mit stabiler Angina pectoris gestellt werden. Danach schließt sich eine gründliche körperliche Untersuchung an. Häufig ist der körperliche Untersuchungsbefund unauffällig. Möglicherweise besteht eine Hypertonie.

Zur Sicherung der Verdachtsdiagnose werden ein **Ruhe-EKG** und ein **Belastungs-EKG** (darf nur unter ärztlicher Kontrolle durchgeführt werden) angefertigt. Eine im Belastungs- oder Ruhe-EKG auftretende horizontale oder deszendierende ST-Streckensenkung > 0,1 mV und Rhythmusstörungen gelten als Hinweise für eine Koronarinsuffizienz (Achtung! Hoher Anteil von falsch negativen Untersuchungsergebnissen). Die **Myokardperfusionsszintigraphie** und **Stressechokardiographie** zeigen, inwieweit ischämische Myokardbezirke vorliegen. Beweisend für eine Koronargefäßerkrankung ist die **Koronarangiographie.**

☑ ☐ ☐
☺ 😐 ☹

? **Frage:** Eine Koronarangiographie ist hier vielleicht noch etwas verfrüht. Sie sprechen von stabiler Angina pectoris. Gibt es denn verschiedene Arten? Wie sehen die grundsätzlichen konservativen Therapiemöglichkeiten einer **stabilen Angina pectoris** aus?

tipp Zwei kombinierte Fragen, die gut zu meistern sind. Bei solch allgemeinen medikamentösen Therapie-Empfehlungen müssen keine Dosierungen genannt werden.

Antwort: Man kann folgende Arten von Angina pectoris unterscheiden:

- **Stabile Angina pectoris:** Die Beschwerden treten wieder auslösbar ab einem bestimmten Grad von Belastung auf; keine Beschwerden in Ruhe.

CCS-Klassifikation der Angina pectoris (Canadian Cardiovascular Society)	
0	stumme Ischämie
I	keine Angina bei normaler körperlicher Belastung, Angina bei schwerer körperlicher Anstrengung
II	geringe Beeinträchtigung der normalen körperlichen Aktivität durch Angina pectoris
III	erhebliche Beeinträchtigung der normalen körperlichen Aktivität durch Angina pectoris
IV	Angina bei geringster körperlicher Belastung oder Ruheschmerzen

Tab. 1.5: CCS-Klassifikation der Angina pectoris

- **Instabile Angina pectoris:** Jede Erstangina, auch in Ruhe auftretende Beschwerden. Die Heftigkeit, Dauer und Häufigkeit der Schmerzepisoden nehmen in kurzer Zeit zu (Crescendo-Angina). Zunehmender Bedarf an antianginösen Medikamenten. Weiterhin bestehen lang andauernde Schmerzanfälle (= Präinfarkt-Syndrom).
- **Prinzmetal-Angina = Variant-Angina:** Pektanginöse Beschwerden (auch in Ruhe), die durch Spasmen der Koronararterien hervorgerufen werden (bevorzugt bei jungen Patienten).

Die neuere Einteilung des akuten Koronarsyndroms umfasst 3 Krankheitsbilder:

- Instabile Angina pectoris ohne Anstieg von Troponin I oder T
- NSTEMI = non ST-segment elevation myocardial infarction: Instabile Angina pectoris/Herzinfarkt mit Anstieg von Troponin I oder T, aber ohne ST-Streckenhebung
- STEMI = ST-segment elevation myocardial infarction: Herzinfarkt mit Troponin I/T- und Enzymveränderungen (initial ST-Hebung)

Frage: Welche allgemeinen **konservativen Behandlungsrichtlinien** für die Angina pectoris kennen Sie?

Antwort: Angestrebt wird eine Änderung der Lebensgewohnheiten und der Abbau von Risikofaktoren:
- Reduktion von Übergewicht
- Einstellung einer evtl. Hypertonie
- optimale Einstellung eines evtl. Diabetes mellitus
- Nikotinkarenz
- Einstellung einer Hyperlipoproteinämie (Senkung von LDL-Cholesterin auf Werte < 100 mg/dl)
- fettarme, ballaststoffreiche Kost mit regelmäßiger Verwendung von Obst, Salat, Gemüse Olivenöl, und Fisch (ungesättigte Omega-3-Fettsäuren)
- Abbau von belastendem Stress (sog. Dysstress)
- moderate und regelmäßige sportliche Betätigung (Wandern, Schwimmen)

Frage: Nennen Sie einige **medikamentöse Richtlinien** in der Behandlung der Angina pectoris.

Antwort: Medikamente sollen den Sauerstoffbedarf des Herzens verringern bzw. die Durchblutung verbessern. Eine individuelle Einstellung ist unabdingbar. Verwendet werden:
- **Nitrate:** z.B. Isosorbid-5-Mononitrat 1 × täglich Retardpräparat 40–60 mg oral
- **β-Blocker:** z.B. Atenolol 1 × 50 mg
- **ACE-Hemmer:** z.B. Ramipril 2 × 2,5–5 mg
- **Acetylsalicylsäure: ASS 1 × 100 mg**
- **Ca-Antagonisten:** z.B. Amlodipin 1 × 5–10 mg

Frage: Welche **Behandlung** leiten Sie bei einem Patienten mit **instabiler Angina pectoris** ein?

Antwort: Der Patient muss wegen eines drohenden Infarktes unverzüglich intensivmedizinisch betreut werden.

Frage: Wie sieht die Akuttherapie eines mäßigen Angina-pectoris-Anfalles aus?

Antwort:
- Glyceroltrinitrat (Nitrolingual®) als Zerbeißkapsel oder Spray (Dosis: 0,4–0,8 mg) sublingual
- Pat. beruhigen, evtl. Diazepam 2–5 mg oral

- EKG, Herzenzyme abnehmen (CK, CK-MB, Troponin I und T, GOT)
- Bettruhe
- evtl. O_2 über Nasensonde
- bei Persistenz Krankenhaus-Einweisung

1.4 Herzinfarkt

Frage: Woran, glauben Sie, sterben in Deutschland die meisten Menschen?

Antwort: Kardiovaskuläre Erkrankungen sind die häufigsten Todesursachen. Der Herzinfarkt ist in diesem Zusammenhang besonders zu betonen. (Jährliche Inzidenz in Deutschland 300–400 pro 100000 Einwohner, ca. 35% der Infarkte verlaufen tödlich.)

Frage: Kennen Sie einige **Risikofaktoren** für einen Herzinfarkt?

tipp Damit hat man sich selbst ein Thema gegeben, für das Prüfer und Prüfling dankbar sind.

Antwort: Man kennt aufgrund von epidemiologischen Studien (Framingham) Risikofaktoren, die für die Entwicklung eines Infarktes eine bedeutende Rolle spielen. Dazu gehören **Nikotinabusus, Diabetes mellitus, Hypercholesterinämie, Hypertonie und Adipositas.** Auch Gicht, endokrinologische Erkrankungen, Stress und Bewegungsmangel tragen zur Entstehung von arteriosklerotischen Gefäßveränderungen bei.

Frage: Wie macht sich ein Infarkt klinisch bemerkbar? Beschreiben Sie die typische **Symptomatik.**

Antwort: Häufig klagen die Patienten über plötzliche heftigste **Schmerzen hinter dem Sternum,** oft in den linken Arm, Schulter, Oberbauch oder Unterkiefer ausstrahlend. Diese Schmerzen sind mit einem **Vernichtungsgefühl** und **Todesangst** verbunden. Ein solcher Anfall kann bis zu mehreren Stunden andauern und bessert sich nicht auf Nitropräparate. Auch stumme, schmerzlose Infarkte, vor allem bei Diabetikern (diabetische Neuropathie), kommen vor.

Weitere Symptome im Rahmen eines stark gesteigerten Sympathikotonus oder eines beginnenden Schockgeschehens sind **Schweißausbruch, Blässe, Unruhe, Tachykardie, Blutdruckabfall** und **Dyspnoe.** Gefährlich sind **Rhythmusstörungen,** wie Extrasystolen und Tachyarrhythmien, die sehr häufig sind und in Kammerflimmern oder in eine Asystolie mit nachfolgendem Kreislaufstillstand übergehen können.

Frage: Was würden Sie tun, wenn Sie als Notarzt zu einem Patienten mit Verdacht auf Herzinfarkt nach Hause gerufen werden?

Antwort: Da die Letalität in den ersten Minuten und Stunden nach dem Infarktereignis am höchsten liegt, ist die suffiziente **Ersttherapie** von entscheidender Bedeutung.

- Überprüfung der **Vitalfunktionen** bzw. **Wiederbelebungsmaßnahmen:** Sollte ein Kreislaufstillstand (z. B. Kammerflimmern) eingetreten sein, ist mit äußerer Herzmassage und Beatmung sofort zu beginnen. Wenn möglich, Anlage eines EKG und Überwindung des Herz-Kreislauf-Stillstandes bei Kammerflimmern durch Defibrillation mit evtl. medikamentöser Unterstützung (Adrenalin, Na-Bikarbonat).
- Allgemeine Maßnahmen:
  - Anlage eines oder besser zweier venöser Zugänge
  - Ruhigstellung und Bekämpfung der Schmerzen, Sedierung mit 5–10 mg **Diazepam** i.v. und bei weiter bestehenden starken Schmerzen 5–10 mg **Morphin** i.v.

Merke: Benzodiazepine sind atemdepressiv → langsame Gabe. Morphin erhöht den Vagotonus → evtl. Gabe von Atropin. Damit Durchbrechung des Teufelskreises: Schmerz → erhöhter Puls und Blutdruck → Anstieg der Herzbelastung → Myokardischämie → Schmerz (Cave: keine i.m. Injektionen wegen Kontraindikation bei möglicher Lyse)

  - wenn möglich: **Sauerstoffgabe** (4–6 l/Min.) und Kälteschutz, um den O_2-Verbrauch durch Vermeidung von Muskelzittern zu senken
- **Heparin** (5000 IE i.v.) und **Acetylsalicylsäure** (250–500 mg i.v. oder oral)
- unter Blutdruckkontrolle 1–4 Hübe **Nitroglycerin** zur Senkung von „preload" und „afterload" des Herzens und damit Senkung des O_2-Verbrauches
- bei Fehlen von Kontraindikationen vorsichtige Gabe von **β-Blockern**, die das Risiko von Kammerflimmern senken
- Kontrolle der Herzaktion mit dem **EKG** oder dem Stethoskop
- bei sicherem Herzinfarkt und langer Transportzeit des Patienten zur Klinik Beginn einer **Thrombolysetherapie** (unter Beachtung von Kontraindikationen)
- Einweisung auf die **Intensivstation** des nächsten Krankenhauses

? **Frage:** Zeichnen Sie schematisch im **EKG** einige mögliche sichtbare Veränderungen beim Herzinfarkt.

Antwort:

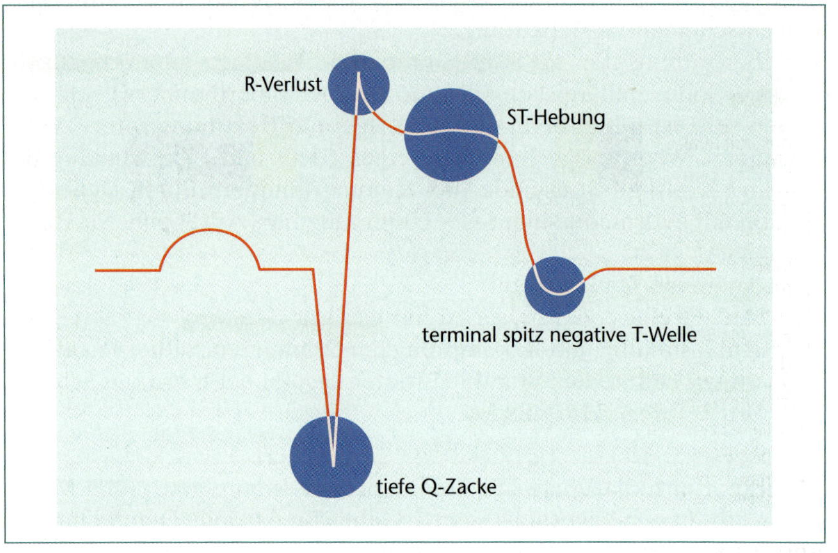

Abb. 1.4 a: Herzinfarktzeichen im EKG

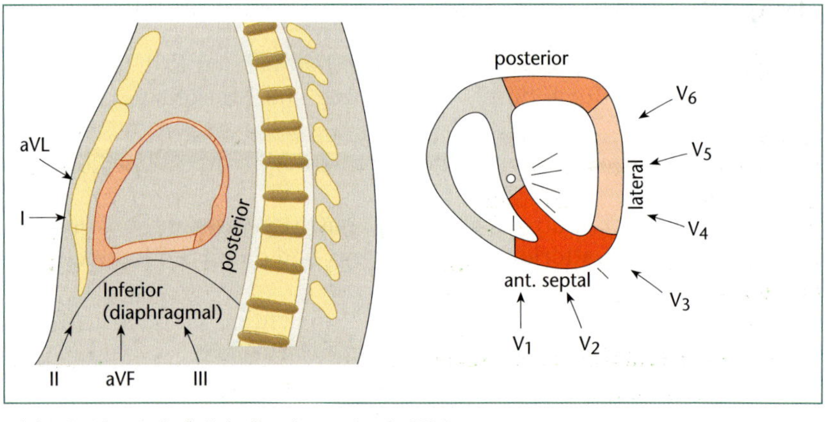

Abb. 1.4 b: Infarktlokalisation mittels EKG

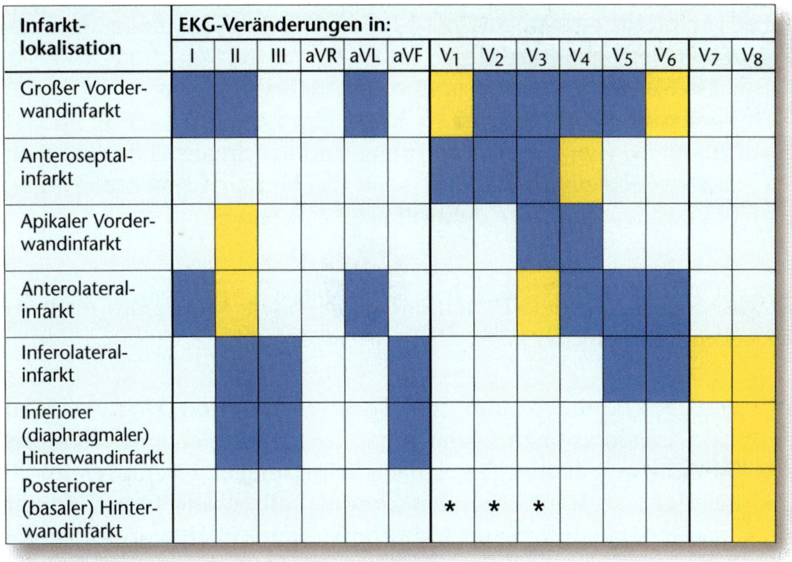

■ = immer betroffen, eindeutige Kriterien Q, ST-Hebung

■ = oft zusätzlich betroffen, nicht eindeutige Kriterien (T-Negativierung)

* = posteriorer Infarkt indirekte Zeichen: besonders hohe R-Zacken in (V_1, V_2, V_3) (Verhältnis R zu S > 1) sowie hohe spitz-positive T-Wellen

Abb. 1.4 b: Infarktlokalisation mittels EKG

Frage: Welche **Rhythmusstörungen** können bei einem Herzinfarkt auftreten und wie behandeln Sie, wenn Sie die entsprechenden Möglichkeiten haben?

Antwort: Ca. 30% aller Infarktpatienten versterben innerhalb der ersten 24 h und erreichen das Krankenhaus nicht lebend. Die häufigste Todesursache ist Kammerflimmern. Grundsätzlich können alle Arten von Arrhythmien auftreten. Das Risiko für letale Arrhythmien ist unmittelbar nach Infarkteintritt am größten. Durch frühzeitige Gabe von **Betablockern** kann das Risiko von Kammerflimmern vermindert und die Gesamtletalität gesenkt werden.

- Bei **ventrikulärer Tachykardie** und stabilem Kreislauf: Lidocain oder Amiodaron unter EKG-Kontrolle. Bei Erfolglosigkeit oder drohendem Linksherzversagen EKG-gesteuerte Elektrokardioversion in Kurznarkose.
- Bei **Kammerflimmern** oder **Kammerflattern:** sofortige Defibrillation (beginnend mit 200 Joule).
- Bei **tachykarden supraventrikulären Rhythmusstörungen:** vorsichtige Gabe von Betablockern oder Verapamil (nicht beides). Bei hämodynamisch bedrohlicher supraventrikulärer Tachykardie Elektrokardioversion.

tipp Die Antworten zur Akuttherapie können nicht oft genug wiederholt werden.

- Bei **Bradykardie** (Frequenz < 60/Min.): 1–2 mg Atropin langsam i.v. Falls erfolglos → Isoprenalin (Alupent® i.v.) oder Anlage eines temporären Herzschrittmachers
- Bei **AV-Block** > I. Grades: temporärer Schrittmacher
- Bei **Asystolie:** Reanimation → Adrenalin 0,5–1 mg auf 10 ml NaCl verdünnt i.v. (bei liegendem Tubus, endotracheale Gabe möglich!) → erneute Reanimation. Ziel ist es, das Herz ins Kammerflimmern zu bekommen, um dann defibrillieren zu können.

Frage: Sie haben den Patienten mit stabilen Vitalfunktionen ins Krankenhaus gebracht. Was wird dort veranlasst?

Antwort: Der Patient kommt auf die Intensivstation. Dort wird, falls keine Kontraindikationen (siehe Kap. 1.16) vorliegen, eine **fibrinolytische Therapie** eingeleitet. Da es nach erfolgreicher Fibrinolyse in 20–25% der Fälle zu Reokklusionen kommt, sollten alle Patienten nach Abschluss der Behandlung im Akutkrankenhaus in ein kardiologisches Zentrum verlegt werden zur Koronarangiografie und Entscheidung über eventuelle weitere Reperfusionsmaßnahmen (PTCA, Bypass-Operation). Alternativ können bei Patienten, die direkt in ein kardiologisches Zentrum eingewiesen werden, nach sofortiger Koronarangiographie isolierte Stenosen diagnostiziert werden, die dann unverzüglich durch eine **PTCA** (perkutane transluminale koronare Angioplastie) mit oder ohne Stentimplantation dilatiert werden.

Frage: Warum dürfen in der Akuttherapie eines Herzinfarktes keine Medikamente intramuskulär (i.m.) gespritzt werden?

tipp Sehr wichtige Praxisfrage.

Antwort: Standardbehandlung eines Myokardinfarkts ist der Versuch einer Wiedereröffnung des verschlossenen Koronargefäßes durch PTCA oder Fibrinolyse und hoch dosierte Antikoagulation. Nach i.m. Injektionen können massive **gluteale Blutungen** und nachfolgende Drucknekrosen auftreten. Weiterhin können i.m. Injektionen zu **unspezifischen CK-Erhöhungen** führen.

Frage: Welche Arten **fibrinolytischer Therapien** kennen Sie? Geben Sie auch einige Orientierungsdaten für die Dosierung!

Antwort: Es gibt folgende fibrinolytische Therapiemöglichkeiten, die so schnell wie möglich bis zu 12 h nach dem Infarktereignis eingeleitet sein sollten:

- systemische Kurzlyse mit 1,5 Mio E **Streptokinase** in 60 Min. i.v. mit Vorinjektion von Kortikosteroiden

- alternativ: **tPA** = Alteplase 15 mg i.v. als Bolus, dann 50 mg tPA über 30 Min. mittels Perfusor, dann 35 mg über 1 h
- alternativ: **rPA** = Reteplase, 2 × 10 Mio E im Abstand von 30 Min.
- Alternativ: **TNK-tpa** = Tenekteplase, 1 × 0,5 mg/kg KG als Bolus

Frage: Wie hoch sind ungefähr die **Wiedereröffnungsraten** von verschlossenen Koronararterien nach einer Lysetherapie? **?**

☐ ☺ ☐ 😐 ☑ ☹

Antwort: Dies hängt entscheidend vom Zeitpunkt der Lysetherapie ab. Die Lyse sollte so schnell wie möglich („time is muscle") erfolgen, um noch lebensfähiges Myokardgewebe durch Reperfusion zu retten. Bei den systemischen Therapien geht man von einer Reperfusionsrate von **70–80%** der Fälle aus, wobei tPA oder rPA + Heparin i.v. die höchsten Durchgängigkeitsraten nach 90 Min. zeigen.

Merke: Indirekte Kriterien einer erfolgreichen Reperfusion nach Lysetherapie: **!**
- Verschwinden der Infarktschmerzen
- Verschwinden der ST-Streckenanhebung im EKG
- evtl. kann es zum Auftreten von Reperfusionsarrhythmien kommen, z. B. ein akzelerierter idioventrikulärer Rhythmus (AIVR)

Frage: Zeichnen Sie grob den zeitlichen Verlauf von **infarkttypischen Enzymen** im Laufe von 10 Tagen nach einem Infarkt auf. Wie korreliert die Höhe der Herzmuskelenzyme mit dem klinischen Bild und der Prognose? **?**

☐ ☺ ☐ 😐 ☐ ☹

Antwort: **Gesamt-CK, CK-MB, Troponin I** und **T, GOT** und **HBDH** sind wichtige infarkttypische Herzmuskelenzyme (siehe Abbildung 1.5).

Die Höhe des CK-Anstieges korreliert mit der Infarktgröße. Jedoch kann bei kleinen Infarkten ein kurzfristiger leichter Enzymanstieg dem Nachweis entgehen. Daher ist es wichtig, die herzmuskelspezifischen Troponine I und T zu messen, die 3 h bis über 10 Tage nach Infarkt nachweisbar sind. Je höher der Troponinspiegel, umso ungünstiger die Prognose.

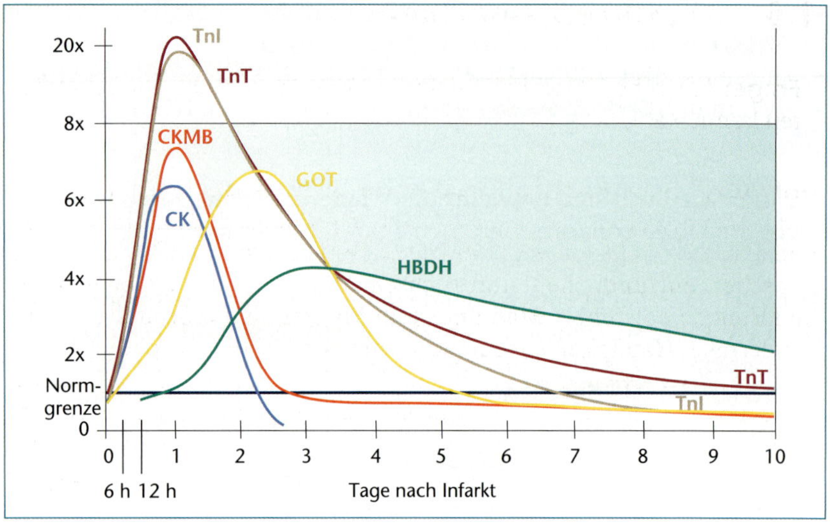

Abb. 1.5: Enzymaktivitäten nach Herzinfarkt

? Frage: Welche Medikamente verbessern die Prognose bei Postinfarkt-Patienten?

Antwort: Die sekundäre Prävention der koronaren Herzkrankheit, die die aggressive Kontrolle von Risikofaktoren beinhaltet, wird durch die optimale Anwendung folgender Medikamente erreicht:

- **Thrombozytenaggregationshemmer:** Acetylsalicylsäure (ASS) 100 mg/d. Clopidogrel (75 mg/d) kann zusätzlich oder bei Unverträglichkeit von ASS gegeben werden.
- **β-Blocker:** Senken die Häufigkeit arrhythmiebedingter plötzlicher Todesfälle nach Herzinfarkt und gehören daher bei Fehlen von Kontraindikationen zur Standardtherapie.
- **CSE-Hemmer:** Die große Bedeutung einer aggressiven Cholesterinsenkung bei Postinfarkt-Patienten zeigten mehrere Studien (4S-, CARE-, LIPID-, LCAS-Studien) Dabei konnten die Infarkthäufigkeit und die Gesamtmortalität um ca. 30% gesenkt werden. Das LDL-Cholesterin sollte auf Werte < 100 mg/dl gesenkt werden.
- **ACE-Hemmer:** Nach einem Herzinfarkt kommt es zu strukturellen Umbau- und Anpassungsprozessen des Herzens („ventricular remodeling"), die im ungünstigen Fall zu einer Expansion des linken Ventrikels mit Verschlechterung der Prognose führen. ACE-Hemmer können diesen negativen Prozess bremsen und senken bei Patienten mit verminderter Ejektionsfraktion die Gesamtmortalität.

1.5 Kardiomyopathien

Frage: Ich gebe Ihnen das Stichwort **Kardiomyopathie**. Welche Arten kennen Sie?

?

☐ ☐ ☑
☺ 😐 ☹

Antwort: Unter Kardiomyopathien versteht man Erkrankungen des Herzmuskels, die mit einer kardialen Funktionsstörung einhergehen, und deren Ursache entweder nicht bekannt ist oder die sekundär wegen toxischer, entzündlicher, stoffwechselbedingter und hormoneller Veränderungen entstehen. Man unterteilt klinisch und morphologisch folgende, nach Häufigkeit geordnete Arten von Kardiomyopathien:

- **Dilatative kongestive Kardiomyopathie** (häufigste Form): Dilatation vor allem des linken Ventrikels mit verminderter Kontraktionsfähigkeit. Dadurch Abnahme des Herzzeitvolumens und Stauung des Blutes im „kleinen" und später „großen" Kreislauf. Häufig treten zusätzlich Herzrhythmusstörungen auf.
- **Hypertrophe Kardiomyopathie mit und ohne Obstruktion:** Dabei handelt sich um eine genetische Herzmuskelkrankheit, die durch eine Mutation („missense mutation") in zumindest eines der zehn Gene, die das Protein für das kardiale Sarkomer kodieren, verursacht wird. Hier liegt eine Störung der Dehnbarkeit des Herzmuskels in der Diastole vor, die zu vermehrter Steifigkeit führt, ein diastolischer Compliancefehler. Bei der asymmetrischen Septumhypertrophie führt die Myokardverdickung im Bereich der Herzscheidewand zur Verkleinerung des Ventrikels und evtl. zur intraventrikulären Obstruktion der Ausflussbahn. Häufig tritt eine **Angina pectoris**-Symptomatik mit Rhythmusstörungen auf.
- **Restriktive Kardomyopathie:** Endomyokardfibrose mit oder ohne Eosinophilie führt zu einem diastolischen Compliancefehler.
- **Arrhythmogene rechtsventrikuläre Kardiomyopathien:** Ein überwiegend rechtsventrikulärer kombinierter Pumpfehler mit ventrikulären Tachykardien.

tipp Manchmal werden irgendwelche Diagnosen in den Raum geworfen und abgewartet, was vom Prüfling kommt. Tatsächlich gehört Glück dazu, um auch über seltenere Krankheitsbilder, wie dieses, etwas sagen zu können. Auf keinen Fall antworten: „Dazu fällt mir nichts ein." Notfalls den Prüfer bitten, die Frage anders zu formulieren.

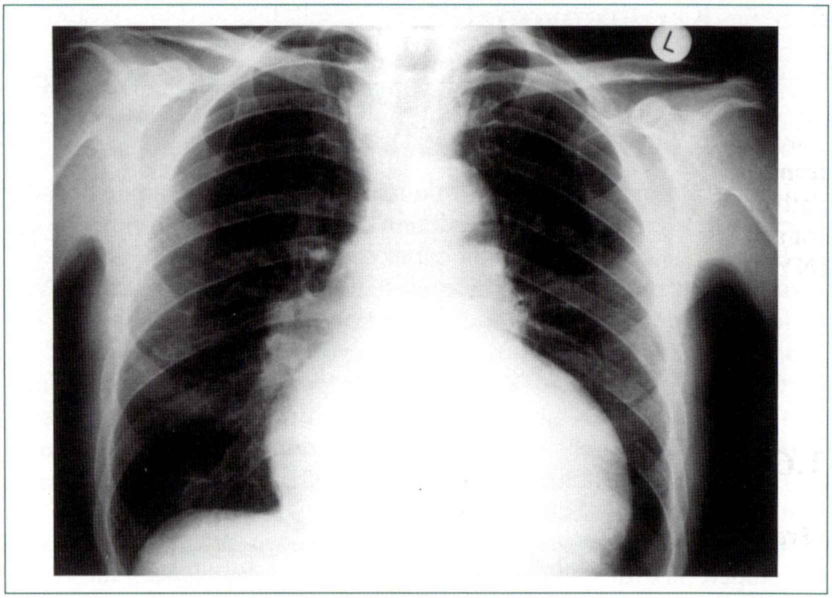

Abb. 1.6: Rö-Thorax bei dilatativer Kardiomyopathie

☐ ☐ ☐
☺ 😐 ☹

? **Frage:** Nennen Sie Symptome und diagnostische Zeichen einer **dilatativen Kardiomyopathie.**

✚ Oft können Thromben im Ventrikel u./o. Vorhof nachgewiesen werden (optimal im transösophagealen Echo zu sehen). Als Index für die Kontraktilität ist die prozentuale systolische Verkürzungsfraktion < 30% vermindert.

Antwort:

Symptome (subjektiv)	Befunde (objektiv)
Leistungsabfall	links verlagerter Herzspitzenstoß
Belastungsdyspnoe	3. Herzton
Zyanose	EKG: Blockbilder, Hypertrophiezeichen, Rhythmusstörungen (bes. ventrikulär)
Herzrasen	Röntgen: pulmonale Stauungszeichen

Tab. 1.6: Symptome und Befunde der dilatativen Kardiomyopathie

Die Echokardiographie zeigt das Ausmaß der Dilatation beider Ventrikel (bei relativer Mitralinsuffizienz auch des linken Vorhofs) und die verminderte Bewegungsamplitude (Hypokinesie) der Ventrikelwand bei Einschränkung der systolischen Einwärtsbewegung.

☐ ☐ ☐
☺ 😐 ☹

? **Frage:** Welche Medikamente sind zur Behandlung einer **hypertrophen Kardiomyopathie** (HCM) kontraindiziert? Kennen Sie weitere Therapieformen der HCM?

Antwort: Positiv inotrope Substanzen (Digitalispräparate, Sympathomimetika) und Nitrate sind kontraindiziert, da sie die Obstruktion der ventrikulären Ausflussbahn erhöhen. Eine kausale Therapie ist bisher nicht bekannt. Im Einzelfall kann eine **Schrittmachertherapie**, eine **perkutane transluminale septale Myokard-Ablation** (PTSMA) oder eine **transaortale subvalvuläre Myektomie** (TSM) bei Versagen der konservativen Therapie sinnvoll sein. Als letzte Alternative wird die **Herztransplantation** bei Patienten mit dekompensierter Herzinsuffizienz (NYHA-Stadium IV) durchgeführt.

✚ Als Mechanismus für eine mögliche therapeutische Wirkung der Schrittmachertherapie wird die elektrische Stimulierung der Herzspitze im rechten Ventrikel vorgeschlagen, die die Sequenz der systolischen Herzmuskelkontraktion verändert, die dann zur Senkung des intraventrikulären Duckgradienten führen kann.

1.6 Aortenklappenfehler

Frage: Nennen Sie einige Ursachen für **Aortenklappenfehler.** ?

Antwort: Die häufigsten **Ursachen** einer **akuten Aortenklappeninsuffizienz** sind **bakterielle Endokarditis** und **Aortenklappenersatzfehler.** Weitere Ursachen sind:

- Hypertonie
- Trauma
- Aneurysma dissecans

Frage: Welche **Befunde** können Sie bei Aortenklappenfehlern erheben? ?

Antwort:

Befunde bei Aortenklappenfehlern	
Aortenklappeninsuffizienz	**Aortenklappenstenose**
große Blutdruckamplitude	kleine Blutdruckamplitude
Pulsus celer et altus	Pulsus parvus et tardus
sichtbarer Kapillarpuls (Quinke-Zeichen)	blasse Akren
diastolisches Decrescendo-Geräusch	systolisches Austreibungsgeräusch
exzentrische Herzhypertrophie	konzentrische Herzhypertrophie

Tab. 1.7: Befunde bei Aortenklappenfehlern

i → a + c
s → t + p

? **Frage:** Was ist das **Musset-Zeichen?**

Antwort: Das Musset-Zeichen kommt bei der **Aortenklappeninsuffizienz** aufgrund der großen Blutdruckamplitude vor. Es handelt sich um das so genannte **pulssynchrone Kopfnicken.**

? **Frage:** Welche technische **Untersuchungsmethode** ist bei der Beurteilung von Herzklappenfehlern sehr aussagekräftig?

Antwort: Die **Echokardiographie** kann Morphologie und Funktion der Herzklappen genau beurteilen. Fibrotisch verdickte oder verkalkte Aortenklappen mit verminderter Klappenbeweglichkeit und linksventrikuläre Hypertrophie kann durch zweidimensionale Sektorechokardiographie festgestellt werden. Daneben werden meist gleichzeitig **Doppleruntersuchungen** durchgeführt, wodurch eine quantitative Abschätzung z.B. des Druckgradienten bei der Aortenstenose möglich ist. So gilt ein Druckgradient von > 50 mmHg über einer Aortenklappenstenose oder eine Klappenöffnungsfläche von < 0,8 cm^2 als OP-Indikation. Weiterhin kann durch Farbduplex z.B. der Insuffizienzjet der Aortenklappeninsuffizienz direkt nachgewiesen werden, wobei man evtl. die diastolische Oszillation des (vorderen) Mitralsegels, oder des Septums infolge von Blutreflux erkennen kann.

? **Frage:** Sagen Sie bitte noch etwas zur Therapie und Prognose der **Aortenstenose.**

> **tipp** Aus dem „noch" in der Frage geht hervor, dass der Prüfer bereits zufrieden ist. Viel kann also nicht mehr passieren.

Antwort: Konservativ werden bei den Klappenfehlern eine aufgetretene Herzinsuffizienz und Rhythmusstörungen medikamentös therapiert. Der Klappenfehler wird allerdings nicht beseitigt und der Zeitpunkt der endgültigen Dekompensation nur verschoben. Die Therapie der Wahl ist deshalb letztlich der **operative Klappenersatz** oder **klappenerhaltende Rekonstruktion** (sofern möglich), möglichst vor Auftreten einer linksventrikulären Dekompensation. Je stärker die linksventrikuläre Funktion präoperativ eingeschränkt ist, umso ungünstiger ist die Prognose. Ohne Operation ist die Prognose der Aortenstenose (Druckbelastung) ungünstiger als bei Aorteninsuffizienz. Die Patienten sind unter Belastung durch Linksherzdekompensation, Koronarinsuffizienz und Rhythmusstörungen hochgradig gefährdet. Bei Auftreten von Synkopen ist die mittlere Überlebenswahrscheinlichkeit auf ca. 3 Jahre reduziert. Sie bessert sich deutlich nach der Operation: 65% 10-Jahresüberlebensrate.

Frage: Eine 81-jährige Patientin wird seit 10 Jahren wegen einer Bioprothese in Aortenklappenposition (wegen eines kombinierten Aortenklappenvitiums) mit Marcumar® behandelt. Ist es notwendig, diese Therapie noch weiterzuführen?

Antwort: Eine orale Antikoagulation ist in der Regel bei Patienten mit biologischen Herzklappen, die keine andere Indikation (z.B. Vorhofflimmern oder frühere embolische Ereignisse) aufweisen, als Dauerbehandlung nicht erforderlich. **Phenprocoumon** (Marcumar®) wird nur für die ersten **drei Monate** nach biologischem Herzklappenersatz empfohlen, da in dieser Zeit das Risiko einer lokalen Thrombenbildung am höchsten ist. Die Fortsetzung der Phenprocoumontherapie ist bei dieser Patientin also nicht notwendig, doch ist eine Thrombozytenaggregationshemmung mit **Acetylsalicylsäure** zu empfehlen (Dosis 100 mg/die).

1.7 Mitralklappenfehler

Frage: Welche Klappe ist bei den Herzklappenfehlern am zweithäufigsten betroffen? Was für Beschwerden hat ein Patient mit diesem Klappenfehler?

Antwort: Die Mitralklappe ist die zweithäufigste Herzklappe, die bei Erwachsenen mit Herzklappen-Vitien betroffen ist. Meist liegt eine Insuffizienz oder eine Mischform mit Insuffizienz und Stenose vor. Eine reine Mitralstenose ist selten. Als Ursache für diese erworbenen und meist langsam progredienten Klappenfehler gilt hauptsächlich ein durchgemachtes **rheumatisches Fieber.** Durch Fibrosierung und Verkalkung wird die Klappe unbeweglich und die Öffnungsfläche (normal ca. 4 cm^2) verringert sich.

tipp Sehr gut wirkt hier die selbstständige Darstellung einer Einteilung oder Klassifikation.

Ursachen für eine erworbene Mitralinsuffizienz sind **bakterielle Endokarditis,** Ruptur eines Papillarmuskels **nach Herzinfarkt, Mitralklappenprolaps** und **Linksherzinsuffizienz** mit linksventrikulärer Dilatation. Meist vergehen mehrere Jahre vom Zeitpunkt der Schädigung (z.B. rheumatisches Fieber) bis zur Manifestation des Klappenfehlers und dem Auftreten von Beschwerden. Sowohl bei der Insuffizienz als auch bei der Stenose besteht eine ähnliche **Symptomatik:**

- Dyspnoe
- nächtliche Hustenanfälle („Asthma cardiale")
- Hämoptoe mit „Herzfehlerzellen" im Sputum (= hämosiderinhaltige Lungenmakrophagen)
- Herzklopfen
- Leistungsminderung

Weiterhin treten gehäuft Herzrhythmusstörungen wie Vorhofflimmern, Extrasystolen und paroxysmale Tachykardien auf. Durch Bildung von

Blutgerinnseln im linken Vorhof steigt die Gefahr arterieller Embolien, bevorzugt in Gehirn und Beinen (bes. bei Mitralstenose!).

Das Ausmaß der subjektiven Beschwerden bei Mitralfehlern kann nach der New York Heart Association **(NYHA)** mit folgender Klassifikation erfasst werden:

Stadium I	keine Leistungsminderung bei Alltagsbelastungen
Stadium II	Beschwerden (Dyspnoe) nur bei stärkeren Belastungen
Stadium III	Beschwerden schon bei geringer Belastung
Stadium IV	Ruhebeschwerden

Tab. 1.8: NYHA-Klassifikation nach subjektiven Beschwerden

☐ ☐ ☐

? **Frage:** Mich interessieren die **Geräuschphänomene** bei Mitralfehlern und vor allem die jeweiligen **Röntgenbefunde.**

tipp Die Frage nach den Herzgeräuschen kommt häufig vor. Den Röntgenbefund bei Mitralfehlern darzustellen ist wesentlich schwieriger. Am besten hält man sich die pathophysiologischen Folgen eines Mitralfehlers vor Augen.

Antwort: Bei der **Mitralstenose** sind folgende Geräusche auskultierbar:
- betonter 1. Herzton (paukend)
- Mitralöffnungston (MÖT): diastolischer relativ hoch frequenter Ton, ca. 0,1 Sek. nach 2. Herzton, je kürzer der Abstand zum 2. Herzton, desto schwerer ist die Stenose
- diastolisches Decrescendogeräusch im Anschluss an den Mitralöffnungston
- präsystolisches Crescendogeräusch (nur bei Sinusrhythmus)

Die **Mitralinsuffizienz** verursacht meist folgenden Auskultationsbefund:
- häufig gut hörbarer 3. Herzton (Füllungston)
- leiser 1. Herzton
- holosystolisches, lautes, mittelfrequentes, spindelförmiges Geräusch mit Punktum max. an der Herzspitze mit Fortleitung in die Axilla
- bei schwerer Mitralinsuffizienz breite Spaltung des 2. Herztones, evtl. niederfrequentes diastolisches Geräusch
- Alle Geräusche sind in Linksseitenlage und nach leichter körperlicher Belastung des Patienten besser hörbar.

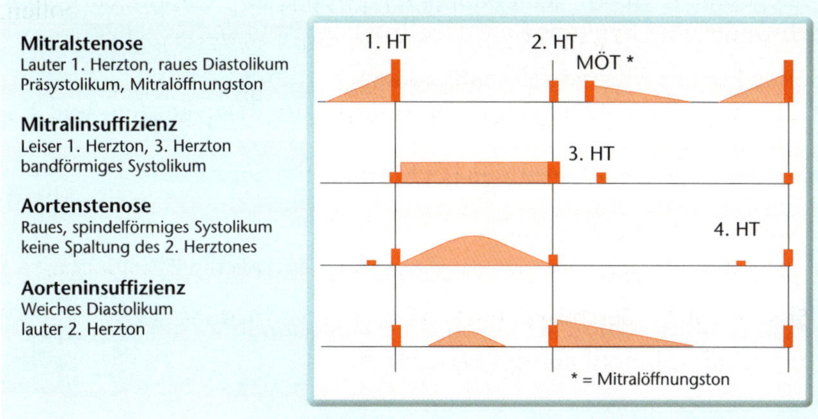

Abb. 1.7: Geräusche bei Klappenvitien

Röntgenologisch ist bei der **Mitralstenose** im seitlichen Strahlengang die Vergrößerung des linken Vorhofs mit Verdrängung des Ösophagus (Breischluck, Einengung des „Holzknechtraumes" = Retrokardialraum) sichtbar. Die linke Herzkammer ist dagegen normal groß und von steil abfallender Kontur. Weiterhin sind die Aa. pulmonales durch die Stauung im „kleinen" Kreislauf erweitert und evtl. ein vergrößerter rechter Ventrikel (Einengung des Retrosternalraumes) erkennbar. In den basalen Lungenfeldern ist oft eine stauungsbedingte Zeichnungsvermehrung vorhanden (Kerley-B-Linien).

✚ Echokardiographisch lassen sich bei der Mitralstenose verdickte oder verkalkte unbewegliche Mitralsegel, die sich unvollständig während der Diastole öffnen (kuppelförmige „Domstellung") nachweisen.

Die **Mitralinsuffizienz** zeichnet sich durch eine Vergrößerung sowohl des linken Vorhofes als auch der linken Kammer aus. Die weiteren Befunde sind ähnlich zu der Mitralstenose. Röntgenologisch kann eine Unterscheidung zwischen mäßiger Mitralstenose und -insuffizienz, sofern noch keine Dilatation des linken Ventrikels vorliegt, schwierig sein. Bei Mitralfehlern aufgrund rheumatischer Genese sind möglicherweise Klappenverkalkungen im Röntgenbild zu sehen.

Frage: Was verstehen Sie unter einem **Mitralklappenprolaps-Syndrom** und wie sieht das klinische Bild dieser Krankheit aus? **?**

Antwort: Beim Mitralklappenprolaps kommt es zur **systolischen Vorwölbung** des hinteren oder auch beider Mitralsegel **in den linken Vorhof.** Klinisch und hämodynamisch ist der Mitralklappenprolaps unbedeutend, seltener kommt es zu Mitralinsuffizienz und klinischen Beschwerden. Bei der Auskultation dieser Patienten kann ein **mesosystolischer Klick** auffallen. Der Mitralklappenprolaps ist i.d.R. eine angeborene Anomalie bei Bindegewebsstörungen (z.B. Marfan-Syndrom, Ehlers-Danlos-Syndrom), kommt aber auch sporadisch in der gesunden Bevölkerung vor. Die meisten Betroffenen sind **beschwerdefrei.**

Gelegentlich treten Palpitationen, „atypische" Thoraxschmerzen, Schwindel oder Synkopen auf. Die Prognose ist in der Regel gut.

Selten können folgende **Komplikationen** auftreten:
- Herzrhythmusstörungen (supraventrikuläre Tachykardien und Extrasystolen)
- bakterielle Endokarditiden bei Mitralinsuffizienz
- arterielle Embolien
- plötzlicher Herztod (selten)

Frage: Wann führen Sie bei einem Patienten mit Mitralklappenprolaps eine Antibiotikaprophylaxe durch?

Antwort: Endokarditisprophylaxe ist bei nachgewiesener Mitralinsuffizienz angezeigt. Die Indikationen zur Durchführung einer **Antibiotika-Prophylaxe** sind:
- zahnärztliche, kieferorthopädische Eingriffe, Tonsillektomie
- chirurgische Eingriffe im Intestinaltrakt und in den Atemwegen
- Gastroskopie
- Intubation, Bronchoskopie
- Sklerotherapie bei Ösophagusvarizen
- Blasenkatheterisierung, Zystoskopie, Blasen-/Prostata-OPs
- vaginale Hysterektomie, Entbindung, Kürettage
- Manipulation an Eiterherden (z.B. Haut)

1.8 Vorhofseptumdefekt

Frage: Ich nenne Ihnen folgende Charakteristika eines häufigen Herzfehlers:
- Fixierte Spaltung des 2. Herztones
- Systolisches Intervallgeräusch im 2. ICR links
- Rechtslagetyp und Rechtsschenkelblock im EKG.

Um welchen Herzfehler handelt es sich?

tipp Bei dieser Frage sollte man nicht große differenzialdiagnostische Überlegungen anführen. Sonst würde der Prüfer nicht von „einem" Herzfehler sprechen.

Antwort: Es handelt sich hier wahrscheinlich um **einen Vorhofseptumdefekt vom Ostium-secundum-Typ** (= ASD II). Im Gegensatz zum Ostium-primum-Typ-I besteht beim häufigeren Sekundumtyp ein zentraler Defekt der Vorhofscheidewand im Bereich der Fossa ovalis ohne Einbeziehung der Atrioventrikularklappen.

Meist bleiben die Patienten bis zum 4. Lebensjahrzehnt beschwerdefrei bzw. der Herzfehler wird zufällig entdeckt. Der Links-Rechts-Shunt führt zu einer **vermehrten pulmonalen Perfusion** („tanzende Hili"). Es kommt zur **Volumenbelastung des rechten Ventrikels** und schließlich zur **Widerstandserhöhung im Lungenkreislauf.** Mit Hilfe der Herzkatheteruntersuchung und der Echokardiographie wird der Defekt lokalisiert und die Größe des Shunt-Volumens bestimmt.

Frage: Wie sieht die **Therapie** eines Vorhofseptum-Defektes aus?

?

☐ ☐ ☐
☺ 😐 ☹

Antwort: Die **chirurgische** Therapie mit operativem Verschluss des Defektes ist bei allen symptomatischen und jungen Erwachsenen, bei Bestehen von Rechtsherzvergrößerung im Echokardiogramm und bei einem Lungenzeitvolumen/Körperzeitvolumen (Q_p/Q_s) > 1,5–2:1 die Therapie der Wahl. Dies gilt auch für asymptomatische Vorhofseptumdefekte mit entsprechend hohem Shuntvolumen. Als bester Zeitpunkt für diese kurative Operation wird das 3.–5. Lebensjahr, vor der Einschulung angesehen. Bei Erwachsenen wird der Eingriff elektiv nach Diagnosestellung unternommen.

tipp Die Frage ist einfach. Vorteilhaft ist die Nennung von Parametern, welche die Therapieentscheidung beeinflussen.

Ohne Behandlung drohen die Entstehung einer **Rechtsherzdekompensation** und **die pulmonale Hypertonie**. Bei Shunt-Umkehr (Eisenmenger-Reaktion) ist ein ASD-Verschluss nur mit Lungentransplantation möglich.

Seit einigen Jahren sind Verschlusssysteme für einen interventionellen ASD-Verschluss verfügbar. Bei entsprechender Indikationsstellung (z.B. Prophylaxe eines zerebralen Insultes durch paradoxe Embolie) gibt es hohe primäre Verschlussraten und wenig schwerwiegende Komplikationen. Langzeitergebnisse liegen noch nicht vor.

1.9 Ventrikelseptumdefekt

Frage: Nennen Sie einen sehr häufigen Herzfehler mit **Links-Rechts-Shunt.**

?

☐ ☐ ☐
☺ 😐 ☹

Antwort: Der häufigste Herzfehler mit Links-Rechts-Shunt ist der **Ventrikelseptumdefekt** (= VSD). Kleine Defekte sind durch ein sehr lautes Holosystolikum im 3. ICR links parasternal gut hörbar, jedoch ohne hämodynamische Wirkung (viel Lärm um nichts). Sie bedürfen deshalb auch keiner Therapie. Weiterhin besteht eine starke Neigung zum Spontanverschluss.

tipp Hier keinen schwierigen Exoten, sondern einen einfachen Herzfehler aussuchen.

Bei mittelgroßen und großen Ventrikelseptumdefekten mit einem Shunt-Volumen von mehr als 30% des Lungendurchflusses kommt es zur **Druck-** und **Volumenbelastung** der Ventrikel. Durch die **pulmonale Hypertonie** entsteht eine zunehmende Pulmonalsklerose mit vergrößertem Widerstand im „kleinen" Kreislauf, der schließlich zur **Shunt-Umkehr** (Eisenmenger-Reaktion ab P_{pul} = 70% von P_{aortal}) führen kann.

Bei großem VSD treten schon in den ersten Lebensmonaten schnelle Ermüdbarkeit, starkes Schwitzen, Dyspnoe und Zyanose auf. Die Patienten sind durch eine **Herzinsuffizienz,** einen fixierten **pulmonalen Hochdruck** und vermehrte **Infektionen** gefährdet. Therapeutisch wird ein operativer Verschluss eines hämodynamisch bedeutsamen Defektes angestrebt. Bei Säuglingen mit großem VSD kann zuerst eine „banding-OP" der Arteria pulmonalis zur Drosselung der vermehrten Lungenperfusion nötig sein. Die endgültige Korrektur erfolgt dann in einer zweiten Operation. Die Prognose ist bei rechtzeitiger Operation gut.

Frage: Ist jeder Ventrikelseptumdefekt symptomatisch? Nennen Sie einige **typische klinische Befunde.**

Antwort: Bei kleinem Shuntvolumen (< 10%) können Symptome fehlen. Klinische Befunde sind von Defektgröße, Defektlokalisation, Shuntvolumen und den pulmonalen Widerstandsverhältnissen abhängig. Bei **mittelgroßem** und **großem Shuntvolumen** ist Folgendes typisch:
- Wachstums- und Entwicklungsverzögerung
- Belastungsdyspnoe
- eingeschränkte Belastbarkeit
- Palpitationen (supraventrikuläre und ventrikuläre Arrhythmien)
- häufige bronchopulmonale Infekte
- Herzinsuffizienz

1.10 Morbus Fallot

Frage: Beschreiben Sie die **Fallotsche Tetralogie.**

Antwort: Es handelt sich um den häufigsten **angeborenen** Herzfehler mit **Rechts-Links-Shunt.** Meist besteht eine **zentrale Zyanose,** die innerhalb der ersten Lebensmonate auffällt (so genannte „blue babies"). Die Kennzeichen dieses kombinierten Herzfehlers sind:
- Obstruktion des rechtsventrikulären Ausflusstraktes
- großer VSD (hoch sitzend)
- eine über dem VSD „reitende" Aorta
- rechtsventrikuläre Hypertrophie

tipp Eigentlich ein Thema, welches primär zur Kinderheilkunde gehört. Da dieser Herzfehler relativ häufig vorkommt, wird er oft von Internisten bzw. Kardiologen mit abgefragt.

Frage: Was fällt bei der **körperlichen Untersuchung** eines Patienten mit Fallotscher Tetralogie auf?

Antwort:
- **Inspektion:** zentrale Zyanose, Trommelschlegelfinger/-zehen, Uhrglasnägel

- **Palpation:** tastbares systolisches Schwirren prästernal links betont, keine Pulsationen über dem Pulmonalareal, hebende Pulsationen über dem rechten Ventrikel
- **Auskultation:** singulärer 2. Herzton betont, Systolikum über 3. ICR links (RVOT), aortaler Ejektions-Klick (bes. nach dem 20. Lj.) evtl. zusätzlich Diastolikum bei Aorteninsuffizienz (ältere Patienten), evtl. kontinuierliches Geräusch bei assoziiertem Ductus arteriosus apertus

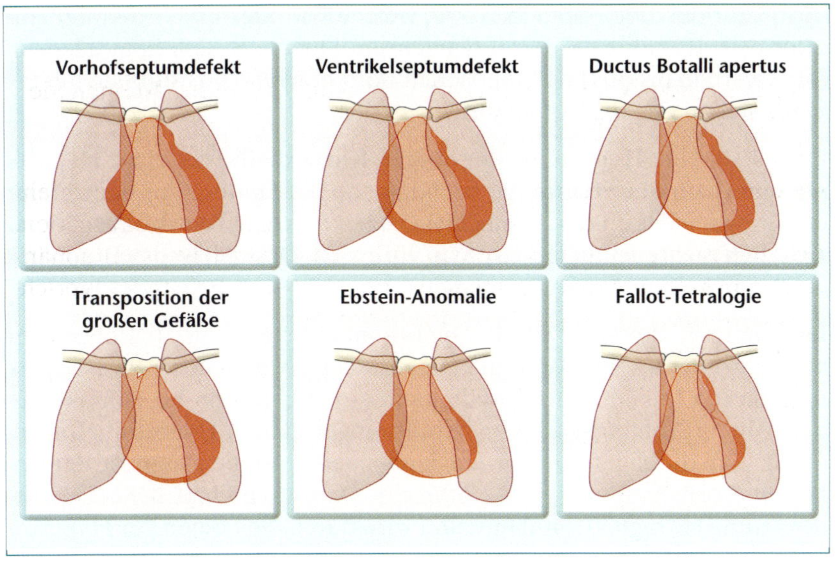

Abb. 1.8: Rö-Thorax bei kongenitalen Vitien

1.11 Aortenisthmusstenose

Frage: Nennen Sie einige **Kollateralkreisläufe**, die bei der **Aortenisthmusstenose** die untere Körperhälfte versorgen.

tipp Gefäßchirurgische Frage

Antwort: Kollateralkreisläufe bestehen über:
- A. thoracica interna
- Interkostalarterien
- A. subscapularis (Schulterblatt)
- Lumbalarterien

Aufgrund der Kollateralkreisläufe liegt keine **Zyanose der unteren Körperhälfte** vor, obwohl die Femoralispulse erheblich abgeschwächt oder nicht tastbar sind.

☐ ☐ ☐
☺ 😐 ☹

Fallbeispiel: Ein 20-jähriger Patient klagt über Nasenbluten, Kopfschmerzen und häufig kalte Füße. Bei der von Ihnen durchgeführten körperlichen Untersuchung fallen ein Hypertonus von 190/115 mmHg an den Armen und kaum tastbare Femoralispulse auf. Welche Verdachtsdiagnose drängt sich Ihnen auf?

tipp Hier handelt es sich um ein typisches Fallbeispiel, welches sehr genau ein Krankheitsbild beschreibt.

Antwort: Es liegt höchstwahrscheinlich eine **Aortenisthmusstenose** vor. Dabei handelt sich um eine Einengung am Übergang vom Aortenbogen zur deszendierenden Aorta, welche vor oder hinter dem Ductus arteriosus Botalli bzw. dem Ligamentum Ductus Botalli liegt. Demzufolge werden präduktale Stenosen mit offenem und postduktale mit geschlossenem Ductus Botalli unterschieden.

Es besteht eine **Hypertonie der oberen Körperhälfte** bei einer **Hypotonie unterhalb der Stenose.** Je nachdem, ob die Stenose vor oder hinter dem Abgang der linken A. subclavia liegt, kann eine **Blutdruckdifferenz zwischen rechtem** und **linkem Arm** vorliegen. Deshalb ist der Blutdruck immer an beiden Armen zu messen.

tipp In mündlichen Prüfungen empfiehlt es sich außer der Diagnose weitere Kennzeichen oder Einteilungen zu nennen. Damit kann man den weiteren Verlauf der Prüfung positiv beeinflussen.

Die Therapie der Wahl ist die **Operation,** welche um das 6. Lebensjahr herum erfolgen sollte. Wird die Diagnose erst, wie in unserem Beispiel, im höheren Lebensalter gestellt, kann eine Operation bis zum 30. Lebensjahr, in Abhängigkeit von bereits eingetretenen Hypertoniefolgen, erfolgreich durchgeführt werden. Unbehandelt ist die Prognose der isolierten Aortenisthmusstenose schlecht. Die durchschnittliche Lebenserwartung beträgt 30–40 Jahre und wird durch die Folgen der Hypertonie (apoplektischer Insult, Aneurysma und Herzinfarkt) begrenzt. Weiterhin besteht ein erhöhtes Risiko für eine Endokarditis.

☐ ☐ ☐
☺ 😐 ☹

Frage: Wie unterscheidet sich beim Gesunden der an den Armen im Vergleich zu dem an den Beinen gemessene Blutdruck?

tipp Aus der Formulierung ergibt sich, dass der Blutdruck nicht gleich sein kann. (Sonst wäre die Frage unsinnig.)

Antwort: Der an den **Knöchelarterien** mit der Riva-Rocci-Methode im Liegen gemessene systolische Blutdruck liegt normalerweise ungefähr **10 mmHg über** dem Blutdruck der **Oberarme.** Ursache hierfür ist, dass der Blutfluss vom Herzen zu den Femoralarterien von reflektierten Druckwellen überlagert wird, wodurch es zu einer Steigerung des Blutdruckes in den Beinarterien kommt.

1.12 Perikarderkrankungen

☐ ☐ ☐
☺ 😐 ☹

Frage: Nennen Sie einige Ursachen für eine **Perikarditis.**

Antwort: Akute Perikarditiden werden z.B. durch **Viren** (Coxsackie), **Tuberkulose, Kollagenosen, Traumata** und nach **herzchirurgischen Eingriffen** hervorgerufen.

Beispiele für chronische Perikarditiden sind: **Urämische** Perikarditis, Perikarditis bei **Kollagenkrankheiten** (SLE) und **idiopathische** Perikarditis. Die Mehrzahl „idiopathischer" Perikarditisfälle werden durch Viren verursacht. Fast jede akute Form der Perikarditis kann in die chronische Form übergehen.

Hauptursachen für eine konstriktive Perikarditis sind die **Tuberkulose** und durch die Häufigkeit der **Thoraxeingriffe** bedingt, das Postperikardiotomiesyndrom (= Dressler-Syndrom).

Frage: Nennen Sie **EKG-Zeichen,** die auf eine Perikarditis hindeuten.

Antwort: Im Gegensatz zum Infarkt, der regional zugeordnete EKG-Ableitungen betrifft, werden die perikarditischen EKG-Änderungen **in allen Ableitungen** gesehen. Im Verlauf einer Perikarditis kommt es zu Änderungen im EKG, die in vier Stadien eingeteilt werden können:

Perikarditis und EKG	
Stadium I	Niedervoltage, kleines R, ST-Hebung und Abgang der ST-Strecke konkavbogig aus der aufsteigenden S-Zacke
Stadium II	Rückbildung der ST-Hebung, flache T-Wellen, QT-Strecke verlängert
Stadium III (Vernarbung)	terminal negative T-Wellen, evtl. tiefe S-Zacke
Stadium IV (Ausheilung)	Niedervoltage, T-Abflachung, T-Negativität

Tab. 1.9: Perikarditis und EKG

Frage: Welche Befunde erwarten Sie bei einer **chronischen konstriktiven Perikarditis?**

Antwort: Die **Befunde** ähneln denen einer Rechtsherzinsuffizienz:
- Dyspnoe
- Einflussstauung (Jugularvenen gestaut)
- rasche Ermüdbarkeit
- Ödeme
- Aszites

Auskultatorisch sind **leise Herztöne** und evtl. ein **3. Herzton** wahrzunehmen. Gelegentlich ist ein so genanntes „Lederknarren“ (Reibegeräusch) zu hören. Hierbei handelt es sich um ein systolisches und diastolisches Geräusch über der Herzspitze, das am lautesten in Exspiration bei vornüber gebeugtem Oberkörper auszukultieren ist. Durch den Rückstau des Blutes vor dem rechten Herzen wird ein **erhöhter Venendruck** (mehr als 12 cm H_2O) gemessen und ein paradoxer Anstieg des Jugularvenenpulses bei tiefer Inspiration **(Kussmaul' Zeichen)** wahrgenommen. Die Perikarditis ist häufig mit einer Myokarditis und Endokarditis kombiniert.

! **Merke:** Das Missverhältnis zwischen klinischen Zeichen der Rechtsherzinsuffizienz und normal großem Herz auf dem Röntgenbild muss an eine konstriktive Perikarditis denken lassen, besonders auch bei therapierefraktärer Herzinsuffizienz.

? **Frage:** Welche Medikamente werden in der Behandlung eines **Postkardiotomiesyndroms** oft eingesetzt?

Antwort: 1–6 Wochen nach Herzinfarkt bzw. herzchirurgischen Eingriffen kann es zu einer fiebrigen Perikarditis/Pleuritis kommen. **Nichtsteroidale Antiphlogistika** und **Steroide** werden benutzt, um die Entzündungsreaktion abzuschwächen und eine hämodynamisch wirksame Beeinträchtigung der Herzmuskelfunktion zu verhindern.

1.13 Herzbeuteltamponade

? **Frage:** Welche Perikarderkrankung erfordert sofort eine unmittelbare Notfalltherapie?

tipp Stichworte sind „sofort“ und „unmittelbar“.

Antwort: Bei einer drohenden **Herzbeuteltamponade** ist eine **Entlastungspunktion** oder **Drainage** unbedingt notwendig.

? **Frage:** Nennen Sie einige Erkrankungen, die eine Herzbeuteltamponade verursachen können.

Antwort: Eine Perikardtamponade kann zahlreiche unterschiedliche **Ursachen** haben:

- Stichverletzung (Messer)
- stumpfes Thoraxtrauma (Autounfall)
- Perikarditis und Antikoagulanzientherapie

- urämische Niereninsuffizienz
- Bronchialkarzinom mit Einbruch in den Herzbeutel
- Perforation des rechten Ventrikels durch einen zentralen Venenkatheter

Frage: Wann wird eine so genannte **Perikardfensterung** durchgeführt?

Antwort: Bei einer Perikardfensterung oder Perikardektomie werden erkrankte Teile (z.B. Schwielen, chronisch entzündetes Gewebe) des Perikards entfernt. Sie wird **bei chronisch-rezidivierenden Herzbeutelergüssen** oder **Perikarditiden** durchgeführt. Dadurch soll verhindert werden, dass die vom geschädigten Perikard gebildete, meist seröse Flüssigkeit den Herzmuskel hämodynamisch behindert. Entscheidend ist jedoch eine vorherige Ursachenklärung.

Fallbeispiel: Ich berichte Ihnen von folgendem Fall: Ein 50-jähriger Mann mit Vorderwandinfarkt wurde mit einer fibrinolytischen Therapie behandelt. Danach schloss sich eine Behandlung mit Antikoagulanzien an. Nach einer Woche traten ein merkwürdiges, nicht atemabhängiges Reibegeräusch und stechende Schmerzen über dem Herzen auf, die nach einigen Stunden verschwanden. Kurz darauf wurde der Mann unruhig, dyspnoisch und verlor das Bewusstsein. Was ist passiert?

Antwort: Es handelt sich scheinbar um ein akutes Geschehen. Neben einem Reinfarkt oder einer Lungenembolie muss aufgrund obiger Angaben auch an Folgendes gedacht werden: Das **nicht atemabhängige Reibegeräusch** könnte ein Perikardreiben gewesen sein. Dafür sprechen auch die stechenden Schmerzen in der Herzgegend. Nach einem Herzinfarkt kommt es häufig zu einer **Pericarditis epistenocardiaca.** Dazu würde auch die Zeitangabe von einer Woche passen.

Wahrscheinlich wurde die Antikoagulanzientherapie trotz einer vorliegenden Perikarditis nicht abgesetzt. Eine Blutung oder ein Erguss im Herzbeutel können zu einer Behinderung der Herzaktion und später zum kardiogenen Schock geführt haben. Ein Hinweis auf eine zunehmende Flüssigkeitsansammlung im Herzbeutel ist das schnelle Verschwinden der Reibegeräusche.

Die akute Herzbeuteltamponade erfordert eine sofortige Punktion oder Drainage. Die Verdachtsdiagnose kann durch Perkussion, Röntgenthoraxaufnahme (Bocksbeutelform des Herzens), EKG und Echokardiographie bestätigt werden.

tipp Der Prüfer will anscheinend auf etwas ganz Bestimmtes hinaus. Man kann ohne weiteres darum bitten, dass einige Befunde nochmals wiederholt werden. Dadurch gewinnt man Bedenkzeit. Bei der Antwort beobachten, ob der Prüfer zustimmend nickt oder den Kopf schüttelt und so versuchen, sich zu der richtigen Diagnose entlangzutasten.

? **Frage:** Ihre Verdachtsdiagnose ist zutreffend. An welcher Stelle würden Sie punktieren?

tipp Dafür, dass man als Student wahrscheinlich keine Herzbeuteltamponade gesehen hat, geschweige denn eine Punktion, will es dieser Prüfer ganz genau wissen.

Antwort: Eine **Herzbeutelpunktion** kann unter Kontrolle der zweidimensionalen Echokardiographie und des EKG durchgeführt werden. Sie erfolgt **unterhalb des Processus xiphoideus,** wobei die Nadel unter Aspiration und Ultraschallkontrolle langsam in Richtung auf das linke Sternoklavikulargelenk vorgeschoben wird. Oft wird die Punktionsnadel durch einen Katheter ersetzt, der als Drainage einige Zeit belassen werden kann.

Der Therapieerfolg zeigt sich sofort an den hämodynamischen Parametern wie Blutdruck, Herzfrequenz, Jugularvenenstauung und an dem klinischen Zustand des Patienten. Als Hauptgefahren der Punktion gelten perforierende Verletzungen des Herzmuskels und der Koronararterien.

1.14 Aneurysmen

? **Frage:** Zählen Sie bitte verschiedene Arten von **Aortenaneurysmen** auf und erläutern Sie die Unterschiede.

tipp Nun kommt wieder die übliche Reihenfolge von Definition, Ätiologie und Einteilung in der Antwort zum Zuge.

Antwort: Ein Aneurysma ist eine begrenzte Erweiterung der Arterie.

Man unterscheidet folgende Arten:

- **Aneurysma verum:** Alle Wandschichten sind von der Erweiterung betroffen. Meistens sind diese Art von Aneurysmen arteriosklerotisch bedingt und infrarenal lokalisiert. Hauptgefahren stellen die Ruptur und die Verschleppung von thrombotischem Material dar.
- **Aneurysma dissecans:** Durch einen Einriss der Intima wühlt sich das Blut innerhalb der Tunica media vor und führt zur Entstehung eines echten und eines falschen Lumens, das sich nach distal u./o. proximal ausweitet. Die Hypertonie spielt bei der Entstehung und Ausdehnung einer Aortendissektion eine wesentliche Rolle. Seltenere Ursachen sind die Lues, andere bakterielle Entzündungen und das Marfan-Syndrom.
- **Aneurysma spurium:** Hier liegt ein, meist traumatisch bedingter, Defekt der Arterienwand vor. Je nach Größe der Wandverletzung kommt es zu einem lebensbedrohlichen Blutverlust oder zur bindegewebigen Umgrenzung des Hämatoms.

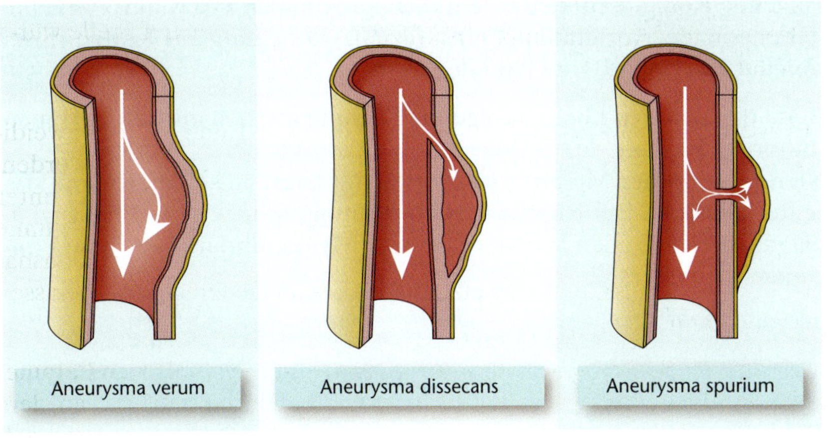

Abb. 1.9: Arterielle Aneurysmen

Frage: Wann stellen Sie eine OP-Indikation für ein abdominelles Aortenaneurysma?

Antwort: Alle Aortenaneurysmen (> 5 cm Durchmesser) sollten bei vertretbarem OP-Risiko wegen der Ruptur- und Emboliegefahr gefäßchirurgisch behandelt werden. Das Rupturrisiko beim abdominellen Aortenaneurysma steigt von 3%/a bei < 5 cm auf bis zu 10%/a bei > 5 cm Durchmesser.

tipp Eine Frage für zukünftige Gefäßchirurgen.

Weiterhin ist die Normalisierung einer bestehenden Hypertonie nötig. Bestehen keine Risikofaktoren, wird auch bei kleineren Aneurysmen die OP-Indikation heute relativ großzügig gestellt. Absolute OP-Indikation besteht bei allen symptomatischen Aneurysmen. Alternativ kann eine perkutane Stent-Implantation bei geeigneten Kandidaten durchgeführt werden.

Frage: Wie stellen sich Klinik und Differenzialdiagnose eines **akuten Aneurysma dissecans** dar?

Antwort: Ein akutes Aneurysma dissecans führt, je nach der Höhe der Dissektionsstelle, zu einem **stechenden Vernichtungsschmerz** im Thorax, beim proximalen Typ A (Aortenbogenbereich unter Einschluss der Aorta ascendens) bevorzugt retrosternal und beim distalen Typ B (distal des Aortenbogens = Aorta descendens) mit Ausstrahlung nach kaudal.

tipp Endlich eine leichte und praxisbezogene Frage.

Durch die Dissektion werden häufig Gefäßäste der Aorta funktionell vom Blutfluss abgetrennt, sodass Organausfälle mit entsprechender Symptomatik die Folge sein können.

Folgende **Komplikationen** treten beim **proximalen Typ A** auf: Herzbeuteltamponade, Aortenklappeninsuffizienz, Verlegung der Koronararterien mit Herzinfarkt und Apoplex.

Beim **distalen Typ** können folgende Komplikationen auftreten: Hämatothorax, Blutung ins Mediastinum oder Abdomen, Verlegung der Nieren- und/oder Mesenterialarterien mit Niereninsuffizienz und Mesenterialinfarkt. Bei Ruptur tritt ein Blutungsschock ein. **Differenzialdiagnostisch** kommen in erster Linie ein **Myokardinfarkt** und eine **Lungenembolie** in Frage.

	Aneurysma	Infarkt	Lungenembolie
EKG	-	+	-/+
Rö-Thorax	Raumforderung	-	-
CT + Sonographie	Differenzierung der Raumforderung	-	-
Enzymdiagnostik	-	**CK-MB** post. Infarkt nach 4–6 h ↑, CK-MB > 6% der Gesamt-CK **GOT** nach 6–12 h ↑ **LDH** nach 12–24 h ↑	**LDH2** ↑/-

Tab. 1.10: Differenzialdiagnose: Aneurysma – Infarkt – Lungenembolie

Vor allem die einfache Röntgenaufnahme, Durchleuchtung und Sonographie geben die entscheidenden ersten Hinweise auf das Vorliegen eines Aneurysmas. Danach sollten transösophageale Sonographie oder Angio-/3D-MRTden Ort der Dissektion näher bestimmen.

? **Frage:** Wie stellen Sie als praktischer Arzt in einer durchschnittlich eingerichteten Praxis die Diagnose eines Bauchaortenaneurysmas?

tipp Was eine „durchschnittlich eingerichtete" Praxis ist, liegt im Ermessen des Prüfers. Wir haben uns als gedankliche Hilfe der Praxisausstattungen unserer Hausärzte bedient.

Antwort: Die Anamnese gibt möglicherweise bereits Hinweise auf **abdominale Beschwerden** (z. B. Meteorismus, Diarrhoe) oder **Durchblutungsstörungen**. Bei einer gründlichen körperlichen Untersuchung können eine **tastbare pulsierende Raumforderung** und auskultatorisch erfassbare **Strömungsgeräusche** auffallen. Voraussetzung ist eine gewisse Größe des Aneurysmas und ein nicht zu adipöser Patient. Eine **Röntgenaufnahme** des Abdomens zeigt evtl. Kalkschalen im Bereich der abdominalen Aorta. Die treffsicherste Methode ist die **Sonographie.**

1.15 Arterielle Verschlusskrankheit (pAVK)

Frage: Kennen Sie die **Lagerungsprobe nach Ratschow?** Im Rahmen welcher Krankheit wendet man sie an?

Antwort: Es handelt sich um einen Belastungstest im Rahmen der angiologischen Diagnostik. Der liegende Patient führt mit erhobenen Beinen kreisende Fußbewegungen bis zum Auftreten von Schmerzen bzw. höchstens 5 Min. aus. Dabei werden Hautfarbe und Hauttemperatur der Extremitäten verglichen. Nach Herunterhängenlassen der Beine misst man die Zeit bis zum Erkennen der **reaktiven Hyperämie** (Norm: 5–10 Sek.) und die **Venenauffüllzeit** (Norm: 20 Sek.). Man erhält so Aufschluss über die Schwere und Ausdehnung einer arteriellen Verschlusskrankheit der unteren Extremitäten. Insbesondere kann durch einfache Belastungstests dieser Art die Kollateralgefäßbildung im Laufe der Erkrankung überprüft werden. Ein Belastungstest für die oberen Extremitäten ist die Faustschlussprobe.

tipp Klinische Funktionstests, wie die Probe nach Ratschow, werden leider kaum angewandt, dafür aber umso mehr abgefragt. Es ist sinnvoll, einige Tage vor dem Prüfungstermin nochmals alle gängigen, einfachen, klinischen Tests zu wiederholen.

Frage: Welche bekannte **Stadieneinteilung** gibt es für die **pAVK** (= periphere arterielle Verschlusskrankheit)? Kennen Sie das Lériche-Syndrom?

Antwort: Die bekannteste Einteilung nach **Fontaine-Ratschow** beschreibt den klinischen Schweregrad der Durchblutungsstörung. Es werden folgende Stadien unterschieden:

tipp Die Stadieneinteilung alleine erschien diesem Prüfer zu banal. So hat er zusätzlich die Frage nach einem zur AVK gehörenden Syndrom gestellt.

Stadium I	kein tastbarer Puls, trotzdem keinerlei Beschwerden (75% aller Fälle sind asymptomatisch)
Stadium II a	Claudicatio intermittens (schmerzfreie Gehstrecken > 200 m)
Stadium II b	schmerzhafte Gehstrecke < 200 m
Stadium III	ischämischer Ruheschmerz der Muskulatur, vor allem im Bereich der Akren in Horizontallage
Stadium IV	zusätzlich Nekrose/Gangrän/Ulkus

Tab. 1.11: Einteilung nach Fontaine-Ratschow

Bedeutsam ist, dass erst bei Verschluss von weit über der Hälfte der Strombahn Beschwerden im Sinne einer Claudicatio intermittens auftreten. Für die Stadieneinteilung ist die Lokalisation des Gefäßverschlusses von Bedeutung.

Folgende Hauptabschnitte werden je nach Lage des arteriosklerotischen Prozesses an der **unteren Extremität** differenziert:

- Beckentyp (Aorta, A. iliaca communis, A. iliaca ext.)
- Oberschenkeltyp (A. femoralis)
- Unterschenkeltyp (z.B. A. tibialis post.)
- Mehretagentyp

Durch diese Lageeinteilung wird das therapeutische Konzept (Desobliteration, Gefäßprothesen, transluminale Katheterdilatation) wesentlich mit beeinflusst. Beim **Lériche-Syndrom** führt ein chronischer Verschluss der Aortenbifurkation zu Schmerzen und Schwäche in den Beinen. Es kommt zu Blasenstörungen, Impotenz und Muskelatrophien. Bei langsamer Progredienz des Verschlusses kann sich ein Kollateralkreislauf über die A. mesenterica superior – A. iliaca interna ausbilden (= Riolansche Anastomose).

☐ ☐ ☐
☺ 😐 ☹

? **Frage:** Was ist ein „ankle-brachial-index" (ABI) und wie wird er gemessen?

Antwort: Dabei handelt es sich um die systolische Blutdruckmessung an beiden Oberarmen und Unterschenkeln im Ruhezustand. Der an den **Knöchelarterien** mit der Riva-Rocci-Methode im Liegen gemessene systolische Blutdruck liegt normalerweise ungefähr **10 mm Hg über** dem Blutdruck der **Oberarme** (Dopplerindex: Knöcheldruck/ Oberarmdruck > 1). Bei leichter arterieller Durchblutungsstörung findet sich ein Index von 0.9 – 0,75, bei mittelschweren Durchblutungsstörungen beträgt der Index < 0,75 – 0.5. Werte < 0,5 oder systolischer Druck < 50 mmHg finden sich bei kritischer Ischämie mit Nekrose- und Amputationsgefahr. Blutdruckmessungen sollten erst nach 15-minütiger Ruhepause folgen, sonst können die Messwerte falsch zu niedrig sein. Bei Blutdruck-Differenzen zwischen beiden Armen wird der höhere Wert als Vergleichsbasis genommen.

☐ ☐ ☐
☺ 😐 ☹

? **Frage:** Was halten Sie für den wichtigsten **therapeutischen Ansatzpunkt** bei der pAVK der Stadien I und II?

> tipp Vorsicht! Nicht gleich desobliterieren oder „dottern". Die konservative Therapie hat einen sehr hohen Stellenwert und sollte betont werden.

Antwort: Im **Stadium I** erfolgt keine spezifische Therapie. Sinnvoll ist natürlich die **Ausschaltung von Risikofaktoren.** Eine maßvolle sportliche Betätigung sollte dem Patienten angeraten werden. Außerdem sind regelmäßige klinische Kontrollen (z.B. Doppler-Sonographie) angezeigt.

Im **Stadium II** steht die Förderung der Kollateralbildung im Vordergrund. Dem Patienten wird ein ausgedehntes **Gehtraining** empfohlen (Gehen bis zum Auftreten der Claudicatio-Beschwerden → Pause → erneutes Gehen). Danach kann eine **medikamentöse** Behandlung mit Vasodilatanzien und Rheologika (z.B. Trental® = Pentoxifyllin) in Kombination mit einem Gehtraining durchgeführt werden. Eine Senkung des Hämatokrits (< 40%) durch eine **isovolämische Hämodilution** bzw. Aderlasstherapie führt durch Viskositätserniedrigung des Blutes zu einer besseren O_2-Versorgung.

Führt dies nicht zum Erfolg, kann als operative Therapie die **perkutane transluminale Angioplastie** mit Stent-Implantation, Gefäßdesobliteration durch **Thrombendarterektomie** oder **Bypass-Operationen** mit Gefäßersatz durch autologe V. saphena oder durch körperfremdes Material in Erwägung gezogen werden. Hierbei ist die vorherige Durchführung einer Angiographie zur genauen Darstellung der Gefäßveränderungen und zur Therapieplanung notwendig.

OP-Indikation: Stadium II relativ, Stadium III und IV absolut. OP ist nicht sinnvoll bei ausschließlich distalen oder multiplen Verschlüssen. Die Amputation ist die Ultima ratio im Stadium IV, wenn Zu- und Abstromvolumen für eine Revaskularisation zu gering sind.

Frage: Wir haben bisher immer von der Arteriosklerose der unteren Extremitäten gesprochen. Nun etwas Neues. Was ist das **Subclavian-steal-Syndrom?**

Antwort: Es handelt sich um einen arteriosklerotischen Verschluss der A. subclavia unmittelbar nach ihrem Abgang aus der Aorta und proximal des Vertebralisabganges. Es kommt zur Stromumkehr in der ipsilateralen A. vertebralis, womit vor allem bei Belastung des Armes Blut aus dem Zerebralkreislauf (Circulus Willisi) für die Versorgung des Armes abgezweigt wird.

tipp Vom Subclavian-steal-Syndrom hat man schon viel während des Studiums gehört (und es nie gesehen), sodass diese Frage keine Probleme aufwerfen dürfte.

Die Patienten klagen über **Schwindel, Sehstörungen, Übelkeit** und **schnelle Ermüdung.** Weiterhin lässt sich oft eine **Blutdruckdifferenz** zwischen linkem und rechtem Arm nachweisen. Meist wird eine **gefäßchirurgische Therapie** (Desobliteration, Gefäßprothese) durchgeführt.

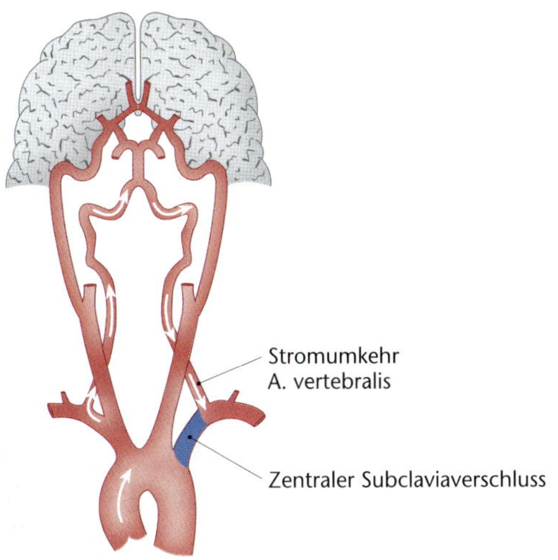

Abb. 1.10: Subclavian-steal-Syndrom

1.16 Arterielle Embolie

☐ ☐ ☐
☺ 😐 ☹

Frage: Wie stellen Sie sich die Klinik eines plötzlichen **arteriellen Verschlusses** an den Extremitäten vor?

Antwort: Bei der plötzlichen Verlegung einer größeren Arterie kommt es beim kompletten Ischämiesyndrom zu folgenden klinischen Zeichen (englisch: 6-**P**-Regel)

Pain	starker Schmerz
Pulselessness	Pulslosigkeit
Paralysis	Lähmung
Paresthesia	Gefühlsstörung
Paleness	Blässe
Prostration	Schock

Tab. 1.12: 6-P-Regel

Meist handelt es sich um eine **embolische** Verschleppung von korpuskulären Elementen, z.B. thrombotischen Material bei Vorhofflimmern aus dem linken Vorhof. Weiterhin kommen plötzliche arterielle **thrombotische** Verschlüsse bei vorbestehenden Gefäßwandschäden (Arteriosklerose, Trauma, Aneurysma) vor.

☐ ☐ ☐
☺ 😐 ☹

Frage: Warum halte ich die Klinik eines Arterienverschlusses für so bedeutend? Man könnte doch abwarten und in aller Ruhe am nächsten Tag eine beweisende Angiographie durchführen?

tipp Dieser Prüfer orientiert sich offenbar am klinischen Alltag. Hier ist eine kurze Antwort ohne theoretisches Beiwerk am besten.

Antwort: Die ziemlich eindeutige Klinik ermöglicht eine schnelle Diagnose und damit auch einen raschen Therapiebeginn. Das Gefäßlumen sollte innerhalb von **6 h** wieder eröffnet werden, da sonst der Verlust der Extremität droht. Die Therapie der Wahl ist die **chirurgische Embolektomie** mittels eines Fogarty-Ballonkatheters. **Lokale Fibrinolyse** kann als Therapiealternative bei Verschlüssen im Unterarm- bzw. Unterschenkelbereich, insbes. bei inkomplettem Ischämiesyndrom durchgeführt werden.

☐ ☐ ☐
☺ 😐 ☹

Frage: Wie sieht die **Ersttherapie** aus, die Sie als Hausarzt einleiten?

Antwort: Als Erstes lagert man die **Extremität tief** und verhindert durch Einpacken in Decken (Watte) einen Wärmeverlust. Dann wird zur **Schmerzbekämpfung** (z.B. Pethidin 75 mg i.v.) und **Schockprophylaxe** (z.B. Hydroxyäthylstärke) ein intravenöser Zugang gelegt. Selbstverständlich wird die Krankenhauseinweisung veranlasst und mit 5000–10000 IE **Heparin i.v.** eine Hemmung der Gerinnung eingeleitet (Achtung: Keine i.m. Injektion wegen evtl. nachfolgender Lysetherapie). Innerhalb der nächsten 6 h sollte eine Embolektomie bei großlumigen Gefäßen bzw. eine Fibrinolyse bei peripheren Embolien erfolgen.

Frage: Mit welchen Medikamenten wird eine **thrombolytische Therapie** durchgeführt? Welche Kontraindikationen kennen Sie?

Antwort: Thrombolytische Medikamente sind Aktivatoren der Fibrinolyse. Dies sind hauptsächlich: **Streptokinase, Urokinase** und **tPA** (Gewebs-Plasminogenaktivator). Eine Besonderheit von tPA ist, dass es größtenteils an Fibrin gebundenes Plasminogen zu Plasmin aktiviert und somit am ehesten fibrinspezifisch wirkt. **Hauptkontraindikationen** der Fibrinolyse-Therapie sind:

- kurz vorhergegangene OP < 8 Tage
- fortgeschrittenes Malignom
- frisches Magen-Darm-Ulkus
- nicht einstellbare Hypertonie > 200 mmHg systolisch bzw. > 105 mmHg diastolisch
- Aortenaneurysma > 3 cm
- Zerebralinsult < 6 Monate
- Verletzung des Rückenmarks < 3 Monate
- ZNS-OP < 3 Monate
- Endokarditis, Pankreatitis, Sepsis

Die Indikation zur Lyse wird heute zunehmend großzügiger und in Abhängigkeit vom Einzelfall gestellt.

tipp Grundsätzlich gilt: Prüfer beziehen ihre nächste Frage auf die vorhergehende Antwort. Sie wollen dann wissen, wie tief das Wissen des Prüflings reicht.

1.17 Endokarditis

Frage: Wie definieren Sie eine **Endokarditis** und welche Grobeinteilung kennen Sie?

Antwort: Es handelt sich um eine Entzündung der Herzinnenwand, die zur Klappendestruktion führen kann. Man unterscheidet im Wesentlichen:

- **nichtinfektiöse** (abakterielle) Endokarditis
- **akute bakterielle** Endokarditis (z. B. Staphylokokken)
- **subakute bakterielle** Endokarditis (z. B. Streptococcus viridans)

Die rheumatische Endokarditis ist die häufigste Ursache für **Mitral-** und **Aortenklappenfehler** (allergische Poststreptokokkenerkrankung).

☐ ☐ ☐
☺ 😐 ☹

Frage: Wodurch zeichnet sich das klinische Bild einer **akuten bakteriellen Endokarditis** aus?

Antwort: Die akute bakterielle Endokarditis ist im Allgemeinen durch ein **dramatisches Krankheitsbild** gekennzeichnet:

- hohes **Fieber** und **Tachykardie**, evtl. Schüttelfrost
- **Allgemein-Symptome:** Schwäche, Appetitlosigkeit, Gewichtsverlust, Arthralgien, Anämie
- **Kutane Symptome:** Petechien, Osler-Knötchen (linsengroße schmerzhafte Knötchen, bes. an Fingern und Zehen = immunkomplexbedingte Vaskulitis)
- **Kardiale Symptome:** Herzgeräusche, zunehmende Zeichen einer Herzinsuffizienz, evtl. Klappenperforation oder -abriss
- **Nierenbeteiligung** mit Hämaturie, Proteinurie: Glomeruläre Herdnephritis (Löhlein), Niereninfarkte im Rahmen embolischer Ereignisse
- **Bakterielle Mikroembolien:** Embolische Herdenzephalitis, evtl. mit passageren Hemiparesen, evtl. Mikroembolien an der Retina (Roth's spots)
- Splenomegalie

☐ ☐ ☐
☺ 😐 ☹

Frage: Drogenabhängige **„Fixer"** leiden nicht selten an einer Endokarditis. Warum?

✚ Tatsächlich ist die Endokarditis eine sehr häufige Begleiterkrankung bei i.v. Drogenabhängigen.

Antwort: Durch mangelnde Reinigung und Desinfektion des Spritzbestecks kommt es zur Einschleppung von Keimen (meist Staphylokokken), die sich im Bereich der Trikuspidalklappe (erste Klappen-Station) ansiedeln können (Rechtsherzendokarditis). Häufig sind septische Streuherde (Abszesse).

☐ ☐ ☐
☺ 😐 ☹

Frage: Im Krankenhaus oder nach iatrogenen Manipulationen ist die **subakute Endokarditis** häufig. Was verbirgt sich dahinter?

Antwort: Die subakute Endokarditis (Endocarditis lenta) wird häufig (60 – 80%) durch **Streptococcus viridans** verursacht. Es handelt sich um einen schwach pathogenen Keim (Mundflora), der bei Zahnextraktionen, grippalen Infekten oder endoskopischen Manipulationen (Gastroskopie) in die Blutbahn gelangt. Er siedelt sich bevorzugt auf rheumatisch vorgeschädigten Herzklappen an. Der Krankheitsbeginn ist schleichend und der Verlauf ist langsam und weniger eindrucksvoll. **Symptome** sind:

- Abgeschlagenheit
- ungewollter Gewichtsverlust
- chronische Anämie

- subfebrile Temperaturen (um 38 °C)
- BSG- und CRP-Erhöhung
- Leukozytose
- Splenomegalie

Merke: Liegen Fieber und ein neu aufgetretenes Herzgeräusch vor, so muss eine Endokarditis ausgeschlossen werden.

Frage: Welche Untersuchung ist sowohl für die akute als auch für die subakute Endokarditis zur Diagnosestellung und Therapieeinleitung entscheidend? Welche Rolle spielt die Echokardiographie?

Antwort: Für die Einleitung einer spezifischen Therapie ist die Bestimmung des Erregers unerlässlich. Wesentlich ist die Abnahme mehrerer **Blutkulturen** vor der Therapie mit gleichzeitiger Verwendung von mindestens 3 Paaren aeroben und anaeroben Kulturmedien. Der günstigste Zeitpunkt für Blutkulturabnahmen ist während des frühen Fieberanstieges.

tipp Da in der Frage nur die bakteriellen Endokarditiden erwähnt sind, kommt man nach kurzer Überlegung leicht auf die gesuchte diagnostische Methode.

Die **Echokardiographie** liefert als bildgebendes Verfahren die Möglichkeit, den Zustand der Herzklappen zu beurteilen. So können Klappenvegetationen oder Auflagerungen (z.B. Endocarditis polyposa) sichtbar und das Ausmaß einer erfolgten Klappendestruktion (z.B. Mitralinsuffizienz) nachgewiesen werden. Besondere Bedeutung hat die Echokardiographie als preiswertes und nicht invasives Verfahren in der Verlaufsbeurteilung einer Herzklappenschädigung während der Therapie.

Merke: Da der Erregernachweis oft schwierig ist, ist man auch bei klinischer Verdachtsdiagnose ohne positive Blutkultur zur Therapie verpflichtet.

Frage: Ein Patient mit erhöhtem Endokarditisrisiko (Z.n. rheumatischer Herzklappenschädigung) muss sich einem ambulanten zahnärztlichen Eingriff unterziehen. Welche antibiotische Prophylaxe schlagen Sie vor?

Antwort: Im Bereich des Mund- und Rachenraumes sind vergrünende Streptokokken die Zielkeime. Sinnvoll ist eine **Prophylaxe** mit einem **Penicillinpräparat.**

Beispielschema: Amoxicillin 2 g oral 1 h vor dem Eingriff oder 1g i.v. 30 Min. vor dem Eingriff.

Besteht eine Penicillinallergie, kann alternativ Clindamycin 600 mg oral oder Azithromycin 500 mg oral jeweils 1 h vor dem Eingriff eingenommen werden.

1.18 Hypertonie

Frage: Treffen Sie bitte eine Einteilung der **Hypertonie** nach ätiologischen Gesichtspunkten.

tipp „Geschwollene" Formulierung. Gemeint ist die übliche Standardeinteilung.

Antwort: Eine Hypertonie besteht bei ca. 25% der Bevölkerung und stellt einen wesentlichen Risikofaktor für eine Vielzahl von Herz-Kreislauf-Erkrankungen dar. Man unterscheidet die **primäre essentielle** Hypertonie (> 90% der Fälle) von den **sekundären** Hypertonien. Die sekundären Hypertonien sind zum Großteil renal (ca. 8%) bedingt. Die renalen Hypertonien treten in Folge der Aktivierung des Renin-Angiotensin-Aldosteron-Systems auf.

Frage: Wie wird eine Hypertonie verifiziert?

+ Häufig ist eine Situationshypertonie beim Arztbesuch.

Antwort: Da der Blutdruck von der Tageszeit, psychischen und körperlichen Belastungen abhängt, kann man eine Hypertonie nur durch wiederholte Messungen diagnostizieren. Zum Nachweis einer Hypertonie muss eine mindestens **dreimalige Messung an drei verschiedenen Tagen** erfolgen. Zuvor ist eine Ruhephase von mindestens 5 Min. notwendig. Die Messung sollte **im Sitzen** stattfinden, beide **Arme** sollten **in Herznähe gelagert** und mindestens einmal gemessen werden. Bei starkem Armumfang ist der gemessene RR-Wert zu hoch.

Frage: Ab welchen Blutdruckwerten spricht man von Hypertonie?

Antwort: Eine Zuordnung zu einem der Blutdruck-Bereiche ist nur nach wiederholten Messungen zu verschiedenen Zeiten möglich.

Hypertonie-Einteilung nach Blutdruckwerten (JNC7/NIH, USA 2003)		
Kategorie	**systolischer Blutdruck** (mmHg)	**diastolischer Blutdruck** (mmHg)
Normal	< 120	< 80
Prähypertonie	120 – 139	80 – 89
Hypertonie	140	90
Hypertonie: Stadium 1 Stadium 2	 140 – 159 160	 90 – 99 100

Tab. 1.13: Hypertonie-Einteilung

Frage: Welche **diagnostischen Maßnahmen** leiten Sie als Standard bei einer Hypertonie ein?

Antwort:

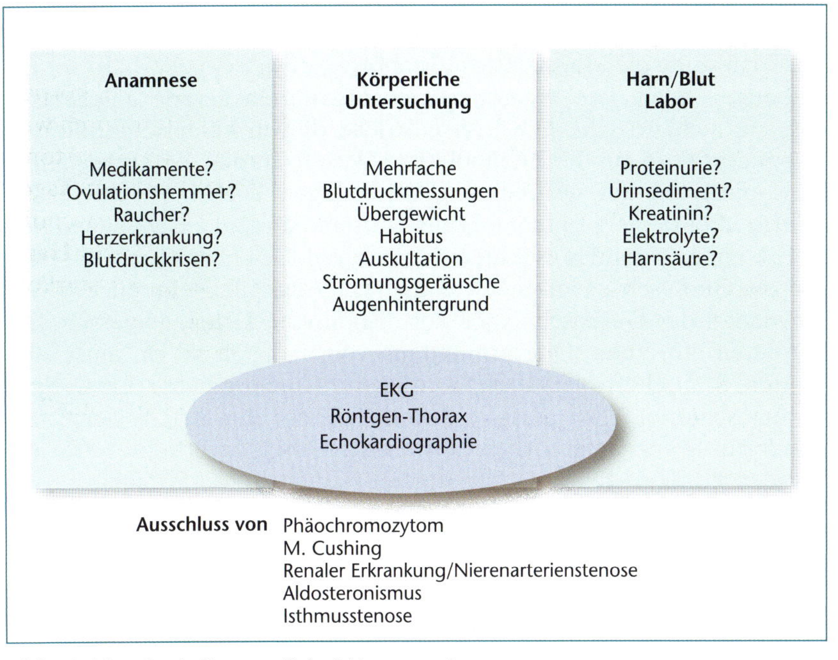

Abb. 1.11: Basisdiagnostik bei Hypertonie

Zu den **sekundären Hypertonien** zählen auch die **endokrin** verursachten Blutdrucksteigerungen:

- Hyperthyreose
- Conn-Syndrom (primärer Hyperaldosteronismus)
- Cushing-Syndrom

- Phäochromozytom (Katecholamine ↑)
- EPH-Gestose
- Adrenogenitales Syndrom

Eine primäre Hypertonie darf erst nach Ausschluss der sekundären Ursachen diagnostiziert werden.

Frage: Kennen Sie eine Süßigkeit, die bei exzessivem Genuss eine Hypertonie auslösen kann?

tipp Der Prüfer möchte die Atmosphäre auflockern. Sicher keine Fangfrage.

Antwort: Lakritze führt ähnlich wie Aldosteron zu einer Salz- und Wasserretention. Eine relevante Hypertonie kann bei einem Konsum von über 400 g/die auftreten.

Frage: Legen Sie mir bitte eine Blutdruckmanschette korrekt an und überprüfen Sie meine medikamentöse Blutdruckeinstellung.

tipp Praxisfrage, hier kann man sich blamieren. Üben!

Antwort: Beim Erwachsenen mit einem Oberarmumfang von weniger als 40 cm sollte die Manschette (12 cm breit) etwa 2 cm oberhalb der Ellenbeuge enden. Die Manschette unaufgeblasen gerade anlegen, so dass sie nicht rutscht. Die Luftschläuche dürfen keinesfalls knicken. Das Stethoskop auf die Ellenbogenbeugeseite (radial, Arteria radialis) bei supiniertem und gestrecktem Arm anlegen. Die Manschette ca. 30 mmHg über den systolischen Druck aufpumpen und anschließend den Druck um ca. 5 mmHg/Sekunde vermindern. Das erste Geräusch (Korotkow-Geräusch) zeigt den systolischen Druck an. Bei völligem Verschwinden der Geräusche wird der diastolische Druck gemessen. Bei Patienten mit einem Oberarmumfang von mehr als 40 cm muss eine breitere Manschette verwendet werden, für Kinder gibt es schmale Spezialmanschetten. Eine massive Arteriosklerose der Arterien mit verminderter Komprimierbarkeit führt evtl. zu fälschlich erhöhten Werten. Blutdruckdifferenzen zwischen beiden Armen > 20/15 mmHg (syst./diast.) liegen außerhalb des Referenzbereiches.

Fallbeispiel: Eine 55-jährige mäßig adipöse Frau kommt mit Kopfschmerzen und leicht gerötetem Gesicht zum ersten Mal in Ihre Praxis. Sie berichtet, dass ca. vor einem 1/2 Jahr ein anderer Arzt ihr Medikamente (2 × täglich – weiße Tabletten) verordnet hätte, die sie allerdings seit 3 Mon. nicht mehr einnimmt, da die Packung leer ist. Die Enkelkinder würden sie den ganzen Tag auf Trab halten. Der Allgemeinzustand ist bis auf die Kopfschmerzen gut. Besondere Krankheiten bestünden nicht. Vor 5 Jahren wurde die Gallenblase entfernt. Seit 1 Woche trinkt sie zum Schlafen eine Tasse Johanniskraut-Tee. Die Patientin ist etwas nervös. Rachen und Lunge sind unauffällig. Es besteht kein Fieber. Bei der körperlichen Untersuchung finden Sie außer einem sehr kräftigen, rhythmischen Puls keine Besonderheiten. Wie gehen Sie weiter vor?

Antwort: Eine Blutdruckmessung an beiden Armen ist erforderlich. Der Name des ehemals verschriebenen Medikaments sollte in Erfahrung gebracht werden. Wenn möglich, ist der Kollege anzurufen.

tipp Die Hypertonie wird in Prüfungen meist an Fallbeispielen behandelt.

Frage: Der Blutdruck beträgt an beiden Armen 200/115 mmHg.

Antwort: Die Messung ist nochmals zu wiederholen. Offenbar liegt eine beginnende hypertone Krise mit geringen Allgemeinsymptomen vor. Der Blutdruck soll rasch, aber nicht zu stark gesenkt werden. Zuerst 0,8 mg **Nitroglyzerin** als Kapsel zerbeißen, evtl. nach 10–20 Min. wiederholen. Danach sollten die Herzenzyme abgenommen und ein EKG geschrieben werden. Nach ca. 30 Min. ist die Blutdruckmessung zu wiederholen. Zur ambulanten Erstbehandlung können alternativ **ACE-Hemmer, Urapidil** oder **Clonidin** benutzt werden. Kurz wirkende Ca-Antagonisten (z.B. Nifedipin) sind kontraindiziert, da sie zu überschießendem Blutdruckabfall mit ischämischen Komplikationen führen können.

✚ Der Blutdruck darf nicht zu stark gesenkt werden. Besonders bei alten Menschen besteht dann Hirnischämiegefahr!

Frage: : Der Blutdruck normalisiert (159/99 mmHg) sich einigermaßen. Wie gehen Sie weiter vor??

Antwort: Bei adäquater Blutdrucknormalisierung, Beschwerdefreiheit und unauffälligem EKG kann eine ambulante Abklärung und medikamentöse Einstellung versucht werden. Die **Genese der Hypertonie** ist unbedingt abzuklären (Schilddrüsenerkrankungen, Phäochromozytom etc.). Die alten Krankenunterlagen müssen besorgt werden. Die Patientin soll sich regelmäßig vorstellen. Sie ist über das Risiko eines Apoplex und Infarkts aufzuklären.

Frage: Es handelt sich um eine **essenzielle Hypertonie.** Welches Medikament würden Sie zur Langzeiteinstellung verordnen?

Antwort: Zur Langzeit-Hypertonietherapie sind **ACE-Hemmer** gut geeignet. Die Dosierung sollte einschleichend (z.B. Captopril 2 × 6,25 mg/die) beginnen. Engmaschige Kontrollen sind notwendig. Häufig ist die Kombination mit einem **Diuretikum** sinnvoll (siehe Kapitel 1.1).

Frage: Nennen Sie die Grundzüge der Therapie einer Hypertonie.

tipp Hier könnte man sehr weit ausholen und es ist schwer, sich auf das Wesentliche zu beschränken. Auf keinen Fall zu sehr ins Detail gehen.

Antwort: Da die Hypertonie mit ihren Folgekrankheiten die Lebenserwartung deutlich verringert, ergibt sich die Indikation zur Therapie. Bei den sekundären Hypertonien kann diese Therapie kausal orientiert sein (z.B. operative Entfernung eines Phäochromozytoms).

Die häufige primäre Hypertonie verlangt meist eine symptomatische Senkung des Blutdruckes. In Anbetracht der Tatsache, dass es sich im Allgemeinen um eine Dauertherapie handelt, ist eine gute Kooperation (Compliance) zwischen Arzt und Patient notwendig.

Als Basistherapie gelten allgemeine Maßnahmen wie **Vermeidung von Stresssituationen, Gewichtsnormalisierung, Na^+-Reduktion, Verzicht auf Nikotin** und **sportliche Betätigung.** Häufig ist dadurch eine befriedigende Blutdrucksenkung zu erreichen.

Ziel der medikamentösen Behandlung ist es, den Blutdruck mit dem nebenwirkungsärmsten Mittel zu normalisieren. Folgende Substanzklassen stehen zur Verfügung:

- Diuretika
- β-Blocker
- ACE-Hemmer
- Angiotensin-II-Rezeptorantagonisten
- zentral wirkende Antihypertonika
- Vasodilatatoren
- Ca-Antagonisten
- α-Blocker

Am Anfang steht meist eine **Monotherapie** mit einem Diuretikum (bei alten Patienten) oder einem β-Blocker (bei jungen Patienten). Alternativ kommen ACE-Hemmer, AT_1-Rezeptorantagonisten und Ca-Antagonisten in Betracht. Führt die Monotherapie nicht zum Erfolg, wird diese nicht zur Maximaldois gesteigert, sondern **Zweier-** (z.B. Diuretikum + β-Blocker) und später **Dreierkombinationen** (z.B. Diuretikum + β-Blocker + ACE-Hemmer) eingesetzt.

Frage: Wie würden Sie eine **hypertone Krise** in Ihrer Praxis therapieren?

tipp Jetzt „müssen" einzelne Medikamente und Dosierungen in der Antwort angeführt werden.

Antwort: Wegen der Gefahr der Enzephalopathie, der akuten Herzinsuffizienz und der Hirnmassenblutung stellt die hypertone Krise mit **RR > 220/120 mmHg** eine Notfallsituation dar, die sofort behandelt werden muss. Unter Beachtung der möglichen Begleiterscheinungen (Herzrasen, plötzlicher RR-Abfall, Kollaps, Übelkeit) werden folgende Medikamente verwendet:

- zuerst 0,8 mg **Nitroglyzerin** als Kapsel zerbeißen, evtl. nach 10–20 Min. wiederholen
- nach 30 Min. wiederholte **RR-Messungen**
- Ist damit keine ausreichende Blutdrucksenkung zu erreichen, wird **Clonidin** (Catapresan®) 0,15 mg langsam i.v. verabreicht (Achtung: Anfangs paradoxe Blutdrucksteigerung bei Clonidin möglich). Andere Therapiealternativen sind orale **ACE-Hemmer** und **Urapidil**.
- bei Bradykardie ggf. intravenöse Gabe von 5–10 mg Dihydralazin
- Bei Phäochromozytom wird der α-Blocker Phentolamin (Regitin®) in der Dosierung 5 mg i.v. eingesetzt.
- bei drohendem Lungenödem 20–40 mg Furosemid (Lasix®) i.v. und 1–2 Kapseln bzw. Hübe Glyceroltrinitrat (Nitrolingual®) sublingual
- Es sollte eine stationäre Einweisung zur weiteren Beobachtung und Einstellung des Blutdrucks erfolgen.

Frage: Welche Klasse von Medikamenten dürfen Sie bei einem Patienten mit ausgeprägtem Asthma bronchiale nicht zur Blutdrucksenkung einsetzen?

Antwort: Bei obstruktiven Atemwegserkrankungen sind **β-Blocker** kontraindiziert, da sie die Obstruktion verstärken (besser ACE-Hemmer, Ca-Antagonisten).

1.19 Myokarditis

Frage: Nennen Sie allgemeine Leitsymptome bzw. -befunde einer **Myokarditis.**

Antwort: Bei einer Myokarditis handelt es sich um eine Herzmuskelerkrankung unterschiedlicher Ätiologie, die die Herzmuskelzellen, das Interstitium und die Herzgefäße betreffen kann.

Die **häufigsten Ursachen** sind:
- **infektiöse** Myokarditis (z.B. Viren, Bakterien, Parasiten)
- **toxische** Myokarditis (z.B. Adriamycin, Diphtherietoxin, Alkohol)
- **allergische** Myokarditis (z.B. rheumatisches Fieber)
- Begleitmyokarditis **bei Systemerkrankungen** (z.B. Sklerodermie, Sarkoidose, RA)

Die Patienten klagen über einen nicht ausheilenden **fieberhaften Infekt**, **Abgeschlagenheit** und **Herzstolpern**. Es können bereits Zeichen einer Herzinsuffizienz wie Ödeme, Lungenstauung, Pleuraerguss und ein auskultatorisch erfassbarer Galopprhythmus vorliegen.

Typisch soll eine im Verhältnis zur Körpertemperatur zu **hohe Herzfrequenz** (relative Tachykardie) sein. Im EKG finden sich als Zeichen der

Beeinträchtigung des Reizleitungssystems ST-Streckenanomalien, Extrasystolen und AV-Blockierungen.

Perkutorisch, röntgenologisch und echokardiographisch ist eine progrediente Herzdilatation zu erkennen. Häufig liegen erhöhte Enzymwerte für die **CK-MB**, **LDH** und **GOT** vor. Eine Leukozytose, erhöhte BSG und CRP sind bei infektiösen Myokarditiden fast immer festzustellen.

☐ ☐ ☐
☺ 😐 ☹

Frage: Durch welche **Viren** wird oft eine virale Myokarditis ausgelöst? Sagen Sie bitte kurz etwas zur Therapie.

tipp Leider Spezialwissen.

Antwort: In 25–50% der Fälle lässt sich ein Virus nachweisen. Häufig und gefährlich sind die **Coxsackie-B1-** bis **B5-Viren**. Weitere Erreger sind Herpesviren, Influenza-, Adeno- und Echoviren. Eine spezifische Therapie ist bisher nicht bekannt. Neben strenger Bettruhe in den ersten Wochen ist eine **symptomatische Behandlung** (z.B. bei Rhythmusstörungen oder Herzinsuffizienz) und **Thrombembolieprophylaxe** während der Zeit der Bettlägerigkeit angezeigt. Bei terminaler Herzinsuffizienz kann eine Entlastung des Herzens entweder temporär durch mechanischen Herzersatz oder definitiv durch Herztransplantation behandelt werden.

1.20 Phlebothrombose

☐ ☐ ☐
☺ 😐 ☹

Frage: Mich interessieren die pathophysiologischen Ursachen, die bei der Entstehung einer **tiefen Venenthrombose** vorliegen. Können Sie dazu etwas beitragen?

tipp Das Stichwort lautet hier „pathophysiologische Ursachen". Ein Fallbeispiel wie, „jemand, der nach einer OP lange im Bett liegt, kann eine Thrombose bekommen", ist sicher die falsche Antwort. Je mehr man auf eine Frage eingeht, desto eher werden kleine Fehler nachsichtig beurteilt.

Antwort: Meist spielen mehrere Faktoren bei der Entstehung einer tiefen Venenthrombose zusammen. Am bekanntesten ist die so genannte **„Virchowsche Trias":**

- **Endothelalteration:** Durch Freisetzung von Gewebsthromboplastin und anderen gerinnungsaktiven Substanzen wird mittels eines Fibrin-Thrombozyten-Aggregats die Läsion abgedichtet. Endothelschäden spielen bei Thrombosen nach Traumen eine wichtige Rolle.
- **Blutstromveränderung:** Besonders bei bettlägerigen Patienten oder nach Operationen tritt häufig eine Stase des Blutes in den Venen ein. Das Gleichgewicht zwischen Gerinnung und Gerinnungshemmung wird zu Gunsten der Gerinnung verschoben (z.B. Thrombozytensedimentation bzw. -zerfall durch anhaltende Blutstase, dadurch Aktivierung des Intrinsic-Systems).
- **Veränderung der Blutzusammensetzung:** Eine erhöhte Zähigkeit (= Viskosität) des Blutes durch Polyzythämie, Thrombozytose oder Exsikkose erleichtert die Bildung von Thromben. Wichtig ist ein evtl. Mangel an Gerinnungsinhibitoren (z.B. Antithrombin III, Pro-

tein C, Protein S), welcher angeboren oder erworben (Leberfunktionsstörungen) sein kann.

Merke: Phlebothrombose bezeichnet eine tiefe Venenthrombose, bei einer Thrombose im oberflächlichen Venensystem (oft mit einer Entzündung als Ursache oder Folge) spricht man von Thrombophlebitis. **!**

Frage: Schildern Sie die **Klinik** der tiefen Venenthrombose. Welche Menschen sind bevorzugt betroffen? **?**

☐ ☺ ☐ 😐 ☐ ☹

Antwort: **Internistische prädisponierende Faktoren** für eine tiefe Venenthrombose sind u.a. Herzinsuffizienz, Hyperviskositäts-Syndrome, Schlaganfall, fortgeschrittenes Alter, Malignome, heparininduzierte Thrombozytopenie und das Antiphospholipid-Syndrom.

Mit einer sehr hohen **postoperativen Thromboserate** (bis 60%) sind größere urologische und orthopädische Eingriffe belastet (daher Thromboseprophylaxe bei jedem bettlägerigen und postoperativen Patienten!). Schließlich sind Patienten mit **hereditären Ursachen** einer Thrombophilie wie die Faktor-V-Leiden-Mutation, der Prothrombin-Dimorphismus oder AT-III-Mangel, bevorzugt von der Phlebothrombose betroffen.

Die klinische Symptomatik ist durch folgende Punkte gekennzeichnet:

- **lokaler, spontaner Schmerz** in der Wade bzw. im Oberschenkel oft im Verlauf der großen Venenstämme
- Schmerz bei Druck auf die Fußsohle **(Payr-Zeichen),** Wadenschmerzen bei Dorsalflexion des Fußes **(Homan-Zeichen),** Kantenschmerz entlang der medialen Tibia **(Meyer-Punkte)**
- **Schwellung, Überwärmung** und **bläuliche Verfärbung** des betroffenen Beines; zudem Sichtbarwerden der oberflächlichen Hautvenen (Umgehungskreislauf, „Warnungsvenen")
- Bei Verschleppung von thrombotischem Material im Sinne einer **Lungenembolie** können bereits als Erstsymptome Tachykardie, Dyspnoe und Kaltschweißigkeit auftreten.
  Cave: Ein unauffälliger Befund (insbesondere bei bettlägerigen Patienten) schließt eine Thrombose nicht aus.

Frage: Welche **technische Untersuchungsmethode** ist am aussagekräftigsten zum Nachweis einer Beinvenenthrombose? **?**

☐ ☺ ☐ 😐 ☐ ☹

Antwort: Die Methode der Wahl ist die **Sonographie** (Farbduplex). Typisch für die Thrombosierung ist eine fehlende oder eingeschränkte Komprimierbarkeit des im Querschnitt dargestellten Venenlumens. Mit

Hilfe der Farbcodierung kann der blutumflossene Anteil des Thrombus sichtbar gemacht werden. Bei komplettem Venenverschluss ist mit der Doppler-Sonographie keine Strömung mehr nachweisbar. Die **aszendierende Phlebographie** ist bei unklaren Fällen indiziert.

☐ ☐ ☐
☺ 😐 ☹

Frage: Warum ist eine tiefe Beinvenenthrombose gefährlich?

Antwort: Bei Lösen des Thrombus kann dieser in die Lunge verschleppt werden (Lungenembolie, siehe Kap. 2.11) mit der Folge einer akuten Dekompensation des rechten Ventrikels durch die plötzliche Erhöhung des Pulmonalarteriendruckes.

☐ ☐ ☐
☺ 😐 ☹

Frage: Welche **Therapiemöglichkeiten** haben Sie bei einer akuten tiefen Beinvenenthrombose?

tipp Alle Fragen ergeben sich bei diesem Thema wie von selbst und kommen auch immer in dieser Reihenfolge vor: Ätiologie, Symptomatik, Therapie.

Antwort: Als Prophylaxe sollten Risikofaktoren im Sinne der genannten Virchowschen Trias vermieden bzw. behandelt werden (z.B. postoperative Frühmobilisation, Kompressionsbehandlung und „low dose"-Heparinisierung). Liegt eine Thrombose vor, erfolgt **Beinhochlagerung, „Wickeln"** der Beine (Kompressionsbehandlung), **Bettruhe** und eine Antikoagulation mit **unfraktioniertem Heparin** (UFH) als Bolus (70 IE/kg KG i.v.) und 30000 – 35000 IE/die für 5 Tage, um die Bildung von Anlagerungsthromben zu stoppen und das Risiko einer Lungenembolie zu verringern. Dabei muss der aPTT-Wert auf das 1,5 – 2,5fache der Norm verlängert werden. Alternativ kann man niedermolekulares Heparin benutzen. Vorteile gegenüber UFH sind subkutane Anwendung ohne erforderliche Laborkontrollen und weniger Nebenwirkungen bei vergleichbarer Wirksamkeit.

1.21 Körperliche Untersuchung des Herzens

☐ ☐ ☐
☺ 😐 ☹

Frage: Nennen Sie die **Hauptauskultationsstellen** für Herzgeräusche.

tipp Die Antwort sollte im Gegensatz zu theoretischen Fragen sofort und ohne großes Überlegen kommen.

Antwort: Folgende Auskultationsstellen müssen bei der körperlichen Untersuchung berücksichtigt werden:

- 2. ICR rechts parasternal → **Aortenklappe** und **Aorta ascendens**
- 2. ICR links parasternal → **Pulmonalklappe**
- 5. ICR links medioklavikulär (Herzspitze) → **Mitralklappenfehler**
- Ansatz der 5. Rippe rechts parasternal → **Trikuspidalklappenfehler**
- 3. ICR links parasternal = **„Erbscher-Punkt"** → Mitralfehler

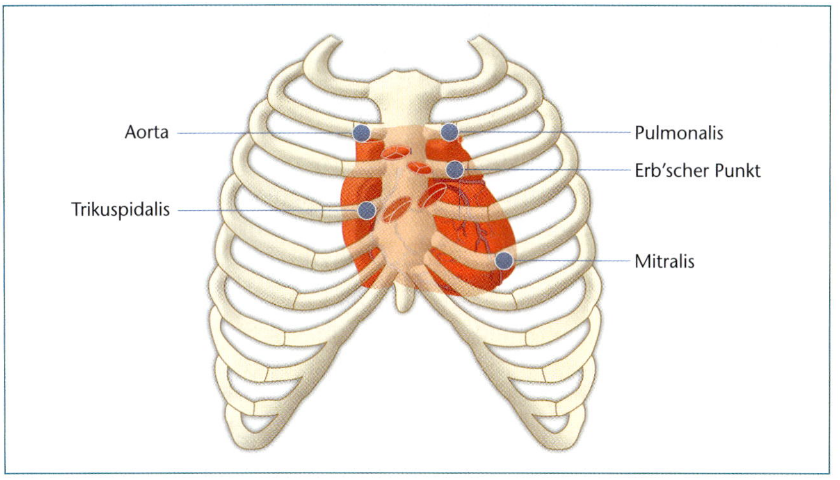

Abb. 1.12: Auskultationsstellen des Herzens

Weiterhin sollte der Patient in **sitzender** (Aortenfehler) und **Linksseitenlage** (Mitralfehler) gesondert auskultiert werden. Jede Auskultation beinhaltet mindestens drei Atemzyklen und einen Atemstopp zur Differenzierung von Lungen- und Herzgeräuschen. Der Puls des Patienten ist zur Diagnose von Rhythmusstörungen (frustrane Herzaktionen, Pulsdefizit) gleichzeitig zu fühlen.

Frage: Wie differenzieren Sie den physiologisch gespaltenen 2. Herzton vom Mitralöffnungston? Wodurch kommen beide zustande?

Antwort: Die **physiologische Spaltung des 2. Herztons** ist atemabhängig und im 2. ICR links parasternal am deutlichsten auszukultieren. Hervorgerufen wird die Spaltung durch den späteren Schluss der Pulmonalklappe gegenüber der Aortenklappe bei tiefer Inspiration. Pathologisch ist eine atemunabhängige, konstante Spaltung, wie sie z. B. beim Vorhofseptumdefekt mit Links-Rechts-Shunt vorkommt.

Der **Mitralöffnungston** ist ein diastolischer Zusatzton bei Mitralstenose. Er besitzt einen hellen Klangcharakter und entsteht durch die ruckartige Umklappbewegung der Mitralsegel während der Diastole. Am besten ist er über dem Erb'schen Punkt zu hören. Je kürzer der Abstand zum 2. Herzton wird, desto schwerer ist die Mitralstenose ausgeprägt.

tipp Eine Frage mit klinischer Relevanz. Zum Üben in der Lerngruppe eignen sich Rollenspiele gut: Ein Kommilitone denkt sich einen Herzfehler aus und beschreibt den Geräuschcharakter, die anderen versuchen, das Vitium zu erkennen, bzw. durch Zusatzuntersuchungen einzugrenzen.

Frage: Wie führt man eine **Herzdruckmassage** durch?

Antwort: Eine Herzdruckmassage soll vor allem die Durchblutung des Gehirns sichern. Sie wird stets mit einer Beatmung (falls möglich mit O_2) kombiniert. Angestrebte Frequenz: Erwachsene ca. 100/Min.
Als Erfolgskontrolle dient der tastbare Femoralispuls. Das Verhältnis der **Massage zu Beatmung** ist **15 : 2** bei einem Helfer und **5 : 1** bei zwei Helfern.

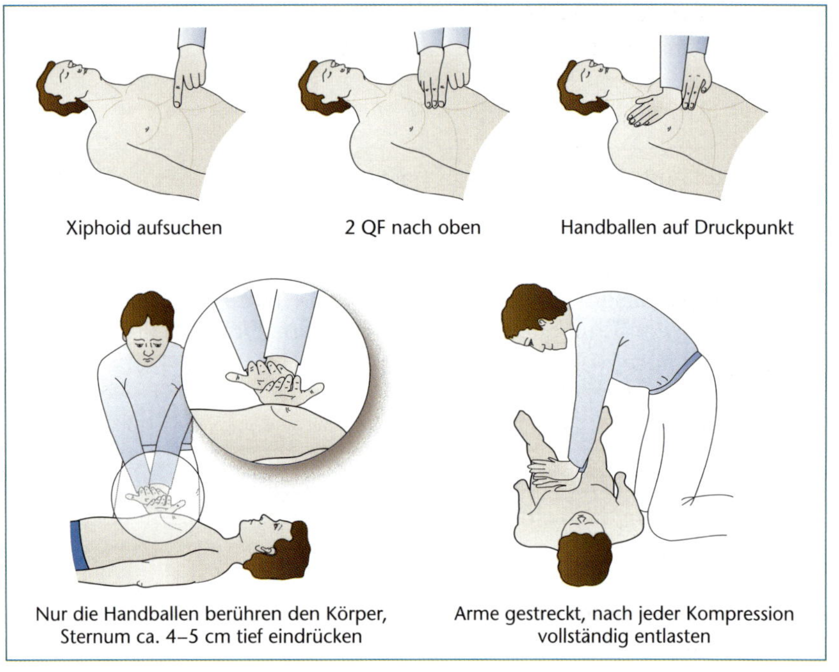

Abb. 1.13: Herzdruckmassage

Merke: Keine Herzdruckmassage bei vorhandenem Karotispuls wegen möglicher Komplikationen (Rippen-/Sternumfrakturen mit evtl. Verletzungen von Herz/Lunge/Leber, z. B. Pneumothorax).

Frage: Welche **echokardiographischen Techniken** kennen Sie? Erläutern Sie ihre Anwendungsgebiete.

Antwort:
- **Ein- und zweidimensionale Sektorechokardiographie:** Beurteilung der Morphologie und die Funktion des Herzens. Erkennbar sind:
  – Kammergröße

- Funktion der Ventrikel
- Abnormalitäten der regionalen Herzwandbewegung
- Struktur und Funktion der Herzwandbewegung
- Struktur und Funktion der Herzklappen
- Klappenvegetationen bei Endokarditis
- intrakardiale Massen (z. B. Thrombus im linken Ventrikel)
- Perikarderguss und Herzbeuteltamponade
- Abnormalitäten der thorakalen Aorta
- **Farb-Doppler-Echokardiographie:** zur Beurteilung von:
  - intrakardialen Shunts und Fisteln
  - intrakardialem Druck
  - Druckgradient und Fläche von Herzklappen
  - Regurgitationsjet
- **Transösophageale Echokardiographie** ermöglicht ebenfalls die morphologische Beurteilung. Besser als in der transthorakalen Echokardiographie lassen sich insbesondere die Mitral- und Aortenklappe und der linke Vorhof darstellen. Daher wird diese Methode z. B. zur Beurteilung von Klappenprothesen und Nachweis von Klappenvegetationen oder Raumforderungen im linken Vorhof eingesetzt. Nur in der transösophagealen Echokardiographie kann die thorakale Aorta vollständig eingesehen werden.
- **Stressechokardiographie:** Nachweis systolischer Wandbewegungsstörungen als Folge einer induzierten Myokardischämie durch Belastung mittels Ergometrie oder Pharmaka (Dobutamin, Dipyridamol). Sensitivität und Spezifität bis zu 90% und von der Erfahrung des Untersuchers abhängig.

Frage: Wie können Sie den **Venendruck** und damit den Grad einer evtl. bestehenden Rechtsherzinsuffizienz ohne Hilfsmittel bei der körperlichen Untersuchung abschätzen? ?

☐ ☺ ☐ 😐 ☐ ☹

Antwort: Bei einer ausgeprägten Rechtsherzinsuffizienz können durch die körperliche Untersuchung Befunde wie **Jugularvenenstauung** oder **Ödeme** ohne weiteres erhoben werden. Liegen keine ausgeprägten Stauungszeichen vor, kann man durch folgende einfache Untersuchung den Venendruck grob abschätzen:

> tipp Das Schwierige an dieser Frage ist, dass man die eigentlich einfache Lösung nicht sofort erkennt.

Normalerweise kollabieren die Venen der Hand, wenn sie sich 6 – 12 cm über der Höhe des rechten Vorhofs befinden. Nun kann durch langsames Anheben des Armes am liegenden Patienten der Abstand zwischen dem Herzen und der Höhe des Punktes, an dem die Venen gerade leerlaufen, als Maß für den Venendruck herangezogen werden. Um den Bezugspunkt für die individuelle Herzhöhe festzustellen, wird der seitliche Thorax gedrittelt. 2/3 des Abstandes von der Wirbelsäule zum Sternum entspricht im Liegen ungefähr der Lage des rechten Vorhofes. Liegt der oben beschriebene Abstand deutlich über 12 cm, kann von einer Stauung im venösen System ausgegangen werden.

☐ ☐ ☐
☺ 😐 ☹

Frage: Beschreiben Sie, an welchen Stellen der **unteren Extremitäten arterielle Pulse** bei der Untersuchung getastet werden.

> tipp Die Antwort ist leicht vorzumachen, aber schwer zu formulieren.

Antwort: An den unteren Extremitäten werden die Pulse folgender Gefäße getastet:

- **A. femoralis:** Sie wird unterhalb des medialen Drittels des Leistenbandes unter mäßigem Druck gegen das Schambein palpiert.
- **A. poplitea:** Das Knie wird leicht angewinkelt, das Gefäß kann zwischen den Köpfen des Musculus gastrocnemius in der Tiefe getastet werden (Zeit lassen!).
- **A. tibialis posterior:** Sie ist zwischen Innenknöchel und Achillessehne zu finden.
- **A. dorsalis pedis:** Fühlbar auf dem Fußrücken lateral der sichtbaren Sehne des M. extensor hallucis longus.

☐ ☐ ☐
☺ 😐 ☹

Frage: Wie führen Sie den **Perthes-Versuch** im Rahmen der Diagnostik der Varikosis durch?

> tipp Dies ist einer der wenigen Tests, die im praktischen Alltag zur Abklärung der Durchgängigkeit der tiefen Beinvenen noch oft durchgeführt werden. Es lohnt sich auf jeden Fall, diese Untersuchungsmethode zu kennen.

Antwort: Mit dem Test nach Perthes wird die **Funktion** der **tiefen Venen** und der **Venae perforantes** am Bein untersucht. Er wird bei Patienten mit deutlich sichtbarer Varikosis geprüft.

Dem stehenden Patienten wird proximal der Varizen am Oberschenkel ein Stauschlauch angelegt. Die Stauung soll dabei den oberflächlichen venösen Abfluss unterbinden. Man fordert den Patienten nun auf, umherzugehen und beobachtet, ob sich die Varizen leeren oder gefüllt bleiben. Leeren sich die Varizen vollständig, sind die Venae perforantes und das tiefe Venensystem durchgängig. Die Varikosis beruht dann auf einer Klappeninsuffizienz der Vena saphena magna und kann evtl. operativ angegangen werden. Bleiben die Varizen gefüllt, muss von einer Abflussbehinderung im tiefen Venensystem ausgegangen werden.

2 Atmungsorgane

2.1 Bronchitis

Fallbeispiel: Sie erhalten den unten gezeigten Befund einer Spirometrie. Bei der kurzen Begegnung mit der 65-jährigen Patientin fallen noch die Fingernägel auf. An was denken Sie, beschreiben Sie die Spirometriemessung und formulieren Sie Fragen zu der Patientin.

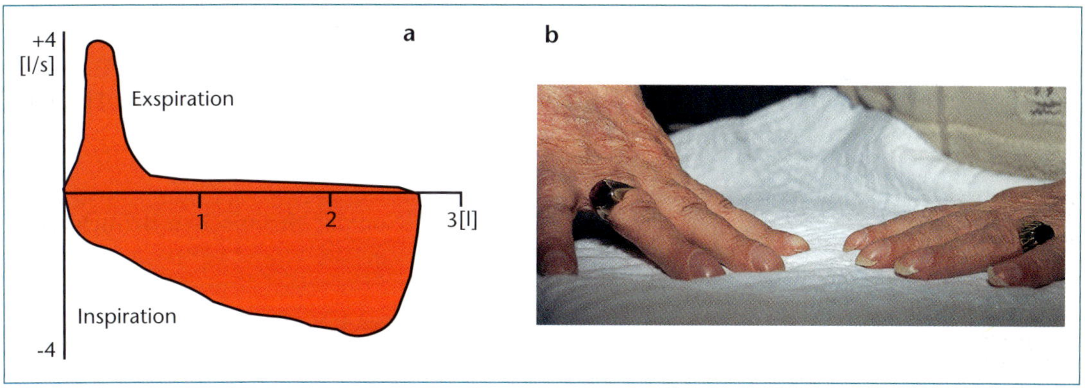

Abb. 2.1: **a** Lungenfunktion, **b** Hände einer Patientin [2], [3]

Antwort: Bei der Spirometriekurve fällt auf, dass die Einsekundenkapazität vermindert ist, was auf eine Obstruktion schließen lassen würde. Die Fingernägel bezeichnet man als Uhrglasnägel und sie könnten ein Zeichen sein für chronisch herrschende Hypoxie. Folgende Fragen wären in der Anamnese von besonderer Bedeutung:

- Empfindet die Patientin Luftnot, ständig oder nur in bestimmten Situationen?
- Wie lange dauern die Beschwerden schon an?
- Hat die Patientin Husten und Auswurf, wie sieht der Auswurf aus?
- Nimmt die Patientin irgendwelche Medikamente ein, insbesondere „Sprays“?
- Raucht die Patientin und wenn seit wann und wie viel am Tag?

Frage: Sie erhalten nun folgende nähere Angaben. Wie lautet Ihre Verdachtsdiagnose? Welche weiteren diagnostischen Maßnahmen veranlassen Sie?

- Die Patientin ist 65 Jahre alt, „seit ca. 8 Jahren hätte sie es mit der Luft zu tun, mal schlimmer, mal weniger schlimm".
- Seit ein paar Tagen würde sie wieder vermehrt husten, so dass sie nachts nicht schlafen könne. Der Auswurf sei erst gelb gewesen, jetzt eher grünlich.
- Rauchen würde sie seit ihrer Jugend, aber nicht mehr so schlimm (ca. noch eine Packung pro Tag).
- Sie habe mal irgendein Spray erhalten, aber das sei schon lange alle. Sonst nehme sie nichts ein.

Antwort: Es handelt sich bei der Patientin vermutlich um eine exazerbierte chronisch obstruktive Bronchitis. Neben der Spirometrie sollte eine Bodyplethysmographie, eine Blutgasanalyse und ein Röntgen-Thorax gemacht werden. Im Labor wären insbesondere der Hämatokrit, die Leukozyten und das CRP interessant.

Frage: Wie lautet die WHO-Definition der **chronischen Bronchitis?**

Antwort: Als chronische Bronchitis bezeichnet man einen **produktiven Husten** mit **Auswurf**, der innerhalb von **zwei** aufeinander folgenden **Jahren**, während mindestens **drei** aufeinander folgenden **Monaten** pro Jahr an den meisten Tagen vorhanden war. Häufigste Ursache für eine chronische Bronchitis ist das Inhalationsrauchen. Jeder zweite Raucher im Alter > 40 Jahre leidet an chronischer Bronchitis.

Frage: Welche therapeutischen Maßnahmen ergreifen Sie bei der **Behandlung** einer chronischen Bronchitis?

tipp Wie immer systematisch vorgehen und mit allgemeinen Maßnahmen beginnen.

Antwort: Die Therapie hängt vom Ausmaß des klinischen Bildes, der Lungenfunktion und der kardiopulmonalen Belastungsfähigkeit des Patienten ab. Folgende Behandlungsschritte sollten situationsgerecht eingeleitet werden:

- Ausschaltung der auslösenden Noxen (z. B. Rauchverbot)
- Sanierung vorhandener Infektquellen (z. B. chronische Sinusitis)
- Antibiotikatherapie bei exazerbierter chronischer Bronchitis (Cephalosporine der Gruppe 2/3, Aminopenicillin + Beta-Lactamase-Inhibtor, Fluorochinolone der Gruppe 3/4)
- **3-Stufen-Therapie** nach Schweregrad der COPD:

3-Stufen-Therapie entsprechend dem Schweregrad der COPD	
I leicht	bedarfsweise Inhalation kurz wirkender β_2-Sympathomimetika und/oder Anticholinergika
II mittelschwer	• Dauertherapie mit β_2-Sympathomimetika und/oder Anticholinergika • bei fehlender Besserung zusätzlich Theophyllin • Therapieversuch mit inhalativen Steroiden über 3 Monate, bei klinischer Besserung Fortsetzung der Therapie
III schwer	zusätzlich eventuelle Langzeit-O_2-Therapie

Tab. 2.1: 3-Stufen-Therapie entsprechend dem Schweregrad der COPD

- kurzfristige Therapie mit systemischen **Steroiden** bei starker Spastik im Rahmen einer Infektexazerbation
- dosiertes körperliches Training (Ausnahme: Patienten mit ausgeprägter Herzinsuffizienz)
- Atemgymnastik (Hustentraining) bei immobilen Patienten
- Klopfmassage zur Förderung der Expektoration
- Stimulierung der mukoziliären Klärfunktion durch Flüssigkeitszufuhr und Expektoranzien
- apparative Inhalationstherapie zur Bronchospasmolyse bei obstruktiver Bronchitis mit β_2-Sympathomimetika (z.B. Salbutamol)
- Schutzimpfungen (Influenzavirus, Pneumokokken)
- Behandlung von Spätkomplikationen

Frage: Welche Medikamentengruppe ist bei einer **akuten Bronchitis** sinnvoller: Expektoranzien (z.B. Ambroxol) oder Antitussiva (z.B. Codein)?

Antwort: Mittel der Wahl sind **Expektoranzien**. Ambroxol ist ein Sekretolytikum, das durch die Freisetzung eines Sekrets von verminderter Viskosität das Abhusten des Bronchialschleims erleichtert. Einen vergleichbaren Effekt haben Kamilledampfinhalationen oder Eukalyptusbrustsalben. Mukolytika (z.B. N-Acetylcystein) verflüssigen das Bronchialsekret durch Aufbrechen von Disulfidbrücken. Hustenblocker (z.B. Codein) stören die mukoziliäre Klärfunktion und können sekundär zu einer Bronchopneumonie führen.

Frage: Welche **pathologischen Veränderungen** charakterisieren eine chronische Bronchitis? Was zeigt die Röntgenthoraxaufnahme?

Antwort: Neben einer **Hypertrophie** der schleimproduzierenden **Submukosa-Drüsen** und vermehrte und abnorme Schleimsekretion besonders der größeren Bronchien kommt es anfangs vor allem in kleinen peripheren Bronchiolen zu einem Ersatz des normalen Flimmerepithels durch Becherzellen.

In späteren Stadien finden sich folgende morphologische Veränderungen:

- Entzündungszellen (= Plasmazellen und Lymphozyten)
- Ödem
- peribronchiale Fibrose + Hyalinose
- Plattenepithelmetaplasie → mukoziliäre Insuffizienz → visköse Widerstände ↑
- Atrophie der Bronchialschleimhaut
- Bronchiolenkollaps und ventilatorische Verteilungsstörung bei forcierter Exspiration

Das **Röntgenbild** ist zu Beginn der Erkrankung meist unauffällig. Erst bei fortgeschrittenen Verläufen können **streifige Verschattungen** (interstitielle Zeichnungsvermehrung) gesehen werden, die durch verdickte Bronchialwände bedingt sind. Noch später sind die Zeichen eines **Emphysems** und eines **Cor pulmonale** zu finden.

☐ ☺ ☐ 😐 ☐ ☹

? **Frage:** Welches häufig verschriebene blutdrucksenkende Medikament kann als Nebenwirkung Husten verursachen?

Antwort: ACE-Hemmer haben in ca. 5–10% einen Reizhusten zur Folge. Dieser wird durch die erhöhten Bradykinine verursacht.

2.2 Asthma bronchiale

☐ ☺ ☐ 😐 ☐ ☹

? **Frage:** Was verstehen Sie unter Asthma bronchiale?

> tipp Die Beantwortung dieses offenen Fragetyps verlangt eine allgemeine Definition des Krankheitsbildes.

Antwort: Asthma bronchiale ist durch eine **genetische** Anlage und **exogene** Auslöser (Allergene, Infekte) verursacht. Dabei handelt es sich um eine **chronisch entzündliche Erkrankung der Atemwege**, die eine generalisierte Atemwegsobstruktion bedingen. **Atemnotanfälle** unterschiedlicher Intensität können dabei auftreten.

Die Entzündung führt zur einer unspezifischen bronchialen Hyperreaktivität, die eine **Obstruktion des Bronchialsystems** verursacht. Folgende Faktoren gelten dafür als mitverantwortlich:

- Anschwellung und Ödem der Schleimhaut
- erhöhte Schleimviskosität
- Bronchospasmus

Die Summe der oben genannten Faktoren führt zu einer „spastischen" Exspiration mit Giemen, Pfeifen und Brummen (= exspiratorischer Stridor). Typisch sind eine **verlängerte Ausatmungsphase, quälender**

Hustenreiz, Tachykardie, Zyanose, Unruhe, Schwitzen, Dyspnoe und **Orthopnoe.** Auffällig ist ein spärliches, zähes und glasiges Sputum (Curschmannsche Spiralen).

Merke: Inspiratorischer Stridor bei Obstruktion der oberen Luftwege. **!**

Frage: Nennen Sie einen wichtigen Parameter, der im Rahmen einer Atemwegsobstruktion gemessen wird. **?**

☐ ☐ ☐

☺ 😐 ☹

Antwort: Wichtig ist das so genannte **forcierte exspiratorische Volumen in der 1. Sekunde** (FEV1). Der Patient atmet dabei nach tiefer Einatmung forciert aus. Das in der ersten Sekunde ausgeatmete Volumen bezeichnet den FEV1. Normal sind 70% der Vitalkapazität (Männer ca. 3 l; Frauen ca. 2,2 l). Beim Asthmatiker ist dieser vermindert. Die Reversibilität der Bronchialobstruktion kann dann im Rahmen eines Broncholysetests nach Inhalation von β_2-Agonisten (Anstieg von FEV1 > 20%) nachgewiesen werden.

Frage: Kennen Sie eine **Einteilung** des Asthma bronchiale? **?**

☐ ☐ ☐

☺ 😐 ☹

Antwort:

Schweregrad des chronischen Asthma bronchiale (Deutsche Atemwegsliga, 1999)				
Grad	Häufigkeit	Symptome tagsüber	Symptome nachts	FEV1 bzw. PEF (% vom Sollwert)
1. intermittierend	75%	< 2 x / Woche	< 2 x / Monat	> 80%
2. persistierend leicht		< 1 x / Tag	> 2 x / Monat	> 80%
3. persistierend mittelgradig	20%	täglich	> 2 x / Woche	> 60% bis < 80%
4. persistierend schwer	5%	ständig	häufig	< 60%

Tab. 2.2: Schweregrade des chronischen Asthma bronchiale

Merke: Der expiratorische Spitzenfluss (PEF = Peak Expiratory Flow rate) ist bei Asthmatikern vermindert. Wichtig für Patientenselbstmessung. **!**

Frage: Ein junger Mann klagt über Atemnotanfälle im Frühjahr zur Zeit der Birkenblüte. Was könnte bei diesem Patienten die Ursache der Atemnot sein?

Antwort: Die saisonale Symptomatik lässt auf eine allergische Genese schließen. Es könnte z.B. eine Allergie auf Birkenblütenpollen vorliegen. Unter den **allergischen exogenen Asthmaformen** sind die **atopischen** (Typ I) von den **nicht-atopischen** (Typ III) zu unterscheiden. Der Typ I wird durch eine Sofortreaktion hervorgerufen, die über IgE und nachfolgender Mastzelldegranulation mit Freisetzung von Mediatorstoffen wie Histamin, Leukotriene und Bradykinin vermittelt wird. Diese Mediatorstoffe bewirken eine endobronchiale Obstruktion. Der nicht-atopische Typ III ist eine immunkomplexbedingte allergische Spätreaktion.

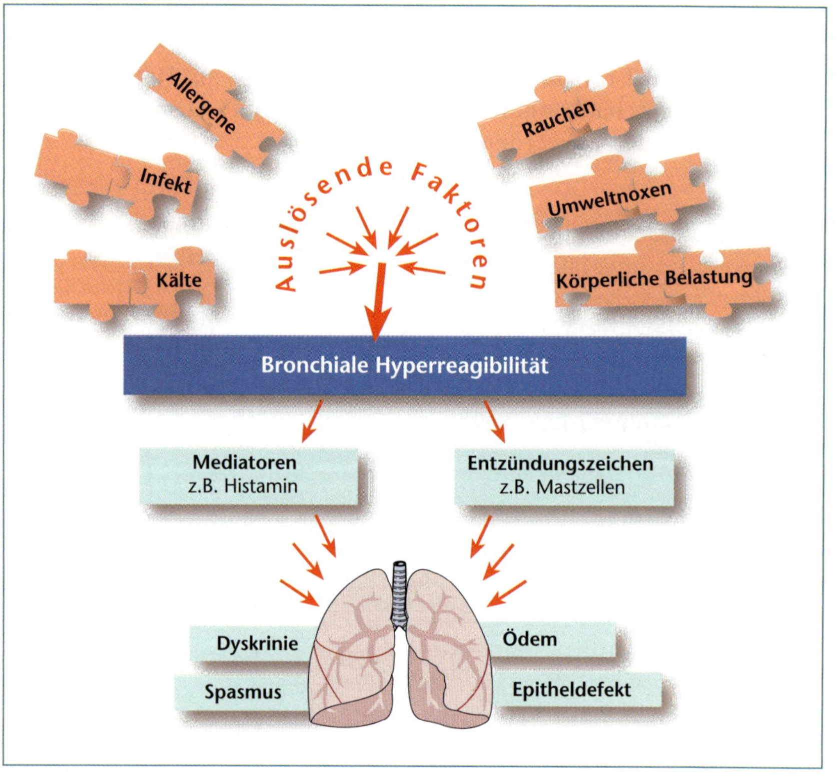

Abb. 2.2: Pathogenese des Asthma bronchiale

Frage: Ein 50-jähriger Patient bekam aufgrund seiner Gelenkschmerzen erstmalig Acetylsalicylsäure. Kurz danach klagt er über zunehmende asthmatische Atembeschwerden, die lange andauern. Kann die Acetylsalicylsäure für diese Beschwerden verantwortlich sein?

Antwort: Acetylsalicylsäure kann ein pseudoallergisches, also eine Form des endogenen, Asthma bronchiale auslösen. Das **endogene Asthma** ist eine vasovagale Reaktion infolge von **Infekten, chemischen Reizen, Medikamenteneinwirkungen** oder **psychischer** und **physischer Belastung.**

> tipp Aus der Formulierung der Frage geht hervor, dass ein positiver Zusammenhang bestehen muss. Meist kann man durch genaue Beobachtung des Prüfers die richtige Antwortalternative auswählen.

Im Gegensatz zum exogen allergischen Asthma hält das genetisch determinierte endogene oder „intrinsic" Asthma länger an, tritt oft erst im späteren Alter auf, hebt sich durch keine Spezifität hervor und bedarf keines Sensibilisierungsintervalles. Ein Status asthmaticus ist hierbei häufiger zu beobachten.

Bei diesem Patienten sind aufgrund einer Hemmung der Cyclooxygenaseaktivität durch die Acetylsalicylsäure asthmatische Beschwerden ausgelöst worden. Patienten mit Analgetikaasthma zeigen eine erhöhte Aktivität der Leukotrien-C4-Synthase in eosinophilen Granulozyten und Mastzellen.

Frage: Wie therapieren Sie einen Status asthmaticus? **?**

☐ ☺ ☐ 😐 ☐ ☹

Antwort: Zur schnellen Therapie gehören neben Betreuung von Herz-/Kreislauf- und Lungenfunktion, Wasser- und Elektrolythaushalt auf der Intensivstation und der Beseitigung der auslösenden Faktoren folgende medikamentöse Maßnahmen:

> tipp Aufgrund des akuten Geschehens sollte sich die Antwort hauptsächlich auf die schnelle und symptomatische Therapie beziehen. Es ist günstig, wenn man den Wirkungsmechanismus der Medikamente mit erwähnt.

- **Theophyllin:** initial 200 mg langsam i.v. (über 5 Min.) oder als Infusion, danach Dauerinfusion mit der Dosis 1 mg/kg/h zur Bronchospasmolyse, zentralen Atemstimulation und Steigerung der Atemhilfsmuskeltätigkeit
- **Glukokortikosteroide:** z. B. Prednisolon® 125 – 250 mg alle 4 – 6 h i.v. zur Wiederherstellung der β_2-Rezeptorenempfindlichkeit
- Kurzwirkende **β_2-Sympathomimetika:** 3 Hübe alle 30 Minuten
- **Expektoranzien:** zur Verflüssigung des zähen Bronchialschleims und ausreichende parenterale Flüssigkeitszufuhr (Cave: Hypervolämie)
- **Sauerstoffgabe:** 2 – 4 l/Min. per Nasensonde ist oft indiziert (Cave: chronisch pulmonale Globalinsuffizienz). Verschlechtert sich der Zustand weiter (pO_2 sinkt unter 50 mmHg oder pCO_2 steigt über 50 mmHg) muss intubiert und mechanisch beatmet werden; evtl. kann eine Bronchiallavage durchgeführt werden. Prüfung der Indikation zur assistierten Beatmung bei progredientem Anstieg von pCO_2, einer Atemfrequenz > 30/Min oder Bewusstseinsverlust
- nach Möglichkeit keine Sedierung (Tranquilizer wirken atemdepressiv!)
- Prophylaxe eines Stressulkus (Säureblocker)

? **Frage:** In der Asthmatherapie werden unter anderem β_2-Sympathomimetika, Theophyllinpräparate und Kortikosteroide eingesetzt. Auf welche **Nebenwirkungen** müssen Sie dabei achten?

tipp Da es sich um sehr oft verabreichte Medikamente handelt, sollte man sich in einem größeren Lehrbuch über Pharmakokinetik, Dosierung und Nebenwirkungen informieren.

Antwort: Folgende Nebenwirkungen sind bekannt:
- **β-Sympathomimetika** verursachen Herzrhythmusstörungen, Tachykardien, Blutdrucksteigerung, Tremor und bei höheren Dosen Hypokaliämie.
- **Theophyllinpräparate** besitzen eine nur geringe therapeutische Breite (therapeutischer Blutspiegel: 8–20 mg/l) und können Herzrhythmusstörungen, Tachykardien, gastrointestinale Beschwerden und ZNS-Störungen (z.B. Unruhe, Schlaflosigkeit, Übelkeit, Krampfanfälle und Kopfschmerzen) hervorrufen.
- **Glukokortikosteroide** verursachen bei Anwendung als Inhalationsaerosol auch in der Langzeittherapie selten Nebenwirkungen. Das Risiko lokaler Pilzinfektionen wird durch Mundspülungen nach Inhalation verringert. Bei systemischer Anwendung können Osteoporose, verzögerte Wundheilung, Stammfettsucht, Thrombosen, Ödeme, Katarakt, erhöhte Kapillarfragilität, Steroid-Akne und Magenulzera auftreten. Als Erhaltungsdosis bei einer Dauertherapie ist eine Dosis von weniger als 15 mg Prednisolonäquivalent in einer morgendlichen Gabe anzustreben. Die zusätzliche Gabe von H_2-Blockern (z.B. Ranitidin) zur Ulkusprophylaxe ist sinnvoll.

? **Frage:** Wodurch wird eine bereits vorhandene pulmonale Obstruktion sehr oft verstärkt oder verschlimmert?

Antwort: Pulmonale Infekte können eine Obstruktion verstärken, sodass ein Status asthmaticus ausgelöst wird. Meist sind **Pneumokokken** oder **Haemophilus influenzae** ursächlich verantwortlich (Therapie nach Antibiogramm, z.B. mit Penicilline G; Therapiealternativen sind Cephalosporine der 3. Generation und Fluorchinolone). Durch eine erfolgreiche Infektbehandlung werden die Betarezeptoren der Bronchien wieder ansprechbar auf die Gabe von Bronchodilatatoren.

? **Frage:** Wie sieht eine symptomatische Dauertherapie beim Erwachsenen aus?

tipp Praxisrelevante Frage – hausärztliche Routine.

Antwort: Je nach Ausmaß der Obstruktion empfiehlt sich die **4-Stufen-Therapie** (Deutsche Atemwegsliga, 1999):

Stufe	Bedarfsmedikation	Dauermedikation
1	kurz wirksame β_2-Mimetika	keine
2	kurz wirksame β_2-Mimetika	inhalative Kortikoide in niedriger Dosis
3	kurz wirksame β_2-Mimetika	inhalative Kortikoide in mittlerer Dosis, lang wirkende β_2-Mimetika, Theophyllin
4	kurz wirksame β_2-Mimetika	wie Stufe 3, jedoch inhalative Kortikoide in hoher Dosis plus orale Kortikoide
Stufen 2 bis 3: Hier können auch zur prophylaktischen Anwendung Leukotrien-Antagonisten eingesetzt werden.		

Tab. 2.3: 4-Stufen-Therapie des Asthma bronchiale

Frage: Sie haben **Antileukotriene** erwähnt. Bitte erzählen Sie uns Weiteres über diese Medikamentengruppe. **?**

☐ ☐ ☐
☺ 😐 ☹

Antwort: Es gibt die 5-Lipoxygenase-Inhibitoren (Zileuton) und die Antagonisten des Cysteinyl-Leukotrien-Rezeptors 1 „Lukaste" (Zafirlukast, Pranlukast und Montelukast). Ihr Wirkungsmechanismus beruht auf der Inhibition von Entzündungsmediatoren. Antileukotriene werden nur zur prophylaktischen Anwendung (ab Stufe II) verabreicht; sie sind nicht zur Therapie des akuten Asthmaanfalles geeignet. Nur etwa 50% der Patienten profitieren von Antileukotrienen. Falls nach 1 – 2 Wochen keine Wirkung aufgetreten ist, bleiben sie wirkungslos.

Frage: Welche Veränderungen sehen Sie beim Asthma bronchiale in der **Lungenfunktionsprüfung** (Lufu)? **?**

☐ ☐ ☐
☺ 😐 ☹

Antwort: Die Ergebnisse der Lufu hängen von Lebensalter, Größe, Körpergewicht und Geschlecht ab. Bei vielen Asthmatikern kann die LuFu im Intervall unauffällig sein.

Folgende Tabelle zeigt einige qualitative Veränderungen bei einer Atemwegsobstruktion:

Exspiratorische Sekundenkapazität (FEV1)	↓
Vitalkapazität	↓
Residualvolumen	↔ ↑
Exspiratorischer Spitzenfluss (PEF)	↓
Atemwiderstand (Resistance)	↑

Tab. 2.4: Veränderungen der Lungenfunktion bei Asthma bronchiale

Frage: Warum sollte eine respiratorische Azidose während eines Asthmaanfalls nicht mit Natriumbikarbonat ausgeglichen werden?

tipp Eine Frage für die Facharztprüfung, die jedoch auch zum 3. Staatsexamen gestellt wird.

Antwort: Die **Azidose** könnte der **einzige Atemantrieb** während eines Asthmaanfalls sein. Ein Ausgleich würde dann zum Atemstillstand führen.

2.3 Bronchiektasen

Frage: Was versteht man unter **Bronchiektasen?** Beschreiben Sie klinische Erscheinungen dieser Erkrankung.

Antwort: Unter Bronchiektasen versteht man eine **irreversible Erweiterung der Bronchien** mit oder ohne Sekundärinfektion. Man differenziert zwischen **angeborenen** und **erworbenen** Formen. Morphologisch können die Bronchien zystisch, zylindrisch oder varikös verändert sein.

Klinisches Bild:
- produktiver Husten
- „Maulvolles", eitriges Sputum → dreischichtig (Schaum, Schleim, Eiter)
- rezidivierende lokale Pneumonien
- Hämoptysen
- evtl. Lageabhängigkeit der Beschwerden

Bei der Auskultation sind lokal begrenzte, grobblasige, feuchte Rasselgeräusche zu hören.

Frage: In welchen Bereichen der Lunge finden sich hauptsächlich Bronchiektasen und mit welcher Untersuchung kann dies nachgewiesen werden?

Antwort: In den meisten Fällen treten Bronchiektasen in den **basalen Segmenten der Unterlappen** auf. Bei 50% der Patienten bestehen Bronchiektasen in beiden Lungenflügeln, meist basal in den Unterlappen.

Die Diagnose wird meist durch **HR-CT** gestellt, sodass auf Bronchographie verzichtet werden kann.

tipp Spezialwissen, wahrscheinlich radiologisch orientierter Prüfer. Eine knappe Antwort genügt.

Frage: Welche **therapeutischen Maßnahmen** können bei Bronchiektasen ergriffen werden? ?

Antwort: Die konservative Therapie ist ähnlich wie bei einer chronischen Bronchitis:

- morgendliche Drainagelagerung (Klapp'sche Hängelage) oder Knie-, Ellenbogenlage (Quincke)
- Abhusten des Bronchialsekrets
- rigorose, gezielte Infektbehandlung (Antibiotika)
- evtl. bronchospasmolytische Therapie
- aktive Immunisierung gegen Influenza und Pneumokokken

Wenn die konservative Therapie erfolglos bleibt, kann eine operative Resektion des betroffenen Lungenbereichs bei einseitiger Lokalisation der Bronchiektasen indiziert sein.

Frage: Nennen Sie Erkrankungen, die zu Bronchiektasen führen können. ?

Antwort: Meist werden Bronchiektasen durch chronisch-rezidivierende **bronchopulmonale Infekte, COPD, Bronchusstenosen** (Fremdkörper, Tumor) und **Lungentuberkulose** erworben. Selten bestehen **angeborene** Defekte, z.B. Ziliendyskinesie, zystische Fibrose oder das Immundefektsyndrom bei IgA-Mangel.

2.4 Aspiration

Frage: Welcher Lungenflügel ist bei einer **Fremdkörperaspiration** am häufigsten betroffen? ?

Antwort: Der rechte Hauptbronchus hat einen größeren Durchmesser und verläuft „steiler" im Vergleich zum linken Hauptbronchus. Fremdkörper gelangen deshalb meist in den rechten Unterlappen bzw. in das **rechte Bronchialsystem.**

tipp Hier muss man sich die anatomischen Verhältnisse vor Augen führen.

Frage: Beschreiben Sie das **Mendelson-Syndrom**.

Antwort: Es handelt sich um eine durch Aspiration von Mageninhalt bedingte Pneumonie. Häufig tritt diese Aspirationspneumonie **postoperativ** nach chirurgischen Noteingriffen auf (z. B. Kaiserschnitt-OP). Die Azidität des aspirierten Mageninhaltes verursacht eine zunächst meist abakterielle entzündliche Reaktion im Lungenparenchym, die zu einer verschlechterten Sauerstoffsättigung des Blutes führt. Das Krankheitsbild wird dann durch eine bakterielle Pneumonie (in 90 % durch Anaerobier, zusätzlich gramnegative Bakterien) kompliziert.

Die Therapie umfasst die Gabe von **Breitbandantibiotika** gegen Anaerobier und gramnegative Bakterien: z. B. Clindamycin + Cephalosporine parenteral wie z. B. Ceftizoxim (Ceftix®), sowie die kurzzeitige Verabreichung von **Broncholytika** (β_2-Mimetika, Theophyllin, evtl. Glukokortikosteroide). Wichtig sind weiterhin regelmäßiges Absaugen von Bronchialsekret in Kopf-Tieflage, O_2-Gabe und Physiotherapie. In schweren Fällen ist Intubation und Beatmung mit positivem endexspiratorischen Druck (PEEP) indiziert.

Frage: Können Sie weitere Ursachen nennen, die eine Aspirationspneumonie bedingen?

tipp Hier kommt es dem Prüfer auf die Aufzählung von mehreren Krankheitsbildern an.

Antwort: Folgende Krankheitsbilder und Zustände können zu einer **Aspirationspneumonie** führen:
- Hiatushernien
- Ösophagusstrikturen und -divertikel
- Achalasie, Sklerodermie mit Ösophagusbeteiligung
- Schluckstörungen
- Erbrechen bei Bewusstlosigkeit (Unfall, Koma, Volltrunkenheit, Narkose, Intoxikation, Schlaganfall); Cave: so genannte „stille“ Aspiration ohne sichtbares Erbrechen

Frage: Welche Art von Fremdkörpern wird häufig von kleinen Kindern „aspiriert“?

tipp Eltern kleiner Kinder sind hier im Vorteil. Diese Frage dient eher als Auflockerung.

Antwort: Erdnüsse und Erbsen können von Kleinkindern leicht aspiriert werden und zu einer Pneumonie führen. Organische Fremdkörper sind in der Rö-Thorax-Aufnahme nicht schattengebend. Indirekte radiologische Zeichen sind anfangs eine Überblähung einzelner Lungenabschnitte und später Atelektasen.

2.5 Pneumonien

Frage: Welche nicht maligne Lungenerkrankung fordert in Deutschland die meisten Todesopfer?

Antwort: Die Pneumonie ist die häufigste zum Tode führende Infektionskrankheit in den Industrienationen. Es handelt sich um eine Entzündung des Lungenparenchyms. Vorerkrankungen wie Diabetes, chronische Bronchitis oder eine Herzinsuffizienz wirken begünstigend. Nicht selten pfropft sich eine Pneumonie auf einen viralen grippalen Infekt auf (daher Grippeimpfung bei gefährdeten Personen).

✚ Pneumonien stehen weltweit in der Todesursachenstatistik an 3. Stelle.

Frage: Welche unspezifischen Mechanismen der **pulmonalen Infektabwehr** kennen Sie?

Antwort: Ob sich eine Pneumonie entwickelt, ist von der Virulenz der Erreger und den körpereigenen Abwehrmechanismen abhängig. Hierzu gehören:

- **Hustenreflex** (bei Intensivpatienten aufgehoben)
- **mukoziliäre Klärfunktion** (bei Rauchern verringert)
- **Alveolarmakrophagen** (bei Rauchern verringert)
- **IgA** und **IgG** im Bronchialsekret (bei Mukoviszidose verringert)

Frage: Beschreiben Sie das typische klinische Bild einer **Pneumokokken-Pneumonie**.

Antwort: Sie ist die häufigste außerhalb des Krankenhauses erworbene Lungenentzündung und tritt bevorzugt im Winter auf. Pneumokokken lassen sich bei den meisten gesunden Menschen in der Mundhöhle nachweisen. Bei verminderter Resistenz (z.B. nach einem grippalen Infekt) oder bei gesteigerter Virulenz der Erreger kann eine Infektion der Lunge (Lobärpneumonie) auftreten. Erhöhtes Risiko besteht bei alten Menschen, onkologischen Patienten, Abwehrschwäche einschließlich AIDS, Alkoholikern und bei chronischen Herz- und Lungenerkrankungen u.a.

tipp Einige einführende Sätze mit Erläuterungen von epidemiologischen und ätiologischen Aspekten bezeugen den „Überblick" des Prüflings.

Die klinische **Symptomatik** beginnt **plötzlich mit Schüttelfrost** und **hohem Fieber** (bis über 40 °C). Das schwere Krankheitsgefühl wird begleitet von:

- Husten
- Atemnot und eingeschränkter Atembewegung der erkrankten Seite
- Seitenstechen (bei Begleitpleuritis)
- rostbraunem Sputum (ab 2. Tag der Pneumonie)

Merke: Patienten, bei denen eine Splenektomie geplant ist, sollten vor dem Eingriff prophylaktisch gegen Pneumokokken geimpft werden.

Frage: Wie diagnostizieren Sie eine Pneumokokken-Pneumonie?

tipp Bei der Beantwortung sowohl die Klinik berücksichtigen, als auch zu Labor und Röntgen Stellung nehmen.

Antwort: Neben den klinischen Symptomen finden sich bei der körperlichen Untersuchung **Rasselgeräusche,** eine **verstärkte Bronchophonie, Bronchialatmen** und ein **vermehrter Stimmfremitus** über dem infiltrierten Lungenbereich. In der Röntgenthoraxaufnahme lässt sich eine **lobäre,** scharf begrenzte **Verschattung** nachweisen.

Das Labor zeigt:
- deutliche Leukozytose
- Linksverschiebung
- BSG ↑, CRP ↑
- Erregernachweis aus Blut, Sputum und Bronchialsekret
- Nachweis von Pneumokokkenantigenen aus Blut, Sputum und Urin

Frage: Welche **Behandlungsmaßnahmen** müssen Sie bei Verdacht auf eine bakterielle Pneumonie ergreifen?

Antwort: Allgemeine Behandlungsmaßnahmen sind:
- körperliche Schonung, meist Bettruhe
- reichliche Flüssigkeitszufuhr
- Atemgymnastik
- evtl. O_2-Gabe
- Oberkörperhochlagerung
- Bronchosekretolytika bei produktivem Husten

Nach Abnahme von Bronchialsekret zur mikrobiologischen Untersuchung ist die sofortige Gabe eines **Antibiotikums** wie z. B. Aminopenicillin + Beta-Lactamase-Inhibitor i.v. indiziert. Bei Penicillin-Resistenz (Deutschland bis 10%) können Cephalosporine der 3. Generation, Fluorchinolone oder Telithromycin verabreicht werden.

Pneumonien bei hospitalisierten Patienten werden oft mit einer Kombination von Cephalosporinen und Aminoglykosiden behandelt, da häufig primär eine Mischinfektion mit Staph. aureus, gramnegativen Erregern (Klebsiellen, Pseudomonas etc.) und Anaerobiern vorliegt.

Frage: Was wissen Sie über Cephalosporine?

Antwort: Cephalosporine sind wie die Penicilline **β-Lactam-Antibiotika** und besitzen einen **bakteriziden** Wirkungsmechanismus, indem sie die bakterielle Zellwandsynthese hemmen.

Das Wirkungsspektrum erfasst grampositive und gramnegative Erreger. Cephalosporine werden je nach Applikationsart, Wirkungsspektrum und β-Lactamase-Stabilität in mehrere Klassen (Generationen) eingeteilt.

tipp Bei Erkrankungen, die den Einsatz von Antibiotika notwendig machen, muss stets mit Nachfragen zu Wirkungsmechanismus und Nebenwirkungen der einzelnen Substanzklassen gerechnet werden.

Merke: **1. Generation** → wirksam bei **grampos.** Erregern und einigen wenigen gramneg. Erregern.
3. Generation → gut wirksam bei **gramneg.** Erregern, weniger wirksam gegen einige grampos. Erreger.
Alle Cephalosporine → schlecht wirksam bei Enterokokken und Listerien. Sie werden bei primären und sekundären **Pneumonien, Wundinfektionen, komplizierten Harnwegs-** und **Hautinfektionen** eingesetzt (heute auch bei Gonorrhoe und perioperativ).

!

Seltene Nebenwirkungen sind:
- allergische Reaktionen
- Blutgerinnungsstörungen
- gastrointestinale Störungen
- Phlebitis am Injektionsort
- gelegentlich Nephrotoxizität
- in 10% Kreuzallergie mit Penicillinen

Frage: Zu welchen **Komplikationen** kann es bei bakteriellen Pneumonien kommen?

?

☐ ☐ ☐
☺ 😐 ☹

Antwort: Zu den **pulmonalen** Komplikationen bakterieller Pneumonien gehören:
- Lungenabszess, bes. bei Anaerobier-Infektion
- respiratorische Insuffizienz
- Empyem
- Pleuraergüsse
- Bronchiektasen

tipp Als Erleichterung bietet sich hier an, zwischen extrapulmonalen und rein pulmonalen Komplikationen bakterieller Pneumonien zu unterscheiden.

Extrapulmonale Komplikationen sind:
- Meningitis („Haubenmeningitis“ bei eitriger Pneumokokken-Meningitis)
- Otitis media
- Endokarditis und Perikarditis
- Arthritis
- Osteomyelitis
- Hirnabszesse

- Thromboembolien der Beinvenen → Lungenembolie (infolge Bettruhe)
- septischer Schock

☐ ☐ ☐
☺ 😐 ☹

? **Frage:** Der Begriff der **„atypischen Pneumonie"** wird häufig gebraucht. Welche Erreger können eine atypische Pneumonie auslösen? Nennen Sie bitte einige besondere Befunde.

tipp Als typische Pneumonie wird die Lobärpneumonie (Pneumokokken) bezeichnet. Durch diesen Tipp wird die Frage etwas leichter. Atypische Pneumonien sind häufiger als typische.

Antwort: Man unterscheidet typische und atypische Pneumonien nach dem klinischen Bild und dem Verlauf der radiomorphologischen Kriterien. Eine atypische Pneumonie **beginnt oft langsam** und mit **grippeähnlichen Symptomen** (z.B. Myalgie und Zephalgie bei nur mäßigem Fieber). Radiologisch ist ein **ausgeprägter nicht lobulärer Befund** zu erheben (meist beidseits flekkig-netzartig diffuse Infiltrate), der im Gegensatz zu dem oft negativen Auskultationsbefund steht (Diskrepanz von Klinik zu Röntgen!).

Erreger einer atypischen Pneumonie können sein:
- Viren (z.B. Adenoviren)
- Mykoplasmen (Mycoplasma pneumoniae)
- Rickettsien (Coxiella burneti = Q-Fieber)
- Chlamydien (Chlamydia psittaci = Ornithose)
- Legionellen

☐ ☐ ☐
☺ 😐 ☹

? **Frage:** Kennen Sie die **„Legionärskrankheit"?**

tipp Eine offene Frage. Falls man mit dieser Pneumonie nichts anfangen kann, sollte man nicht sofort passen, sondern erst nachfragen.

Antwort: Die „Legionärskrankheit" ist eine **atypische** bakterielle Pneumonie, die durch den Erreger **Legionella pneumophila** verursacht wird. Besonders ältere Patienten sind von dieser meist im Sommer (Wachstum wird durch warmes Wasser gefördert; Klimaanlagen, Aerosole, Luftbefeuchter, etc.) auftretenden Infektion betroffen. Klinisch beginnt die Erkrankung oft mit Magen-Darm-Beschwerden (Durchfälle) und Gliederschmerzen. Danach treten folgende Symptome auf:
- Fieber < 39 °C
- Schüttelfrost
- Bradykardie
- unproduktiver Husten, Thorax-Schmerzen
- Kopfschmerz und Desorientiertheit
- Labor: Leukozyten ↑, Lymphozyten ↓, Transaminasen ↑, Alk. Phosphatase ↑, Bilirubin ↑

Im Röntgenbild sind **multilobuläre Infiltrate** zu sehen. Die Sicherung der Diagnose erfolgt durch bakteriologische **Sputum-** und **Lavage-Kultur,** Nachweis von **Legionella Antigen** und durch **Antikörpernachweis** (Immunfluoreszenztest: mind. 4-facher Titeranstieg in 10 Tagen).

Die Therapie der Wahl ist die Gabe von **Makrolidantibiotika** (Azithromycin) und **Fluorchinolone** der Gruppe 3/4. Die Letalität einer voll entwickelten Legionella-Pneumonie liegt bei vorher gesunden Patienten um ca. 15%, bei Patienten mit Immunschwäche oder vorbestehenden Herz-/Lungenerkrankungen bis 70%.

Frage: Welche Erkrankungen sollten bei einer Pneumonie stets ausgeschlossen werden?

Antwort: Differenzialdiagnostisch sind folgende Ursachen bei einer pulmonalen Infiltration auszuschließen:

- Bronchialkarzinom und Fremdkörperaspiration
- Lungentuberkulose
- Lungenmykose
- Infarktpneumonie nach Lungenembolie
- Sarkoidose
- exogen-allergische Alveolitis

Pneumonien pfropfen sich häufig auf diese Erkrankungen auf.

Fallbeispiel: Der Zustand eines entkräfteten älteren Patienten, der an einem Lungenabszess leidet, bessert sich klinisch und radiologisch nach Penicillin-Therapie. Nach einigen Tagen verschlechtert sich die Symptomatik jedoch wieder und der Patient hustet ein faulig riechendes Sputum ab. Was könnte geschehen sein, und wie würden Sie die Chemotherapie umstellen?

Antwort: Anaerobier sind wie Aerobier (z.B. Pneumokokken) in Lungenabszessen vorhanden. Penicillin wirkt aufgrund häufiger primärer Resistenz der Keime nicht auf alle Anaerobier. Zudem bilden sich oft Resistenzen. **Resistente Anaerobier** sind wahrscheinlich für das Wiederaufflammen des Lungenabszesses verantwortlich. Ein deutlicher Hinweis ist das faulig riechende Sputum.

> **tipp** Eine schwere Frage, die mikrobiologisch ausgerichtet ist. Von der Fragestellung ist klar, dass das Wirkungsspektrum der Chemotherapie erweitert werden muss.

Daher gibt man bei obigem Patienten ein zusätzliches Antibiotikum wie **Clindamycin** oder **Metronidazol** , die beide gegen Anaerobier und insbesondere gegen Bakteroides-Arten wirken. Es muss gleichzeitig dringend eine mikrobiologische Keimidentifizierung erfolgen (z.B. durch bronchoalveoläre Lavage).

In dem vorliegenden Fall hätte man initial besser bereits mit einer kombinierten Chemotherapie aus Cephalosporinen und Aminoglykosiden beginnen sollen, da so ein sehr breites Keimspektrum erfasst worden wäre.

2.6 Lungenfibrosen

☐ ☐ ☐

Frage: Was ist eine **Lungenfibrose** und wie sieht die Lunge bei diesem Krankheitsbild mikro- und makroskopisch aus?

Antwort: Als Lungenfibrose bezeichnet man den Endzustand von interstitiellen Lungenerkrankungen unterschiedlicher Ätiologie. Es besteht eine irreversible **Vernarbung des Lungenparenchyms** mit erheblichen Störungen des Gasaustausches.

- **Makroskopisch** sieht man:
  - kleine und feste Lungen
  - verdickte Pleura
  - multiple Adhäsionen
  - buckelige Oberfläche
- **Mikroskopisch** beobachtet man:
  - verdickte Alveolarsepten
  - Zellinfiltrate, welche sich zu Narbengewebe verdichten
  - Untergang von Alveolenstrukturen
  - Bronchiolendilatationen („Wabenlunge")
  - Sklerose der Pulmonalarterien

☐ ☐ ☐

Frage: Welche **funktionelle Störung** steht bei der Lungenfibrose im Vordergrund? Die restriktive oder die obstruktive?

tipp Die Antwort sollte begründet werden. Es ist günstig, hierbei einige klinische Befunde zu nennen.

Antwort: Durch die bindegewebige Umwandlung des Lungenparenchyms entwickelt sich eine primär **restriktive Ventilationsstörung** mit folgenden spirometrischen Parametern:

- verminderte Compliance
- eingeschränkte Vitalkapazität
- FEV_1 normal
- Resistance normal
- Diffusionskapazität (DLCO) ↓

Klinische Befunde sind:

- oberflächliche und rasche Atmung, plötzlicher Atemstopp bei tiefer Inspiration („door-stop-Phänomen")
- auskultatorisches „Fibrosequietschen"
- hoch gestellte Zwerchfelle
- anfangs Belastungsdyspnoe, später Ruhedyspnoe, Tachypnoe

☐ ☐ ☐

Frage: Ist Ihnen die **Pulmonale Histiocytosis X** ein Begriff?

Antwort: Es handelt sich um eine seltene granulomatöse Entzündung des Lungeninterstitiums, die meist junge starke Raucher betrifft, die zu einer interstitiellen Lungenfibrose mit Ausbildung von Lungenzysten führt. Die Granulome bestehen aus Histiozyten, eosinophilen Leukozyten, Lymphozyten, Plasmazellen und zentralen Langerhans-Zellen. Klinisch tritt initial eine Belastungsdyspnoe auf, die zu Ruhedyspnoe führen kann. Die Diagnose wird durch HR-CT und Bronchiallavage gesichert. Die Therapie beinhaltet ein Rauchverbot und die Anwendung von Glukokortikosteroiden.

Frage: Welches Zytostatikum kann eine Lungenfibrose induzieren?

Antwort: Bleomycin wird in der zytostatischen Therapie von z.B. Hodentumoren eingesetzt (PEB-Schema). Bleomycin verursacht gehäuft eine Lungenfibrose (ab kumulativer Dosis von 250–350 mg). Das Risiko einer Lungenfibrose erhöht sich nach vorangegangener Bestrahlung des Mediastinums.

2.7 Pneumokoniosen

Fallbeispiel: Ein Sandstrahler, der seit ca. 15 Jahren in einer Gießerei arbeitet, kommt in Ihre Praxis und klagt über **Husten, Auswurf** und zunehmende **Dyspnoe.** Im Röntgenbild erkennen Sie besonders in den Lungenmittelfeldern kleinfleckige Verschattungen, die an ein **„Schneegestöber"** erinnern. Welche diagnostischen Überlegungen haben Sie nach diesen Angaben?

Antwort: Die langjährige Berufsanamnese als Sandstrahler und das typische Röntgenbild mit „Schneegestöber" sowie die bronchitischen Krankheitszeichen weisen auf eine **Silikose** hin. Differenzialdiagnostisch muss eine zusätzliche Tbc ausgeschlossen werden, zumal sich diese häufig auf eine Silikose aufpfropft (ca. 10% der Fälle).

tipp Ähnliche Fallbeispiele kennt man von den IMPP-Fragen. Das entscheidende Stichwort hier ist „Schneegestöber".

Es besteht häufig keine parallele Beziehung zwischen Ausmaß der Röntgenveränderungen und der Lungenfunktionseinschränkung. Die Lungenfunktionsprüfung zeigt primär eine **obstruktive Ventilationsstörung,** erst im fortgeschrittenen Krankheitsverlauf tritt eine restriktive Ventilationsstörung hinzu. Im Zweifelsfall wird die Diagnose durch Biopsien aus Lungengewebe oder Skalenus- und mediastinalen Lymphknoten, die polarisationsmikroskopisch untersucht werden, gesichert.

Frage: Beschreiben Sie eine **Stadieneinteilung** der Silikose.

Antwort: Eine einfache röntgenologische Einteilung unterscheidet bei der Silikose 3 Stadien, von denen jedes in drei Drittelstufen unterteilt ist.

tipp Manche Prüfer legen auf Arbeitsmedizin besonderen Wert. Vor der Prüfung erfragen.

Relativ charakteristisch sind hilär gelegene Lymphome mit kalkdichten Ringschatten, die als **„Eierschalenhili"** bezeichnet werden.

Stadium I	feine Knötchenzeichnung mit Knötchendurchmesser < 1 cm ohne Konfluenz oder Konglomeration
Stadium II	zusätzliche streifige Fibrose und Knötchen von teilweise > 1cm
Stadium III	konfluierende große Verschattungen, grobe silikotische Schwielenbildung, schwere Fibrose und narbige Retraktionen von Bronchien und Gefäßen

Tab. 2.5: Stadieneinteilung der Silikose

☐ ☐ ☐
☺ 😐 ☹

Frage: Worin unterscheidet sich radiologisch die Silikose von der Asbestose?

Antwort: Im Unterschied zur Silikose zeichnet sich die **Asbestose** durch folgende radiologische Zeichen im Röntgen-Thoraxbild aus:
- vermehrte streifige Lungenzeichnung, bevorzugt in den beiden Lungenunterfeldern
- doppelseitige Pleuraergüsse
- verkalkte Pleuraplaques, vor allem an der Pleura diaphragmatica

Lungenveränderungen, die durch eine Fibrose bedingt sind, können bei beiden Pneumokoniosen beobachtet werden.

Merke: Fast alle Lungenasbestosen weisen pleurale Veränderungen auf. Bei Lungenfibrosen ohne Pleuraveränderungen im High-Resolution-CT muss an andere Ursachen gedacht werden.

☐ ☐ ☐
☺ 😐 ☹

Frage: Welche **therapeutischen Maßnahmen** sind bei Pneumokoniosen zu ergreifen?

tipp Die Frage ist sehr allgemein formuliert. Dies ist ein Hinweis darauf, dass es nur wenige spezielle Behandlungsansätze gibt.

Antwort: Der Fibrosierungsprozess kann medikamentös nicht beeinflusst werden. Entscheidend sind eine strikte **Expositionsprophylaxe** und die konsequente Behandlung von Infekten oder einer komplizierenden Obstruktion.

Die Patienten sollten zusätzliche pulmonale Belastungen wie Rauchen vermeiden. Bei respiratorischer Insuffizienz sind symptomatische Maßnahmen einzuleiten. Gefährdete Berufsgruppen müssen regelmäßig überwacht werden, und Arbeitsschutzmaßnahmen besitzen eine große prophylaktische Bedeutung.

Frage: Eine Asbestose kann zu welchen Sekundärerkrankungen führen?

Antwort: Astbestfasern (< 10 μm) können vor allem bei Rauchern zu einem **Bronchialkarzinom** und/oder **Pleuramesotheliom** führen. Auch das Risiko eines **Larynxkarzinoms** ist erhöht. Dies macht häufige Kontrolluntersuchungen bei ehemals asbestexponierten Personen notwendig. Bei der Kombination von Asbestexposition und Rauchen ist das Risiko, an einem Bronchialkarzinom zu erkranken, größer als die Summe beider Risikofaktoren (multiplikative Wirkung).

tipp Der Hintergrund dieser Frage ist die kostenintensive Sanierung von Gebäuden (auch Krankenhäusern).

2.8 Lungenemphysem

Frage: Was ist ein **Lungenemphysem** und welche Ursachen kennen Sie?

Antwort: Es handelt sich um eine Lungenerkrankung, die durch eine **irreversible Erweiterung** der **distal der Bronchioli terminales** befindlichen Lufträume aufgrund von Wanddestruktion gekennzeichnet ist. Rein deskriptiv wird je nach Lokalisation der pathologischen Veränderungen zwischen einem **zentroazinären** und einem **panazinären** Emphysem sowie einem **Narben-** oder **Überdehnungsemphysem** differenziert.

tipp Es ist von Vorteil, wenn man die Definition der WHO kennt und diese vortragen kann.

Neben dem primären atrophischen Emphysem (Altersemphysem) entsteht das sekundäre zentroazinäre Emphysem am häufigsten als Komplikation der COPD (= chronisch obstruktive Bronchitis).

Weitere ätiologische Faktoren für das sekundäre Emphysem sind:
- angeborener α_1-Antitrypsinmangel
- erworbener α_1-Antitrypsinmangel, z.B. durch Tabakrauch (Hemmung der Antiproteasen)
- angeborene Missbildungen
- Nitrose-Gase
- Cadmium-Staub
- Luftverschmutzung

Frage: Beschreiben Sie das pathophysiologische Geschehen bei der Emphysem-Entstehung aufgrund des **angeborenen α_1-Antitrypsinmangels**.

Antwort: Beim angeborenen α_1-Antitrypsinmangel handelt es sich um einen hereditären Enzymmangeldefekt, der allein oder in Kombination mit Inhalationsnoxen die Entwicklung eines Emphysems begünstigt.

tipp Es finden sich eine große Anzahl von Pathophysiologie-Fragen bezüglich der Atmungsorgane.

α_1-Antitrypsin (AAT) ist ein Proteasehemmstoff, der **Schutzfunktionen am Lungengewebe** erfüllt. Fehlt oder ist dieser erniedrigt, können die durch Leukozytendestruktion auf der Alveolarebene frei werdenden Proteasen nicht ausreichend gehemmt werden, was durch Andauung des Lungenparenchyms zur panazinären Emphysembildung führt. Das AAT-Gen liegt auf Chromosom 14. Das Emphysem manifestiert sich bei der homozygoten schweren Form schon im frühen Kindesalter (Häufigkeit 1:10000). Entscheidend für den Beginn des Lungenemphysems bei der heterozygoten leichten Form sind auslösende pulmonale Noxen (Infekte, Rauchen, Staub).

☐ ☐ ☐
☺ 😐 ☹

? Frage: Was verstehen Sie unter den beiden Ausdrücken „pink puffer" und „blue bloater"?

tipp Diese beiden Ausdrücke aus dem Amerikanischen werden oft benutzt. Mit etwas Englisch kann man die klinischen Bilder, die hinter diesen Begriffen stehen, erklären.

Antwort: Die beiden Begriffe „pink puffer" und „blue bloater" bezeichnen zwei extreme und deutlich differenzierbare Ausprägungstypen von Patienten mit Lungenemphysem. Der **„pink puffer",** der auch als **Typ PP**, „Fighter" oder „dyspnoisch-kachektischer Typ" bekannt ist, zeichnet sich durch folgende Symptomatik und Eigenschaften aus:

- asthenisch → schlechter Ernährungszustand
- Dyspnoe, kaum Zyanose
- Hypoxämie → Partialinsuffizienz
- Husten (trocken)
- Hypersonorer Klopfschall
- Fassthorax, Rundrücken
- mäßige Atemwegsobstruktion

Der **„blue bloater",** der hingegen als **Typ BB,** „Non-Fighter" oder als „bronchitischer Typ" bezeichnet wird, weist folgende Merkmale und Krankheitszeichen auf:

- pyknisch → übergewichtig
- Zyanose mit Polyglobulie
- kaum Dyspnoe
- Fassthorax
- Hypoxämie + Hyperkapnie → Globalinsuffizienz
- Cor pulmonale
- Husten und Auswurf
- schwere Atemwegsobstruktion

☐ ☐ ☐
☺ 😐 ☹

? Frage: Beschreiben Sie die **Lungenfunktionsparameter** beim obstruktiven Emphysem.

Antwort: Die pathologischen Lungenfunktionsparameter ergeben sich in erster Linie aus dem erhöhten Atemwegswiderstand. Im Einzelnen finden sich:

- erhöhtes Residualvolumen mit Verschiebung der Atemmittellage zur Inspiration → Totalkapazität ↑
- Verminderung des Atemstoß- und Atemgrenzwertes

- Anstieg der bronchialen Strömungswiderstände
- häufig Hypoxämie durch stark eingeschränkte Ventilations- und Diffusionskapazität

2.9 Cor Pulmonale und Pulmonale Hypertonie

Frage: Nennen Sie einige Ursachen für ein akutes bzw. ein chronisches **Cor pulmonale.**

☐ ☐ ☐

Antwort: Das **akute** Cor pulmonale entsteht bei **plötzlicher Druckbelastung** des Lungenkreislaufes ohne vorhergehende Adaptationsmöglichkeit der Muskulatur des rechten Ventrikels. Dies führt zu einer akuten Dilatation und Insuffizienz. Folgende Ursachen kommen dabei in Betracht:

- Lungenembolie → Zirkulationsstörung
- Status asthmaticus
- Spannungspneumothorax

tipp Empfehlenswert ist, jedes Krankheitsbild gesondert zu beschreiben.

Das **chronische** Cor pulmonale entwickelt sich dagegen aufgrund einer **längerfristig** bestehenden **Druckbelastung** des Pulmonalkreislaufes. Die hypertrophierte Muskulatur des rechten Herzventrikels kann den erhöhten Druck nicht mehr durch Muskeladaptation ausgleichen und dilatiert infolgedessen. Beispiele für Ursachen sind:

- hypoxisch bedingte pulmonale Vasokonstriktion
- chronisch obstruktive Lungenerkrankungen und Lungenfibrosen
- obstruktives Schlafapnoe-Syndrom
- rezidivierende Lungenembolien
- primäre pulmonale Hypertonie

Frage: Durch welche klinischen Symptome fällt ein **dekompensiertes Cor pulmonale** auf?

☐ ☐ ☐

Antwort: Das dekompensierte Cor pulmonale ist meist Folge einer lang dauernden kompensierten Rechtsherzbelastung. Diese kann sich durch **präkordiale Beschwerden, Tachykardie** oder **Rechtshypertrophiezeichen** im EKG und Röntgen bemerkbar machen. Klinische Symptome sind alle Zeichen der Rechtsherzinsuffizienz: **Dyspnoe**, **Zyanose**, **Tachykardie, Schwindel** und **periphere Ödeme**.

tipp Eigentlich eine leichte Frage, da der Prüfer nicht die Pathophysiologie in der Beantwortung erwartet.

Folgende Befunde können das klinische Bild abrunden:

- verstärkte Venenfüllung der Hände und der Halsvenen
- hepatojugulärer Reflux
- Herzauskultation: Galopprhythmus, d.h. zusätzlicher 3. HT
- akzentuierter 2. HT, fixierte Spaltung des 2. HT
- Stauungsleber

Frage: Nennen Sie einige Zeichen im EKG für ein chronisches Cor pulmonale.

Antwort: Häufig lassen sich folgende **EKG-Befunde** erheben.

Kriterien hoher Spezifität:
- Rechtshypertrophiezeichen:
  - V1: R > 0,7 mV; R/S > 1
  - V 5/6: S > 0,7 mV
  - RV1 + SV5 oder V6 > 1,05 mV (Sokolow-Index für Rechtshypertrophie)
- Rechtsventrikuläre Repolarisationsstörung:
  - ST-Senkung, T-Negativierung in V1 – 3

Kriterien geringer Spezifität:
- $\mathbf{P}_{\mathbf{pulmonale}}$ (= vergrößerte, oft spitze P-Welle = > 0,25 mV in Ableitung II)
- **Steil-** bis **Rechtstyp** der elektrischen Herzachse, zusätzlich SI/QIII oder SI/SII/SIII-Typ
- Unspezifische Zeichen sind Rechtsschenkelblock, Tachykardie und Arrhythmien.

Frage: Ab welchem Pulmonalarterienmitteldruck spricht man von einer **pulmonalen Hypertonie?**

tipp Detailfragen werden häufiger. Vielleicht werden auch die Examenskandidaten immer besser, sodass sich (schlechte?!) Prüfer auf Detailfragen zurückziehen.

Antwort: Ab einer chronischen Erhöhung des Pulmonalarterienmitteldruckes von **> 20 mmHg** in Ruhe und > 30 mmHg unter Belastung spricht man von einer pulmonalen Hypertonie. Die Rechtsherzkatheteruntersuchung und Doppler-Echokardiographie klären die Druckverhältnisse.

2.10 Lungenödem

Frage: Was ist ein **Lungenödem** und welche Pathogenese weist es auf?

Antwort: Es handelt sich um eine Vermehrung des Flüssigkeitsgehaltes der Lunge. Hierbei unterscheidet man zwischen folgenden 2 Formen:
- **interstitielles** Lungenödem (primär radiologisch nachweisbar)
- **alveoläres** Lungenödem

Drei pathogenetische Mechanismen sind wesentlich:
- Druckerhöhung im pulmonal-kapillären Kreislauf (Linksherzinsuffizienz)

- Permeabilitätsveränderung der Kapillaren
- Veränderung der alveolären Oberflächenspannung durch Surfactant-Mangel

Frage: Wie würden Sie das **klinische Bild** eines Patienten mit Lungenödem beschreiben?

Antwort: Das Lungenödem ist eines der **lebensbedrohlichen** Krankheitszustände, welches den Patienten in „Todesangst" versetzt.

- Klinik des **interstitiellen** Ödems:
  - verstärktes Atemgeräusch
  - Tachypnoe
  - schweres Krankheitsgefühl
  - fahlblasse Zyanose
  - trockene Rasselgeräusche (fakultativ!), evtl. Giemen, Husten, schwere Dyspnoe (sog. Asthma cardiale)
- Klinik des **alveolären** Ödems:
  - hochgradige Atemnot
  - Blässe, Zyanose
  - fein- bis grobblasige, ohrnahe, feuchte Rasselgeräusche
  - Schocksymptomatik mit Schwitzen, kalten, feuchten Extremitäten und Versiegen der Harnproduktion
  - schaumiges, teilweise hämorrhagisches Sputum

Merke: **Kardiales** Lungenödem → Zeichen der Linksherzinsuffizienz und PCWP > 18 mmHg. **Nichtkardiales** Lungenödem und ARDS → fehlende Zeichen der Linksherzinsuffizienz und PCWP < 18 mmHg.

Frage: Wie können Sie, abgesehen von der Behandlung der Grundkrankheit, ein Lungenödem therapeutisch angehen?

Antwort: Die lebensbedrohliche Lage erfordert folgende Sofortmaßnahmen:

- **sitzende** Lagerung mit tief hängenden Beinen, Atemwege frei machen
- **Sauerstoffgabe** per Nasensonde (4–8 l/Min.)
- Diuretika, z. B. **Furosemid** (mehrmals 40–80 mg Lasix® i.v.)
- wenn RR > 110 mmHg **Nitropräparate**, z. B. Nitrolingual® 0,8 mg mehrfach sublingual oder über Perfusor unter fortlaufender Blutdruckkontrolle
- Sedierung, z. B. 5 mg **Diazepam** i.v. oder 5 mg **Morphin** i.v.
- **Dobutamin:** 250 mg auf 50 ml NaCl über Perfusor (3–10 ml/h, je nach Kreislaufsituation)
- bei progredientem Verlauf → Beatmung

tipp Hier hat der Prüfer mit Absicht das Thema eingeschränkt. Es ist günstig, einige Aspekte der Respiratortherapie zu erläutern, da man sonst durch eine Nachfrage darauf näher eingehen muss.

Befindet sich der Patient in der Klinik, kann die Anwendung der Respiratortherapie bei schwerstem Lungenödem lebensrettend sein. Eine maschinelle Beatmung mit positivem endexspiratorischem Druck (PEEP) wirkt einem Flüssigkeitseintritt in die Alveolen entgegen und entlastet den Patienten durch Übernahme der Atmungsarbeit.

Fallbeispiel: Eine Patientin leidet an einem fortgeschrittenen Mammakarzinom. Sie weist rechtsseitig klinisch und radiologisch gesichert einen großen Pleuraerguss auf, der die Atmung beeinträchtigt. Der Stationsarzt entschließt sich zur Punktion des Ergusses und punktiert in kurzer Zeit 1,6 l erfolgreich ab. Wenig später wird die Patientin dyspnoeisch und muss auf die Intensivstation verlegt werden. Was ist passiert?

tipp Ein für den klinischen Alltag sehr wichtiges Fallbeispiel, welches zeigt, dass auch vor jedem kleinen Eingriff genaue pathophysiologische Überlegungen anzustellen sind.

Antwort: Schließt man eine durch die Punktion erfolgte Verletzung innerer Organe (z.B. Leber, große Gefäße) aus, ist ein akutes Lungenödem (e vacuo) wahrscheinlich.

Verantwortlich ist die zu **rasche** und mengenmäßig zu **große Pleurapunktion.** Durch den plötzlichen Unterdruck im Thorax war eine Adaptation des Lungenparenchyms nicht möglich, sodass es zu einem Ödem kam. Die Herz-Kreislauf-Belastung durch den plötzlichen Flüssigkeitsverlust und die nachfolgend veränderten Druck- und Raumverhältnisse im Thoraxraum spielen ebenfalls eine Rolle. **Pleurapunktionen** sollten daher **langsam** ausgeführt werden und sich auf **maximal 0,8 – 1 l** pro Punktion beschränken.

2.11 Lungenembolie

Frage: Wie entsteht eine akute **Lungenembolie?**

Antwort: Ursache einer Lungenembolie ist eine Einschwemmung von abgelösten **Thromben** (seltener Fett, Luft oder Fremdkörper) in die Lungenstrombahn. Diese entstehen zu > 90% in den **tiefen Beinvenen** (Becken- und Oberschenkelvenen). Gerade bei fulminanten Embolien lassen sich Thrombosereste im Bereich der Beinvenen nachweisen. Embolien aus dem Einflussgebiet der V. cava superior (zentraler Venenkatheter) und dem rechten Herzen (Schrittmacherkabel) sind selten.

Schweregrade einer Lungenembolie (nach Grosser)				
	Grad I	Grad II	Grad III	Grad IV
Klinik, Symptome	diskret, evtl. Dyspnoe, retrosternaler Schmerz	akut auftretende Dyspnoe, Tachypnoe, Tachykardie, thorakaler Schmerz, Angst, evtl. Folgezustände: Hämoptoe, Fieber, Pleuraerguss		zusätzl. Schock, Herz-Kreislauf-Stillstand
Blutdruck	normal	normal oder leicht erniedrigt	erniedrigt	stark erniedrigt mit kleiner Amplitude
Pulmonalarterien-Mitteldruck (mmHg)	normal < 20	meist normal 16 – 25	25 – 30	> 30
PaO_2 mmHg	> 75	evtl. erniedrigt	< 70	< 60
Gefäßverschluss in der Lunge	periphere Äste	Segment-arterien	Ein PA-Ast oder mehrere Lappenarterien	Ein PA-Ast und mehrere Lappenarterien (PA-Stamm)

Tab. 2.6: Schweregradeinteilung der Lungenembolie

Frage: Wie sichern Sie die Diagnose einer Lungenembolie?

Antwort: Die Diagnose „Lungenembolie" wird oft durch Anwendung mehrerer Techniken gestellt. Die Akutdiagnose stützt sich neben den klinischen Symptomen, die Blutgase, Fibrinogen-Fibrin-Spaltprodukte (D-Dimere), EKG und das Echo, auf die **Lungenperfusionsszintigraphie** und **Pulmonalisangiographie** und **DSA.** Alternativ kann das **Spiral-CT** mit Röntgenkontrastmittelgabe, die **MR-Angiographie** oder die **Elektronenstrahltomographie** (EBT) zur Diagnosestellung benutzt werden.

tipp Bei der Beantwortung kann man durchaus auf die Unsicherheit bei der Diagnosestellung eingehen. Dadurch gewinnt der Prüfer den Eindruck, dass man sich praxisorientiert mit der Problematik beschäftigt hat.

Nur in 50% der Fälle sind typische EKG-Zeichen zu erkennen. Folgende **EKG-Veränderungen** sind charakteristisch, wenn sie im Vor-EKG noch nicht nachweisbar waren:

- Sinustachykardie (am häufigsten)
- $S_I Q_{III} T_{III}$-Typ oder $S_I S_{II} S_{III}$-Typ
- rechtspräkordiale T-Negativierung in $V_1 - V_3$
- Rechtsschenkelblock (meist inkomplett)
- P-pulmonale
- ST-Anhebung mit terminal negativem T in III

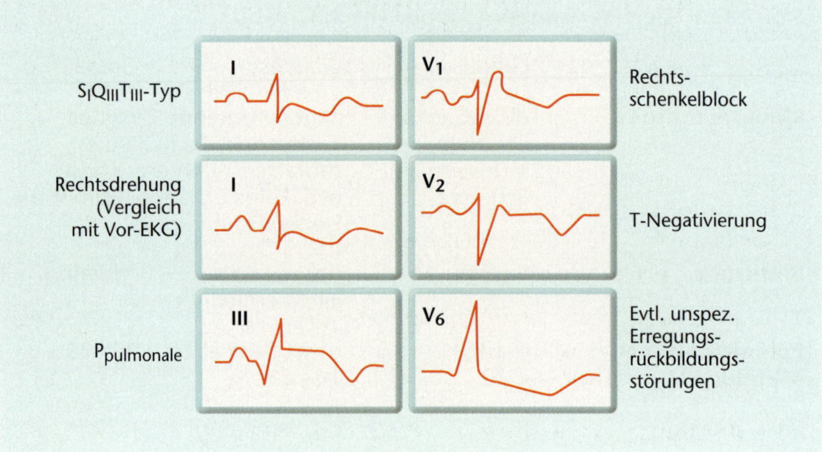

Abb. 2.3: EKG bei akuter Lungenembolie: S_IQ_{III}-Typ, inkompletter Rechtsschenkelblock

Im Röntgenthoraxbild ist bei massiver Lungenembolie eine Erweiterung der nicht embolisierten Gefäße mit einer konsekutiven **Verminderung der Gefäßzeichnung** im betroffenen Lungenbezirk zu sehen. Weniger massive Lungenembolien lassen sich im Akutstadium in der einfachen Thorax-Übersicht nicht nachweisen. Häufig fällt ein **Zwerchfellhochstand** auf. Die Echountersuchung kann bei hämodynamisch bedeutender Lungenembolie indirekte Zeichen für akute Druckbelastung des rechten Ventrikels zeigen (Vergrößerung und meist Hypokinesie des rechten Ventrikels, Trikuspidalinsuffizienz oder paradoxe systolische Bewegung des Kammerseptums zum linken Ventrikel hin).

Die sicherste diagnostische Methode ist die Pulmonalisangiographie. Dabei zeigen die betroffenen Gefäße einen abrupten Abbruch. In der Perfusionsszintigraphie stellen sich Lungenembolien als segmentale Ausfälle dar.

! **Merke:** Bei der Rechtsherzkatheterisierung findet man einen erhöhten Pulmonalarteriendruck und einen erhöhten pulmonalen Gefäßwiderstand (i. d. R. ab St. III).

☐ ☐ ☐

? **Frage:** Wie behandeln Sie notfallmäßig in der Klinik einen Patienten mit massiver Lungenembolie, bei dem eine systemische Fibrinolysetherapie kontraindiziert ist (z. B. 1. post-OP Tag nach Whipple-OP bei Pankreas-Ca)?

Antwort: Nach diagnostizierter Lungenembolie muss unverzüglich eine **unfraktionierte Heparin (UFH)-Gabe** von initial 70 IE/kg KG i.v.

als Bolus erfolgen, die mit einer **Vollheparinisierung**, d.h. ca. 30000–35000 IE/die als Dauerinfusion unter PTT-Kontrolle (Ziel: 1,5–2,5fache Verlängerung), fortgesetzt wird. Alternativ kann niedermolekulares Heparin (NMH) benutzt werden (z.B. Enoxaparin 100 IE/kg 2 × täglich s.c.).

Folgende Maßnahmen sind zusätzlich zu ergreifen:
- Intensivstation, Analgesie, Sedierung
- Sauerstoffgabe (3–6 l/Min. per Nasensonde)
- Messung von ZVD und Pulmonalisdruck

Weitere Behandlungsschritte bei Schock sind:
- Dopamin (5–10 µg/kg/Min.)
- Dobutamin über ZVK (4–8 µg/kg/Min.)

Bei drohendem Versagen der konservativen Maßnahmen ist die **chirurgische Embolektomie** ohne (Trendelenburg) oder mit Hilfe der Herz-Lungen-Maschine in Erwägung zu ziehen.

Merke: Falls keine Kontraindikationen vorliegen, wird bei massiver Lungenembolie (St. III + IV) eine fibrinolytische Therapie zur Auflösung des Embolus und der ursächlichen Thromben eingesetzt (z.B. 100 mg tPA i.v. über 2 h). Besonders günstig ist eine lokale Lyse, die nach diagnostischer Pulmonalisangiographie über den noch liegenden Katheter möglich ist. **!**

Frage: Was wissen Sie über **Marcumar®** im Rahmen der Nachbehandlung einer Lungenembolie? **?**

☐ ☐ ☐
☺ 😐 ☹

Antwort: Marcumar® ist der Handelsname von **Phenprocoumon.** Phenprocoumon ist ein **Vitamin-K-Antagonist,** der wie Heparin zur **Prophylaxe von Thrombembolien** eingesetzt wird. Es eignet sich besonders für die Langzeittherapie (3–6 Monate, evtl. lebenslang) nach Behandlung einer akuten Lungenembolie, die mit überlappender Heparin-Gabe (1–2 Tage) zunächst begonnen wird. Der Wirkungsmechanismus besteht in der Synthesehemmung von Prothrombin (= Faktor II) sowie der Faktoren VII, IX und X in der Leber (indirekte Antikoagulation). Die Wirkung kann durch hohe Dosen von Vitamin K antagonisiert werden.

Blutungen und **reversible Haarausfälle** können als Nebenwirkungen auftreten. In der Schwangerschaft und während des Stillens ist die Anwendung kontraindiziert. Wechselwirkungen mit anderen Medikamenten sind häufig. Die Überwachung der Marcumartherapie erfolgt durch regelmäßige Bestimmung des **INR-Wertes** (Therapeut. Bereich: 2–3). Die genaue Dosierung wird individuell angepasst (Marcumar-Pass).

2.12 ARDS, Akutes Lungenversagen

Frage: Was ist eine **Schocklunge** und wann tritt sie auf?

tipp Es ist auch möglich, dass der Prüfer „ARDS" (= Adult Respiratory Distress Syndrome) oder das andere Synonym für Schocklunge, „Atemnotsyndrom des Erwachsenen", in der Fragestellung benutzt.

Antwort: Es handelt sich um eine Sonderform des Lungenödems, welches teils alveolär und teils interstitiell auftritt. Diese **akute respiratorische Insuffizienz** bei vorher meist lungengesunden Patienten, welche aus primär extrapulmonaler Ursache entsteht, endet häufig letal.

Pathologisch werden 3 Stadien unterschieden:
- **1. Exsudation** → Permeabilität ↑ führt zum interstitiellen Lungenödem
- **2. Pneumozyten-**(Typ II-)**Untergang** → Surfactant ↑ führt zum alveolären Lungenödem, Bildung von hyalinen Membranen und Mikroatelektasen
- **3. Proliferations-Phase** → Lungenfibrose (irreversibel)

Wichtige Ursachen für die Entstehung einer Schocklunge sind u.a.
- Sepsis
- Anaphylaxie
- Verbrennung
- ausgedehntes Trauma
- Reizgase (z.B. Chlorgas)
- Aspiration

Frage: Beschreiben Sie bitte **klinische Stadien** für ein ARDS.

tipp „Schocklunge" und „Schockniere" werden häufig gefragt und gehören zur täglichen Routine auf Intensivstationen.

Antwort: Meist kommt es zu einem klinisch phasenhaften Verlauf mit folgenden Stadien

Stadium I	auslösendes Ereignis (z.B. Reizgasinhalation), keine Symptome
Stadium II	Hyperventilation, respiratorische Alkalose, beginnende Hypoxie
Stadium III	Tachypnoe, resp. Globalinsuffizienz, Lungenödem, pO_2 < 60 mmHg
Stadium IV	ausgeprägte Hypoxie, Azidose, Koma, Kreislaufversagen

Tab. 2.7: Klinische Stadien der ARDS

Frage: Welche Blutgaskonstellation kennzeichnet eine respiratorische Globalinsuffizienz?

Antwort: Pulmonale Gasaustauschstörungen im Sinne einer **Globalinsuffizienz** betreffen den Sauerstoff- und den Kohlendioxidpartialdruck im arteriellen Blut:

- **Hypoxämie:** $pO_2 < 60$ Torr (= 8 kPa, = 60 mmHg)
  Norm: 95 ± 5 Torr
- **Hyperkapnie:** $pCO_2 > 50$ Torr (= 6,6 kPa, = 50 mmHg)
  Norm: 40 ± 2 Torr

tipp Hier müssen leider Zahlen genannt werden.

2.13 Bronchialkarzinom

Frage: Welche epidemiologischen Daten bezüglich des **Bronchialkarzinoms** kennen Sie?

Antwort: Das Bronchialkarzinom ist die **häufigste Krebstodesursache bei Männern.** In der Bundesrepublik erkranken ca. 60 Personen pro 100000 Einwohner pro Jahr an einem Bronchialkarzinom. Männer sind häufiger betroffen, doch die Inzidenz bei Frauen ist stark steigend. Der Altersgipfel liegt zwischen dem 55. und 60. Lebensjahr. Ein kausaler Zusammenhang mit **Rauchen, Asbestose** und **radioaktiver Radonbelastung** ist unbestritten.

tipp Schwierige Formulierung. Im Zweifel den Prüfer bitten, die Frage nochmals zu wiederholen.

Fallbeispiel: Ein 57-jähriger Patient kommt in Ihre Praxis und klagt über blutig tingierten Auswurf, Atembeschwerden, Brustschmerz und Leistungsabfall. Er hat in den letzten sechs Monaten mehr als 5 kg abgenommen und ist seit über 30 Jahren starker Raucher. Welches Krankheitsbild liegt hier aller Wahrscheinlichkeit nach vor? Beschreiben Sie eine Klassifikation für diese Erkrankung.

Antwort: Dieses klinische Bild ist typisch für ein **Bronchialkarzinom**. Der wichtigste Risikofaktor beim Bronchialkarzinom ist das Rauchen. Man teilt die Bronchialkarzinome nach histologischen Kriterien wegen der therapeutischen Bedeutung in folgende Gruppen ein:

- **Kleinzelliges** Bronchialkarzinom = SCLC (Häufigkeit: 25%)
- **Nichtkleinzelliges** Karzinom = NSCLC (Häufigkeit: 75%):
  - **Plattenepithelkarzinom** (Häufigkeit: ca. 40%)
  - **Großzelliges** Karzinom (Häufigkeit: ca. 10%)
  - **Adenokarzinom** (Häufigkeit: ca. 25%).

In 60–80% der Fälle geht das neoplastische Geschehen von einem Segmentbronchus aus.

tipp Normalerweise sollte man eine weitreichende Differenzialdiagnose anführen. Bei diesem Fallbeispiel ist allerdings die Diagnose „Bronchial-Ca" klar.

Frage: Wie festigen Sie Ihre Verdachtsdiagnose?

tipp Hier kann auch auf die radiologischen Zeichen eines Bronchialkarzinoms eingegangen werden.

Antwort: Bei klinischem Verdacht auf ein Bronchialkarzinom sollten **Thoraxröntgenaufnahmen** und Tomogramme angefertigt werden. **CT, HRCT, Spiral-CT** mit 3D-Bildern und virtuelle Bronchoskopie geben Aufschluss über Lokalisation und Ausdehnung eines Tumors. Ergeben sich keine pathologischen radiologischen Befunde, was selten vorkommt, wird **Sputum** (an 3 aufeinanderfolgenden Tagen) zytologisch untersucht und eine **Bronchoskopie** durchgeführt. Bei einer malignomverdächtigen Lungenverschattung bzw. einem Rundherd muss durch Bronchoskopie und **Probebiopsie** die Diagnose gesichert werden, um eine angemessene Therapie durchführen zu können.

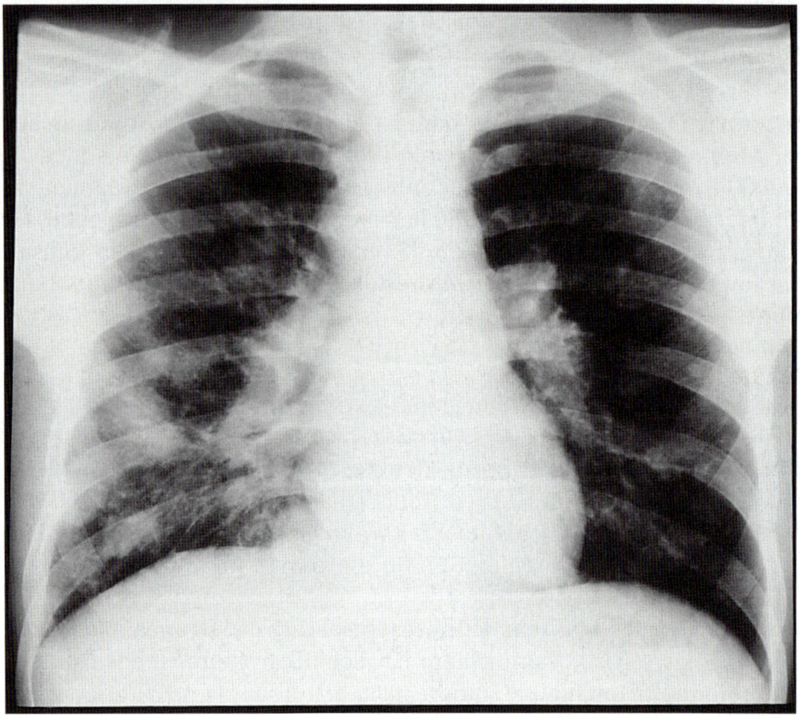

Abb. 2.4: Ausgedehntes Bronchialkarzinom der rechten Lunge

☐ ☐ ☐
☺ 😐 ☹

? **Frage:** Welche **therapeutischen Maßnahmen** kommen beim Bronchialkarzinom in Betracht?

tipp Hier müssen kurative und palliative Maßnahmen strikt unterschieden werden.

Antwort: Eine kurative Therapie ist **chirurgisch** durch Resektionsverfahren, wie Lobektomie und Pneumektomie beim lokalisierten nichtkleinzelligen Bronchialkarzinom möglich. Das kleinzellige Bronchialkarzinom wird allenfalls im Frühstadium $T_1/T_2N_0M_0$ operiert und einer adjuvanten Chemotherapie unterzogen. Jedoch ist die Mehrzahl der Patienten bei Diagnosestellung aufgrund der Tumorausdehnung nicht mehr einer chirurgischen Therapie zuführbar. **Strahlen-** und **Chemothe-**

rapie haben hauptsächlich palliativen Charakter und sollten beim Plattenepithelkarzinom, solange der Patient asymptomatisch ist, nicht durchgeführt werden.

Die **Polychemotherapie** wird zurzeit in Verbindung mit der Strahlentherapie als Primärbehandlung beim kleinzelligen Bronchialkarzinom angewandt.

Indikationen für eine palliative Bestrahlung sind u. a.
- Einflussstauung
- Schmerzen (z. B. bei Pancoast-Tumor)
- Blutungen
- Ösophagus- bzw. Tracheastenosierungen

Die Prognose eines Bronchialkarzinoms ist schlecht. Die 5-Jahres-Überlebensrate, berechnet auf alle Bronchialkarzinom-Patienten, beträgt etwa 5%.

Frage: Wie legt man das **Tumorstadium** beim Bronchialkarzinom fest? Wozu dient eine Stadieneinteilung? **?**

☐ ☺ ☐ 😐 ☐ ☹

Antwort: Das Tumorstadium wird durch Rö-Thorax, CT, Skelettszintigraphie und Sonographie festgelegt. Je nach Stadium wird die adäquate Behandlung gewählt. Weiterhin kann die Prognose eingeschätzt werden.

tipp Gemeint ist die TNM-Klassifikation.

TNM-Klassifikation für den Primärtumor (T)	
Tx	positive Zytologie, jedoch weder radiologisch noch bronchoskopisch sichtbar
TIS	Carcinoma in situ
T1	< 3 cm, keine Invasion von Pleura oder Karina (Hauptbronchus frei)
T2	> 3 cm, Befall des Hauptbronchus, viszerale Pleurainfiltration, Atelektase bis zum Hilus
T3	Tumor jeder Größe mit multilokulärem Befall (Karina nicht befallen), Atelektase der ganzen Lunge und Infiltration der Brustwand, des Zwerchfells, der mediastinalen Pleura
T4	Tumor jeder Größe mit Infiltration von Mediastinum, Herz, Trachea, Speiseröhre, tumorbedingtem Pleuraerguss; ipsilaterale Metastasen

Tab. 2.8: TNM-Klassifikation für den Primärtumor (T)

TNM-Klassifikation für regionäre Lymphknoten (N)	
Nx	Regionäre Lymphknoten nicht beurteilbar
N0	Keine regionäre Lymphknotenmetastasen
N1	Metastasen in ipsilateralen peribronchialen Lymphknoten u./o. in ipsilateralen Hiluslymphknoten
N2	Metastasen in ipsilateralen mediastinalen u./o. subkarinalen Lymphknoten
N3	Metastasen in kontralateralen mediastinalen Hilus-, ipsi- oder kontralateralen Skalenus u./o. supraklavikuläre Lymphknoten

Tab. 2.9: TNM-Klassifikation für regionäre Lymphknoten (N)

TNM-Klassifikation für Fernmetastasen (M)	
Mx	Vorliegen von Metastasen nicht beurteilbar
M0	Keine Fernmetastasen
M1	Fernmetastasen

Tab. 2.10: TNM-Klassifikation für Fernmetastasen (M)

☐ ☐ ☐
☺ 😐 ☹

? **Frage:** Was ist ein **Pancoast-Syndrom?** Welche typischen Komplikationen können auftreten?

Antwort: Ein Pancoast-Tumor ist ein **peripheres Bronchialkarzinom** der Lungenspitze, das die **Pleurakuppe** und **Thoraxwand** arrodiert und dabei Halssympathikus und zervikale Nervenwurzeln schädigt. Durch Kompression oder Infiltration des Plexus brachialis kommt es zu starken **Schmerzen im Schulterbereich** und an der Innenseite des betroffenen **Armes.** Weiterhin können **Armschwellung** und **Knochendestruktion der 1. Rippe** und des **1. BWK** verursacht werden. Im fortgeschrittenen Stadium beobachtet man ein **Horner-Syndrom,** welches durch die Läsion des Halssympathikus bedingt ist und typ. folgende Zeichen aufweist: Miosis, Enophthalmus, Ptosis.

☐ ☐ ☐
☺ 😐 ☹

? **Frage:** Sie planen einen chirurgischen Eingriff, nachdem Sie ein Bronchialkarzinom gesichert haben. Was sollten Sie diagnostisch vor einem operativen Eingriff klären?

Antwort: Die Lungenfunktion des Patienten muss vor jedem größeren chirurgischen Eingriff geprüft werden. Dafür misst man die **statischen** und **dynamischen Lungenvolumina** und bestimmt die **arteriellen Blutgase.** Patienten mit Bronchialkarzinom haben oft eine obstruktive Ventilationsstörung, deren Auswirkung auf den arteriellen pO_2 jedoch präoperativ durch Theophyllin und β_2-Sympathomimetika günstig beeinflusst werden kann.

tipp Eine spezielle Frage. Der Prüfer zielt auf eine bestimmte Untersuchung ab, die hier zur Operationsvorbereitung gehört.

Kriterien für eine Inoperabilität von Seiten der Lungenfunktionsuntersuchungen sind:
- Vitalkapazität < 1,3 l
- respiratorische Globalinsuffizienz, d.h. pO_2 < 60 mmHg und pCO_2 > 50 mmHg in Ruhe
- Atemzugvolumen < 80 ml

2.14 Lungentuberkulose

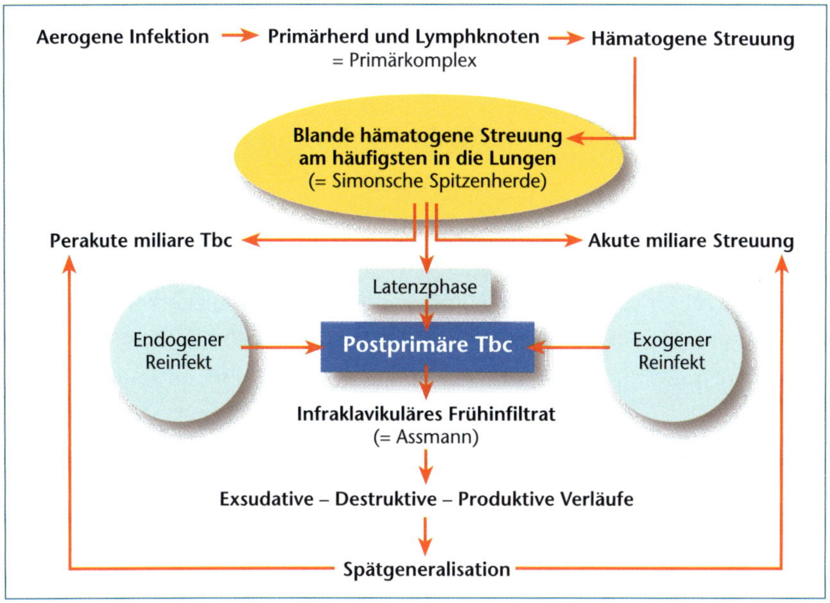

Abb. 2.5: Lungentuberkulose: mögliche Verläufe

Frage: Beschreiben Sie einige Formen der **postprimären Lungentuberkulose.** ?

tipp Bei der Beantwortung sollte das klinische Bild einbezogen werden. In der mündl. Prüfung sollte man nicht versuchen einen „Vollständigkeitsanspruch" durchzusetzen, sondern besser die Ausführlichkeit seiner Antwort nach den Reaktionen des Prüfers richten.

Antwort: Die postprimäre Lungen-Tbc entsteht aufgrund einer **Reaktivierung** alter, im primären Stadium gebildeter Herde oder durch eine **erneute Infektion** mit Tuberkelbakterien. Die Ausbreitung ist im Allgemeinen bronchogen. Das erste Manifestationsstadium ist häufig das Assmannsche Frühinfiltrat, das hauptsächlich im Oberlappen lokalisiert ist. Klinische Krankheitszeichen sind:

- subfebrile Temperaturen
- Nachtschweiß
- Auswurf
- Appetitstörungen
- Gewichtsabnahme
- gelegentlich Hämoptysen

Ein weiteres klinisches Bild der postprimären Lungen-Tbc ist die **kavernöse Lungen-Tbc,** wo bei man zwischen einer Früh- und einer chronischen Kaverne unterscheidet. Die Frühkaverne tritt im Bereich reaktivierter Spitzenherde oder eines Frühinfiltrates auf. Bei einer Verbindung zum Bronchialsystem spricht man von einer offenen Lungen-Tbc. Sehr häufig treten hierbei Hämoptysen und bronchitische Beschwerden auf.

☐ ☐ ☐

? **Frage:** Wie geht man bei Verdacht auf eine Tbc diagnostisch vor?

Antwort:

Anamnese	Umfeld, Immunsuppression, Begleiterkrankungen (z. B. Diabetes, HIV, Alkoholabusus)
Untersuchung	Thorax-Asymmetrien, Dämpfung, unklarer Gewichtsverlust, Husten, Auswurf
Rö-Thorax	Verschattungen, Kavernen, Infiltrationen
Bakteriologie	säurefeste Stäbchen (Sputum, Magensaft), Ziehl-Neelsen-Färbung, Kultur, Tierversuch Nukleinsäureamplifikationstechniken Aufspürung von Infektionsketten mittels RFLP
Nachweis von ESAT-6-Antigen-spezifischen T-Zellen	Identifikation von Personen mit aktiver Tuberkuloseinfektion
Tuberkulintest	nicht verwertbar nach BCG-Impfung
Histologie	käsige Nekrosen, Epitheloidzellgranulome

Tab. 2.11: Diagnostisches Vorgehen bei einer Tbc

Frage: Was ist die Tuberkulin-Probe? Beschreiben Sie den Mendel-Mantoux-Test.

Antwort: Die **Tuberkulinreaktion** ist der Prototyp der durch T-Zellen vermittelten Reaktion vom Spättyp (Typ IV). Bei den intrakutanen Tests wird gereinigtes Tuberkulin verwendet.

Der Stempel-Test (z.B. Tine-Test) wird als Suchtest wenige Sekunden lang fest in die angespannte Haut der Unterarmbeugeseite eingedrückt. Der Test ist positiv, wenn sich zwischen dem 3. und 7. Tag nach Stempeldruck wenigstens eine Papel an einer der vier Einstichstellen ausgebildet hat (Screening). Stempelteste gewährleisten keine genaue Dosierung.

Der **Mendel-Mantoux-Test** kommt in erster Linie für eine Reizschwellenbestimmung zur Anwendung. Zweckmäßigerweise werden 0,1 ml Tuberkulinlösung unterschiedlicher Konzentration in der Unterarmbeugeseite intrakutan injiziert. Die Reaktion ist positiv, wenn nach 72 h eine tastbare Infiltration zu spüren ist (Durchmesser > 6 mm). Sehr verdächtig auf eine aktive Tuberkulose sind eine Starkreaktion, die größer ist als 15 mm Durchmesser und/oder Blasenbildung sowie eine Tuberkulinkonversion (d.h. positiver Test nach zuvor negativem Test innerhalb von zwei Jahren). Der Test wird allerdings erst ca. 6 Wochen nach Primärinfektion positiv.

Durch die niedrige Prävalenz der Tuberkulose bei Kindern und jungen Erwachsenen hat hier der Tuberkulintest seine größte Bedeutung.

Merke: Ein negativer Test schließt eine aktive Tuberkulose nicht aus! Insbesondere bei Miliar-Tbc bleibt der Tuberkulintest in ca. 50% der Fälle negativ. Abgeschwächte oder anerge Reaktionen werden außerdem bei frischen Fällen in den ersten 8 Wochen, durch akute Masern, maligne Lymphome oder AIDS hervorgerufen.

Frage: Nennen Sie bitte mindestens drei **Tuberkulostatika** , die häufig in der Behandlung einer Tbc eingesetzt werden.

Antwort: Folgende Medikamente werden in der Behandlung einer Tbc eingesetzt (siehe auch Kapitel Niere, Uro-Tbc):

- **Isoniazid** (INH) 5 mg/kg KG
- **Rifampicin** (RMP) 10 mg/kg KG
- **Pyrazinamid** (PZA) 25 mg/kg KG (maximal 2,5 g/d)
- **Streptomycin** (SM) 0,75 – 1 g/täglich, später 3 × 1 g/Woche
- **Ethambutol** (EMB) initial 25 mg/kg , später 15 mg/kg.

+ Verdacht, Erkrankung und Tod sind bei Tbc meldepflichtig. Weitere Fragen zur Tuberkulose siehe Kap. 8.10.

Die Standardtherapie wird als Kombinationsbehandlung von 4 Medikamenten über 2 Monate mit INH, RMP, PZA und EMB begonnen. Dann werden PZA und EMB abgesetzt und der Patient wird für weitere 4 Monate mit INH und RMP behandelt.

2.15 Pleuraerkrankungen

Frage: Wann punktieren Sie einen **Pleuraerguss?**

Antwort: Pleuraergüsse, die den Patienten kardiopulmonal belasten, in Form von **Atemnot** durch Lungenkompression oder Mediastinalverschiebung, sollten punktiert werden. Weitere Indikationen für eine Pleurapunktion sind diagnostische Überlegungen zur **bakteriologischen, biochemischen** und **zytologischen Untersuchung** des Pleuraexsudates.

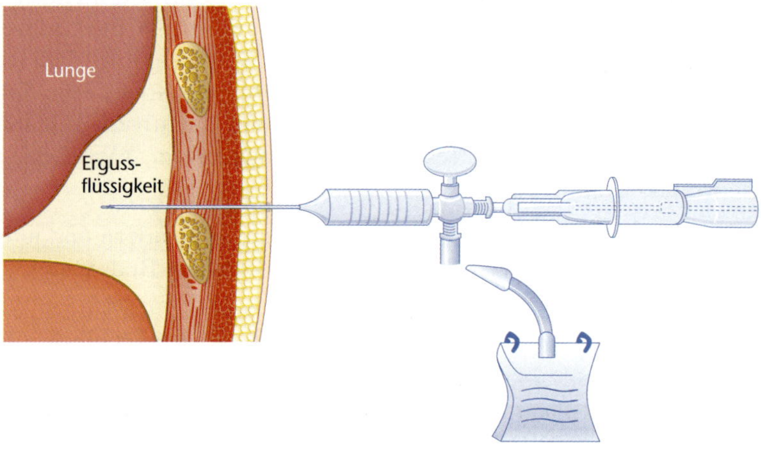

Abb. 2.6: Pleurapunktion

Frage: Welche differenzialdiagnostischen Hinweise kann die Beschaffenheit eines Pleurapunktats geben?

tipp Sowohl die Formen des Punktats beschreiben, als auch die Differenzialdiagnosen erwähnen.

Antwort: Man unterscheidet nach dem Gesamteiweiß (GE)-Gehalt zwischen einem Transsudat (< 30 g/l) und einem Exsudat (> 30 g/l). Mehr spezifisch ist das GE-Pleura/GE-Serum-Verhältnis, das beim **Transsudat < 0,5** beträgt, während es beim **Exsudat > 0,5** ist.

Nach der Beschaffenheit des Punktats werden folgende Formen differenziert:

- **Serös:** meist klare Transsudatflüssigkeit bei kardiovaskulären Erkrankungen, Hypo- oder Dysproteinämien

- **Hämorrhagisch:** blutige Trans- oder Exsudatflüssigkeit mit Hb > 20 g/l bei Thoraxtraumen, Lungeninfarkt oder Malignom (LDH ↑ im Punktat)
- **Chylös:** milchig trübe Flüssigkeit bei Thoraxtraumen oder metastatischer Verlegung des Lymphabflusses
- **Eitrig:** gelblich trübe Exsudatflüssigkeit bei Pleuraempyem, Tbc oder subphrenischer Abszessbildung

Frage: Wie können Sie durch körperliche Untersuchung einen Pleuraerguss von einer Pleuraschwarte unterscheiden? **?**

☐ ☐ ☐
☺ 😐 ☹

Antwort: Ist der Pleuraerguss bzw. die Pleuraschwarte genügend ausgeprägt (mind. 300 ml = Cola-Dose), kann man diese folgendermaßen differenzieren:

- **Pleuraerguss:** Vorgewölbte Zwischenrippenräume, aufgehobener Stimmfremitus bei größeren Ergüssen und perkutorisch absolute Dämpfung mit bogig ansteigender Begrenzung (= Ellis-Damoiseau-Linie)
- **Pleuraschwarte:** Eingezogene, verschmälerte Zwischenrippenräume, abgeschwächter Stimmfremitus, perkutorisch leichte Dämpfung, atemsynchrones Reibegeräusch

Frage: Nennen Sie einige **Ursachen** für eine **Pleuritis.** **?**

☐ ☐ ☐
☺ 😐 ☹

Antwort: Ätiologisch können sich hinter einer Pleuritis viele Krankheiten verbergen:

- **Infektionen** (z. B. Tbc, Coxsackie B, Pilze)
- **Autoimmunerkrankungen** (z. B. Lupus erythematodes, rheumatoide Arthritis)
- **Urämie** (chronische Glomerulonephritis)
- **Lungeninfarkt** (Lungenembolie)

Frage: Worin unterscheidet sich eine Pleuritis exsudativa von einer Pleuritis sicca? **?**

☐ ☐ ☐
☺ 😐 ☹

Antwort: Im Falle eines Pleuraergusses spricht man von einer **Pleuritis exsudativa,** eine häufige klinische Erscheinungsform einer Primärtuberkulose. Eine Pleuritis ohne Pleuraerguss ist eine **Pleuritis sicca,** z. B. Pleurodynie.

2.16 Sarkoidose

Frage: Was ist das **Löfgren-Syndrom** und welche klinische Symptomatik weist es auf?

Antwort: Beim Löfgren-Syndrom handelt es sich um den akuten Verlauf eines **Morbus Boeck** (= Sarkoidose). Es erkranken bevorzugt **junge Frauen.** Dies ist eine **granulomatöse Systemerkrankung,** welche hauptsächlich Lymphknoten, Lungen, Haut, Augen, Speicheldrüsen, Leber und Milz befällt. Die nichtverkäsenden Epitheloidzellgranulome sind in den betroffenen Organen charakteristisch. Dieser **akute** Verlauf, der seltener als die **chronische** Sarkoidose auftritt, stellt sich klinisch meist uncharakteristisch dar. Die **Symptome** sind:

- febrile, gelegentlich hochfebrile Temperaturen
- Husten
- verminderte Leistungsfähigkeit, Gewichtsverlust
- Kurzatmigkeit
- Begleiterscheinungen:
  - Erythema nodosum
  - (Sprunggelenks-)Arthritis
  - Lymphknotenvergrößerungen (bihilär)
  - extrapulmonale Manifestationen, z. B. Iridozyklitis
  - oft positiver Tuberkulin-Test

Frage: Beschreiben Sie die **Stadieneinteilung** bei der Sarkoidose.

tipp Eines der Standardthemen der mündlichen Prüfung.

Antwort: Die Sarkoidose wird nach radiologischen Kriterien in fünf Stadien klassifiziert:

Stadium 0	Normalbefund bei seltener isolierter extrapulmonaler Organsarkoidose
Stadium I	bihiläre Lymphknotenschwellungen (reversibel)
Stadium II	bihiläre Lymphknotenschwellungen mit Lungenbeteiligung (retikulo-noduläre Lungenzeichnung)
Stadium III	Lungenbefall ohne Lymphknotenschwellungen
Stadium IV	Lungenfibrose mit irreversibler Lungenfunktionsminderung

Tab. 2.12: Stadieneinteilung bei der Sarkoidose

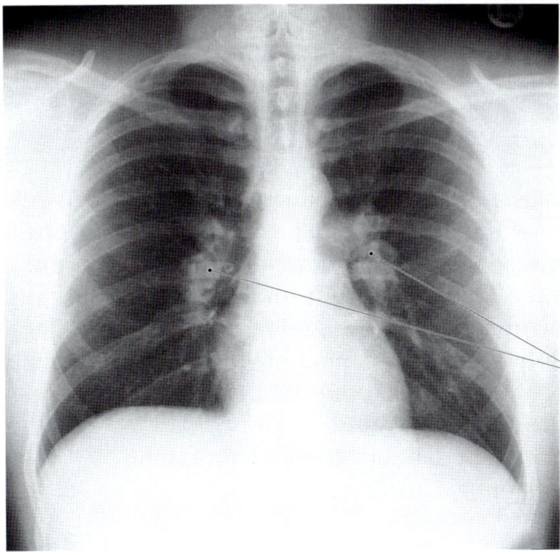

Abb. 2.7: Rö-Befund bei Sarkoidose [7]

Frage: Wie kann man einen Morbus Boeck therapieren und welche Prognose weist dieses Krankheitsbild auf?

Antwort: Beim Stadium I und bei den Formen des Stadiums II, die klinisch symptomlos sind und keine Progredienz der Lungenveränderungen aufweisen, ist keine Therapie indiziert. Die Therapieindikation ergibt sich aus der **Funktionsanalyse des Respirationstraktes** sowie aus der **extrapulmonalen Organbeteiligung,** nicht aus dem Röntgenbild. Eine regelmäßige radiologische Kontrolle überwacht das Krankheitsgeschehen. Die Prognose ist in den ersten beiden Stadien günstig. Mehr als 95% der Fälle heilen innerhalb einiger Monate spontan aus.

> tipp In der Antwort sollte man nicht sofort mit der Steroidtherapie beginnen, sondern erst die frühen Stadien der Sarkoidose berücksichtigen.

Die Verabreichung von **Glukokortikosteroiden** ist bei Dyspnoe, Hyperkalziämie, -urie, bei röntgenologisch oder funktionsdiagnostisch feststellbarer progressiver Tendenz der Lungenveränderungen sowie bei extrapulmonalen Manifestationen indiziert. Die Dosierung sollte unter der Cushing-Schwelle gehalten werden. Meist dauert die medikamentöse Therapie mehrere Monate. Die Steroidtherapie sollte unter tuberkulostatischem Schutz durchgeführt werden, weil die defekte zelluläre Immunität bei der Sarkoidose zur Tbc-Infektion prädisponiert. Die Prognose wird im Stadium der Lungenfibrose durch die restriktive Ventilationsstörung, die pulmonale Insuffizienz sowie später durch das Cor pulmonale bestimmt. Insgesamt sterben ca. 5% der erkrankten Patienten.

2.17 Pneumothorax

Frage: Beschreiben Sie das Krankheitsbild des **Spontanpneumothorax.**

Antwort: Diese häufigste Pneumothoraxform tritt bevorzugt bei Männern im Alter von 30–40 Jahren (besonders rechtsseitig) auf. Oft ist er durch den **Wandeinriss einer Bulla** in der Nähe der Lungenspitze bedingt. Dadurch wird die Pleura visceralis undicht, sodass Luft aus der Lunge in den Interpleuralraum eindringt. Dies führt zum Kollaps der betroffenen Lunge hiluswärts. Manchmal bleibt ein Spontanpneumothorax symptomlos („Mantelpneumothorax"). Meist jedoch entwickeln sich folgende **klinische Zeichen:**

- stechende Schmerzen auf der betroffenen Thoraxseite
- Dyspnoe, evtl. Tachypnoe, Hustenreiz
- Tachykardie
- asymmetrische Thoraxbewegung (Nachhinken)

Bei der **Untersuchung** finden sich:

- abgeschwächtes Atemgeräusch auf der betroffenen Seite
- hypersonorer Klopfschall
- fehlender Stimmfremitus

Die Diagnose wird durch das **Röntgenbild** des Thorax in 2 Ebenen und in tiefer Exspiration gestellt.

Frage: Welche Art von Drainage wird meist beim Pneumothorax eingesetzt?

Antwort: Durch eine so genannte **Pleurasaugdrainage** (Bülau-Drainage) wird die in den Pleuraspalt eingedrungene Luft abgesaugt. Es handelt sich um ein geschlossenes Drainagesystem. Über ein Wasserschloss erfolgt ein kontinuierlicher Sog von ca. 10 cm H_2O, wodurch Erguss und Luft entfernt werden.

Meist kommt es zur Wiederausdehnung der kollabierten Lunge. Die Drainage wird einige Tage belassen, um eine Verklebung der Pleurablätter zu induzieren und so die Rezidivhäufigkeit zu verringern (regelmäßige Rö-Kontrollen!).

Frage: Was macht einen **Spannungspneumothorax** so gefährlich?

Antwort: Die Genese ist ähnlich einem normalen Pneumothorax. Jedoch dringt beim Spannungspneumothorax durch einen **Ventilmechanismus** Luft während der Inspiration in den Pleuraspalt, die während der Exspiration nicht entweicht. **Atemnot** und **Schockzeichen,** hervorgerufen durch die Mediastinalverlagerung zur gesunden Seite und Kompression der großen Gefäße sind die Folgen.

Eine sofortige **Punktion** im **2. ICR** in der **Medioklavikularlinie** zur Entlastung des Überdruckes z.B. mit einer dicken Braunüle ist lebensrettend!

tipp Die Antwort darf hier nicht zögerlich ausfallen.

2.18 Körperliche Untersuchung der Atmungsorgane

Frage: Was ist ein **Stimmfremitus?** Wie überprüfen Sie ihn?

Antwort: Der Stimmfremitus ist ein Zeichen für die **Gewebeleitfähigkeit** des Thorax und der Lunge für **tiefe Frequenzen.** Er wird dadurch geprüft, dass man seitenvergleichend die Handflächen dorsal auf den Thorax auflegt und der Patient gleichzeitig mit möglichst tiefer Stimme die Zahl „99" oder das Wort „Löwenbräu" spricht.

tipp Hier nach Möglichkeit auch physikalische Grundlagen anschneiden.

Im Normalfall ist der Stimmfremitus, d.h. die Vibration der Brustwand, seitengleich zu spüren. Er ist **verstärkt**, wenn sich Lungengewebe zwischen Bronchien und Thoraxaußenwand verdichtet (z.B. bei einer **Pneumonie**). Dagegen fühlt man einen **abgeschwächten** Stimmfremitus, wenn sich zwischen Bronchien und Thoraxwand Luft oder Flüssigkeit befindet, die die Gewebedichte vermindert (z.B. beim **Pneumothorax** oder **Pleuraerguss**).

Frage: Was ist **Bronchophonie?** Wie überprüfen Sie dieses Zeichen?

Antwort: Bronchophonie ist ein Zeichen für die **Gewebeleitfähigkeit** des Thorax und der Lunge für **hohe Frequenzen.** Überprüft wird dieses Zeichen, indem man den Patienten auffordert, die Zahl „66" zu flüstern und dabei gleichzeitig die Lunge auskultiert.

tipp Fragen zur „Bronchophonie" bzw. „Stimmfremitus" sind sehr häufig und sollten ohne Zögern beantwortet werden können.

Entzündete und **infiltrierte** Lungenbereiche weisen eine bessere Schallleitung auf, sodass eine **stärkere** Bronchophonie auszukultieren ist. Dagegen wird beim **Pleuraerguss** oder **Pneumothorax** eine **abgeschwächte** Bronchophonie auskultiert.

☐ ☐ ☐
☺ 😐 ☹

? Frage: Was verstehen Sie unter **„Bronchialatmung"?**

Antwort: Die Bronchialatmung (Frequenz 500–4000 Hz) kann man **physiologischerweise** über der **Luftröhre** und den **Hauptbronchien** auskultieren. Dieses Atemgeräusch ist laut und hochfrequent.

Pathologisch ist das Bronchialatmen, wenn man es über Lungenbezirken auskultiert, wo Vesikuläratmen erwartet wird. Meist liegt dann eine **entzündliche Infiltration** (Pneumonie) vor. Das Verhältnis Exspirium : Inspirium beträgt dann 1:1, d.h., das Inspirium ist verlängert. Bei Verdacht auf „Bronchialatmen" kann man dieses durch vergleichende Auskultation über der Trachea sichern.

☐ ☐ ☐
☺ 😐 ☹

? Frage: Wo befinden sich die Lungengrenzen?

Antwort: Die Lungenspitze befindet sich 3–4 cm kranial des ersten Rippenknorpels. Die dorsalen Lungengrenzen liegen in Höhe des 11. Brustwirbelkörpers. Die seitlichen Lungengrenzen befinden sich ungefähr in Höhe des 8. ICR in der mittleren Axillarlinie, 10 cm kranial der unteren Rippengrenze. In der Medioklavikularlinie findet man die Lungengrenzen linksseitig in Höhe des 3–4. ICR (Übergang in die Herzdämpfung) und rechtsseitig in Höhe des 5. ICR.

☐ ☐ ☐
☺ 😐 ☹

? Frage: Welche **Klopfschallarten** kennen Sie? Wofür sprechen diese?

Antwort: Über dem gesunden Thorax hört man einen **sonoren** Klopfschall, der laut, anhaltend und tief ist und sich durch eine große Amplitude auszeichnet.

Ein **hypersonorer** Klopfschall ist ein in seinen Eigenschaften verstärkter sonorer Klopfschall, der sich beim Emphysem findet, da die Vibrationen im jeweiligen Lungenbereich vermehrt sind (ähnlich wie bei einer Trommel).

Der **„Schenkelschall"** oder die Dämpfung charakterisiert einen leisen und dumpfen Klopfschall (ähnlich wie am Oberschenkel, **hyposonor**). Dieser entsteht aufgrund der verminderten Vibrationsfähigkeit des Lungengewebes, das entweder weniger Luft enthält oder durch ein entzündliches Geschehen verdichtet ist.

Schließlich ist ein **tympanitischer** Klopfschall über Lungenkavernen zu finden (ähnlich dem Perkussionsschall bei gasgeblähten Darmschlingen).

Frage: Worin unterscheiden sich „klingende“ von „nicht klingenden“ Rasselgeräuschen?

Antwort: Klingende Geräusche sind **ohrnah** und kommen bei Infiltrationen (z. B. Pneumonie) vor. Wichtige typische Untersuchungsbefunde:

Diagnose	Perkussion	Stimmfremitus	Auskultation
Pleuraerguss	gedämpft	aufgehoben	fehlendes Atemgeräusch
Pneumothorax	hypersonor	aufgehoben	fehlendes Atemgeräusch
Pneumonie	gedämpft	oft verstärkt	Rasselgeräusche, ohrnah
allerg. Asthma	meist normal	meist normal	Giemen, Brummen, Pfeifen
interstitielles Lungenödem	stark gedämpft	verstärkt	Giemen

Tab. 2.13: Typische Untersuchungsbefunde bei pulmonalen Erkrankungen

3 Gastrointestinaltrakt

3.1 Achalasie A

☐ ☐ ☐

Frage: Beschreiben Sie die Pathophysiologie und Symptomatik einer **Achalasie** des Ösophagus.

Antwort: Es handelt sich um eine **neuromuskuläre Störung** der **glatten Muskulatur** der Speiseröhre. Diese beruht auf einer Abnahme der Ganglienzellen des **Auerbachschen Plexus**ˣ sowohl im tubulären Ösophagus als auch im Bereich des unteren Ösophagussphinkters. Die Peristaltik in den unteren zwei Dritteln der Speiseröhre ist aufgehoben und der Schluckakt verläuft nicht mehr regelrecht. Der untere Ösophagussphinkter ist unfähig, während des Schluckaktes zu erschlaffen. Die Erkrankung ist selten (1/100000 Einwohner).

ˣPlexus myentericus

Untergang der inhibitorischen

Im Vordergrund der **Symptomatik** steht eine allmählich über Jahre zunehmende Dysphagie zuerst für feste, später für flüssige Speisen. Weiteres Leitsymptom ist die Regurgitation von Nahrungsbestandteilen, welche noch nicht mit Magensäure in Kontakt getreten sind. Das Endstadium der Achalasie ist durch einen Megaösophagus gekennzeichnet. Als Spätfolge kann im tubulären Ösophagus ein Karzinom entstehen.

☐ ☐ ☐

Frage: Wie sieht die **konservative Behandlung** einer fortgeschrittenen **Achalasie** aus?

Antwort: Nach radiologischer, endoskopischer und manometrischer Sicherung der klinisch-anamnestischen Diagnose „Achalasie" und nach bioptischem Ausschluss eines Karzinoms, ist die Therapie der Wahl die **Ballondilatation** (pneumatische Dehnung, Dehnungsdruck 300–450 mmHg über 30–60 s). Komplikationen sind Perforationen und Fieberschübe als Folge kleiner Läsionen. Nach einer Dilatationsbehandlung kann die Gabe des Calcium-Antagonisten Nifedipin (30 Min. vor dem Essen) hilfreich sein, da er u.a. an der Ösophagusmuskulatur spasmolytisch wirkt.

(endoskopisch Botox) Bei OP evtl. zusätzl. Fundoplikatio

☐ ☐ ☐

Frage: Was ist die wichtigste **Differenzialadiagnose** zur **Achalasie?**

Antwort: Die wichtigste Differenzialdiagnose ist das kardianahe Ösophaguskarzinom. Ein wichtiger Hinweis darauf ist die rasche Progredienz der Schluckstörung. Häufige Endoskopien und Biopsien sind daher notwendig. In Zweifelsfällen ist eine chirurgische Intervention zur Diagnosesicherung angezeigt, bei der gleichzeitig eine therapeutische Myotomie (nach Gottstein-Heller) durchgeführt werden kann.

Fallbeispiel: Stellen Sie sich folgenden Fall vor: Ein 70-jähriger Patient klagt seit 2 Monaten über Leistungsabfall, Gewichtsverlust von 7 kg und seit ungefähr einer Woche über zunehmende Schluckbeschwerden und ein Kloßgefühl im Epigastrium. Was meinen Sie dazu?

Antwort: Bei einer Symptomatik wie dieser muss man an einen malignen Prozess entweder des Ösophagus, der Kardia oder des Magens denken. Zur Diagnosestellung bietet sich die Ösophago-Gastroskopie an. Während der Untersuchung kann man eine Gewebeprobe des verdächtigen Gebiets entnehmen, sodass man schon frühzeitig eine Histologie des Tumors erhält.

✚ Eine ungewollte Gewichtsabnahme innerhalb kurzer Zeit ist stets verdächtig für eine maligne Erkrankung.

Risikofaktoren für die Entstehung eines **Ösophaguskarzinoms** sind:
- Achalasie
- Refluxösophagitis
- Alkoholabusus
- Verätzungen
- Mangelernährung (Vitaminmangel, Eisenmangel)
- schlechte Mundhygiene
- Nikotinabusus

3.2 Gastritis / Refluxkrankheit

Frage: Wie entstehen **Stressläsionen** im Sinne einer akuten Gastritis? Welches klinische Bild würden Sie hier erwarten?

Antwort: Unter akuten Stressläsionen versteht man unterschiedlich ausgeprägte **entzündliche Magenschleimhautveränderungen**, die u.a. häufig nach schweren operativen Eingriffen, Traumata, Verbrennungen und Schock auftreten. Über einen Zusammenbruch der Magenschleimhautschutzmechanismen kommt es zu einem Ödem sowie zu einer Leukozyteninfiltration in die Mukosa und zu Gewebseinblutungen. Dies führt zu meist multiplen oberflächlichen Erosionen, die massiv bluten können.

tipp Während der Zeit der Prüfungsvorbereitung sind diese Fragen für einen selbst relevant.

Folgende **Symptome** sind möglich:
- Oberbauchschmerzen (von leichten epigastrischen Beschwerden bis hin zum akuten Abdomen)

- Gefühl der körperlichen Schwäche
- Appetitlosigkeit, Nausea und Vomitus
- Bluterbrechen

Frage: Nennen Sie die histologische Definition von **Erosionen** der Magenschleimhaut im Gegensatz zum **Ulkus.**

Antwort: Erosionen sind Defekte der Magenschleimhaut, die maximal bis zur Muscularis mucosae reichen. Ein Ulkus überschreitet die Muscularis mucosae. Häufig treten Erosionen im Sinne von Stressläsionen z.B. bei Intensivpatienten auf. Erosionen können zu einer akuten gastrointestinalen Blutung führen.

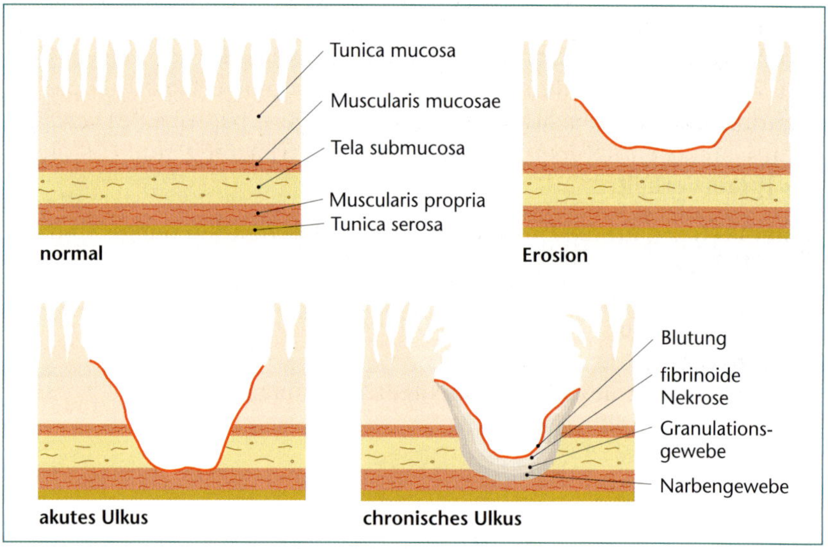

Abb. 3.1: Erosion und Ulkus [4]

Frage: Welche Klassifikation kennen Sie für die **chronische Gastritis?**

tipp Es empfiehlt sich, auf die Unterschiede zur akuten Gastritis kurz einzugehen.

Antwort: Der chronischen Gastritis lässt sich kein typisches Beschwerdebild zuordnen. Häufig ist sie asymptomatisch. Sie kann nur durch eine Endoskopie mit Biopsie und Histologie diagnostiziert werden. Unterschieden werden:

- **Korpus gastritis = Autoimmungastritis = Typ A** ist vor allem im Fundus und Korpus lokalisiert. Es kommt zu einer Bildung von Antikörpern gegen Parietalzellen und intrinsic-factor. Durch den Mangel an intrinsic-factor kann sich eine Vitamin-B12-Mangelanämie (perniziösen Anämie) ausbilden. Die Typ-A-Gastritis ist eine Präkanzerose.

- **Antrumgastritis = Typ B** beginnt im Antrum mit aszendierender Ausbreitung und wird meist durch Helicobacter pylori hervorgerufen. Häufig tritt sie im fortgeschrittenen Alter auf.
- **Gastritis-Typ C** bezeichnet man auch chemisch-toxische Gastritis und ist meist in Pylorusnähe lokalisiert: Wahrscheinlich wird sie durch Gallereflux aus dem Duodenum in den Magen verursacht.

tipp Typ B ist die häufigste Form der chronischen Gastritis.

Frage: Was sind die Symptome einer **Refluxkrankheit?**

Antwort: Eine Refluxkrankheit liegt vor, wenn eine endoskopisch diagnostizierte Refluxösophagitis nachweisbar ist. Refluxsymptome sind **Sodbrennen** und **saures Aufstoßen**. Die Ursachen sind multifaktoriell. Entscheidend sind eine Störung im Verschlussmechanismus des unteren Ösophagussphinkters und ein aggressives Refluat.

tipp Immer mit ein oder zwei formulierten Sätzen (z.B. Definitionen) zur Antwort hinführen. Es ist ungeschickt als Antwort nur einzelne Stichpunkte anzuführen.

primärer Reflux	abdomineller Überdruck bei Adipositas, Aszites etc. Sphinkterschwächung durch Nitrate, Anticholinergika etc.
sekundärer Reflux	Z.n. operativen Eingriffen (Kardiaresektion) Magenausgangsstenose chronisches Erbrechen Schwangerschaft (im letzten Trimenon)
begünstigende Faktoren	Nikotin, tierische Fette, Alkoholkonsum, hohe Magensäureproduktion

Tab. 3.1: Reflux-Ursachen

Frage: Welche anatomische Störung oder Erkrankung des Magens tritt fast immer bei Patienten mit Reflux begleitend auf?

Antwort: Eine **Hiatushernie** findet sich fast regelhaft bei Patienten mit Reflux. Unter einer Hiatushernie versteht man die Verlagerung von Anteilen des Magens in den Thoraxraum. Eine symptomlose Hiatushernie oder axiale Gleithernie findet sich in 50% aller Menschen > 50 Jahren. Bei paraösophagealen Hiatushernien schiebt sich ein Teil des Magens mit dem peritonealen Bruchsack neben die Speiseröhre in den Thorax, wobei die Lage der Kardia und die Funktion des unteren Ösophagussphinkters normal ist.

Frage: Kennen Sie das **Mallory-Weiss-Syndrom?**

Antwort: Das Mallory-Weiss-Syndrom beschreibt Längseinrisse am ösophagokardialen Übergang (Mukosa und Submukosa). Alkoholismus und Refluxkrankheit gelten als disponierende Faktoren. Erbrechen führt häufig zu Schleimhauteinrissen, die heftig bluten können (ca. 10% aller Magenblutungen). Die Diagnose erfolgt endoskopisch.

☐ ☐ ☐
☺ 😐 ☹

? **Frage:** Sie kennen sicher den **H_2-Rezeptorenblocker** Ranitidin. Welche Indikationen sind Ihnen für dieses Medikament bekannt?

tipp H_2-Blocker gehören zu den Medikamenten, die sehr oft angewendet werden. In diesem Fall ist das Lernen von Dosierungen sinnvoll.

Antwort: H_2-Rezeptorenblocker wie Cimetidin (Tagamet®) und Ranitidin (Zantic®) hemmen die durch Histaminwirkung bedingte vagale und humorale Säuresekretion.

Die Wirkung beruht auf einer kompetitiven Verdrängung des Histamins vom Rezeptor. Beide Pharmaka sind bei Erkrankungen des oberen GI-Traktes als Mittel 2. Wahl (Protonenpumpenhemmer sind Mittel 1. Wahl) und zur symptomatischen Therapie indiziert, bei denen eine Verringerung der Magensäuresekretion angestrebt wird. Beispiele sind:
- Magen- und Duodenalulzera
- Rezidivprophylaxe von Ulzera
- Prophylaxe von Stressläsionen

Bei Stressläsionen, beispielsweise nach großen operativen Eingriffen, wird eine mit Zantic® i.v. eingeleitete Therapie mit Tabletten (1 Tbl. = 150 mg Ranitidin) 2 × täglich fortgesetzt. Bei der konservativen Ulkusbehandlung sind in der Akuttherapie 2 Tbl. (= 800 mg Cimetidin bzw. 300 mg Ranitidin) nach dem Abendessen einzunehmen.

Unerwünschte Wirkungen können sein:
- Müdigkeit, Schwindel, Verwirrtheit
- Gynäkomastie, Lactorrhoe
- Exantheme, Haarausfall
- Durchfall
- Transaminasenanstieg

☐ ☐ ☐
☺ 😐 ☹

? **Frage:** Was ist ein **Protonenpumpenhemmer?**

Antwort: Protonenpumpenhemmer werden in der symptomatischen Therapie der Refluxösophagitis und der gastroduodenalen Ulkuskrankheit als Mittel 1. Wahl sehr häufig eingesetzt. Sie inhibieren die H^+/K^+-ATPase der Belegzellen und führen zu einer lang anhaltenden und weitgehend kompletten Hemmung der Säureproduktion. Unter der Standarddosis (z.B. 20 mg Omeprazol, 40 mg Pantoprazol) heilt bei ca. 80% der Patienten eine erosive Ösophagitis ab.

Merke: Keine Protonenpumpenmedikation ohne Diagnostik (im Allgemeinen Endoskopie). Hinter jeder lang anhaltenden Ösophagitis/Reflux kann sich ein Tumor verbergen.

Frage: Kurze Frage – kurze Antwort – Kennen Sie den Begriff **Barrett-Ösophagus?**

Antwort: Der Barrett-Ösophagus ist eine Folge eines schweren gastroösophagealen Refluxes. Das Plattenepithel des Ösophagus wird durch Zylinderepithel vom intestinalen Typ ersetzt. Es besteht ein Risiko für die Entwicklung eines Adenokarzinoms. Das Krebsrisiko ist beim Long-Segment-Barrett (Länge der Metaplasie > 3 cm) 30fach erhöht.

Frage: Erläutern Sie bitte in wenigen Stichpunkten – Epidemiologie, Symptome, Diagnostik und Therapie des **Ösophaguskarzinoms.**

Antwort:

tipp Dieses Antwortschema in Stichpunkten ist für alle Erkrankungen sinnvoll.

Epidemiologie	6 Fälle/100000 Einwohner 5% aller Tumoren des GI-Trakts Risikofaktoren: Alkohol und Nikotin
Symptome	Dysphagie (erst bei Verlegung von 2/3 des Lumens)
Diagnostik	Endoskopie mit Biopsie CT und Endosonographie
Therapie	Ösophagektomie (Magenhochzug) Radiochemotherapie
Prognose	ohne LK-Filiae: 5-Jahres-Überleben ca. 55% bei LK-Filiae: 5-Jahres-Überleben ca. 10–15%

Tab. 3.2: Synopsis Ösophaguskarzinom

3.3 Ulcus duodeni/ventriculi

Fallbeispiel: Ein 30-jähriger Patient kommt abends in die Notfallambulanz. Er gibt an, dass er seit dem Morgen unter starken Bauchschmerzen leide. Die Schmerzen hätten unter dem Rippenbogen begonnen und sich nach und nach auf den ganzen Bauch ausgedehnt. Jetzt seien sie unerträglich geworden. Bei der Erhebung der allgemeinen Anamnese gibt der Patient an, dass er in den letzten 2 Monaten vermehrt unter Stress gelitten habe. Vor einigen Wochen habe er schon einmal Schmerzen unter dem Rippenbogen verspürt, die er aber

als Gastritis gedeutet habe. Magengeschwüre seien nie diagnostiziert worden und auch sonst sei er immer gesund gewesen.
Bei der klinischen Untersuchung stellen Sie fest, dass der Bauch des Patienten bretthart und extrem druckdolent ist. Es besteht Abwehrspannung, die sich auch durch Ablenkung des Patienten nicht überwinden lässt. Im Epigastrium bemerken Sie eine deutliche Verhärtung.
Wie lautet Ihre Verdachtsdiagnose?
Welche Untersuchung ist für Diagnose und Therapieeinleitung entscheidend?

Antwort: Anamnese und klinische Untersuchung sprechen für die **Perforation** eines Hohlorgans im Epigastrium. Zur Erhärtung der Diagnose empfiehlt sich eine **Röntgenaufnahme** des Abdomens im Stehen und in Linksseitenlage.

? **Frage:** Sie erhalten folgendes Röntgenbild. Bitte nehmen Sie dazu Stellung.

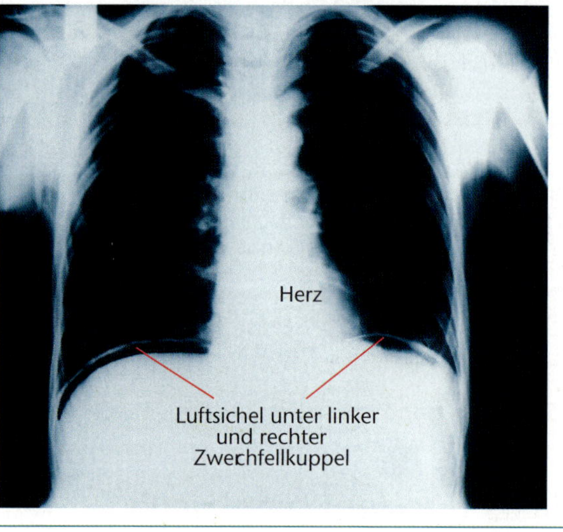

Abb. 3.2: Röntgenthorax p.a. im Stehen [3]

Antwort: Nach der Perforation eines Hohlorgans ist freie Luft im Bauchraum zu erwarten, die sich im Stehen unter dem Diaphragma, in Linksseitenlage unter der gesamten rechten Seite sammelt. In dieser Aufnahme sieht man **unter beiden Zwerchfellkuppeln** sichelförmig eine **Luftansammlung**, so dass der Verdacht einer Perforation sich bestätigt. Weitere Untersuchungen wie Gastroskopie und Ultraschall sind meistens überflüssig.

Merke: Meist ist die Luft unter den Zwerchfellen in der Röntgenthoraxaufnahme im Stehen besser zu sehen, als in der Abdomenleeraufnahme. **!**

Frage: Beschreiben Sie die Klinik eines **Magenulkus.** **?**

☐ ☐ ☐
☺ 😐 ☹

Antwort: Ein Magenulkus ist ein umschriebener Defekt der Magenwand, der im Gegensatz zur Erosion über die Muscularis mucosae hinausgeht. Patienten mit einem **Ulcus ventriculi** klagen zum Beispiel über:

- Schmerzen im Epigastrium, die bevorzugt postprandial, bzw. nach einer Latenz von mehreren Stunden auftreten
- Appetitmangel
- Übelkeit, Erbrechen
- Völlegefühl
- Druckgefühl unter dem Sternalfortsatz

Differenzialdiagnostisch sollten immer eine Cholezystolithiasis, ein Herzinfarkt und vor allem ein Magenkarzinom ausgeschlossen werden.

Frage: Was fällt Ihnen zum **Ulcus duodeni** ein? **?**

☐ ☐ ☐
☺ 😐 ☹

> **tipp** Am besten man geht in der Antwort zuerst auf die Ätiologie und Pathogenese ein.

Antwort: Das Duodenalgeschwür befällt häufig Männer jüngeren Alters und tritt bevorzugt im Frühjahr und Herbst auf. Bei der **Pathogenese** wirken folgende Mechanismen zusammen:

- **Säure- und Pepsinhypersekretion bei beschleunigter Magenentleerung:** Eine Parietalzellvermehrung führt zu einer erhöhten Gastrinfreisetzung aus dem Antrum mit der Folge einer vermehrten Magensäurebildung.
- **Gestörte Säureneutralisation im Bulbus duodeni:** Durch eine verminderte Bicarbonat- und Schleimsekretion des Duodenums wird die Magensäure nicht ausreichend im Bulbus duodeni (häufig Ulkusort) neutralisiert.
- **Nervale Einflüsse bzw. psychische Faktoren:** Schließlich ist auch ein erhöhter Vagotonus für eine verstärkte Säuresekretion verantwortlich. Typisch sind deshalb nächtliche Schmerzen bei Patienten mit Ulcus duodeni (nachts: erhöhter Vagotonus).
- Die **fehlerhafte Funktion der Schleimhautschutzmechanismen** (Schleimbildung, Epithelregeneration, Durchblutung) und das Überwiegen der aggressiven gegenüber den defensiven Mechanismen werden auch beim Duodenalulkus, ähnlich zum Magenulkus, mehr oder minder vorausgesetzt.

- Eine Infektion mit **Helicobacter pylori** wird mit der Ulkusentstehung ursächlich in Zusammenhang gebracht. Psychologische (Persönlichkeitsstruktur) und soziologische (Exil, Auswanderung) Parameter tragen zur Entstehung und Unterhaltung eines Duodenalulkus bei. Patienten mit der Blutgruppe 0 sind besonders disponiert.

? **Frage:** Welche **Komplikationen** können bei einem peptischen Ulkus auftreten?

tipp Das ist eine Standardfrage!

Antwort: Die vier Hauptkomplikationen sind:

- **Blutung**, gelegentlich lebensbedrohlich durch Arrosion einer Arterie (z.B. Arteria gastroduodenalis)
- **Penetration in Nachbarorgane** wie Pankreas oder Gallenwege
- **Perforation** mit der Folge einer Peritonitis
- **Stenose** durch narbige Defektheilung (Pylorusstenose)

Die Blutung ist die mit Abstand häufigste Komplikation. Weiterhin besteht beim Ulcus ventriculi im Gegensatz zum Ulcus duodeni die Möglichkeit einer malignen Entartung. Das benigne Magenulkus gilt jedoch nicht als Risikofaktor.

? **Frage:** Beschreiben Sie die **Einteilung der Magenulzera** nach Johnson.

Antwort: Die von Johnson vorgeschlagene Klassifikation teilt die chronischen Gastroduodenalulzera nach ihrer Lokalisation ein.

Johnson-Klassifikation	
Typ I	kleine Magenkurvatur, subazid (am häufigsten)
Typ II	kombiniertes Magen- und Duodenalulkus, normal- oder hyperazid
Typ III	präpylorisches Ulkus, meist hyperazid
Typ IV	Ulkus duodeni, hyperazid

Tab. 3.3: Magen-Ulzera-Klassifikation

Eindeutige Symptome eines Ulcus ventriculi gibt es nicht, jedoch kommen gewisse Krankheitszeichen gehäuft vor. Das Ulcus ventriculi tritt im Gegensatz zum Ulcus duodeni vermehrt beim älteren Patienten auf, bei denen oft ein reduzierter Allgemeinzustand vorliegt. Die Patienten klagen über Inappetenz, Übelkeit und Völlegefühl.

Frage: Beschreiben Sie einige **röntgenologische Zeichen** eines benignen Ulcus ventriculi.

?

☐ ☐ ☐
☺ 😐 ☹

Antwort: Ein benignes Ulcus ventriculi ist ein Schleimhautdefekt, der über die Muscularis mucosae hinaus in die Magenwand reicht. Im **Röntgenbild** können bei der Magen-Darm-Passage mit wasserlöslichem Kontrastmittel (z. B. Gastrografin) folgende **Zeichen** entstehen:

- Ulkuskragen
- Ulkusnische
- Fingerartige, auf die Ulkusnische weisende Einziehung der großen Kurvatur
- gestörtes Schleimhautrelief
- narbige Verziehung von kleiner Kurvatur und präpylorischem Antrum
- gestörte Motilität (unter Durchleuchtung)

tipp Häufig wird dem Prüfling ein Röntgenbild gezeigt. Wir halten es für sinnvoll, die folgenden röntgenologischen Zeichen auswendig zu lernen, um bei Nichterkennen des Röntgenbildes in der Prüfung zumindest theoretische Kenntnisse vortragen zu können.

Frage: Was ist eine **Magensaftanalyse?** Nennen Sie Situationen, wo die Magensaftanalyse eine diagnostische Hilfe darstellt.

?

☐ ☐ ☐
☺ 😐 ☹

Antwort: Bei der fraktionierten Magensaftanalyse misst man vor und nach Stimulation durch Pentagastrin die Säurebildung des Magens. Dabei gelten folgende Normalwerte:

- **BAO** (= basal acid output): 1–4 mmol/h (vor Pentagastrinstimulation)
- **PAO** (= peak acid output): 10–40 mmol/h. Diese berechnet sich aus den beiden höchsten zeitlich aufeinander folgenden 15 Minutenportionen nach Pentagastrinstimulation.

In folgenden Situationen ist eine Magensaftanalyse indiziert:

- V. a. **Zollinger-Ellison-Syndrom** (BAO + PAO erhöht + Duodenalulzera)
- zwecks Feststellung einer Achlorhydrie (BAO + PAO vermindert) im Falle einer **perniziösen Anämie** oder eines **Ulcus ventriculi** bzw. einer **chronisch atrophischen Gastritis**

Frage: Welcher Wirkstoff wird als Mittel erster Wahl in der konservativen Therapie beim therapierefraktären hyperaziden Ulkus eingesetzt?

?

☐ ☐ ☐
☺ 😐 ☹

Antwort: Es handelt sich um den **Protonenpumpenhemmer** Omeprazol (Antra®). Dieser Wirkstoff stellt einen **Inhibitor der H^+/K^+-ATPase** dar. Omeprazol hemmt die Säurebildung um 90–95%. Die Substanz besitzt damit die höchste säuresekretionshemmende Wirkung aller Ulkustherapeutika. Auch in der intensivmedizinischen Betreuung hat sich Omeprazol bewährt.

Bisher bekannte mögliche **Nebenwirkungen** sind:

- Hautausschläge und Juckreiz
- Gynäkomastie
- Verwirrtheitszustände
- Blutbildveränderungen
- Transaminasenanstieg
- Diarrhoe

Frage: Was wissen Sie über **Helicobacter pylori?**

Antwort: Es handelt sich bei Helicobacter pylori um ein gramnegatives Bakterium. Es besteht eine Affinität zum Oberflächenepithel des Magens. Die Infektion erfolgt von Mensch zu Mensch (oral-oral, fäkal-oral). Ca. 50% der Weltbevölkerung sind infiziert. Als Risikofaktor gilt ein niedriger sozioökonomischer Status. In den Industrienationen nimmt die Prävalenz um ca. 1% pro Lebensjahr zu. Selbstinfektionen haben gezeigt, dass die Neuinfektion zu einer akuten Gastritis führt. Die Säuresekretion nimmt vorübergehend ab. Es entwickelt sich eine chronische Gastritis mit Betonung im Antrum. Bei einigen Individuen kommt es zu einer multifokalen atrophischen Gastritis mit Ausbildung einer intestinalen Metaplasie, welche zum Adeno-Ca prädisponiert. Die WHO hat Helicobacter pylori als Karzinogen I. Ordnung eingestuft.

Frage: Wie therapieren Sie eine Helicobacter-Infektion?

tipp Bei persistierender Helicobacter-pylori-Infektion kommt es in ca. 60–80% der Fälle zu einem Ulkusrezidiv innerhalb eines Jahres.

Antwort: Die Behandlung der Wahl ist eine Triple-Therapie aus einem Protonenpumpenhemmer und 2 Antibiotika über 7 Tage. Man nennt diese Therapie auch **Eradikationstherapie:**

Schema	Medikamente	Dosis	Dauer	Erfolgsrate
Triple-therapie	Protonenpumpenhemmer (z.B. Omeprazol) Clarithromycin x² Metronidazol	2 × 1 Standarddosis x¹ 2 × 250 mg 2 × 400 mg	7 Tage 7 Tage 7 Tage	90–95%
Quadrupel-therapie	Protonenpumpenhemmer (z.B. Omeprazol) Wismutsalz Tetrazyklin Metronidazol	2 × 1 Standarddosis 4 × Standard 4 × 500 mg 3 × 400 mg	Tag 1–10 Tag 4–10 Tag 4–10 Tag 4–10	90–95%

Tab. 3.4: Eradikationstherapie

x¹ z.B. 20mg Omeprazol, 40mg Pantoprazol
x² oder Amoxicillin 2x 1000mg/d → Französische Triple-Therapie

3.4 Magenkarzinom

Frage: Welche Ätiopathogenese weist das **Magenkarzinom** auf?

Antwort: Ein **hoher Nitratgehalt** in geräucherten und gesalzenen Speisen werden mit der Entstehung eines Magenkarzinoms in Beziehung gebracht. Eine gewisse Rolle spielen auch **genetische** und **ethnische Faktoren**. Weiterhin muss bei folgenden Krankheitsbildern mit dem gehäuften Auftreten eines Magenkarzinoms gerechnet werden:

- Helicobacter pylori Gastritis (Typ B)
- Perniziöse Anämie bei chronisch-atrophischer Autoimmungastritis (Typ A)
- adenomatöse Magenpolypen
- Zustand nach Magenresektion (nach 15–20 Jahren)
- Morbus Ménétrier
- genetische Faktoren (Blutgruppe A bevorzugt, in Japan und Finnland gehäuftes Vorkommen)

Bekannte Risikofaktoren (Rauchen, Alkohol) sollten ausgeschaltet werden. **Obligate Präkanzerosen** sind das echte Adenom und das Carcinoma in situ. Das Magenkarzinom ist am häufigsten im Antrum oder präpylorischen Bereich lokalisiert. In 90% der Fälle tritt ein solitärer Tumor auf, in 10% beobachtet man ein multizentrisches Auftreten des Tumors.

tipp Bei der Vorbereitung des Themas Magenkarzinom wird die Ätiopathogenese meist wenig berücksichtigt. In der Prüfung sollte man sich Zeit nehmen, um sich an Präkanzerosen zu erinnern.

Frage: Wie sehen die **Hauptmetastasierungswege** des Magenkarzinoms aus?

Antwort: Das Magenkarzinom wächst infiltrierend in die Umgebung und metastasiert lymphogen primär entlang der großen Magengefäße an der kleinen und großen Kurvatur. Fortleitende Lymphbahnen verlaufen entsprechend dem Gefäßverlauf zum Truncus coeliacus, zum Omentum majus, zum Ligamentum gastrocolicum, zum Ligamentum gastrolienale und zum Milzhilus. Eine hämatogene Metastasierung tritt meist erst bei weit fortgeschrittenen Karzinomen auf. Hauptmetastasierungsorgane sind Leber, Lunge, Gehirn und Skelettsystem.

tipp Hier überschneiden sich chirurgische und internistische Fragen.

☐ ☐ ☐

Frage: Was ist ein **Magenfrühkarzinom?** Wie äußert es sich?

tipp Die Klinik bei vielen Erkrankungen des Magens ist ähnlich. Die unterschiedliche Wertigkeit erfordert immer eine genaue differenzialdiagnostische Abklärung.

Antwort: Das Magenfrühkarzinom ist entweder auf die Mukosa oder auf Mukosa und Submukosa begrenzt. Es darf nicht mit einem Carcinoma in situ, das die Basalmembran nicht überschreitet, verwechselt werden und stellt eine prognostisch relativ günstige Variante des Magenkarzinoms dar (5-Jahres-Überlebensrate 70–80%). Die Diagnose erfolgt durch endoskopische Biopsie mit nachfolgender histologischer Aufarbeitung.

Nicht jedes Magenfrühkarzinom führt zu einem fortgeschrittenen Magenkarzinom, trotzdem können beim Frühkarzinom Lymphknoten befallen sein und Metastasen vorliegen. Frühkarzinome weisen keine charakteristischen Beschwerden auf und werden in ca. 20% der Fälle zufällig anlässlich einer endoskopischen Untersuchung gefunden.

Klinisch kann es sich durch folgende **Symptome**, die auch beim Magenkarzinom vorkommen, bemerkbar machen:
- Appetitlosigkeit
- Gewichtsverlust
- epigastrische Schmerzen
- Anorexie
- Übelkeit
- Erbrechen
- Völlegefühl
- Blutungen

☐ ☐ ☐

Frage: Erläutern Sie eine **Klassifikation** beim fortgeschrittenen **Magenkarzinom.**

tipp Klassifikationsfragen sind deshalb so beliebt, weil sie für die Prüfer bequem zu stellen sind.

Antwort: Das fortgeschrittene Magenkarzinom wird nach **Borrmann** folgendermaßen **makroskopisch** eingeteilt:

Typ I	polypös exophytisch
Typ II	ulzerierend und polypös
Typ III	ulzerierend mit Infiltration in die Umgebung (am häufigsten)
Typ IV	diffus infiltrierend

Tab. 3.5: Magen-Ca-Tumoreinteilung

Typ	I	II	III	IV
Wachstum	polypös	schüsselförmig	ulzerierend/ infiltrierend	diffus-infiltrierend (szirrhös)
Häufigkeit	5 %	35 %	50 %	10 %
Prognose	rel. gut	rel. gut	schlecht	schlecht

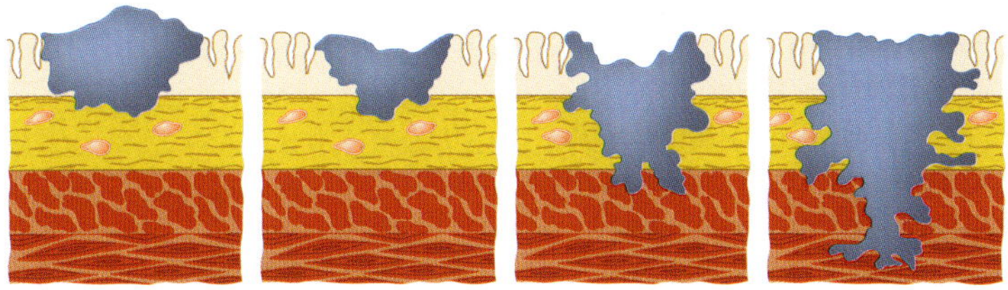

Abb. 3.3: Makroskopische Einteilung des fortgeschrittenen Magenkarzinoms nach Borrmann [5]

Klassifikationen sind für Therapie und Prognose von Bedeutung. So hat zum Beispiel Typ IV der Borrmann-Klassifikation die schlechteste Prognose. Eine weitere Klassifikation ist die **histologische** Einteilung nach **Lauren:**

Histologische Einteilung nach Lauren	
intestinale Form	**diffuse Form**
meist Adeno-Ca	meist undifferenzierte Karzinome
Drüsenbildung, scharf begrenzt	diffus wachsend
seltener LK-Metastasen	häufiger LK-Metastasen
häufiger kurabel	seltener kurabel

Tab. 3.6: Lauren-Einteilung

Frage: Wie geht man bei Verdacht auf ein Magenkarzinom diagnostisch vor?

Antwort: Nach genauer **Anamneseerhebung** kann manchmal die Verdachtsdiagnose eines Magenkarzinoms gestellt werden. Meistens ist der körperliche Befund bis auf Zeichen eines Gewichtsverlustes und einer Blutungsanämie unauffällig. Bestehen epigastrische Beschwerden länger als 2–3 Wochen, ist unbedingt eine **endoskopische Klärung** anzustreben. Ist das Karzinom weit fortgeschritten, können ggf. ein palpabler Tumor, tastbare Lymphknoten, Lebermetastasen oder Aszites gefunden werden.

tipp Radiologie und Endoskopie sind diagnostische Methoden, die bei der Beantwortung unbedingt berücksichtigt werden sollten.

Durch die bioptische Gewebeentnahme bei der Endoskopie wird die Diagnose gesichert. Dabei sind zur eindeutigen Unterscheidung zum

tipp Die Betonung von Röntgenkriterien eines malignen Ulkus macht einen guten Eindruck.

benignen Ulkus mehrere Gewebsproben aus dem Ulkusrand und einige aus dem Ulkusgrund erforderlich, die histologisch untersucht werden müssen.

Radiologisch (z.B. Doppelkontrasttechnik) sind folgende Zeichen tumorverdächtig:

- Nischen im Schleimhautniveau
- Faltenabbrüche
- Wandversteifungen
- Unregelmäßiger Randwall
- Verdrängungen von Nachbarstrukturen
- Magenausgangsstenose

□ □ □
☺ 😐 ☹

Frage: Was ist die **Virchow-Drüse?**

tipp Eine kurze Frage aus der Pathologie, die von Chirurgen öfters gestellt wird. Hier ist eine der seltenen Ausnahmen, wo es besser ist, bei „Nichtwissen" zu passen, als durch grobe Fehler aufzufallen.

Antwort: Die nach Rudolf Virchow benannte linke supraklavikuläre Lymphknotenstation kann im Rahmen eines Magenkarzinoms infolge einer Metastasierung durch Vergrößerung auffallen. In manchen fortgeschrittenen Fällen wird somit durch Palpation der Virchow-Drüse die Verdachtsdiagnose Magenkarzinom gestellt.

Dies lässt sich dadurch erklären, dass Metastasen des Magenkarzinoms von gastralen Lymphknoten aus lymphogen kontinuierlich oder sprunghaft in den Ductus thoracicus gelangen. An der Einmündung des Ductus thoracicus in den linken Venenwinkel befindet sich die als Virchow-Drüse benannte Lymphknotenstation.

3.5 Enterokolitis

□ □ □
☺ 😐 ☹

Frage: Ein Patient bekommt aufgrund einer Osteomyelitis langfristig das Antibiotikum Clindamycin verabreicht. Nach 2 Wochen treten plötzlich Fieber, schleimig-blutige Durchfälle und Bauchschmerzen auf. Können Sie sich eine Beziehung zwischen dieser Symptomatik und der Antibiotikaverabreichung vorstellen?

tipp Aus der Fragestellung geht ein positiver Zusammenhang hervor. Notfalls muss man improvisieren.

Antwort: Clindamycin kann als unerwünschte Nebenwirkung eine **pseudomembranöse Enterokolitis** verursachen, die sich durch die genannten Symptome äußert. Pathogenetisch wird durch das Antibiotikum die normale Darmflora zerstört. Als Folge kommt es zu einer Überwucherung des Kolons mit **Clostridium difficile.**

Die Diagnose wird meist durch die Anamnese (Antibiotikatherapie) in Verbindung mit der Klinik gestellt. Stuhlkulturen auf Clostridium difficile sind meistens nicht notwendig. Weiterhin ist ein Toxinnachweis im

Stuhl möglich. Die Therapie besteht im Absetzen von Clindamycin und ggf. Gabe von Vancomycin. Unbehandelt kann eine pseudomembranöse Enterokolitis letal enden.

Frage: Wodurch wird eine **Reisediarrhoe** oder die „Rache Montezumas" meist ausgelöst? Welche prophylaktischen Maßnahmen raten Sie Fernreisenden?

Antwort: Eine Reisediarrhoe ist zu 80% bakteriell bedingt. Erreger sind meist enterotoxinbildende Bakterien der Escherichia-coli-Gruppe. Die Erkrankung dauert einige Tage und verläuft mild. Hauptsymptom sind wässrig-schleimige Durchfälle bei relativ gutem Allgemeinzustand. Therapeutisch sind neben Schonung reichliche **Flüssigkeitszufuhr** und orale Elektrolytlösungen angezeigt. Schwere Verläufe werden mit **Cotrimoxazol** und **Loperamid** (Imodium") behandelt **(Cave:** Loperamid nur kurzzeitig und nicht bei Kleinkindern sowie bei blutigen Durchfällen einsetzen). Die prophylaktischen Maßnahmen beinhalten in erster Linie Trinkwasser-, Nahrungsmittel- und persönliche Hygiene („Cook it, peel it or leave it").

Frage: Bei welchen Patienten und aus welchem Grund kann eine banale Enterokolitis sich rasch zu einem lebensbedrohlichen Krankheitsbild entwickeln?

Antwort: Eine Enterokolitis führt zu hohen Flüssigkeitsverlusten über den Darm. Kleinkinder, alte und geschwächte Patienten können schnell in eine bedrohliche Exsikkose geraten. Flüssigkeitsersatz ist daher unbedingt notwendig.

tipp Unkompliziert antworten! Einfache Frage.

3.6 Morbus Crohn

Frage: Beschreiben Sie in groben Zügen die **Differenzialdiagnose** zwischen **Morbus Crohn** und **Colitis ulcerosa.**

Antwort: Die Differenzialdiagnose zwischen Morbus Crohn und Colitis ulcerosa erfasst u.a. folgende klinische Gesichtspunkte:
Die Diagnose eines Morbus Crohn wird durch endoskopische, radiologische und histologische Untersuchungen gesichert.

tipp Die Frage wird häufig gestellt und kann gut während der Vorbereitungsphase innerhalb der Lerngruppe geübt werden.

Morbus Crohn	Colitis ulcerosa
bei beiden Geschlechtern gleich häufig	Frauen bevorzugt
jugendliches Erkrankungsalter	jedes Alter
häufig Schmerzen (Kolik)	selten Schmerzen, in 65% rezidivierend
selten blutige Durchfälle	oft blutig-schleimige Durchfälle
häufig Strikturen, Fisteln, Fissuren	Pseudopolypen, Kryptenabszesse
transmurale Entzündung	Entzündung auf Mukosa und Submukosa beschränkt
Befall des gesamten Gastrointestinaltraktes möglich	ausschließlich Kolonbefall
Epitheloidzellgranulome in ca. 30%	evtl. „back-wash-Ileitis"
segmentale bzw. diskontinuierliche Ausbreitung	kontinuierliche Ausbreitung von distal nach proximal
keine Ca-Entwicklung	Ca-Entwicklung möglich

Tab. 3.7: Unterschiede M. Crohn und Colitis ulcerosa

Die Diagnose eines Morbus Crohn wird durch endoskopische, radiologische und histologische Untersuchungen gesichert.

☐ ☐ ☐

Frage: Nennen Sie bitte infektiöse Darmerkrankungen, die einen Morbus Crohn vortäuschen können.

Antwort: Infektiöse Enterokolitiden wie **Yersiniosen, Shigellosen** oder **Campylobacter-Infektionen** sind von einem Morbus Crohn schwer zu unterscheiden (Entnahme von Stuhl-Kulturen, Darm-Histologie, KBR).

Merke: Vor der Diagnose eines Morbus Crohn oder einer Colitis ulcerosa müssen infektiöse Darmerkrankungen ausgeschlossen werden.

☐ ☐ ☐

Frage: Wie entstehen die **radiologischen Zeichen** eines Morbus Crohn?

Antwort: Der Morbus Crohn ist durch eine transmurale, unspezifische granulomatöse Entzündung des erkrankten Darmsegmentes charakterisiert. Es kommt zur Verdickung und Fibrosierung, wobei sich typischerweise gesunde Darmabschnitte mit kranken abwechseln.

Im Röntgenbild entstehen diskontinuierlich kurz- oder langstreckige Stenosen (**„skip-lesions“**) mit Wandstarre und prästenotischen Dilatationen. Die radiologisch oft erfassbaren Fisteln zwischen Dünn- und Dickdarm sowie zwischen Dickdarm, Blase und Scheide sind durch die transmurale entzündliche Beteiligung aller Wandschichten verursacht.

Das landkartenartige Aussehen bzw. das **„Pflastersteinrelief“** im Röntgenbild ist Ausdruck der Risse und Fissuren der Schleimhaut sowie einer granulomatösen Entzündung der regionären Lymphknoten (Peyersche Plaques).

tipp Diese Frage zielt auf die morphologischen Folgen des M. Crohn, die sich im Röntgenbild zeigen. Eventuell muss deshalb auch ein Röntgenbild beurteilt werden.

Frage: Beschreiben Sie psychosomatische Gesichtspunkte beim Morbus Crohn.

Antwort: Beim Morbus Crohn werden sowohl auslösende psychische und psychosoziale Faktoren als auch krankheitsabhängige psychische Entwicklungen, meist infolge der Chronifizierung, diskutiert.

Psychodynamisch ist oft eine unreife und unreflektierte Elternbindung vorzufinden. Wie bei der Colitis ulcerosa werden auch beim Morbus Crohn autoaggressive Tendenzen angenommen, die mit der Bildung von Antikörpern gegen Darmantigene in Verbindung gebracht werden. Durch Distanzierung und Verschiebung versucht der Crohn-Kranke sich von dem spannungsbeladenen Konflikt zu befreien, was schließlich zu einer selbstzerstörerischen Haltung führen kann.

Weiterhin fallen depressive Züge und Ängste bei vielen Crohn-Kranken auf. Werden psychosomatische Zusammenhänge in der jeweiligen Erkrankungssituation nachgewiesen, ist neben der medikamentösen auch eine psychotherapeutische Behandlung indiziert.

+ Psychosomatische Aspekte sind bei Krankheiten des GI-Traktes (M. Crohn, Colitis ulcerosa, Ulcus pepticum etc.) mit entscheidend.

Frage: Wie therapieren Sie einen Morbus Crohn? Welche Prognose weist dieses Krankheitsbild auf?

Antwort: Die Heilung eines Morbus Crohn ist weder internistisch-psychotherapeutisch noch chirurgisch möglich.

Im **akuten Schub** werden **5-Aminosalicylsäure** und **Glukokortikoide** (Prednisolon 30–60 mg/tgl. dann schrittweise Dosisreduktion) verabreicht, wobei Steroide beim schweren Krankheitsschub angewendet werden. Auch das bakterizide Antibiotikum **Metronidazol** (Clont®) ist bei akutem Kolonbefall wirksam. Eine **Langzeittherapie** für Remissionserhaltung wird bevorzugt oral mit **5-Aminosalicylsäure + Mesalazin** über mindestens ein Jahr durchgeführt (Dosis: 1,5 g/die).

Eine vollständige **parenterale Ernährung** bzw. **ballaststoffarme Kost** während eines akuten Schubes führt zur Entlastung des Darmes und trägt zur Besserung der Symptomatik bei. Meistens wird der Crohn-

tipp Es ist nicht selten vorgekommen, dass gut vorbereitete Prüfungskandidaten in der Aufregung Krankheiten verwechselt haben. Hierbei ist besonders auf den Morbus Crohn und auf die Colitis ulcerosa zu achten.

Kranke im Krankheitsverlauf bei Versagen der konservativen Therapie oder bei Auftreten von Komplikationen (z.B. Fisteln, Stenosen) operiert. Trotz wiederholter Hospitalisation und medikamentöser Dauertherapie ist die Lebenserwartung deutlich eingeschränkt.

Frage: Wann ist eine **Operation** beim M. Crohn unumgänglich?

Antwort: Die OP ist indiziert bei **Perforation, Peritonitis, Ileus**,,nicht stillbaren **Blutungen** und bei **toxischem Megakolon.** Die Darmresektion sollte „sparsam" erfolgen, um ein Kurzdarmsyndrom zu verhindern.

3.7 Colitis ulcerosa

Fallbeispiel: Eine 20-jährige Frau kommt in die Praxis und klagt über schubweise auftretende schleimige Durchfälle bis zu 10 × täglich seit 3 Jahren. Häufig kämen auch Phasen mit normalem Stuhlverhalten vor. Jetzt hat sie deutliche Blutbeimengungen im Stuhl bemerkt, was sie sehr beängstigt. Sie gibt eine Gewichtsabnahme von über 6 kg im letzten Jahr an und berichtet über Fieber, häufige Übelkeit und Appetitlosigkeit. Wie können Sie Ihre Verdachtsdiagnose sichern?

tipp Eine leichte Frage, da die Anamnese typisch ist.

Antwort: Bei dieser Anamnese kommen differenzialdiagnostisch hauptsächlich eine Colitis ulcerosa, ein Morbus Crohn oder eine infektiöse Kolitis (Amöbenkolitis) in Frage. Das jugendliche Alter der Patientin und das typische Stuhlverhalten mit schubartigem Krankheitsverlauf machen ein Karzinom unwahrscheinlich. Aufgrund der Blutbeimengungen ist in erster Linie an eine **Colitis ulcerosa** zu denken. Die Diagnose wird folgendermaßen gesichert:

- **Stuhlbefund:** blutig, schleimige Durchfälle
- **Ileokoloskopie:** Ulzerationen, besonders das Rektosigmoid betreffend und eine hyperämische Darmschleimhaut, die bei Berührung leicht blutet
- **Histologie:** Kryptenabszesse und Pseudopolypen, nach mehreren Schüben Schleimhautatrophie; auf Mukosa und Submukosa begrenzte Entzündung
- **Radiologie:** linksseitig betonte kontinuierliche Veränderungen, die schubweise nach oral fortschreiten, zirkuläre „Spiculae"; nach mehreren Krankheitsschüben „Ofenrohr"-artiges Bild des Dickdarms

Frage: Welche **extraintestinalen Manifestationen** können bei der Colitis ulcerosa auftreten?

Antwort: Bei der Colitis ulcerosa sind folgende extraintestinale Manifestationen bekannt:
- **Auge:** Iritis, Uveitis, Episkleritis
- **Haut:** Erythema nodosum, Pyoderma gangraenosum
- **Leber:** Primär sklerosierende Cholangitis
- **Skelett:** Arthritis, ankylosierende Spondylitis
- **Herz:** Perikarditis
- **Mundschleimhaut:** Stomatitis aphthosa

Die extraintestinalen Manifestationen treten unabhängig von der Aktivität der Darmerkrankung auf (oft vergesellschaftet mit HLA-B_{27}).

tipp Eine Aufzählung müsste als Antwort genügen.

Frage: Wie therapieren Sie eine akute Colitis ulcerosa? ?

Antwort: Indiziert sind:
- **Mesalazin** = Retardpräparat der 5-Aminosalizylsäure
- **Glukokortikoide** (40 – 150 mg/die)
- **parenterale Ernährung** und Substitution von Elektrolyten, Wasser, Blut und Albumin
- intensivmedizinische Überwachung

Seltene unerwünschte Wirkungen wie Exantheme, Leukopenien und Agranulozytosen können zum Therapieabbruch zwingen. Versagt die konservative Therapie oder treten lebensbedrohliche Komplikationen auf, erfolgt die **Proktokolektomie**. Durch Beseitigung des Erfolgsorgans ist dies bei der Colitis ulcerosa eine kurative Maßnahme.

tipp Es empfiehlt sich, Vorzüge bzw. Nachteile der konservativen bzw. operativen Therapie zu betonen.

Frage: Beschreiben Sie zwei lebensgefährliche **Komplikationen** der Colitis ulcerosa. ?

Antwort: Ein akut lebensbedrohliches Krankheitsbild ist das **toxische Megakolon** mit
- septischen Temperaturen
- gespanntem Abdomen (→ Peritonitis)
- RR-Abfall, zunehmender Schocksymptomatik mit Herz-Kreislauf-Versagen

Hauptgefahr ist die Perforation des Dickarms bzw. eine Durchwanderungsperitonitis. Meist ist eine notfallmäßige chirurgische Intervention nötig. Als schwerwiegendste Spätkomplikation tritt das Kolon-Karzinom auf. Besonders bei frühem Erkrankungsbeginn, ausgedehntem Kolonbefall und langer Erkrankungsdauer (> 10 Jahre) besteht hierfür ein hohes Risiko.

3.8 Sprue

Frage: Eine 45-jährige Frau kommt zu Ihnen in die Praxis und klagt über Gewichtsabnahme und einen massigen hellen Stuhl. Wie würden Sie diagnostisch vorgehen, um die Verdachtsdiagnose **einheimische Sprue** zu sichern?

tipp Es kommt nicht selten vor, dass in der Fragestellung, so wie hier, Diagnosen genannt werden. Eine genaue Schilderung des diagnostischen Vorgehens ist dann entscheidend.

Antwort: Beim nicht-tropischen Spruekranken wird ein Stuhlgewicht von > 250 g/d und ein Stuhlfettgehalt > 8 g/d gemessen. Folgende funktionsdiagnostischen Untersuchungen untermauern die Verdachtsdiagnose:

- **D-Xylose-Test** (Kohlenhydratmalabsorptionsbestimmung)
- **H_2-Atemtest** nach Laktosegabe (beim Vollbild einer Sprue besteht meist auch ein Laktasemangel)

In der **MDP** (= Magen-Darm-Passage) sind segmentierte und dilatierte Dünndarmschlingen mit fehlendem Schleimhautrelief zu beobachten. Gesichert wird die Diagnose der Zöliakie durch einen positiven IgA-anti-Transglutaminase (Anti-TG) Antikörper-Test und mikroskopische Untersuchung einer Dünndarmschleimhautbiopsie. Typische Befunde sind:

- Zottenreduktion bzw. -atrophie der Dünndarmschleimhaut
- Kryptenhyperplasie mit Abflachung des Oberflächenepithels
- Vermehrung intraepithelialer Lymphozyten

Frage: Nachdem Sie die Diagnose einer einheimischen Sprue gesichert haben, müssen Sie welches **diätetische Behandlungskonzept** einleiten?

Antwort: Da die Schleimhautveränderungen der einheimischen Sprue durch eine allergische Reaktion gegenüber der Gliadinfraktion des Glutens („Klebereiweiß des Weizens“) hervorgerufen werden, ist die lebenslange Einhaltung einer glutenfreien Kost obligat. Dabei ist der Verzehr folgender Nahrungsmittel verboten:

- Weizen, Gerste, Roggen, Hafer bzw. daraus hergestelltes Brot, Kekse und Kuchen
- Fleisch- und Gemüsekonserven
- Milch und Milchprodukte bzw. daraus hergestellte Produkte (z. B. auch Schokolade)
- Trockensuppen

Erlaubt sind Mehlprodukte aus Hirse, Reis und Mais. Mineralien, insbesondere Kalzium und Vitamine (besonders Vit. A, D, E, K) sollten oral substituiert werden. Eine ausreichende Zufuhr dieser Stoffe durch die Nahrung ist bei glutenfreier Kost kaum möglich.

3.9 Laktoseintoleranz

Frage: Welche Ursachen liegen bei einer erworbenen **Laktoseintoleranz** des Erwachsenen vor? Nennen Sie einige klinische Symptome.

Antwort: Folgende Ursachen führen durch **Laktasemangel** im Bürstensaum der Dünndarmmukosa zur Laktoseintoleranz des Erwachsenen:
- Restzustand nach hereditärem Defekt
- Folge von Erkrankungen der Dünndarmschleimhaut, z.B. Sprue, nach Magenresektion oder totaler Gastrektomie

tipp Häufig wird die hereditäre Form der Laktoseintoleranz von Pädiatern gefragt.

Klinisch äußert sich die Milchzuckerunverträglichkeit nach Milchgenuss und Laktosezufuhr durch Blähungen, Flatulenz, Bauchkrämpfe und Durchfälle.

Frage: Beschreiben Sie eine **funktionsdiagnostische Untersuchung**, die Sie bei Verdacht auf Laktoseintoleranz durchführen.

Antwort: Zum Nachweis des Laktasemangels kann der **Laktose-Toleranztest** durchgeführt werden. Beim Laktose-Toleranztest wird zunächst 50 g Laktose oral gegeben. Danach werden je 25 g Glukose und Galaktose verabreicht (insges. 100 g Zucker). Nach Laktosegabe bleibt der Glukoseanstieg wegen Laktasemangel aus (BZ-Anstieg < 20 mg/dl), jedoch steigt der Blutzucker nach der Gabe von Glukose und Galaktose an (BZ-Anstieg > 20 mg/dl). Dies beruht auf der enzymatischen Aktivität der vorhandenen glukose- und galaktosespaltenden Enzyme im Dünndarm.

3.10 Dickdarmkarzinom

Frage: Wo ist das **Dickdarmkarzinom** am häufigsten lokalisiert? Wie äußert es sich im fortgeschrittenen Stadium?

Antwort: Das Dickdarmkarzinom ist am häufigsten (ca. 80%) im **Rektosigmoid** lokalisiert (siehe Abb. 3.3). Folgende **Symptomatik** kann dabei auftreten:
- Gewichtsverlust, Appetitlosigkeit, Schmerzen
- Ileus
- chronische Eisenmangelanämie
- Bleistiftstühle
- Wechsel von Obstipation und Durchfall
- rektale Blutungen und Blutbeimengungen (häufig)

Durch die rektal-digitale Untersuchung können ca. 30% der Dickdarmkarzinome erfasst werden.

Frage: Bei welcher Lokalisation eines Dickdarmkarzinoms tritt die klinische Symptomatik früher auf? Beim rechtsseitigen oder beim linksseitigen Dickdarmkarzinom?

tipp Eine merkwürdige Frage, die allerdings durch pathophysiologische Überlegungen zu beantworten ist.

Antwort: Die klinische Symptomatik tritt im Allgemeinen beim linksseitigen Dickdarmkarzinom, besonders des Rektosigmoids, früher auf als beim rechtsseitigen. Dies lässt sich dadurch erklären, dass im Colon descendens die größte Menge an Wasser und Elektrolyten resorbiert wird und es somit zur Eindickung des Stuhles kommt. Der eingedickte Darminhalt kann die durch das Karzinom entstandene linksseitige Darmstenose schlecht passieren, wodurch möglicherweise Beschwerden (Meteorismus, Flatulenz, Ileus) ausgelöst werden. Im Colon ascendens werden dagegen nur wenig Wasser und Elektrolyte dem Stuhl entzogen, sodass ein relativ weicher Stuhl eine karzinombedingte Stenose passiert.

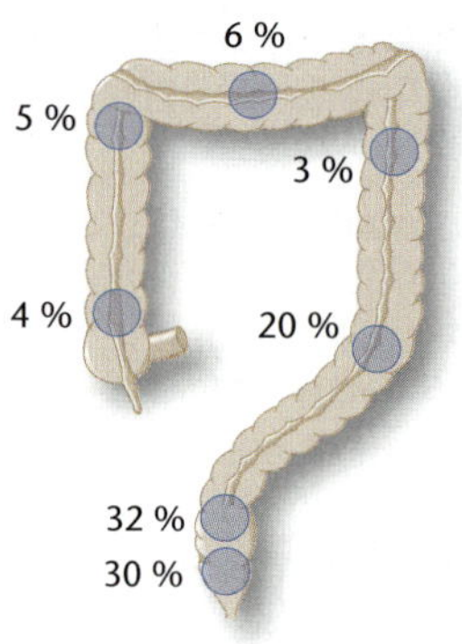

Abb. 3.4: Häufigkeitsverteilung der Dickdarmkarzinome nach Lokalisation

Frage: Beschreiben Sie die **Dukes-Klassifikation** des Kolonkarzinoms.

tipp Diese Frage wird häufig von Chirurgen gestellt.

Antwort: Neben dem TNM-System ist die Dukes-Klassifikation eine weitere Stadieneinteilung des Kolonkarzinoms.

Stadium A	Tumor ist auf Kolon- und Rektumwand begrenzt
Stadium B	infiltrierender Tumor ist in das umgebende Gewebe eingebrochen
Stadium C	Metastasierung in Lymphknoten
Stadium C1	regionäre LK (perirektal, mesenterial)
Stadium C2	paraaortale LK befallen
Stadium D	Fernmetastasen (häufig Leber, nach Turnbull).

Tab. 3.8.: Stadien beim Darmkarzinom

Frage: Welche Karzinom-Lokalisation hat die schlechteste Prognose?

Antwort: Karzinome im Analbereich bzw. tiefen Rektumbereich haben die schlechteste Prognose. Es kommt rasch zu einer lymphogenen Metastasierung. Diese kann analog zur Gefäßversorgung in mesenteriale, iliakale und inguinale Lymphknoten erfolgen.

Frage: Was besagt ein **Karnofsky-Index** von 30%?

Antwort: Der Karnofsky-Index ist ein gebräuchliches Schema zur Beurteilung des Allgemeinzustandes von onkologischen Patienten. Dabei wird der Allgemeinzustand des Patienten in 10%-Abständen von 10% bis 100% quantifiziert. Ein niedriger Karnofsky-Index von 30% besagt, dass der onkologische Patient dauernd bettlägerig ist und deswegen eine geschulte Pflegekraft braucht. Ein Karnofsky-Index von 100% bedeutet, dass ein Patient keine Beschwerden hat, keinen Hinweis auf Tumorleiden aufweist und seine Aktivität normal ist.

3.11 Hepatitis

Frage: Definieren Sie das Krankheitsbild „Hepatitis" und nennen Sie einige ätiologische Faktoren.

Antwort: Die Hepatitis ist eine Entzündung der Leber unterschiedlicher Genese, die u. a. durch **Hepatomegalie, eingeschränkte Leberfunktion, Gelbsucht** und **abdominelle Beschwerden** gekennzeichnet ist. Folgende Faktoren können zu einer Hepatitis führen:

- Infektiös:
  - Hepatitisviren A, B, C (= Non-A/Non-B), D, E
  - Gelbfieber, Mononukleose, Coxsackie-Viren, Herpes
  - Malaria
  - Salmonellen
  - Morbus Weil, Brucellose
- Toxisch:
  - Alkohol
  - Methyldopa
  - Halothan
  - Isoniazid
- Endogen bzw. metabolisch:
  - autoaggressive Hepatitiden
  - Glykogenosen
  - Kollagenosen

☐ ☐ ☐
☺ 😐 ☹

Frage: Wie äußert sich klinisch eine **akute Virushepatitis?**

tipp Um das Thema „Hepatitis" und insbesondere die Virushepatitis kommt man in der Vorbereitung nicht herum.

Antwort: Die klinische Symptomatik der Virushepatitiden A, B, C, D, E ist, mehr oder minder, ähnlich. Man unterscheidet zwischen einem Prodromalstadium und einem Stadium der hepatischen Organmanifestation.

Prodromalstadium: Reicht von 27 Tagen bei der Hepatitis A, bis zu mehreren Wochen und Monaten bei der Hepatitis B. Prodromalstadium ist nicht gleichzusetzen mit Inkubationszeit.

- **Allgemeinerscheinungen:** Müdigkeit, katarrhalische Symptome, Kopfschmerz, Fieber meist < 39 °C
- **Gastrointestinale Symptome:** Appetitlosigkeit, Übelkeit, Diarrhoe, Erbrechen
- Dunkelfärbung des Harns bzw. Stuhlentfärbung und Übergang in die ikterische Phase
- evtl. Arthralgien, Exantheme

Stadium der hepatischen Organmanifestation: Reicht von 4–8 Wochen, kürzer bei Hepatitis A.

- beim ikterischen Verlauf (1/3 der Fälle) Gelbsucht und langsame Zurückbildung der Prodromalsymptome
- aniketrischer Verlauf in 2/3 der Fälle
- druckempfindliche und vergrößerte Leber
- Splenomegalie und LK-Schwellungen

Die **extrahepatischen Manifestationen**, die bei den Virushepatitiden unterschiedlich in Art und Häufigkeit auftreten, können neben den **Gelenken** (Immunkomplexsyndrom mit Arthralgien und eventuellem Exanthem in 5–10% aller Hepatitis B Patienten) auch die **Hämatopoese** (aplastische Anämie) oder das **Gefäßsystem** (z.B. Panarteriitis nodosa besonders assoziiert mit Hepatitis B) betreffen.

☐ ☐ ☐
☺ 😐 ☹

Frage: Wie stellen Sie sich die Ätiologie einer **chronisch aggressiven Hepatitis B** vor?

tipp In der Vorbereitungsphase müssen Leberphysiologie bzw. -anatomie durchgearbeitet werden. Die morphologischen Veränderungen bei den chronischen Hepatitiden sind dadurch am besten zu verstehen.

Antwort: Das Hepatitis B Virus verfügt nicht über eine direkt zytotoxische Wirkung. Durch eine antikörperabhängige und zellvermittelte Immunabwehr kann der Organismus die viralen Antigene, welche zum Teil auch an den Leberzellmembranen exprimiert sind, erkennen und meist unter Zerstörung der Wirtszelle eliminieren. Dadurch wird die Symptomatik ausgelöst.

Gelingt keine vollständige Viruselimination, besteht die Möglichkeit, dass das pathologische Geschehen mit weiterer Leberzellinfektion, weiterer Virusreplikation und immunologisch bedingter Zellzerstörung chronifiziert. Weiterhin wird vermutet, dass autoallergische Mechanismen auf ein leberspezifisches Protein bei der chronisch aggressiven Hepatitis eine bedeutende Rolle spielen. Bei vielen Hb_S-Ag-Trägern wird im Krankheitsverlauf das Virusgenom in die DNA der Leberzelle integriert.

Folgende **morphologische Veränderungen** sind für eine chronisch aggressive Hepatitis typisch:
- **Mottenfraß-Nekrosen**, chronisch-entzündliche Infiltration sowohl im Leberparenchym als auch im portalen und periportalen Bereich
- gestörte Läppchenarchitektur
- Brückenbildung zwischen Portalfeldern und Zentralvenengebiet
- schließlich Übergang in eine Zirrhose

Frage: Beschreiben Sie eine häufige Laborkonstellation der **Leberenzyme** bei akuter Virushepatitis.

Antwort: Bei der akuten Virushepatitis ist die zytosolische **GPT** im Serum stärker erhöht als die mitochondriale **GOT** (de Ritis Quotient GOT/GPT < 1), da die Mitochondrien in der Regel weniger betroffen sind (bei der Alkohol-Hepatitis ist es umgekehrt).

Die **LDH** (LDH-5 = Leber- und Skelettmuskeltyp), ein weiteres im Zytoplasma vorhandenes Enzym, ist bei akuten und schweren Leberschädigungen zu Beginn stark erhöht. **Die γ-GT** steigt bis zur 2. Woche nach Erkrankungsbeginn nur wenig an, bis zur 4. Woche ist meist eine weitere Erhöhung zu beobachten. Beim ikterischen Verlauf ist das Serum-Bilirubin und das Urobilinogen und Bilirubin im Urin erhöht. Weiterhin kommt es zum Anstieg des Serumeisens, und eventuellem Anstieg der BSG und des CRPs.

tipp Besonders bei Leber- und Herzerkrankungen werden Fragen nach Laborbefunden häufig gestellt.

Frage: Beschreiben Sie die Bestandteile des Hepatitis-B-Virus, und machen Sie bezüglich der serologischen Parameter Aussagen zur Infektiosität.

Antwort: Das Hepatitis-B-Virus, auch Dane-Partikel genannt, ist ein **DNS-Virus**, welches hauptsächlich durch menschliches Blut übertragen wird. Das Virus besteht aus einer äußeren Hülle (surface-Antigen = **HBs-Ag)** und einem Kern (core-Antigen = **HBc-Ag**), der das **HBe-Ag** (envelope-Antigen), **virale DNS** und **DNS-Polymerase** enthält. Im Laufe einer Infektion bilden sich Antikörper gegen diese Virusbestandteile.

Neben dem Nachweis des HBs-Ag ist das Auftreten von IgM-Anti-HBc als Hinweis auf eine frische Hepatitis-B-Infektion zu werten. Solange das Hbs-Antigen nachweisbar ist, besteht eine potenzielle Infektiosität. Eine sichere Infektiosität liegt bei Nachweis von virusspezifischer DNS-Polymerase, HBc-Antigen und HBe-Antigen vor. Normalerweise be-

tipp Besonders eine richtige Einschätzung der Ansteckungsgefahr hat für den Stationsalltag (z.B. Isolierung, besondere Hygienemaßnahmen etc.) erhebliche Bedeutung. Einige allgemein einleitende Sätze in der Antwort sind sicher sinnvoll.

steht bei unkompliziertem Verlauf einer Hepatitis B eine Infektionsgefahr für die Umgebung bis maximal 6 – 8 Wochen nach Beginn der ikterischen Phase.

Hepatitis-B-Marker		
HBsAg	Hepatitis-B-surface-Antigen (früher: „Australia-Antigen")	bereits ca. 14 Tage vor Eintreten der klinischen Symptomatik bis 6 Wochen nach der Erkrankung nachweisbar, bei chron. Hepatitis länger als 6 Mon. nachweisbar; Träger oft symptomfrei
Anti-HBs	Antikörper gegen Hepatitis-B-surface-Antigen	nachweisbar 4 – 5 Monate nach Erkrankungsbeginn, zeigt reaktive Immunität bzw. Rekonvaleszenz an
HBcAg	Hepatitis-B-core-Antigen	im Blut nicht nachweisbar, Antigen ist an die Leberzelle gebunden (Leberbiopsie)
HBeAg	Hepatitis-B-e-Antigen (e = Virus-core-Bestandteile)	zeigt die Anwesenheit von Dane-Partikeln im Blut an, Indikator für Infektiosität, Persistenz bei chronischer Hepatitis
Anti-HBe	Antikörper gegen Hepatitis-B-e-Antigen	bei Vorhandensein ist der Patient in der Regel nicht mehr infektiös
HBV	Hepatitis-B-Virus	nachweisbar in Blut und Serum (meist nicht notwendig)

Tab. 3.9.: Hepatitis-B-Synopsis

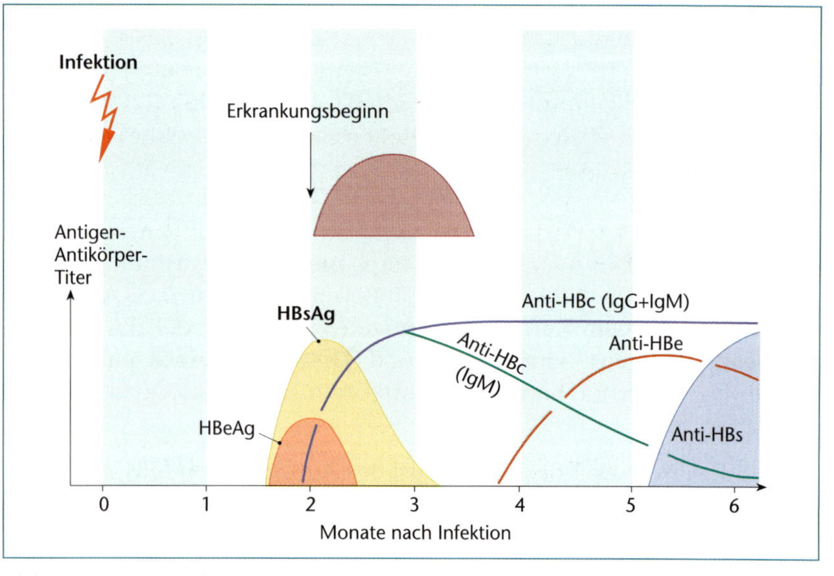

Abb. 3.5: Typischer Markerverlauf bei Hepatitis B

Frage: Was ist das **Delta-Virus**, und welche Rolle spielt es bei einer Hepatitis-B-Infektion?

Antwort: Das Delta-Virus bzw. das **Hepatitis-D-Virus** (HDV) ist ein defektes RNS-Virus (Viroid), welches sich nur in Anwesenheit des Hüllproteins eines Hepatitis-B-Virus (HBs-Ag) in der Leber vermehren kann. Es wird wie das HBV durch parenterale Inokulation bzw. durch Intimkontakte oder perinatal (= vertikal) übertragen. Voraussetzung für eine Infektion mit dem HDV ist eine akute oder persistierende HBV-Infektion. Die Superinfektion mit HDV kann einen fulminanten Verlauf nehmen oder auch in eine schwere chronische Hepatitis übergehen.

Frage: Welche Hepatitisform neigt am ehesten zur Chronifizierung?

Antwort: Die **Hepatitis C** (früher Non-A-Non-B) nimmt in **30 – 50%** einen **chronischen Krankheitsverlauf**. Es handelt sich um ein RNA-Virus (Flavi-Virus), das parenteral, sexuell oder perinatal übertragen wird. Anti-HCV wird im Serum erst nach 1 – 5 Monaten nach Infektion positiv. Erste epidemiologische Daten weisen darauf hin, dass in Europa 0,2 – 2% der Gesamtbevölkerung anti-HCV positiv sind.

Frage: Welchen Stellenwert besitzt die **immunsuppressive** oder **immunmodulatorische Therapie** bei der chronischen Hepatitis?

Antwort: Eine autoimmune Hepatitis (Genese unbekannt) kann durch eine immunsuppressive Kombinationstherapie mit **Azathioprin** und **Kortikosteroiden** gebessert werden. Bei den chronischen Hepatitisformen B, C und D, die virusinduziert sind, ist eine immunsuppressive Therapie nicht wirksam. Durch Gabe von **α-Interferon** (siehe Kapitel 10) als Immunmodulator gelingt es in ca. 40% der Fälle, das Virus bei der chronischen Hepatitis B zu eliminieren. Die chronische Hepatitis C kann ebenfalls durch eine Kombinationstherapie mit PEG-Interferon-α2β + Ribavirin in 45 – 75% der Fälle (je nach Genotyp-Infektion) ausgeheilt werden.

tipp Immunologische Fragen gewinnen einen immer höheren Stellenwert.

3.12 Leberzirrhose

Frage: Geben Sie eine kurze Definition der **Leberzirrhose.**

Antwort: Die Leberzirrhose ist der Endzustand eines bindegewebigen Umbaus der Leber. Es handelt sich um eine irreversible Zerstörung der

Läppchenstruktur. Die Ursachen für eine Leberzirrhose sind heterogen (toxisch, infektiös, autoimmun). Klinisch kann eine Zirrhose stumm sein, die klinische Manifestation erfolgt oft erst zum Zeitpunkt der Dekompensation. Funktionelle Folgen sind Leberinsuffizienz, portale Hypertension und die Bildung intrahepatischer porto-systemischer Shunts zwischen Portalgefäßen und Lebervenen.

☐ ☐ ☐
☺ 😐 ☹

? **Frage:** Was ist eine **primäre biliäre Zirrhose?**

Antwort: Die primäre biliäre Zirrhose ist eine **Autoimmunerkrankung** unbekannter Ursache, die überwiegend die kleinen Gallenwege betrifft. Sie tritt meist bei Frauen zwischen 40 und 60 Jahren auf. Diagnostisch wegweisend sind anhaltender **Juckreiz**, eine **Erhöhung des Bilirubins** und vor allem das Auftreten von **Antikörpern gegen Mitochondrien (AMA)**. Von den 4 AMA-Subtypen sind Anti-M2 Antikörper spezifisch für dieses Krankheitsbild. Es gibt keine kausale Therapie, die Prognose ist deshalb schlecht.

☐ ☐ ☐
☺ 😐 ☹

? **Frage:** Was denken Sie: Wie viel Alkohol muss ein Erwachsener täglich zu sich nehmen, um an einer Leberzirrhose zu erkranken?

> tipp Eine interessante Einleitung für ein größeres Thema. Es empfiehlt sich bei der Beantwortung, eine Definition der Leberzirrhose mitzuliefern, um einen positiven Eindruck zu machen.

Antwort: Unter Leberzirrhose versteht man einen narbigen und irreversiblen Umbau der Leber mit Zerstörung der typischen Läppchenstruktur und dadurch weitgehendem Ausfall der Leberfunktion.

Als Grenze für die Entstehung einer Leberzirrhose gilt bei Männern eine tägliche Alkoholaufnahme von ca. 60 g; bei Frauen liegt dieser Grenzwert bei ca. 30 g. 2 l Bier oder 1 Flasche Wein entsprechen 60 g Alkohol. Die individuellen Unterschiede in Alkoholmenge und Zeitdauer bis zum Auftreten einer Leberzirrhose sind allerdings erheblich.

☐ ☐ ☐
☺ 😐 ☹

? **Frage:** Gibt es nur alkoholbedingte Leberzirrhosen, oder kennen Sie andere **Ursachen?**

> tipp Solche unangenehmen Fragen lassen sich am besten in Prüfungsgruppen üben, da es hier unter anderem auf die rhetorische Darstellung ankommt.

Antwort: Gründe für eine Leberzirrhose können sein:

- **Toxisch:** Alkohol (60% in Europa und USA), Barbiturate, Isoniazid, Chloroform etc.
- **Infektiös:** v.a. Hepatitis B, C und D (30% in Europa und USA)
- **Biliär:** Chron. Cholangitis, primär biliäre Zirrhose (Autoimmunprozess)
- **Vaskulär:** Lebervenenthrombose (Budd-Chiari-Syndrom) oder chronische Rechtsherzinsuffizienz
- **Metabolisch:** M. Wilson, Mukoviszidose, Glykogenosen, Siderosen

Frage: Zählen Sie mindestens 10 **klinische Befunde** auf, die Sie bei einem Leberzirrhotiker durch die körperliche Untersuchung erheben können. Nennen Sie einige lebensbedrohliche **Komplikationen!**

Antwort: Beim Vorliegen einer Leberzirrhose können folgende **klinische Befunde** auffallen:

- Lackzunge
- Feminisierung bei Männern
- Mundwinkelrhagaden
- Hodenatrophie
- Ikterus
- Meteorismus
- Spider naevi
- Aszites
- Gynäkomastie
- Caput medusae
- Palmarerythem
- Hämatome
- Dupuytrensche Kontraktur
- Beinödeme

tipp Eine eher quantitativ als qualitativ ausgerichtete Frage. Als Systematik wählt man am besten: „Von oben nach unten."

Lebensbedrohliche **Komplikationen** entstehen durch:

- **Blutungen aus Ösophagus- oder Magenfundusvarizen:** Durch Kollateralwege, die sich das portalvenöse Blut sucht, bilden sich submuköse Varizen im Ösophagus oder Magenfundus. Bei Rupturierung kommt es zu schwallartigem Bluterbrechen (häufigste Komplikation der Leberzirrhose). Eine Ösophagusvarizenblutung ist mit einer Letalität von ca. 40% behaftet.
- **Leberinsuffizienz:** Durch eine mangelhafte Entgiftungsfunktion der Leber kommen toxische Substanzen in den systemischen Kreislauf (Ammoniak, Indole etc.), die hauptsächlich aus dem Darm stammen. Dadurch entsteht die so genannte hepatische Enzephalopathie. In ca. 25% der Fälle von Leberzirrhosen tritt nach längerem Krankheitsverlauf der Tod im Leberkoma ein. Eine verringerte Bildung der Vitamin K abhängigen Gerinnungsfaktoren (Faktor II, VII, IX, X) und des Faktor I (Fibrinogen) führt zur vermehrten Blutungsneigung (besonders bedeutsam in Zusammenhang mit der Ösophagusvarizenblutung).
- **Primäres Leberzellkarzinom:** Bei einer Leberzirrhose ist das Risiko für die Entstehung eines Karzinoms um das 35fache gegenüber der Normalbevölkerung gesteigert.
- **Erhöhtes Infektionsrisiko:** Mangel an Proteinen (Komplementfaktoren und Antikörpern), die von der Leber zur Infektabwehr gebildet werden (vor allem gegen bakterielle Erreger von Pneumonien).

Frage: Wie äußert sich eine **hepatische Enzephalopathie** (HE)? Welche therapeutischen Richtlinien oder Möglichkeiten gibt es?

Antwort: Die Diagnose einer hepatischen Enzephalopathie muss klinisch gestellt werden.

Es fallen folgende **Symptome** je nach Stadium der HE auf:
- St. 0: asymptomatisch, nur durch pathologische psychometrische Tests erfassbar
- St. I: beginnende Schläfrigkeit, Stimmungsschwankungen, Verlangsamung, Benommenheit, Flapping-Tremor (Prüfung bei ausgestreckten Armen und dorsal-flektierten Händen mit gespreizten Fingern = grobschlägiger Fingertremor = Asterixis)
- St. II: stärkere Schläfrigkeit und Apathie, veränderte Schriftproben und EEG, Flapping-Tremor
- St. III: Patient schläft fast stets, jedoch weckbar, Korneal- und Sehnenreflexe erhalten, Flapping-Tremor noch vorhanden, einsetzender Foetor hepaticus, EEG-Veränderungen
- St. IV: Leberausfallkoma mit tiefem Schlaf, keine Reaktion auf Schmerzreize, erloschene Kornealreflexe, Foetor hepaticus, meistens Ausfall des Flapping-Tremors, EEG-Veränderungen

Als **therapeutische Möglichkeiten** stehen zur Verfügung:
- Eiweißreduktion auf unter 60 g/d
- Laktulose 3 × 10 – 40 ml/d: Laktulose säuert den Stuhl an, dadurch werden sowohl NH_3-produzierende Darmbakterien reduziert als auch das gut resorbierbare NH_3 in das schlechter resorbierbare NH_4^+ überführt, außerdem wirkt Laktulose laxierend
- Neomycin 2 – 4 g/d zur Darmsterilisation: Darmbakterien bilden Ammoniak und Indole
- Laxanzien: Die Verweildauer des Stuhles sollte möglichst kurz sein.
- parenterale Ernährung (Kohlenhydrate)

Frage: Definieren Sie bitte **portale Hypertension.**

Antwort: Als portale Hypertension wird eine bleibende Steigerung des Pfortaderdruckes > 13 mmHg bezeichnet (Referenzbereich 3 – 13 mm Hg). Besonders aussagekräftig ist der Druckgradient zwischen unterer Hohlvene und Pfortader. Er sollte 5 mm Hg nicht überschreiten. Es bilden sich neben Organschäden aufgrund der Lebererkrankung venöse Kollateralen mit hohem Blutungsrisiko:
- Ösophagusvarizen (bei Werten > 10 mm Hg)
- Rektumvarizen
- Bauchwandvarizen (Cruveilhier- von Baumgarten-Syndrom)
- Milz-Niere (Splenomegalie, spontaner lienorenaler Shunt, Aszites)

3.13 Aszites

Frage: Welche pathophysiologischen Mechanismen führen bei der Leberzirrhose zur Entstehung eines Aszites?

Antwort: Folgende Mechanismen sind bedeutsam:
- Gesamteiweißerniedrigung (besonders Albumine): eine **verminderte Proteinsynthese** führt zur Senkung des kolloidosmotischen Drucks
- intravasale Druckerhöhung im Pfortadergebiet **(portale Hypertension)**
- Obstruktion der postsinusoidalen Lebervenen
- **gesteigerte Lymphproduktion** durch erhöhten Druck in den Lebersinusoiden (meist durch Regeneratknoten)
- **verminderte Na-Ausscheidung** und ein daraus resultierender erhöhter Na-Körperbestand mit konsekutiver Wassereinlagerung durch:
  - renale Na-Retention bei sekundärem Hyperaldosteronismus durch verminderten Aldosteronabbau in der Leber
  - Aktivitätssteigerung des Sympathikus und Minderdurchblutung der Niere, die zu einer gesteigerten Reninbildung führen (→ erhöhte Aldosteronsekretion)
  - Beeinträchtigung des renalen Prostaglandin-Metabolismus

Auch die reduzierte Wirkung des atrialen natriuretischen Faktors (ANF) und eine häufig auftretende Endotoxinämie können zur Aszitesbildung bei Leberzirrhose beitragen. Aszites bei Leberzirrhose deutet auf eine schlechte Prognose hin.

Frage: Welche differenzialdiagnostischen Erwägungen sind aus dem Aszitespunktat zu ziehen?

Antwort: Es wird der Eiweißgehalt des Aszitespunktats bestimmt. Dabei unterscheidet man zwischen einem Transsudat und einem Exsudat.

tipp Eine praktisch orientierte Frage.

Als **Transsudat** bezeichnet man eine Flüssigkeit, die **weniger als 30 g/l Eiweiß** enthält. Das spezifische Gewicht eines Transsudats ist < 1,016 g/l und der Serum-/Aszites Albumin-Quotient > 1.1.

Ein solcher Befund findet sich bei folgenden Erkrankungen:
- Leberzirrhose
- Rechtsherzinsuffizienz
- Panzerherz
- Pfortaderthrombose
- Budd-Chiari-Syndrom

Das meist zellreiche, hämorrhagische oder chylöse **Exsudat** hat einen **Eiweißgehalt von > 30 g/l**. Das spezifische Gewicht eines Exsudats ist > 1,016 g/l und der Serum-/Aszites Albumin-Quotient < 1.1.

Ein solcher Befund findet sich bei folgenden Erkrankungen:

- Neoplasien
- Pankreatitiden
- Infektionen (z.B. Tbc)

Der Nachweis von Cholesterin < 48 mg/dl und Fibronektin < 7,5 mg/dl im Punktat sprechen für einen Stauungsaszites (Transsudat). Bei Werten darüber und einem LDH > 500 U/l liegt eher ein maligner oder entzündlicher Aszites vor.

3.14 Cholezystitis

? **Frage:** Beschreiben Sie die klinische Symptomatik einer akuten **Cholezystitis.**

tipp Eine einfache Frage, die auch von Chirurgen gestellt wird.

Antwort: Die akute Cholezystitis tritt oft als Komplikation eines Zystikussteines auf. Meist ist eine Infektion mit Escherichia coli am Entzündungsgeschehen beteiligt. **Symptome** sind:

- starke Schmerzen im rechten Oberbauch mit Ausstrahlung in die rechte Schulter, kolikartige Schmerzanfälle
- hochgradige Empfindlichkeit und Abwehrspannung im rechten Oberbauch
- Übelkeit und Erbrechen, Fieber
- erschwerte Atmung
- Ikterus (meist < 3 mg/dl Bilirubin)

Ikterus	prähepatisch	hepatisch	cholestatisch
indirektes Bili	↑	↔ (↑)	↔
direktes Bili *	↔	↑	↑
Bili im Urin	↔	↑ (Urin dunkel)	↑ (Urin dunkel)
Urobilinogen im Urin	↑	↑	↔
GOT und GPT	↔	↑↑	↑
AP, γ-GT, GLDH	↔	↑	↑↑
LDH/HBDH	< 1,3	> 1,64	-
Haptoglobin	↓	↔	↔
Stuhl	dunkel	hell oder dunkel	hell
Juckreiz	nein	evtl.	ja

* Quotient direktes Bili/Gesamt-Bili > 0,5 spricht für posthepatische Cholestase

Tab. 3.10: Differenzialdiagnosen Ikterus

Eine gefürchtete Komplikation, die schnell zu einer Verschlechterung des klinischen Bildes führt, ist die **Perforation der Gallenblase** mit der Folge einer Peritonitis.

Frage: Nennen Sie eine häufige Komplikation einer **Cholezystolithiasis.**

Antwort: Die **Cholezystitis** ist die typische Komplikation der Cholezystolithiasis. Die Behandlung besteht in der Regel in der Cholezystektomie, wobei sich die Frühoperation (1–4 Tage nach stationärer Aufnahme) durchgesetzt hat. Eine parallele antibiotische Therapie ist unumgänglich. Frauen erkranken deutlich häufiger als Männer.

Merke: Risikofaktoren für Bildung von Cholesterinsteinen: **6 × F-Regel** „**f**emale, **f**air, **f**at, **f**orty, **f**ertile, **f**amily"!

Frage: Was ist die Standarddiagnostik bei V. a. Cholezystolithiasis?

Antwort: Die Diagnose kann **sonographisch** mit einer Sensitivität und Spezifität von über 95% gestellt werden. Durch den Nachweis der Beweglichkeit können wandständige Prozesse und Tumoren abgegrenzt werden, sowie eine vergrößerte Gallenblase als auch ein gestauter Ductus choledochus festgestellt werden. Mittels sonographischer Hochfrequenz-Signalanalyse kann festgestellt werden, ob es sich um Cholesterinsteine handelt und ob diese verkalkt sind.

3.15 Akute Pankreatitis

Frage: Durch welche **klinische Symptomatik** zeichnet sich eine akute Pankreatitis aus? Nennen Sie einige Ursachen.

Antwort: Die akute Pankreatitis beginnt oft **blitzartig** nach exzessivem Alkoholkonsum oder fettreichen Mahlzeiten mit heftigsten Oberbauchschmerzen, die nach allen Seiten ausstrahlen können. Ein **gürtelförmiger Schmerz** um den Leib ist typisch. Weitere Symptome:

- Appetitlosigkeit, Erbrechen (85%)
- Meteorismus
- Darmparesen, evtl. paralytischer Ileus (80%)
- Tachypnoe
- Fieber (60%)
- Hypotonie (50%)

Häufigste Ursachen einer akuten Pankreatitis sind **Gallenwegserkrankungen** (Choledocholithiasis, Cholangitis) und **Alkoholismus.** Seltener lösen Infektionen (z.B. Mumps), Stoffwechselstörungen (Hyperlipidämie), Traumata, Medikamente (z.B. Kortikoide) oder Autoimmunerkrankungen eine akute Pankreatitis aus.

Frage: Nennen Sie eine für die akute Pankreatitis charakteristische **Laborkonstellation.**

tipp Damit hat sich im PJ sicher jeder beschäftigt. Die Diagnose einer akuten Pankreatitis wird über Anamnese und Labor gestellt.

Antwort:
- hohe **Leukozytose** (> 20000/µl)
- **Lipase**-Anstieg (empfindlichster Parameter); **Amylase**-Anstieg im Serum und Urin (spezifische Pankreasisoamylase-Bestimmung)
- Hyperglykämie, Hypokalziämie, Kreatinin-Anstieg im Serum (häufig bei Oligurie)
- Proteinurie

Die Enzym-Werte sind unter den Laborwerten für die Diagnose einer Pankreatitis am wichtigsten, da diese den pathologischen Übertritt von Pankreasenzymen in das Blut zeigen. Ihre Höhe gibt allerdings keine Hinweise auf Verlauf und Prognose der Erkrankung.

Frage: Was ist die **häufigste Ursache** einer akuten Pankreatitis?

Antwort: Gallensteine sind in 45% der Fälle für eine akute Pankreatitis verantwortlich. Kleine Steine führen beim Abgang vor allem im Bereich der Papilla vateri zu einem Stau des Pankreassekretes, wodurch der entzündliche Prozess eingeleitet wird.

Frage: Welche **therapeutischen Maßnahmen** leiten Sie bei leichtem bis mittlerem Schweregrad einer akuten Pankreatitis ein?

+ Eine wichtige Frage, da man sehr oft Patienten begegnen wird, die z.B. nach exzessivem Alkoholkonsum mit pankreatischen Beschwerden vorgestellt werden und notfallmäßig behandelt werden müssen.

Antwort: Neben Bettruhe ist eine Ruhigstellung des Pankreas durch folgende Maßnahmen notwendig:
- orale Nahrungs- und Flüssigkeitskarenz für mehrere Tage
- Flüssigkeits- und Elektrolytsubstitution parenteral
- Anlage einer Magenverweilsonde zwecks Absaugen von Magen- und Dünndarmsekret
- Schmerzbekämpfung mit Pethidin oder Buprenorphin (nicht Morphium, da Papillenspasmus und Verstärkung der Pankreatitis die Folge sein können)
- Thrombembolieprophylaxe
- Verabreichung eines gallegängigen Antibiotikums bei nekrotisierenden oder bilären Verlaufsformen

Bei alkohol- bzw. medikamentösbedingter Pankreatitis sind Alkoholabstinenz und Absetzen der Medikamente die vordringlichsten Maßnahmen.

Frage: Welche Rolle spielt das **Kalzium** bei einer akuten Pankreatitis?

Antwort: Durch die akute Entzündung der Bauchspeicheldrüse wird das umgebende Fettgewebe aufgrund der Freisetzung von Gallensalzen und proteolytischen Enzymen (z.B. Pankreaslipase) nekrotisiert. Kalzium lagert sich unter „Kalkseifenbildung" in das nekrotische Fettgewebe ein. Mit Zunahme der Fettgewebsnekrosen, d.h. der Verschlimmerung des Krankheitsbildes, wird eine zunehmende intrazelluläre Kalziumverschiebung, eine Abnahme des plasmaproteingebundenen Kalziums und ein vermehrter enzymatischer Abbau von Parathormon beobachtet. Das Zusammenspiel dieser Vorgänge führt zu einer Hypokalzämie, die bei akuter Pankreatitis einen prognostisch wichtigen Parameter für den Schweregrad darstellt. Weiterhin sind tetanische Symptome aufgrund der Hypokalzämie möglich.

Frage: Welche Untersuchungsmethode bringt Aufschluss über die Ursache und Komplikationen einer rezidivierenden oder **chronischen Pankreatitis?**

Antwort: Ein entscheidender diagnostischer Fortschritt gelang durch die **ERCP** (**e**ndoskopische **r**etrograde **C**holangio-**P**ankreatikographie). Es erfolgt unter endoskopischer Sicht über ein Duodenoskop die Sondierung der Papilla vateri. Es lassen sich so Stenosen, Steine, Tumoren, etc. nachweisen.

Merke: Während einer akuten Pankreatitis ist eine ERCP kontraindiziert!

3.16 Pankreaskarzinom

Frage: Was ist das **Courvoisier-Zeichen** und auf welches Krankheitsbild weist es hin?

Antwort: Als Courvoisier-Zeichen wird das gleichzeitige Auftreten folgender Symptome bei Pankreastumoren, besonders im Pankreaskopf, bezeichnet:
- palpable prallelastische schmerzlose Gallenblase
- Okklusionsikterus

tipp Fragen nach Krankheitszeichen mit Eigennamen sind nicht selten.

Im Unterschied zum schmerzhaften Okklusionsikterus, z.B. bei der Choledocholithiasis, ist die Schmerzlosigkeit beim Pankreaskarzinom durch das langsam progrediente stenosierende Geschehen bedingt. Meist liegt eine Adeno-Ca des Gangepithels vor. Bei Diagnosestellung bestehen in ca. 80% der Fälle bereits Metastasen.

☐ ☐ ☐
☺ 😐 ☹

Frage: Nennen Sie einige Untersuchungen aus dem labormedizinischen oder apparativen Bereich, die Ihnen Hinweise auf einen **Pankreaskopftumor** geben können.

Antwort: Gallenwegsokklusion bzw. retrograde Leberschädigung drücken sich durch folgende Laborparameter aus: **Bilirubinanstieg**, Erhöhung der **alkalischen Phosphatase** und **γ-GT**, mäßige Erhöhung von GOT und GPT.

In der **Magen-Darmpassage** sind röntgenologisch Deformitäten der Duodenalschlinge zu erkennen (aufgeweitetes duodenales C). **„One stop-shop"-MRT** (= MRT mit MRCP und MR-Angiographie) und Endosonographie machen den Nachweis auch kleiner Pankreastumoren möglich (90% Trefferquote). Zusätzlich kann die Sonographie erweiterte extrahepatische Gallenwege bei Cholestase zeigen. Tumoren mit einem Durchmesser < 1 cm sind präoperativ nicht nachweisbar. Invasive Methoden zum Nachweis eines Pankreastumors sind **ERCP** (= endoskopische retrograde Cholangio-Pankreatikographie) und die **Coeliacus-Angiographie** zur Klärung der Frage der Operabilität.

☐ ☐ ☐
☺ 😐 ☹

Frage: Nennen Sie einen **endokrin aktiven Pankreastumor** und beschreiben Sie seine klinische Symptomatik.

tipp Als Hilfe bietet sich an, die Endung „**-om**" an die vom Pankreas produzierten Hormone zu hängen (Insulinom, Glukagonom). Wir beschreiben hier das Gastrinom (= Zollinger-Ellison-Syndrom).

Antwort: Ein **Gastrinom** ist häufig im Pankreas (80%) lokalisiert, seltener im Duodenum oder im Antrum. Durch exzessive Gastrinausschüttung werden die säurebildenden Belegzellen des Magens andauernd stimuliert. Dies führt zu einer säurebedingten Schleimhautschädigung im Magen und Duodenum.

Als Folge entwickeln sich:
- multiple, rezidivierende, oft atypisch lokalisierte Ulzera mit Ulkusblutung und Schmerzen
- wässrige Durchfälle, Steatorrhoe (säurebedingte Lipase-Inaktivierung)

60–70% der Tumoren sind maligne. Eine Assoziation mit Hypophysen-Adenomen und Nebenschilddrüsen-Adenomen **(= Wermer-Syndrom = multiple endokrine Neoplasie, Typ 1)** ist relativ häufig.

3.17 Divertikulose, Divertikulitis

Frage: Was versteht man unter einer **Dickdarmdivertikulose?** Wo ist sie meist lokalisiert?

Antwort: Dickdarmdivertikel sind Ausstülpungen der Darmschleimhaut durch Gefäßlücken der muskulären Darmwand. Es handelt sich um so genannte **„Pseudodivertikel“** (d.h. nicht alle Wandschichten sind beteiligt) besonders bei Sigmadivertikeln (2/3 aller Fälle). Die Mehrzahl der älteren Menschen weisen eine Divertikulose auf. Eine einfache Divertikulose ist im Allgemeinen asymptomatisch. Die Hauptlokalisationen sind das Sigma und das Colon descendens. Obstipation und schlackenarme Kost disponieren zu einer Divertikulose. Eine asymptomatische Divertikulose erfordert keine besondere Therapie.

tipp Fast immer müssen hier parallel Aufnahmen eines Kolonkontrasteinlaufs beurteilt werden.

Frage: Was versteht man unter der **„Linksappendizitis“** alter Menschen?

Antwort: Eine **Sigmadivertikulitis** weist ähnliche Symptome wie eine Appendizitis auf. Aus diesem Grund wird sie auch als „Linksappendizitis“ bezeichnet. Meist tritt sie bei alten Menschen auf. Es handelt sich um eine bakterielle Entzündung der Divertikelwand, welche fast immer im Sigma lokalisiert ist.

tipp Nicht vorschnell antworten und etwa Lageanomalien der Appendix vortragen.

Typische **Symptome** sind:
- Schmerzen im linken Unterbauch
- Fieber und Leukozytose
- Obstipation, gelegentlich auch Diarrhoe
- lokale Abwehrspannung
- druckschmerzhafte Walze tastbar

Die wichtigste Differenzialdiagnose ist ein Dickdarmkarzinom.

Frage: Welche pflegerischen oder diagnostischen Maßnahmen sollten bei einer akuten Divertikulitis vermieden werden?

Antwort: Im akuten Schub einer Divertikulitis ist die Darmschleimhaut sehr vulnerabel. Es sollten daher keine hohen Einläufe und keine endoskopische Diagnostik erfolgen, da es zu einer Darmperforation kommen kann. Ebenfalls sind starke Laxanzien zu vermeiden. Bei Verdacht auf einen Abszess, einen Ileus, eine Fistelbildung oder bei prolongiertem Krankheitsverlauf ist eine chirurgische Intervention (Sigma-Resektion) anzustreben.

Frage: Was ist die **Langzeittherapie** der Divertikulose und Divertikulits?

Antwort: Die Therapie besteht in einer **ballaststoffreichen** und **faserreichen Kost** mit **reichlicher Flüssigkeitszufuhr** und **Bewegung**. Bei Entzündungszeichen ist eine parenterale Ernährung mit antibiotischer Therapie (z.B. Ciprofloxacin + Metronidazol) indiziert. Bei Komplikationen (Abszess, Perforation) oder rezidivierenden Entzündungsschüben ist die Darmresektion indiziert.

3.18 Gastrointestinale Blutung

Frage: Was sind die **Leitsymptome** einer gastrointestinalen Blutung?

tipp Standardfrage

Antwort: Die gastrointestinale Blutung äußert sich meist in Bluterbrechen (Hämatemesis) oder Teerstühlen (Melaena). In ca. 80% der Fälle liegt die Blutungsquelle im oberen Intestinaltrakt. Bei der unteren GI-Blutung ist die Hämatochezie (rote Darmblutung) häufig das Leitsymptom. Diagnostisches Kernstück ist die Notfallendoskopie. Häufige Blutungsursachen sind bei der oberen GI-Blutung:

- peptische Läsionen (Ulcera duodeni/ventriculi)
- gastroduodenale Erosionen
- Refluxösophagitis
- Varizen (Ösophagus/Magenfundus)
- Mallory-Weiss-Syndrom (= Schleimhauteinrisse im Ösophagus-Kardiabereich nach heftigem Erbrechen)

Frage: Nennen Sie eine endoskopische Klassifikation für eine Ulkusblutung.

Antwort: Die **Forrest-Klassifikation** unterteilt die Blutungsaktivität:

Forrest-Typ I a	arterielle spritzende Blutung
Forrest-Typ I b	Sickerblutung
Forrest-Typ II a	inaktive Blutung mit sichtbarem Gefäßstumpf
Forrest-Typ II b	Koagel auf Ulkusläsion
Forrest-Typ II c	Hämatin auf Ulkusläsion
Forrest-Typ III	Läsion ohne Blutungszeichen

Tab. 3.11: Endoskopische Einteilung der Blutungsaktivität nach Forrest

Frage: Nennen Sie mindestens 3 Medikamente, die zu einer akuten Ulkusblutung führen können.

Antwort: Schmerzmittel werden zunehmend rezeptfrei konsumiert und können eine Blutung verursachen. Typische ulzerogene Substanzen sind

- Acetylsalicylsäure (Analgetikum)
- Indometacin (Antiphlogistikum)
- Pyrazolone (Analgetikum)
- Prednisolon (Kortikoid)

Frage: Worin besteht die **Therapie** der Ulkusblutungen vom Typ Forrest Ia und Ib?

Antwort: Die **spritzende Blutung** stellt eine Indikation zur Sofortintervention dar. Nach Stabilisierung des Kreislaufes kann ein versierter Endoskopiker eine Blutung mit Laser- bzw. Thermokoagulation zum Stillstand bringen. Bei Erfolglosigkeit wird der Patient zur Operation (operative Ulkusumstechung + extraluminäre Gefäßligatur der A. gastroduodenalis) übergeben.

Sickerblutungen (Forrest Ib) sistieren in 80% der Fälle spontan. Die verbleibenden Blutungen lassen sich mit einer endoskopischen Sklerosierungstherapie, Laser- oder Thermokoagulation zum Stillstand bringen. Aufgrund der hohen Rezidivrate ist eine engmaschige Überwachung unbedingt nötig.

Frage: Was ist die häufigste Ursache für Darmblutungen bei kleinen Kindern?

Antwort: Die **Darminvagination** ist die häufigste Blutungsursache bei kleinen Kindern. In 10% der Fälle bildet sich die Invagination spontan zurück, 80% der Fälle lassen sich durch einen Kontrasteinlauf reponieren. Die übrigen Fälle müssen operiert werden.

4 Blut- und Lymphsystem

4.1 Hämolytische Anämie

Frage: Nennen Sie bitte eine übersichtliche **Einteilung** der hämolytischen Anämien.

tipp Wie immer „strukturiert" antworten.

Antwort: Bei hämolytischen Anämien liegt eine **Verkürzung der Erythrozytenlebenszeit** vor. Man unterscheidet eine korpuskuläre hämolytische Anämie (Ursache der Hämolyse liegt in den Erys selbst) und eine extrakorpuskuläre Hämolyse.

- Beispiele für eine **korpuskuläre Hämolyse** sind: Sphärozytose, Sichelzellanämie, Thalassämie, Enzymdefekte wie Favismus (Glucose-6-Phosphat-Dehydrogenase Mangel)
- Beispiele für eine **extrakorpuskuläre Hämolyse** sind: Wärmeautoantikörper gegen Erys, Kälteagglutininkrankheit, Blutgruppenunverträglichkeit (ABO, Rhesusfaktor), traumatisch bedingt durch künstliche Herzklappen, toxisch bedingt durch Gifte (exogen: Schlangengift, endogen: Urämie)

Frage: Wie weisen Sie eine autoimmunhämolytische Anämie nach?

Antwort: Meist liegen bei der autoimmunhämolytischen Anämie **inkomplette Wärme-Antikörper** der Gruppe IgG vor. Diese Auto-AK kommen idiopathisch oder symptomatisch z.B. beim Non-Hodgkin-Lymphom und Lupus erythematodes disseminatus vor. Bekannt ist das Auftreten von autoimmunhämolytischen Antikörpern als Nebenwirkung von Methyldopa. Der Nachweis erfolgt mittels des **direkten Coombs-Tests.**

4.2 Sphärozytose

Frage: Sie stellen bei einem Patienten eine **Milzvergrößerung, Anämie** und einen mäßigen **Ikterus** fest. Beim Anfertigen einer BSG fällt Ihnen eine so genannte **„Schleiersenkung"** auf. Woran denken Sie?

Antwort: Bei dieser Befundkonstellation liegt die Verdachtsdiagnose einer **Kugelzellanämie** (Sphärozytose) nahe. Neben den genannten Befunden Anämie, Splenomegalie und Ikterus finden sich manchmal auch Skelettveränderungen wie **Turmschädel** und **Bissfehler**. Es handelt sich um eine korpuskuläre, hämolytische Anämie, welche durch einen angeborenen **Membrandefekt der Erythrozyten** hervorgerufen wird.

Eine verminderte osmotische und mechanische Resistenz ist für die Hämolyse verantwortlich. Durch die Formveränderung der Erythrozyten (Kugelzellen) kommt es zur verstärkten Sequestration und zum Abbau im retikulohistiozytären System, vor allem in Milz und Leber. Eine kausale Behandlung der Sphärozytose ist nicht möglich. Bei ausgeprägter Anämie mit überwiegendem Abbau der Erythrozyten in der Milz ist die **Splenektomie** die Therapie der Wahl und führt meist zu einer deutlichen Besserung der Symptomatik.

tipp Auch wenn die Lösung sofort klar ist, sollte man sich trotzdem Zeit zur Beantwortung lassen, um zu zeigen, dass die Frage zwar „schwer", aber nach „reichlicher" Überlegung lösbar ist.

Frage: Bevor eine Splenektomie erfolgt, muss die Diagnose stärker abgesichert sein. Welche **hämatologischen Parameter** kennzeichnen eine Sphärozytose? Durch welche Untersuchung können Sie die **Indikation zur Milzexstirpation** stellen?

Antwort: Für eine Sphärozytose sprechen:

- Verminderte osmotische Resistenz der Erythrozyten. Normalerweise setzt die **Hämolyse** erst ab einer 0,45% oder weniger konzentrierten NaCl-Lösung ein. Bei der Kugelzellanämie kommt es schon in einer **0,7%igen** Lösung zum Platzen der Erythrozyten.
- **Retikulozytose** („Schleiersenkung")
- Nachweis von **Kugelzellen** im **Blutausstrich** mit kleinerem Durchmesser als normale Erythrozyten
- normochrome Anämie
- Ikterus durch Erhöhung des indirekten Bilirubins im Serum

Durch radioaktive Markierung der Erys mit ^{51}Cr kann **szintigraphisch** sowohl ihre Lebensdauer als auch der hauptsächliche Abbauort bestimmt werden. Liegt ein Großteil der gemessenen Aktivität über der Milz, ist eine Splenektomie indiziert. Von einer Besserung der Anämie- und Hämolysezeichen darf dann ausgegangen werden.

4.3 Eisenmangelanämie

☐ ☐ ☐
☺ 😐 ☹

Frage: Welche Anämieform ist in Deutschland am häufigsten?

Antwort: Am häufigsten sind die Eisenmangelanämien**,** welche aus erhöhten Eisenverlusten oder vermehrtem Verbrauch herrühren. Bei Frauen sind dafür häufige Gründe: **Schwangerschaft** und **Menstruation.** Beim alten Menschen muss man an eine **ungenügende Zufuhr von Eisen, chronischen Blutverlust** (gastrointestinal!) oder an **konsumierende Erkrankungen** (Tbc, Tumoren) denken.

☐ ☐ ☐
☺ 😐 ☹

Frage: Worüber klagt ein Patient mit Eisenmangelanämie? Welche **klinischen Befunde** können Sie erheben?

Antwort: Die Patienten klagen über unspezifische Symptome wie Antriebsschwäche, Kopfschmerzen, Zungenbrennen und Schluckbeschwerden.

Je nach dem Grad der Anämie sind folgende Befunde zu erheben:
- Blässe
- Dyspnoe
- Glossitis
- Mundwinkelrhagaden
- Dysphagie mit Ösophagusstriktur (Plummer-Vinson Syndrom)
- Koilonychie (Hohlnägel)
- gelegentlich funktionelles Systolikum

☐ ☐ ☐
☺ 😐 ☹

Frage: In welcher Größenordnung bewegt sich der **tägliche Eisenbedarf?** Was sind die wichtigsten **Blutbild-** und **Laborparameter,** die bei Verdacht auf Eisenmangelanämie bestimmt werden?

tipp Detailwissen, wonach sehr oft gefragt wird.

Antwort: Der tägliche Eisenbedarf des **Mannes** beträgt ungefähr **1 mg,** bei der **Frau** ungefähr **2 mg.** Es handelt sich bei der Eisenmangelanämie um eine hypochrome, mikrozytäre Anämie, d. h. mittleres korpuskuläres Hb **MCH < 28 pg** und mittleres korpuskuläres Volumen **MCV < 80 μm^3**. Im Blutausstrich sind so genannte Anulozyten (blasse, hohl aussehende Erys) sowie eine Mikrozytose, Anisozytose und Poikilozytose zu sehen.

Bestimmt werden weiterhin die Proteine Ferritin und Transferrin. **Ferritin** ist ein Eisenspeicherprotein (hauptsächlich in Leber, Milz und Knochenmark). Die Serumkonzentration von Ferritin korreliert gut mit den Körpereisenvorräten. **Transferrin** stellt das Transportprotein für Eisen im Serum dar. Bei Eisenmangel ist der Serumferritinspiegel erniedrigt und der Transferringehalt erhöht.

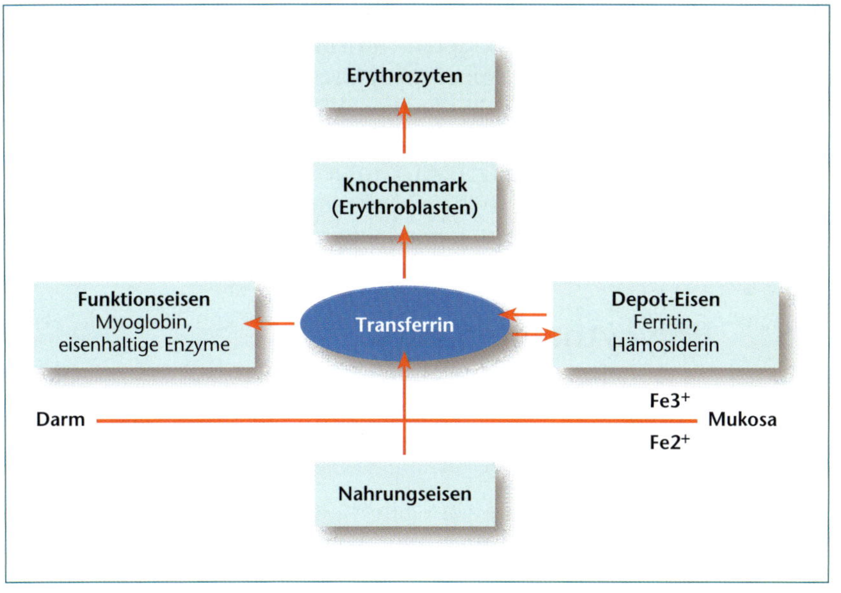

Abb. 4.1: Eisenstoffwechsel

Frage: Wie würden Sie eine gesicherte Eisenmangelanämie therapieren? Wie kontrollieren Sie den Therapieerfolg?

Antwort: Die **Eisenzufuhr** sollte **oral** erfolgen. Man gibt täglich ca. 200 mg zweiwertige Eisenverbindungen (verkapselt und im Dünndarm löslich). Die Effektivität der Therapie ist am **Retikulozytenanstieg** (nach 1 Woche) erkennbar (20 – 40 ‰). Die Therapie sollte bis ca. 3 Monate nach der Normalisierung der Hämoglobinkonzentration fortgesetzt werden (Speicherauffüllung).

4.4 Megaloblastäre Anämie

Frage: Welche Anämieform kann bei strikt vegetarischer Ernährung entstehen?

Antwort: Die Vitamin-B_{12}-Zufuhr hängt beim Menschen vollständig von tierischen Nahrungsbestandteilen ab. So könnte bei lang dauernder vegetarischer Ernährung eine **makrozytäre, hyperchrome** Vitamin-B_{12}-Mangelanämie entstehen.

Frage: Gibt es eine Vitamin-B_{12}-Mangelanämie trotz ausreichender Zufuhr des Vitamins mit der Nahrung?

tipp Ein einfaches „ja" allein ist zu wenig. Deshalb immer eine Antwort begründen.

Antwort: Zur Resorption von Vit. B_{12} benötigt der Mensch den in den Belegzellen des Magens gebildeten **„Intrinsic-Faktor"**. So kann **nach Gastrektomie** oder als Folge einer **atrophischen Gastritis** mit Belegzelluntergang ein Vit. B_{12}-Mangel entstehen. Weitere Gründe des Vitamin-B_{12}-Mangels trotz normaler Vitamin-Zufuhr sind:
- Malabsorptionssyndrom (z. B. M. Crohn)
- Fischbandwurmbefall (erhöhter Verbrauch)
- Blind-loop-Syndrom (bakt. Überwucherung)

4.5 Polycythaemia vera

? **Frage:** Geben Sie eine kurze Definition für die **Polycythaemia vera**.

+ Zu den chronischen myeloproliferativen Erkrankungen zählen: chronische myeloische Leukämie, Polycythaemia vera, essentielle Thrombozythämie, Osteomyelosklerose!

Antwort: Die Polycythaemia vera gehört zu den **chronischen myeloproliferativen Erkrankungen** und führt wahrscheinlich aufgrund einer neoplastischen Transformation von hämatopoetischen Stammzellen zu einer Steigerung der **Erythro-**, **Thrombo-** und **Granulopoese**. Es handelt sich um eine Erkrankung des höheren Alters. Wichtigste Differenzialdiagnose ist die sekundäre Polyglobulie.

Typisch sind:
- erhöhter Hämoglobingehalt (> 16 g/dl)
- erhöhter Hämatokrit (> 60%)
- gerötete Haut („gesundes" Aussehen)
- niedrige BSG
- Leuko-, Erythro- und Thrombozytose
- zellreiches Knochenmark
- erhöhte alkalische Leukozytenphosphatase
- Basophilie
- normale arterielle Sauerstoffsättigung
- Erythropoetinspiegel nicht erhöht

? **Frage:** Über welche **Beschwerden** klagen Patienten mit einer Polycythaemia vera? Was sind die häufigsten **Komplikationen?**

tipp Am besten leitet man die Antwort aus der obigen Definition ab.

Antwort: Durch die erhöhte Blutviskosität kommt es zu Mangeldurchblutung und **thrombotischen Komplikationen**. Die Patienten klagen über Angina pectoris, Dyspnoe und Kopfschmerzen. Myokardinfarkte, Embolien und apoplektische Insulte treten vermehrt auf. Eine Rötung der Haut und der Schleimhäute, Hepatosplenomegalie und eine Hypertonie lassen sich oft finden. Durch den verstärkten Zellumsatz liegt ein erhöhter Harnsäure- und Bilirubingehalt des Serums vor. Typisch ist ein häufig quälender Juckreiz.

Zwar liegt eine Thrombozytose vor, dennoch können diese Thrombozyten in ihrer Funktion insuffizient sein, so dass Patienten auch **hämorrhagische Diathesen** aufweisen. Schließlich geht ein Teil der Fälle mit Polycythaemia vera in eine **akute myeloische Leukämie** oder **Osteomyelosklerose** über.

Frage: Wie wird eine Polycythaemia vera primär therapiert? Welche Möglichkeiten gibt es zusätzlich?

Antwort: Entscheidender Risikofaktor ist der Hämatokrit, daher sollten Patienten mit einem Hämatokrit von über 55% wegen der genannten Komplikationen behandelt werden. Als einfache und relativ sichere Methode bieten sich wiederholte **Aderlässe** (300–500 ml) und u.U. gleichzeitige **Hämodilution** mit NaCl 0,9% an. Zielwert ist ein Hämatokrit von < 45%. Meist wird dadurch eine Besserung der Beschwerden erreicht. Nachteilig kann sich ein entstehender Eisenmangel auswirken, der nicht ausgeglichen werden sollte, solange keine schwerwiegenden Eisenmangelsymptome auftreten. Die Thrombozytose und damit die Gefahr thrombotischer und hämorrhagischer Komplikationen wird durch eine Aderlasstherapie alleine nicht beeinflusst. Erst bei zu hoher Aderlassfrequenz (z.B. > 2 x/Monat), symptomatischem Eisenmangel, symptomatischer Splenomegalie und ausgeprägter Thrombozytose mit Risikofaktoren für thromboembolische Erkrankungen sollte eine **zytoreduktive Therapie** eingeleitet werden. Standardtherapie ist Hydroxyurea (Litalir®). Nur bei älteren Patienten sollte Busulfan eingesetzt oder eine Therapie mit Radiophosphor (Gefahr von Zweitneoplasien und Risikoerhöhung für akute Leukämie) erwogen werden. Der Einsatz von Thrombozytenaggregationshemmern (z.B. ASS 100 mg/Tag) bei Thrombozytose ist nur bei Patienten mit normaler Blutungszeit und fehlender klinischer Blutungsneigung angebracht. Aufgrund des hohen Zellumsatzes bei P. vera liegt häufig eine Hyperurikämie vor. Vor allem während einer zytostatischen Behandlung steigt der Harnsäurewert aufgrund des Zellabbaus an. Zur Vermeidung eines Gichtanfalls oder einer Uratnephropathie ist die Gabe von Allopurinol indiziert.

tipp Es ist klar, dass der Prüfer nicht in erster Linie auf Zytostatika hinaus will.

4.6 Polyglobulie

☐ ☐ ☐
☺ 😐 ☹

Frage: Wie unterscheidet sich eine Polyglobulie von einer Polycythaemia vera?

tipp Solche Fragen nach differenzialdiagnostisch relevanten Unterschieden können sehr gut in Lerngruppen trainiert werden.

Antwort: Bei einer **Polyglobulie** liegt isoliert eine absolute Vermehrung der **Erythrozyten** bzw. Erhöhung des Hämatokrits vor. Dagegen sind bei einer **Polyzythämie** alle **drei Zellreihen** (Granulozyten, Thrombozyten, Erythrozyten) vermehrt. Dennoch gibt es Polyzythämien mit überwiegender Erythrozytose, sodass weitere Unterscheidungskriterien herangezogen werden müssen:

Differenzialdiagnose	Polyglobulie	Polycythaemia vera
Alk. Leukozytenphosphatase	normal	erhöht
Leukozyten	normal	meist erhöht
Thrombozyten	normal	meist erhöht
Basophilie	nein	häufig
Splenomegalie	nein	häufig
Chromosomenanomalien	nein	häufig
Erythropoetin	erhöht	normal/erniedrigt
O2-Sättigung	erniedrigt	normal+

Tab. 4.1: Differenzialdiagnose von Polyglobulie und Polycythaemia vera

Die Differenzialdiagnose ist deshalb bedeutend, weil es sich bei der Polycythaemia vera um eine potenziell maligne Erkrankung des hämatopoetischen Systems handelt, während die Polyglobulie reaktiv durch Hypoxie oder im Rahmen einer anderen Grundkrankheit (z.B. paraneoplastisch) vorkommt. Die Therapie bzw. weitere Diagnostik sind dadurch völlig unterschiedlich.

☐ ☐ ☐
☺ 😐 ☹

Frage: Nennen Sie einige **Ursachen**, die zum Auftreten einer **Polyglobulie** führen können.

Antwort: **Hypoxisch** bedingte Polyglobulien können bedingt sein durch:
- Rauchen
- Sauerstoffmangel durch Aufenthalt in großen Höhen bei niedrigem Sauerstoffpartialdruck (z.B. Bergsteiger)
- Herzfehler mit Rechts-Links-Shunt
- chronisch pulmonale Erkrankungen, die zu einer verminderten O_2-Sättigung des arteriellen Blutes führen
- zentral verursachte Hypoventilation (Pickwick-Syndrom)

Paraneoplastische Syndrome (z.B. bei Hypernephrom, Ovarial-Ca, Kleinhirntumoren), aber auch **nicht maligne Nierenerkrankungen** (z.B. Hydronephrose, Zysten, Doppelanlagen) sowie **Adenome endokriner Drüsen** (z.B. M. Cushing) können eine Polyglobulie verursachen.

4.7 Agranulozytose

Fallbeispiel: Eine 41-jährige Frau nimmt wegen Kopfschmerzen ein **Metamizol-Präparat** ein. Am nächsten Tag bekommt sie abends hohes Fieber, Schüttelfrost und starke Halsschmerzen. An welche Verdachtsdiagnose denken Sie bei dieser Anamnese?

Antwort: Aufgrund der Metamizol-Einnahme, die kurz vor Auftreten des schweren Krankheitsbildes stattfand, ist eine **allergische Agranulozytose** wahrscheinlich. Eine allergische Agranulozytose ist nicht vorhersehbar und dosisunabhängig. Dabei sinken die Granulozyten innerhalb weniger Stunden auf Werte unter 500 pro µl Blut ab. Durch Zusammenbruch der Infektabwehr kommt es zu **ulzerierenden Schleimhautnekrosen** vor allem im Mundbereich (Angina agranulocytotica). Auch die Perianal- und Vaginalregion können betroffen sein.

tipp Ein Fallbeispiel, welches auch in den IMPP-Fragen häufig vorkam.

Frage: Wie sieht die **Therapie** der allergischen Agranulozytose aus?

Antwort: Selbstverständlich müssen die verursachenden **Medikamente sofort abgesetzt** werden (im Zweifelsfall alle im Zeitraum von vier Wochen vor Symptombeginn gegebenen Medikamente). Die **Patienten** müssen **isoliert** und **vor Infektionen geschützt** werden. Eine sorgfältige Händedesinfektion von Besuchern, ärztlichem und Pflegepersonal sollte beachtet sowie Schnitt- und Topfpflanzen aus dem Krankenzimmer entfernt werden. Bei Auftreten von Fieber muss nach **Erregersicherung** (Blutkulturen, Abstriche) eine breit wirksame **antibiotische Therapie** erfolgen.

Fieber- und Schmerzbekämpfung sollten nicht durch gebräuchliche Analgetika (da potenzielle Agranulozytose-Auslöser) erfolgen. So werden z.B. Wadenwickel zur Fieberbekämpfung bzw. Opiate zur Schmerzbekämpfung eingesetzt. Bei Granulozytenzahlen unter 200/µl und Fehlen granulopoetischer Vorstufen im Knochenmark ist der Einsatz des **Granulozytenwachstumsfaktors** G-CSF (z.B. Neupogen®) sinnvoll.

Im Allgemeinen ist die Prognose bei Beherrschung der septischen Komplikationen gut. Meist erholt sich die Granulopoese innerhalb von 10–14 Tagen nach Absetzen des auslösenden Medikamentes.

4.8 Myelodysplastisches Syndrom

Frage: Wodurch sind **myelodysplastische Syndrome** (MDS) charakterisiert und welche möglichen Ursachen kennen Sie?

Antwort: Bei den myelodysplastischen Syndromen handelt es sich um **erworbene**, **klonale Stammzellerkrankungen,** die durch quantitative Veränderungen des peripheren Blutbildes (Mono-, Bi- oder Panzytopenie) gekennzeichnet sind, bei gleichzeitig normaler bis erhöhter Zelldichte des Knochenmarks. Neben **dysplastischen Zellatypien** findet sich oft ein **erhöhter Blastenanteil** im Knochenmark, wobei ein erhöhtes Risiko für die Entwicklung einer akuten myeloischen Leukämie besteht.

Die Einteilung erfolgt unter morphologischen Gesichtspunkten nach dem:

- Anteil der Blasten in Knochenmark und Blut
- Nachweis von sog. Ringsideroblasten im Knochenmark
- Anteil von Monozyten im peripheren Blut

Die **FAB-Klassifikation** der myelodysplastischen Syndrome unterscheidet zwischen:

- refraktärer Anämie (RA)
- refraktärer Anämie mit Ringsideroblasten
- refraktärer Anämie mit erhöhtem Blastenanteil (RAEB)
- refraktärer Anämie in Transformation (RAEB-T)
- chronischer myelomonozytärer Leukämie (CMML)

Betroffen sind vor allem ältere Patienten (meist > 60 J.), bei jüngeren Patienten ist die Entwicklung eines MDS eher selten. Je nach auslösender Ursache unterscheidet man **primäre** Formen (auslösende Ursachen unbekannt, 90% der Fälle) von **sekundären** Formen. Letztere treten z.B. nach Chemotherapie, Strahlentherapie und insbesondere nach kombinierter Radiochemotherapie auf. Auch eine Knochenmarkschädigung durch organische Lösungsmittel (Benzol) kann zur Entwicklung eines MDS führen.

Fallbeispiel: Zu Ihnen kommt eine 25-jährige Patientin, die am Vortag plötzlich **Petechien** an Bauch und Unterschenkeln bemerkt hat. Die Patientin berichtet, dass sie nie ernsthaft krank gewesen sei. **Vor ca. vier Wochen** habe sie allerdings einen **grippalen Infekt** mit Husten, Schnupfen, Sinusitis und leichtem Fieber gehabt. Die Patientin fühlt sich zum Zeitpunkt der Vorstellung bei Ihnen wohl, sie hat kein Fieber, Nachtschweiß, Gewichtsverlust oder andere Symptome. Der körperliche Untersuchungsbefund ist bis auf die schon beschriebenen Petechien absolut unauffällig.

Sie machen ein Blutbild und finden folgende Parameter: Leukozyten 4500/µl mit unauffälligem Differenzialblutbild, Hb 14,0 g/dl mit normaler Erythrozytenmorphologie, **Thrombozyten 13000/µl.** Bei einer Blutbildkontrolle zwei Wochen zuvor seien die Thrombozyten noch im Normbereich (172000/µl) gewesen. An welche Erkrankung denken Sie?

Antwort: Die geschilderte Symptomatik und der (wahrscheinlich virale) Infekt vier Wochen zuvor lässt hier an eine **ITP (Idiopathische Thrombozytopenische Purpura)** denken. Oft gehen virale Infekte der Erkrankung wenige Wochen voraus. Es kommt zur Bildung von **Autoantikörpern** (meist IgG) **gegen Thrombozyten,** wodurch deren Lebensdauer im Kreislauf von ca. 7–10 Tagen u.U. auf Stunden verkürzt ist. Hauptabbauort der Thrombozyten ist die Milz, aber auch andere Orte des RES (z.B. die Leber) können zum Abbau der Plättchen beitragen.

Frage: Mit welchem spezifischen Test können Sie die **Diagnose ITP** sofort stellen?

tipp Achtung, Fangfrage!

Antwort: Einen solchen Test gibt es leider nicht, die Diagnose ITP ist immer eine **Ausschlussdiagnose.** Es muss insbesondere nach medikamenteninduzierten (z.B. Goldsalze, Heparin, Chinidin) Thrombozytopenien gesucht werden. Des Weiteren sollte man auch eine sekundäre Immunthrombozytopenie bei SLE, Lymphomen oder HIV denken. Eine Pseudothrombopenie kann durch EDTA induzierte Plättchenverklumpung auftreten (Nachtesten im Citratblut!).

Neben der Anamnese trägt auch das **Blutbild** zur Diagnosefindung bei. Hier findet sich eine **Thrombozytopenie** bei normaler Leukozytenzahl und normalem Differentialblutbild. Die **Knochenmarkaspiration** zeigt ferner eine normale bis gesteigerte **Megakaryozytenzahl** und hilft Lymphome bzw. Leukämien auszuschließen.

Der Nachweis von plättchenassoziierten Antikörpern ist zwar in vielen Fällen möglich, jedoch weder sensitiv noch spezifisch genug, um die Diagnose ITP zu beweisen.

Frage: Welche **Behandlungsmöglichkeiten** einer ITP kennen Sie?

Antwort: In der Akuttherapie, d.h. vor allem bei Blutungszeichen, kommen in erster Linie intravenöse **Immunglobuline** zum Einsatz (400 mg/kg KG über 5 Tage).

Eine weitere Möglichkeit der Primärtherapie ist die Gabe von **Prednison** (1–2 mg/kg KG täglich über zwei Wochen, dann langsames Ausschleichen mit einer Erhaltungsdosis, die einen Thrombozytensollwert von 40000/µl ermöglicht. Ultima ratio ist die **Splenektomie**.

☐ ☐ ☐
☺ 😐 ☹

? **Frage:** Welche Indikationen zur Splenektomie bei ITP kennen Sie?

Antwort: Die Splenektomie wird für Patienten empfohlen, bei denen es nicht gelingt, die Steroide nach 3–6 Monaten auszuschleichen, ohne dass der Thrombozytenwert auf unter 40000/µl fällt. Auch Patienten mit schweren Kontraindikationen gegen Steroidtherapie (z.B. Steroidpsychose, Brittle-Diabetes) sollte die Splenektomie angeboten werden. Mit ^{111}In- oder ^{51}Cr-markierten Thrombozyten kann vorher die Milz als Hauptabbauort der Thrombozyten identifiziert werden. Dies erlaubt eine prognostische Aussage bzgl. des Erfolges einer solchen Maßnahme, sowie die Identifizierung einer Nebenmilz.

4.9 Akute Leukämien

☐ ☐ ☐
☺ 😐 ☹

? **Frage:** Was verstehen Sie unter einer **akuten Leukämie?** Wie sieht die Klinik hierbei aus?

> tipp Wer eine solche Frage zu Beginn gestellt bekommt, kann damit rechnen, sehr ausführlich über dieses Thema geprüft zu werden. Leukämien sind zwar ein schwieriges, aber in der Darstellung relativ dankbares Thema.

Antwort: Bei den Leukämien handelt es sich um eine maligne Entartung von hämatopoetischen Zellen. Durch ungehemmte Proliferation kommt es zur Verdrängung der nomalen Hämatopoese. Es erfolgt eine Überschwemmung des Organismus und Infiltration extramedullärer Organe mit leukämischen Blasten.

Die leukämische Zellklasse ist durch eine **wenig-** bzw. **undifferenzierte Blastenpopulation** gekennzeichnet. Typisch ist der so genannte **Hiatus leucaemicus** in der Knochenmarksuntersuchung, der durch ein Fehlen der mittleren Entwicklungsstufen gekennzeichnet ist. Man unterscheidet aufgrund zytomorphologischer und zytochemischer Kriterien zwischen den **myeloischen** und den **lymphatischen** akuten Leukämien.

Bei den akuten Leukämien ist die Symptomatik durch die schnell zunehmende Knochenmarksverdrängung und Anämie bestimmt. Meist besteht anamnestisch ein nicht ausheilender Infekt mit hohem Fieber und Nachtschweiß. Durch die Abwehrschwäche kommt es zu Infektionen und **Entzündungen der Haut** und **Schleimhäute.** Häufig sind thrombozytopenisch bedingte Blutungen, die sich z.B. als **Petechien** oder Teerstühle äußern. Bei myelomonozytären Leukämien kann es zu einer auffallenden **Gingivahyperplasie** kommen. Besonders bei den lymphatischen Leukämien sind **Lymphknotenschwellungen** und eine **Splenomegalie** häufig.

Frage: Nennen Sie bitte Unterklassen der akuten myeloischen Leukämien. Kennen Sie die **„French-American-British"-**(FAB-)**Klassifikationen** für die Gruppe der myeloischen Leukämien?

Antwort: Die FAB-Klassifikation teilt die akuten myeloischen Leukämien (= AML) nach **zytomorphologischen** Kriterien in folgende Klassen M1–M7 ein:

M1	Myeloblastische Leukämie ohne Differenzierung (Häufigkeit ~20%)
M2	Myeloblastische Leukämie mit Differenzierung: über 50% der Zellen sind Myeloblasten und Promyelozyten (~30%)
M3	Promyelozyten-Leukämie: die Zellen besitzen häufig Auer-Stäbchen und sind hypergranuliert (~5%)
M4	Myelomonozytäre Leukämie: der Monozytenanteil beträgt mehr als 20% im Knochenmark (~30%)
M5	Monozyten-Leukämie [differenziert und undifferenziert] (~10%)
M6	Erythroleukämie: der Anteil der Erythroblasten liegt über 50% (selten)
M7	Megakaryozytäre Leukämie (selten)

Tab. 4.2: FAB-Klassifikation der akuten myeloischen Leukämien

Frage: Welche **Phasen der Therapie** bei akuten Leukämien kennen Sie? Welche prognostischen Faktoren spielen eine Rolle?

Antwort: Die Zielsetzung bei der Therapie von akuten Leukämien ist kurativ, wobei jedoch mit zunehmendem Alter die Prognose aufgrund der schlechteren Toleranz von aggressiven Chemotherapien sowie vermehrter Infektions- und Blutungskomplikationen schlechter wird. Weitere **Prognosefaktoren** sind:

- **initiale Leukozytenzahl:** AML → gute Prognose bei < 100000 Leukozyten/µl, schlechte Prognose bei > 100000/µl; ALL → gute Prognose bei initial < 30000 Leukozyten/µl, schlechte Prognose bei > 30000/µl
- bestimmte **zytogenetische Konstellationen:** z.B. Auftreten eines Philadelphia-Chromosoms bei der ALL → ungünstige Prognose
- bei der ALL die **Zeit bis zur ersten Remission:** < 4 Wochen vs. > 4 Wochen
- Vorliegen einer **initialen ZNS-Beteiligung**

Die Therapie wird in zwei Phasen unterteilt. Im ersten Schritt, der **Induktionstherapie,** ist das Ziel das Erreichen einer Vollremission. Weitere Therapieabschnitte, welche der Erhaltung der Vollremission dienen, werden als **Postremissionstherapien** bezeichnet. Dazu zählen die zytostatische **Konsolidierungstherapie** sowie die anschließende **Erhaltungstherapie.** Eine weitere Therapieoption bei kurativem Ansatz ist die **Knochenmarktransplantation.**

Frage: Nennen Sie weiterhin sowohl für die ALL als auch für AML je eine **zytostatische Medikamentenkombination.**

tipp Oft wird für die hämatologischen malignen Erkrankungen die Kenntnis der Zytostatika eines Therapieschemas erwartet.

Antwort: Ziel ist es, eine Vollremission mittels der zytostatischen Maßnahmen zu erreichen.

- Bei der akuten **lymphatischen** Leukämie wird oft eine Induktionsbehandlung mit **Vincristin** (+ evtl. Daunorubicin) und **Prednisolon** angewandt. In ca. 90% der Fälle wird hierdurch eine Vollremission erreicht.
- Bei den akuten **myeloischen** Leukämien verwendet man meist eine Kombination von **Cytosin-Arabinosid** und **Daunorubicin** als Induktionsbehandlung. Ist eine Vollremission erreicht, müssen eine zytostatische Konsolidierungstherapie und anschließend eine Erhaltungstherapie folgen.

Frage: Sie sprechen von **Vollremission.** Was versteht man darunter?

tipp Verwendete Begriffe, die nicht sofort erklärt werden, provozieren immer unangenehme Nachfragen.

Antwort: Eine Vollremission beinhaltet folgende zwei Kriterien:

- vollständige Normalisierung des peripheren Blutbildes
- Reduktion des Blastenanteils im Knochenmark auf unter 5%

Eine Vollremission darf somit **nicht** mit einer **Heilung** gleichgesetzt werden, da es sich nur um eine Reduktion der Tumorzellen unter die Nachweisgrenze handelt.

Frage: Die **Knochenmarkstransplantation** gewinnt zunehmend an Bedeutung. Können Sie etwas dazu erzählen?

Antwort: Für eine Knochenmarkstransplantation müssen die **Patienten** sich **in Vollremission** befinden und **frei von Infektionen** sein. Das Vorhandensein eines **histokompatiblen Spenders** ist notwendig (am besten Geschwister).

Der Patient wird in eigens dafür bestimmte Zentren verlegt und muss sich einer intensiven Chemotherapie zur weiteren Reduktion der leukämischen Zellen unterziehen. Danach erfolgt eine Ganzkörperbestrahlung, durch die das erkrankte Knochenmark des Patienten zerstört wird.

Nach Infusion des Spendermarkes (ca. 300 ml) hofft man auf ein „Angehen" der Stammzellen und Ausbildung eines leistungsfähigen hämatopoetischen Systems. Am besten sind die Aussichten für eine längerdauernde Remission oder sogar Heilung, wenn die Transplantation in der ersten Vollremission nach einer zytostatischen Therapie erfolgt.

Risiken und **Komplikationen** sind:
- Die fremden Stammzellen des Spenders siedeln sich nicht in den Knochenmarksräumen des Patienten an (Graft failure). Der Patient ist dann praktisch ohne hämatopoetisches System.
- Die Spenderzellen erkennen die Körperzellen des Patienten als fremd und greifen sie an (Graft versus host disease).
- Systemische Infektionen treten während der aplastischen Phasen der Therapieschritte auf (besonders Zytomegalie- und Pneumocystis carinii- und Pilzpneumonien).
- Eine unvollständige Beseitigung der Leukämiezellen, somit Auftreten eines Rezidivs.

4.10 Chronische myeloische Leukämie

Frage: Nennen Sie bitte die wichtigsten **Diagnosekriterien** einer **chronischen myeloischen Leukämie.** ?

☐ ☐ ☐

☺ 😐 ☹

Antwort: Bei der CML (= chronische myeloische Leukämie) handelt es sich um eine maligne Entartung einer pluripotenten Stammzelle und gesteigerter Proliferation der granulopoetischen Reihe des Knochenmarks. Sie gehört zu dem Formenkreis der **myeloproliferativen Erkrankungen.** Es kommt zur Ausschwemmung von Vorstufen aller Reifungsgrade der Granulopoese in das periphere Blut. Folgende Befunde sind für die CML charakteristisch:
- **Oft hohe Leukozytose:** Die CML weist Leukozytenzahlen bis zu über 500000/µl auf. Im Blutausstrich sind Myeloblasten, Promyelozyten, Myelozyten und reife Granulozyten zu finden. Häufig ist die Anzahl der basophilen Granulozyten vermehrt.
- **Splenomegalie:** Die Milz kann bis ins kleine Becken reichen. Nach einem abgelaufenen Milzinfarkt (leukämische Thrombosen) lässt sich gelegentlich ein Reibegeräusch über der Milz auskultieren.
- **Nachweis des Philadelphia-Chromosoms:** Es handelt sich um eine Translokation des langen Arms des Chromosoms 22 auf das Chromosom 9.
- **Verminderter Index der alkalischen Leukozytenphosphatase:** Im Gegensatz zu den anderen myeloproliferativen Erkrankungen ist der ALP-Index bei der CML in über 90% der Fälle vermindert.
- **Hyperplasie der Granulopoese** und oft auch der **Megakaryopoese** im Knochenmark.

Frage: Was versteht man unter einem **„Blastenschub"** bei der CML?

tipp Vorsicht, wenn nach der Differenzierung der Blasten gefragt wird! Es handelt sich zwar um die chronische myeloische Leukämie, aber da diese eine Stammzellerkrankung ist, kommt es in ca. 30% der Fälle zu einer lymphatischen Blastenausschwemmung.

Antwort: Bei den meisten Patienten kommt es nach einer längeren chronischen Phase der CML zu einer **akuten krisenhaften Verschlechterung** des Krankheitsbildes mit Ausschwemmung von Blasten (Anteil > 30%) im peripheren Differenzialblutbild. Dieser Blastenschub ähnelt im Blutausstrich und Knochenmarksbefund einer akuten Leukämie. Im Gegensatz zur chronischen Phase der CML ist der Blastenschub häufig **therapieresistent** (oft Versuch einer Polychemotherapie wie bei einer akuten Leukämie). Die Patienten sterben aufgrund der progredienten Knochenmarksinsuffizienz infolge von Blutungen, Anämie und Infektionen.

Frage: Sie haben ganz richtig bemerkt, dass die CML zu den **myeloproliferativen Erkrankungen** gezählt wird. Welche anderen Krankheiten gehören dazu?

Antwort: Bei den myeloproliferativen Erkrankungen handelt es sich um eine Gruppe von Krankheiten, bei denen die drei blutbildenden Systeme des Knochenmarks (Erythro-, Granulo-, Megakaryopoese) einzeln oder kombiniert betroffen sind. Ursache ist ein **Defekt einer pluripotenten Knochenmarksstammzelle** mit klonaler Proliferation aller Zellreihen, die von dieser Zelle abstammen.

Neben der CML zählen zu den chronisch myeloproliferativen Erkrankungen:

- Polycythaemia vera (PVR)
- Osteomyelofibrose (OMF)
- primäre (essenzielle) Thrombozythämie (ET)

4.11 Maligne Lymphome

Frage: Die **CLL** (= chronisch lymphatische Leukämie) gehört zu den NHL (= Non-Hodgkin-Lymphome) mit niedrigem Malignitätsgrad. Erklären Sie bitte bei dieser Erkrankung die grundlegenden **Therapieprinzipien**. Kennen Sie die **Einteilung nach Rai?**

Antwort: Die CLL ist eine maligne Erkrankung des lymphatischen Systems, welche sich durch eine ausgeprägte **Lymphozytose**, im weiteren Verlauf oft auch durch **Lymphknotenvergrößerung, Splenomegalie** und Verdrängung der Hämatopoese bei ausgeprägter Infiltration des Knochenmarks auszeichnet. Sie ist in der Regel eine Erkrankung des höheren Alters mit (durch ihren oft langsamen Verlauf) relativ **guter Prog-**

nose. Der Therapieansatz ist in der Regel palliativ. Dies ist auch der Grund, dass unabhängig von der Höhe der Lymphozytose die Indikation zur Therapie sehr zurückhaltend gestellt wird.

Therapiert werden sollte bei:
- zunehmender Verdrängung der normalen Blutbildung (Hb < 10 g/dl, Thrombozyten < 100000/µl)
- Auftreten von B-Symptomen
- gehäuften Infekten bei AK-Mangelsyndrom
- Auftreten einer autoimmunhämolytischen Anämie (AIHA)
- symptomatischer Splenomegalie
- symptomatischer „bulky disease" (= einzelner Lymphknoten oder Lymphknotenkonglomerat mit einem maximalen Durchmesser 10 cm)
- rascher Lymphozytenverdopplungszeit oder isolierter Leukozytose 300000/µl

Als **Primärtherapie** wird in den meisten Fällen eine Kombination aus **Chlorambucil** (Leukeran®) und **Prednison** (sog. Knospe-Schema) eingesetzt.

Als prophylaktische Maßnahme bei rezidivierenden Infekten und Hypogammaglobulinämie ist die Gabe von hochdosierten γ-Globulinen (10 g alle 3–4 Wochen) sinnvoll.

Die **Klassifikation von Rai** schlägt folgende Krankheitsstadien vor, die mit den zu erwartenden Überlebenszeiten korrelieren:

Stadium 0	Lymphozytose im peripheren Blut >15000/µl und Knochenmark > 40% Überlebenszeit >10 Jahre
Stadium I	Lymphozytose und Lymphknotenvergrößerung Mediane Überlebenszeit: 8–9 Jahre
Stadium II	Lymphozytose und Milz- oder Lebervergrößerung Mediane Überlebenszeit: 6 Jahre
Stadium III	Lymphozytose und Anämie Mediane Überlebenszeit: ca. 1 Jahr
Stadium IV	Lymphozytose und Thrombozytopenie Mediane Überlebenszeit: einige Monate

Tab. 4.3: Klassifikation nach Rai

Frage: Bei welcher zu den Non-Hodgkin-Lymphomen gehörenden Erkrankungen findet sich als Kennzeichen eine **tartratresistente saure Phosphatase?**

tipp Diese seltene Leukämieart dürfte den meisten besser bekannt sein bei dem Stichwort „Haarzellen“. Wichtig ist, neben dem Namen auch einige besondere Kennzeichen zu nennen.

Antwort: Es handelt sich um die **Haarzellenleukämie** mit den typischen mononukleären Zellen und haarförmigen Zytoplasmaausläufern. Auffallend sind weiterhin eine ausgeprägte **Splenomegalie** (Gefahr der Milzruptur) und eine **Panzytopenie**. Durch den langsamen Verlauf ist die Prognose relativ günstig. Komplikationen sind Infektionen und hämorrhagische Diathesen. Als viel versprechende Therapie galt in den letzten Jahren die Anwendung von **α-Interferon**, mittlerweile haben sich sog. Purinanaloga z.B. 2-CDA (2-Chlordeoxyadenosin) als wirksamer erwiesen.

Frage: Was versteht man unter der so genannten **B-Symptomatik** bei den Hodgkin- bzw. bei den Non-Hodgkin-Lymphomen?

Antwort: Unter B-Symptomatik (A = ohne Allgemeinerscheinungen) versteht man bei einem malignen Lymphom das Vorliegen von **Allgemeinsymptomen**. Dazu gehören:

- Nachtschweiß und/oder
- Fieber ohne Infektion über 38 °C und/oder
- Gewichtsabnahme um mehr als 10% in den letzten 6 Monaten

Frage: Welche histopathologischen Hauptmerkmale führen zu der Diagnose eines Morbus Hodgkin?

tipp Problemlose Frage. Zumal die Histopathologie das entscheidende Kriterium zur Unterscheidung zwischen Hodgkin und Non-Hodgkin Lymphomen darstellt.

Antwort: Beim Morbus Hodgkin (= Lymphogranulomatose) handelt es sich um eine Erkrankung aus der Gruppe der malignen Lymphome. Histopathologisch erkennt man granulomatöses Gewebe, welches Lymphozyten, Histiozyten, einkernige so genannte **Hodgkin-Zellen** und vielkernige **Sternberg-Riesenzellen** enthält. Der Nachweis von Sternbergschen Riesenzellen ist beweisend für einen Morbus Hodgkin.

Man unterscheidet nach dem histologischen Bild folgende vier Formen:

lymphozytenreiche Form	3%	mittlere Überlebenszeit > 10 Jahre
nodulär-sklerosierende Form	35%	mittlere Überlebenszeit > 4 Jahre
Misch-Form	50%	mittlere Überlebenszeit ~ 2,5 Jahre
lymphozytenarme Form	12%	mittlere Überlebenszeit ~ 1,5 Jahre

Tab. 4.4: Histologische Klassifikation des Morbus Hodgkin

Frage: Beschreiben Sie die **Klinik** eines Patienten mit Morbus Hodgkin.

Antwort: Die **zervikale,** nicht schmerzhafte **Lymphknotenvergrößerung** ist bei den meisten Patienten der primäre Hauptmanifestationsort des M. Hodgkin. Diese oft verbackenen und indurierten Lymphknotenschwellungen führen den Patienten in ärztliche Behandlung. Erst bei weiterem Fortschreiten der Erkrankung kommen Allgemeinsymptome wie **Fieber, Nachtschweiß** und **Gewichtsverlust** (B-Symptomatik) hinzu. Weiterhin werden Juckreiz, Leistungsknick und manchmal Schmerzen in den befallenen Lymphknoten nach Alkoholgenuss angegeben.

tipp Es bleibt einfach. Für die mündliche Prüfung ist die Lymphogranulomatose ein gutes Thema.

Frage: In welche **Stadien** wird die Lymphogranulomatose eingeteilt?

Antwort: Da der Morbus Hodgkin bei den meisten Patienten einen relativ uniformen Verlauf vom lokalisierten bis zum generalisierten Befall zeigt, hat sich folgende Stadieneinteilung (nach dem Hodgkin Disease Staging Classification Committee in Ann Arbor) bewährt:

tipp Bezüglich des Themas Morbus Hodgkin gehört diese Frage zum Standardrepertoire in den Prüfungen.

Stadium I	Befall einer Lymphknotenregion oder einer einzelnen extralymphatischen Region
Stadium II	Befall von zwei oder mehreren Lymphknotenregionen auf der gleichen Seite des Zwerchfells oder extranodaler Befall, von einer oder mehreren Lymphknotenregionen ausgehend, auf der gleichen Seite des Zwerchfells
Stadium III	Befall von LK-Regionen beidseits des Zwerchfells. Milzbeteiligung = IIIs III_{1A}: Milz, zöliakale und portale Lymphknoten befallen III_{2A}: Paraaortale, iliakale, mesenteriale und inguinale LK befallen III_E: Extralymphatischer Befall beidseits des Zwerchfells
Stadium IV	Disseminierter Befall eines oder mehrerer Organsysteme mit oder ohne gleichzeitigem LK-Befall, z. B. L = Lunge, M = Knochenmark, O = Skelett, D = Haut. An das jeweilige Stadium wird der Buchstabe A = ohne Allgemeinsymptome bzw. B = mit Allgemeinsymptomen angehängt

Tab. 4.5: Stadieneinteilung des Morbus Hodgkin

Die genaue Stadieneinteilung der Lymphogranulomatose bildet die Grundlage zur Therapieplanung. Die **Strahlentherapie** hat Vorrang in den Stadien I und II ohne Risikofaktoren. Eine kombinierte **Chemo-**

und **Strahlentherapie** wird in den Stadien I und II mit Risikofaktoren sowie im Stadium III A eingesetzt. Patienten mit Stadium III B und IV erhalten eine **Polychemotherapie** (+/- additive Strahlentherapie).

Frage: Welche Untersuchungsmethoden werden zur genauen **Stadieneinteilung** („Staging") verwandt?

tipp Wer auf einer onkologischen Station gearbeitet hat, weiß, dass die Hauptzeit darauf verwendet wird, Patienten mit malignen Lymphomen „durchzustagen", um eine Therapieentscheidung treffen zu können. Die Frage hat daher im Stationsalltag große Bedeutung.

Antwort: Nach histologischer Sicherung des Morbus Hodgkin stehen die ausführliche Anamneseerhebung (Frage nach **B-Symptomen!)** und die klinische Untersuchung **(Lymphknoten-Status!)** am Anfang der Stadienfestlegung. Weiterhin werden folgende Untersuchungen durchgeführt:

- Röntgen-Thorax in 2 Ebenen
- Abdomen-Sonographie
- CT von Hals, Thorax, Abdomen
- Knochenmarkuntersuchung
- Skelettszintigraphie bei entsprechender Symptomatik
- Leberbiopsie bei klinischem Verdacht auf Befall

Falls alleinige Strahlentherapie geplant:

- bipedale Lymphographie (bei negativem CT/NMR)
- Evtl. explorative Laparotomie mit Splenektomie: Die Laparotomie sollte nur dann durchgeführt werden, wenn nicht schon durch die obigen technischen Verfahren ein Stadium III oder IV (z.B. durch nachgewiesenen Knochenmarksbefall) diagnostiziert wurde. Neben der hohen Sensitivität und Spezifität der Untersuchung muss jedoch auch die perioperative Morbidität und Mortalität bedacht werden.

Frage: Kennen Sie **prognostische Faktoren** (Risikofaktoren für einen ungünstigen Therapieverlauf) bei M. Hodgkin? Welche Patienten haben ein höheres Risiko, einen Relaps nach Primärtherapie zu erleiden?

Antwort: Das **initiale Stadium** und das Vorliegen einer **hohen Tumorlast** („bulky disease"), bzw. Befall von mehr als 2 Lymphknotenregionen scheinen die wichtigsten Prognosefaktoren zu sein. Weitere Risikofaktoren sind:

- B-Symptomatik
- extranodaler Befall (E-Stadium)
- hohe BSG (A-Stadium: > 50 mm/h, B-Stadium: > 30 mm/h)
- hohe LDH
- männliches Geschlecht
- hohes Alter
- großer Mediastinaltumor (> 1/3 des maximalen Thoraxdurchmessers bei Rö-Thorax im Stehen)

Frage: Kennen Sie ein bekanntes **Chemotherapie-Schema** für die Lymphogranulomatose?

Antwort: Die Therapie sollte nach Möglichkeit im Rahmen von Studien erfolgen (in Deutschland vor allem Studienprotokolle der Deutschen Hodgkin-Studiengruppe).

Ein bekanntes Schema im Rahmen der Therapiestudien der Lymphogranulomatose ist das **ABVD-Schema:**

- A = Adriamycin
- B = Bleomycin
- V = Vinblastin
- D = Dacarbazin

tipp Keinesfalls sollte man bei Chemotherapie-Schemata Dosisangaben machen: 1. kann man sich die sowieso kaum merken, 2. ändern sich die Dosierung und das genaue Therapieregime häufig.

Durch die Chemotherapie werden auch in fortgeschrittenen Fällen noch Remissionsraten bis zu 80% erzielt. Bei einem Rezidiv nach initialer Chemo- oder kombinierter Chemo-/Strahlentherapie über 1 J. nach Therapieende können auch diese Patienten in über 80% der Fälle mit einer zweiten kompletten Remission mit oben genannten Therapieprotokollen rechnen. Problematischer ist die Situation bei Chemotherapieversagern oder bei einer Remissionsdauer von weniger als 12 Monaten. Bei diesen prognostisch eher ungünstigen Situationen kommen in letzter Zeit vermehrt Hochdosischemotherapien mit autologer Stammzelltransplantation zum Einsatz.

Beim kombinierten Einsatz von Chemo- und Strahlentherapie kann es auch nach mehr als 20 J. noch zu einem gehäuften Auftreten von **Zweitneoplasien** kommen.

4.12 Plasmozytom

Fallbeispiel: Es kommt ein 65-jähriger Patient in Ihre Praxis. Er klagt über Müdigkeit und Abgeschlagenheit, ständige Erkältungen und neu aufgetretene starke Rückenschmerzen. Bei der Blutuntersuchung lassen Sie auch eine Elektrophorese anfertigen und erhalten folgenden Befund:

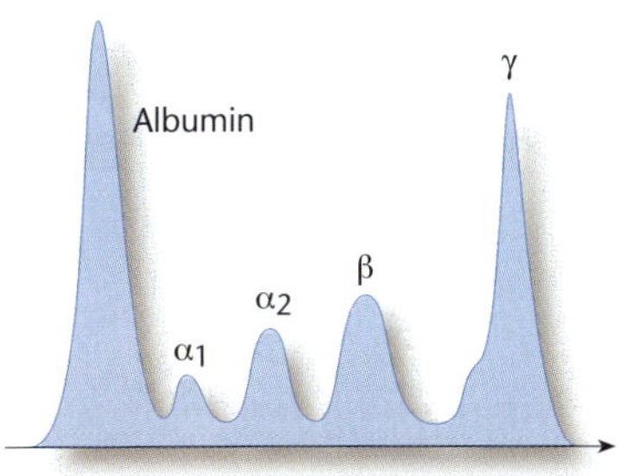

Abb. 4.2: Serumelektrophorese [3]

Frage: Um welche Diagnose könnte es sich handeln? Kennen Sie dafür einen Eigennamen?

tipp Manche Prüfer haben ein besonderes Verhältnis zu Eigennamen. Zum Beispiel wird Morbus Koch statt Tuberkulose oder Morbus Kahler statt Plasmozytom verwendet.

Antwort: Die Elektrophorese zeigt eine deutliche monoklonale Vermehrung der Gammaglobuline. Das könnte für ein **Plasmozytom** sprechen, welches auch Morbus Kahler oder multiples Myelom genannt wird. Es liegt dabei eine maligne Entartung eines plasmazellulären B-Zell-Klons vor mit Infiltration anderer Organsysteme (z.B. Skelett). Kennzeichnend ist die exzessive Produktion eines **monoklonalen Immunglobulins** bzw. eines Immunglobulinteils.

Frage: Wie erklären sich die von dem geschilderten Patienten geklagten Symptome?

Antwort: Die Müdigkeit und Abgeschlagenheit weisen auf eine oft bestehende Anämie hin, ständige Erkältungen sind durch die Störung des Immunsystems bei dieser Erkrankung bedingt und die Rückenschmerzen rühren wahrscheinlich von diffuser Osteoporose oder Osteolysen, die sich typischerweise bei dieser Erkrankung im Becken, in der Wirbelsäule, in den Rippen oder im Schädel (sog. „Schrotschussschädel“) finden.

Frage: Welches sind die Hauptdiagnosekriterien?

Antwort: Die Diagnose basiert auf folgenden **Kriterien**, von denen mindestens zwei erfüllt sein sollten:
- Nachweis **monoklonaler Immunglobuline** im Serum oder Urin
- Nachweis von **Osteolysen** (z.B. „Lochschädel“)
- Nachweis eines wesentlich **erhöhten** (> 15%) **Plasmazellgehalts** des Knochenmarks

Neben dem meist generalisierten Knochenmarksbefall kann das Plasmozytom auch **lokalisiert extramedullär** auftreten.

Bevorzugte Stellen hierfür sind:
- Nasopharynx
- Lunge
- Gastrointestinaltrakt

Frage: Was sind „Bence-Jones"-Proteine?

☐ ☐ ☐

Antwort: Jedes komplette Immunglobulin besteht aus zwei leichten (L-Ketten) Proteinen und zwei schweren (H-Ketten) Proteinen, die durch Disulfidbrücken miteinander verbunden sind. Bei ca. 15% der Plasmozytome liegt eine exzessive Bildung dieser leichten **L-Ketten** = Bence-Jones-Proteine vor. Entscheidend ist, dass diese Proteine **nierengängig** sind und in der Serumelektrophorese keine typische Immunglobulin-Zacke zeigen.

Qualitativ werden Bence-Jones-Proteine im angesäuerten Urin durch Erhitzen auf ca. 50 °C nachgewiesen, da sie bei dieser Temperatur sichtbar ausfallen. Bei weiterer Erhitzung gehen sie wieder in Lösung.

Der quantitative Nachweis erfolgt durch die **Urinelektrophorese.** Somit sind bei Plasmozytomverdacht stets Urin und Serum getrennt immunelektrophoretisch zu untersuchen.

tipp Von den Bence-Jones-Proteinen hat wahrscheinlich jeder schon etwas gehört. Sie allerdings zu beschreiben, ist nicht einfach. Wenn möglich, sollte man in der Antwort den qualitativen Nachweis im Urin erwähnen.

Frage: Beim Plasmozytom kommt es sehr häufig zu einer **Hyperkalzämie**. Wodurch entsteht diese Hyperkalzämie und wie würden Sie sie behandeln?

☐ ☐ ☐

Antwort: Zu einer Hyperkalzämie kommt es durch die **ossäre Infiltration mit Osteolyse**, hierbei wird die Bildung eines Osteoklasten aktivierenden Faktors diskutiert.

Symptome sind **Polyurie, Exsikkose, herabgesetzte muskuläre Erregbarkeit** und **neurologische Ausfälle** bis hin zum Koma. Im EKG zeigt sich eine Verkürzung des QT-Intervalls, die T-Welle wird breit und konvexbogig. Es kommt u. U. zu bradykarden Rhythmusstörungen. Die Toxizität von Digitalis ist erhöht!

Therapeutisch ist eine großzügige **Flüssigkeitssubstitution** (Defizit oft mehrere Liter) notwendig. Bei adäquater Hydrierung kann auch eine forcierte Diurese mit Furosemid i.v. (Kontrolle des Wasser- und Elektrolythaushaltes, ggf. ZVK) erfolgen. Weiterhin werden bei bedrohlicher Hyperkalzämie **Bisphosphonate** (z. B. Pamidronat = Aredia®) oder **Calcitonin** verabreicht. **Glukokortikoide** (z. B. Prednisolon 100 mg/Tag) hemmen die Proliferation von Plasmozytomzellen und die Vitamin-D3-Synthese.

4.13 Hämorrhagische Diathesen

☐ ☐ ☐
☺ 😐 ☹

Frage: Eine effektive **Blutstillung** verlangt das Ineinandergreifen von verschiedenen physiologischen Vorgängen. Können Sie uns hierzu einen groben Überblick geben?

tipp Keinesfalls darf man gleich mit Gerinnungsfaktoren um sich werfen. Gewünscht ist ein allgemeiner grober Überblick. Da man sich sehr leicht in dem komplexen System der Hämostase verirren kann, sollte man besonders auf eine systematische Darstellung achten.

Antwort: Die Blutstillung erfordert das Zusammenspiel folgender drei Teilbereiche des Gerinnungssystems

- **Vaskuläre Vorgänge:** Im Rahmen einer Gefäßverletzung kommt es zur Vasokonstriktion und damit zum Sistieren des Blutverlustes. Diese Konstriktion ist wahrscheinlich reflexbedingt und abhängig vom Vorhandensein einer ausreichenden Gefäßmuskulatur. Venöse Gefäße besitzen die Fähigkeit zur Konstriktion nur eingeschränkt.
- **Thrombozytäre Vorgänge:** Die Freilegung von Kollagen (+ ADP = Adenosin-Di-Phosphat) und anderen Zellstrukturen nach einer Gefäß- bzw. Gewebeverletzung führt zu einer Adhäsion und Aggregation von Thrombozyten, die als vorläufiger „Zellpfropf" die Verletzungsstelle abzudichten versuchen. Thrombozyten bilden weiterhin Thromboxan A_2, ein Prostaglandinderivat, welches zusätzlich aggregationsfördernd und vasokonstriktorisch wirkt. Außerdem wird der so genannte Plättchenfaktor freigesetzt, wodurch plasmatische Gerinnungsfaktoren aktiviert werden.
- **Plasmatische Faktoren:** Das plasmatische Gerinnungssystem wird durch so genanntes Gewebsthromboplastin (exogener Schenkel) bzw. Plättchenfaktor (endogener Schenkel) in Gang gesetzt und führt nach einer komplexen Aktivierungskaskade verschiedener Faktoren schließlich zur Bildung des Prothrombinkomplexes. Ab hier verlaufen beide Systeme gemeinsam und führen zur Bildung des endgültigen Fibrinthrombus und einer dauerhaften Abdichtung.

☐ ☐ ☐
☺ 😐 ☹

Frage: Wie messen Sie die Blutungszeit?

tipp Interessanterweise kommt gerade die Blutungszeit als klinischer Parameter zur Überprüfung der Hämostase sehr häufig in den protokollierten mündlichen Prüfungen vor.

Antwort: Die Zeitdauer zwischen Beginn der Blutung aus einer frischen kleinen Stichwunde bis zum vollständigen Sistieren heißt Blutungszeit.

Dazu wird mit einer Lanzette eine Stichwunde an der Fingerbeere oder am Ohrläppchen gesetzt und die austretenden Blutstropfen mit Filterpapier alle 15 Sek. abgetupft. Die Blutungszeit beträgt **normal 2–4 Min.** Sie ist bei Störungen der Thrombozytenzahl und -funktion erhöht (z. B. v. Willebrand-Jürgens-Syndrom).

☐ ☐ ☐
☺ 😐 ☹

Frage: Beschreiben Sie die Klinik und den Blutungstyp bei einer **Hämophilie A**. Wie verhält sich hier die von Ihnen bereits beschriebene Blutungszeit?

Antwort: Bei der Hämophilie A handelt es sich um eine **X-chromosomal rezessiv** vererbte hämorrhagische Diathese, die durch Verminderung der Funktion oder Fehlen des plasmatischen **Gerinnungsfaktors VIII** gekennzeichnet ist. Dadurch wird der endogene Schenkel der plasmatischen Gerinnung empfindlich beeinträchtigt. Je nach dem Grad der noch vorhandenen Restaktivität des Faktors (< 5% Spontanblutungen; 50% verstärkte Blutungstendenz nur bei großen Traumen, z. B. Operationen) kommt es zum Auftreten einer geringen oder ausgeprägten klinischen Symptomatik. Typisch sind nach normaler primärer Blutstillung anhaltende und **flächenhafte Nachblutungen**, da sich kein funktionsfähiger Thrombus bilden kann.

tipp Achtung! Diese Frage ist schwerer, als es auf den ersten Blick scheint. Bei den hämorrhagischen Diathesen sollte man sich immer zuerst den Blutungstyp (vaskulär, thrombozytär oder plasmatisch) klarmachen.

Bei ausgeprägter Hämophilie kommen vor allem **Gelenk- und Muskelblutungen** vor, welche zu Arthropathien und Kontrakturen führen. Die Blutungszeit, die hauptsächlich von den Thrombozyten abhängt, ist bei der Hämophilie häufig normal.

Therapeutisch wird als Dauerbehandlung bzw. bei Blutungskomplikationen und vor chirurgischen Eingriffen **Faktor-VIII-Konzentrat** verabreicht. Zu beachten ist die kurze Halbwertszeit (ca. 8 h).

Frage: Welche **Gerinnungsfaktoren** sind von **Vitamin K abhängig?** Wodurch können Mangelzustände auftreten? Wie wird eine Therapie mit Vitamin-K-Antagonisten überprüft? ?

☐ ☐ ☐

Antwort: Das fettlösliche Vitamin K wird von der Leber zur Bildung der **Gerinnungsfaktoren II, VII, IX und X** benötigt. Mangelzustände können durch eine **langanhaltende Antibiotikatherapie** auftreten, da Vitamin K von der Darmflora synthetisiert werden kann. Weiterhin sind **Malabsorption, Verschlussikterus** (Beeinträchtigung der Resorption des fettlöslichen Vitamins) und iatrogene Hemmung **(Cumarin-Derivate)** für Mangelzustände verantwortlich.

Eine **Antikoagulanzientherapie** mit Cumarin-Derivaten wird anhand des Quick-Wertes, der besonders den exogenen Schenkel des plasmatischen Gerinnungssystems prüft, überwacht. Allein der Quick-Test zeigt indirekt eine Verminderung des Vitamin K abhängigen Faktors VII an. Therapeutisch ist je nach Indikation ein **Quick-Wert** von **35 – 25%** anzustreben, da hier das Risiko einer Blutung im Verhältnis zum Nutzen der Antikoagulation tragbar ist.

Bei Blutungen wegen Abfall des Quick-Wertes (z. B. deutlich unter 15%) wird als Antidot Vitamin K (5 – 10 mg i.v.) verabreicht.

Ein Effekt ist aufgrund der Synthesedauer der Proteine in der Leber erst nach 24 h zu erwarten. Bei Noteingriffen oder nach Traumen wird daher parenteral Faktorenkonzentrat (= Prothrombinkomplex) verabreicht.

Frage: In letzter Zeit wird bei der Überwachung einer Therapie mit Cumarin-Derivaten statt des Quick-Wertes vermehrt die so genannte **INR** bestimmt. Was versteht man hierunter?

Antwort: Da bei der Bestimmung der Thromboplastinzeit (Quick-Wert) die verschiedenen Thromboplastine zwischen einzelnen Laboratorien nicht vergleichbar sind und verschiedene Messtechniken eingesetzt werden, wurde von der WHO eine Kalibrierung der Thromboplastine erarbeitet. Die **INR = International Normalized Ratio** ermöglicht, einen einheitlichen therapeutischen Bereich für alle Reagenzien-/ Gerätekombinationen anzugeben. Der therapeutische Bereich bei der oralen Antikoagulation liegt je nach Indikation zwischen **2,0 – 4,5** INR.

4.14 Verbrauchskoagulopathien

Fallbeispiel: Ein Patient mit **akuter nekrotisierender Pankreatitis** kommt in einen Schockzustand, der durch schwere **Schleimhautblutungen, Hämatome** und **Petechien** gekennzeichnet ist. Mich interessiert nun nicht die Pankreatitis als solche, sondern der Zustand des Gerinnungssystems. Was glauben Sie, ist geschehen?

tipp Ein klinisches Fallbeispiel, welches gut in die gesuchte Thematik einführt.

Antwort: Offensichtlich liegt bei dem Patienten eine **Verbrauchskoagulopathie** vor. Durch die nekrotisierende Pankreatitis sind wahrscheinlich große Mengen gerinnungsaktiver Substanzen (Gewebsthrombokinase) in das Gefäßsystem gelangt, die zu einer Aktivierung des Gerinnungssystems und zum **Verbrauch von Gerinnungsfaktoren** und Thrombozyten geführt haben. Durch die gleichzeitige übermäßige **Stimulierung der Fibrinolyse** wird der Abbau von Gerinnungsfaktoren gefördert und die Blutungsgefahr verstärkt.

Typisch für die Verbrauchskoagulopathie sind Petechien und Einblutungen in innere Organe. Weiterhin schlagen sich die bei der Gerinnung entstandenen Mikroaggregate in den Kapillargebieten vieler Organe nieder und thrombosieren sie. Diese Mikrozirkulationsstörungen mit nachfolgender Organschädigung führen selbst bei erfolgreicher Behandlung der Gerinnungsstörung zu den gefürchteten Komplikationen wie **Schocklunge** und **Schockniere.**

Frage: Mit welchen **Laborparametern** können Sie die Diagnose einer Verbrauchskoagulopathie sichern?

Antwort: Der Nachweis des Verbrauchs von Gerinnungsfaktoren bzw. der verstärkten Hyperfibrinolyse sichern die Verdachtsdiagnose. Im Einzelnen zeigen sich folgende Parameter:

- starke Verminderung der Thrombozytenzahl
- starke Verminderung des Fibrinogens (= Faktor I)
- Abfall der Faktoren V, VIII und XIII
- Quick-Wert erniedrigt und PTT deutlich verlängert
- Nachweis einer stark erhöhten Konzentration von Fibrinspaltprodukten (= erhöhte Fibrinolyseaktivität)
- Nachweis von Fibrinmonomeren und -dimeren
- im Blutausstrich so genannte Fragmentozyten

tipp Die Antwort ergibt sich aus dem hier beschriebenen Pathomechanismus der Verbrauchskoagulopathie.

Frage: Wie therapieren Sie eine Verbrauchskoagulopathie (DIC)?

Antwort: Absoluten Vorrang hat die **kausale Behandlung** der zugrunde liegenden Krankheit! Der Einsatz von **Heparin** (15.000 IE/24 h) unterbricht häufig die Verbrauchskoagulopathie nicht und kann eher zu einer erhöhten Blutungsneigung führen, wird jedoch prophylaktisch für die Initialphase einer DIC oft empfohlen. Auf keinen Fall sollte Heparin bei einer manifesten DIC eingesetzt werden. Hier sollte **AT III** oder **Frischplasma** infundiert werden. Dabei bergen sie fatalerweise das Risiko einer Verstärkung der Verbrauchskoagulopathie.

tipp Eine schwierige Frage, da die Lehrmeinungen hier auseinander gehen. Umso wichtiger ist es, zu betonen, dass die Therapie der Grundkrankheit absolut im Vordergrund steht, da hierüber Einigkeit herrscht.

4.15 Wasser-, Elektrolyt- und Säure-Basen-Haushalt

Frage: Beschreiben Sie bitte die einzelnen Komponenten der Ein- und Ausfuhr in der **Wasserbilanz** eines gesunden erwachsenen Mannes.

Antwort: Eine Bilanz wird in Ein- und Ausfuhr unterteilt und sollte ausgeglichen sein. Bei einem gesunden Erwachsenen setzt sich die Flüssigkeitsbilanz wie folgt zusammen:

tipp Leider hört man im Studium nicht viel über Bilanzierung von Wasser und Elektrolyten, obwohl dieses Kapitel für Infusionspläne sehr wichtig ist.

Einfuhr	Trinkmenge: Wasser in fester Nahrung: Oxidationswasser entstanden durch biochemische Verbrennungsvorgänge bei der Nahrungsmetabolisierung: Summe:	ca. 1200 ml ca. 300 ml ca. 800 ml ca. 2300 ml
Ausfuhr	Urinproduktion: Perspiratio insensibilis: Wasserverlust durch Stuhl: Summe:	ca. 1400 ml ca. 800 ml ca. 100 ml ca. 2300 ml

Tab. 4.6: Wasserbilanz eines gesunden Erwachsenen

☐ ☐ ☐
☺ 😐 ☹

Frage: In welchem Bereich sollte die **Serumkaliumkonzentration** liegen? An welchem Organ zeigen sich schnell Symptome einer **Hyperkaliämie?** Nennen Sie Ursachen für eine Hyperkaliämie.

tipp Wenn möglich sollte man versuchen, die verschiedenen Ursachen einer Hyperkaliämie kurz darzustellen.

Antwort: Der Normbereich der Serumkaliumkonzentration liegt zwischen **3,6 – 5,4** mval/l.

Das **Herz** reagiert sehr empfindlich auf Verschiebungen des extrazellulären Kaliumgehaltes. So können **Rhythmusstörungen** aller Art auftreten. Typische **EKG-Zeichen** einer Hyperkaliämie sind z.B. hohe, spitze T-Wellen, QRS-Verbreiterung und AV-Blockierungen.

Eine Hyperkaliämie kann folgende **Ursachen** haben:

- **Azidose:** Durch Austausch intrazellulärer K^+-Ionen mit extrazellulären H^+-Ionen kommt es bei Vorliegen einer Azidose zu einer Hyperkaliämie. Durch den umgekehrten Mechanismus kann nach iatrogener Korrektur der Azidose, z.B. nach Insulin und Na-Bikarbonat-Gabe beim diabetischen Koma, eine bedrohliche Hypokaliämie entstehen. Daher muss bei Azidose stets auch der Kaliumwert mehrfach kontrolliert werden.
- **Verminderung der Kaliumausscheidung** durch eine Niereninsuffizienz: Bei niereninsuffizienten Patienten ist die Hyperkaliämie eine der häufigsten und bedrohlichsten Komplikationen.
- **Ausgedehnte Zellzerstörungen** und kataboler Stoffwechsel: z.B. Verbrennungen, große Quetschungen, Hämolyse, massive Tumorlyse, Hungerdystrophie → intrazelluläres Kalium wird freigesetzt
- **Endokrine Störungen** wie der Morbus Addison: Hier erfolgt aufgrund des Aldosteronmangels ein verstärkter Natriumverlust in Verbindung mit einer ungenügenden Kaliumausscheidung.

Frage: Wie therapieren Sie eine bedrohliche Hyperkaliämie?

☐ ☐ ☐

Antwort: Je nach Höhe der Kaliumkonzentration bieten sich folgende Therapiemöglichkeiten an:

- **Absetzen von Medikamenten**, die eine Hyperkaliämie verursachen können, wie z. B. Aldosteronantagonisten; keine Aufnahme kaliumreicher Nahrung, z. B. Obst (Bananen)
- Durch **Kationenaustauscher** (Resonium®) Bindung von Kalium: Es handelt sich um ein Kunstharz, welches oral oder als Klistier zugeführt wird und im Dickdarm Kaliumionen bindet.
- **Glukose** und **Insulin** (z. B. 200 ml einer 40%igen Glukoselösung mit 40 IE Altinsulin): Durch die intrazelluläre Verlagerung von Glukose mittels Insulin findet gleichzeitig eine gleichgerichtete Verschiebung des Kaliums statt.
- Ausgleich einer eventuellen Azidose (siehe vorherige Frage)
- Steigerung der Urinausscheidung durch **Schleifendiuretika** (z. B. Lasix®)
- Bei Kaliumwerten über 7 mval/l besteht Lebensgefahr. Es muss deshalb unverzüglich eine **Hämo-** oder **Peritonealdialyse** erfolgen.

tipp Eine häufig gestellte Frage, die im klinischen Alltag große Bedeutung hat.
Ausnahmsweise ist es hier sinnvoll, die angeführten Punkte auswendig zu lernen.

Frage: Welche **Labor-Parameter** beschreiben den **Säure-Basen-Haushalt?** Können Sie eine Berechnungshilfe zum Ausgleich einer schweren metabolischen Azidose geben?

☐ ☐ ☐

Antwort: Der Säure-Basen-Haushalt wird durch folgende drei Parameter ausreichend beschrieben:

- **pH-Wert** (Normalbereich: 7,36 – 7,44)
- **pCO_2** im Blut (Normbereich: ca. 40 mmHg)
- **Standard-Bikarbonat** (Norm: 24 mmol/l)

Je nach Verschiebung dieser drei Werte lässt sich zwischen respiratorischer und metabolischer Azidose bzw. Alkalose differenzieren.

Eine für die Therapie praktische Größe ist der **base excess** (BE). Er entspricht derjenigen Menge an Puffersubstanz, die einer Blutprobe zugeführt werden muss, um einen pH von 7,4 zu erreichen. Der normale BE beträgt daher 0. Grundlage der Therapie sollte die Beseitigung der zur Azidose führenden Ursache sein. Ist dennoch akut eine Therapie nötig, kann die Menge an zugeführter Puffersubstanz nach folgender Formel schnell berechnet werden:

Negativer BE × 0,3 × Körpergewicht = mmol Puffersubstanz.

Meist wird als Puffersubstanz 8,4%ige Na-Bikarbonatlösung verwendet, da hier 1 ml = 1 mmol entspricht.

☐ ☐ ☐
☺ 😐 ☹

Fallbeispiel: Ein gesunder Junge will in einem See vor seinen Freunden einen Tauchrekord aufstellen. Bevor er lostaucht, atmet er ca. 45 Sek. lang mehrmals sehr tief und schnell durch. Er taucht los und wird eine Stunde später ertrunken am Ufer gefunden. Es liegen keine Verletzungen vor. Können Sie sich vorstellen, was wahrscheinlich geschehen ist?

tipp Eine spannende Geschichte. Wer solche Fallbeispiele in der mündlichen Prüfung bekommt, hat Glück. Meist entwickelt sich ein kollegiales Gespräch zwischen Prüfer und Prüfling. Fallbeispiele eignen sich sehr gut, um differenzialdiagnostische Überlegungen im Rahmen einer Lerngruppe zu üben.

Antwort: Durch die **Hyperventilation** mit gesteigerter CO_2-Abatmung kam es bei dem Jungen wahrscheinlich zu einer **respiratorischen Alkalose.**

Wegen des resultierenden relativen Mangels an H^+-Ionen liegt im Serum eine größere Menge negativ geladener Proteine vor, welche temporär Kalziumionen binden und so zu einer Verminderung der freien Kalziumfraktion im Blut führen. Weiterhin besteht durch den niedrigen pCO_2 ein **verminderter Atemantrieb** bei durch das Tauchen bedingter Hypoxie. Dies kann eine **Tetanie** und **Bewusstlosigkeit** bewirken, durch die der Junge ertrunken ist. Normalerweise limitiert sich die Bewusstlosigkeit nach Normalisierung des pH schnell selbst.

Bei einer respiratorisch verursachten Tetanie genügt therapeutisch eine Verstärkung der Rückatmung (Stichwort: „Plastiktüte") oder beruhigendes Einreden bzw. leichte Sedierung, um die Hyperventilation zu beenden.
Eine intravenöse Gabe von Kalzium ist nicht indiziert.

5 Niere

5.1 Hämaturie / Oligurie / Anurie / Allgemeines

Frage: Wann spricht man von einer **Oligurie, Anurie** oder **Polyurie?**

Antwort:
- **Oligurie** = Harnausscheidung **< 500 ml/d**
- **Anurie** = Harnausscheidung **< 100 ml/d**
- **Polyurie** = Harnausscheidung **> 3000 ml/d**

Die **normale** Harnmenge beträgt je nach Trinkmenge ca. **1200** bis **2000 ml/d**.

tipp Auf die meisten Prüfer macht eine Definition oder Klassifikation zu Beginn einer Antwort einen sehr guten Eindruck.

Frage: Nennen Sie drei differente **Funktionen** der Niere.

Antwort:
- Regulation des Flüssigkeits- und des Elektrolythaushalts
- Ausscheidung von Stoffwechselprodukten und Entgiftung
- Synthese von Hormonen (Renin, Erythropoetin, Vitamin D, Prostaglandine)
- Erfolgsorgan für extrarenal gebildete Hormone (Katecholamine, Parathormon etc.)

Frage: Bei welchen Erkrankungen kann es zu einer **Mikrohämaturie** kommen?

Antwort: Mikrohämaturien (> 4 Erythrozyten pro Gesichtsfeld im Mikroskop bei 400facher Vergrößerung) können bei einer Vielzahl von Erkrankungen auftreten:
- Glomerulonephritis
- Pyelonephritis
- Nierentumoren und Blasentumoren
- Urolithiasis
- Zystitis, Urethritis
- hohe körperliche Belastung („Marschhämaturie")

☐ ☐ ☐
☺ 😐 ☹

Frage: Beschreiben Sie die **Zweigläserprobe** bei einer **Makrohämaturie** und die daraus resultierenden diagnostischen Überlegungen.

tipp Eine Frage aus dem urologischen Fachbereich, welche gerne von Internisten (Nephrologen) gestellt wird.

Antwort: Als **Makrohämaturie** bezeichnet man eine **sichtbare Rotfärbung** des Urins bei der Miktion (> 1 ml Blut pro Liter Urin). Bei einer Zweigläserprobe lässt man den Patienten in Portionen miktionieren. Eine Makrohämaturie ist immer ein ernstzunehmendes Symptom.

- Nur erstes Glas rot gefärbt = **initiale Makrohämaturie:** Dies spricht für eine Läsion in der Urethra unterhalb des Schließmuskels (z.B. Urethritis)
- Erstes und zweites Glas rot gefärbt = **totale Makrohämaturie:** Typischer Befund bei einer starken Zystitis, Harnblasenkarzinom oder Blutungsquelle des oberen Harntrakts (z.B. Nierentumor). Prozesse im Nieren- oder Ureterbereich führen zu einer auf alle Gläser gleich verteilten Rotfärbung.

Als Grundsatz gilt: Jede **schmerzlose** Makrohämaturie ist solange **tumorverdächtig**, bis das Gegenteil bewiesen ist. Standarduntersuchungen zur Abklärung sind die Sonographie, das CT und insbesondere die Zystoskopie.

5.2 Proteinurie

☐ ☐ ☐
☺ 😐 ☹

Frage: Ein Patient berichtet, dass ihm während der Miktion ein **trüber** und deutlich **schaumiger Urin** auffällt. Worauf könnte dies hinweisen?

Antwort: Schaumiger Urin weist auf eine **Proteinurie** hin. Eine Eiweißausscheidung im Urin von **mehr als 150 mg/d** in mindestes zwei aufeinander folgenden Urinuntersuchungen bezeichnet man als Proteinurie. Die häufigsten Ursachen sind entzündliche Prozesse der Nieren. Dazu gehören **Glomerulonephritiden** und **Pyelonephritiden**.

☐ ☐ ☐
☺ 😐 ☹

Frage: Kennen Sie eine **Einteilung** für Proteinurien?

Antwort:

glomeruläre Proteinurie	Ausscheidung hochmolekularer Proteine (MG > 60000 Dalton, z.B. Albumin, Transferrin)
tubuläre Proteinurie	Dysfunktion des Tubulusapparats mit fehlender Rückresorption niedrig molekularer Proteine (MG < 40000 Dalton, z.B. β2-Mikroglobulin)
Überlaufproteinurie	Überschreitung der Rückresorptionskapazität des Tubulusapparats (z.B. bei Plasmozytom)
selektive Proteinurie	Ausschließlich Ausscheidung niedrig molekularer Proteine (z.B. Minimal-change Glomerulonephritis)
Mikroalbuminurie	Albuminausscheidung erhöht – Frühsymptom einer diabetischen oder hypertensiven Nephropathie

Tab. 5.1: Einteilung der Proteinurie

tipp Die Frage erfordert differenzialdiagnostische Überlegungen.

Frage: Wie äußern sich **renale Ödeme?**

Antwort: Symmetrische Ödeme in den Beinen sind meist kardialen Ursprungs. Renale Ödeme nehmen rasch zu und sind von einer starken Gewichtszunahme begleitet. Sie werden oft zuerst an den Füßen und Sprunggelenken bemerkt. In der Nacht kommt es zu einer Anschwellung des Gesichts, besonders der Augenlider. Der Nachweis einer ausgeprägten Proteinurie führt sehr rasch zu der Diagnose – renales Ödem.

Frage: Sind **„Teststäbchen"** zum Nachweise einer Proteinurie ein empfindliches Messinstrument?

Antwort: Käufliche Urinteststäbchen sind sehr empfindlich für den Nachweis einer Proteinurie. Die **Nachweisgrenze** liegt bei **ca. 50 mg/100 ml.** Dies erklärt, dass auch in einem konzentrierten Urin gelegentlich Eiweißspuren zu finden sind. Bei Frauen kann das Ergebnis auch durch vaginalen Fluor verfälscht werden.

tipp Eine Frage die praktisch nur durch Erfahrung in Famulaturen oder PJ beantwortet werden kann.

Frage: Welche differenzialdiagnostische Überlegungen erlaubt das Urinsediment?

Antwort: Das Urin-Sediment ist eine Standarduntersuchung. Es eignet sich als Screening für renale Erkrankungen.

Morphologische Befunde	Interpretation
Erythrozytenzylinder	Glomerulonephritis, Niereninfarkt
Leukozytenzylinder	interstitielle Erkrankung (z.B. Pyelonephritis)
Granulierte, feine Zylinder	Fieber, Dehydratation, Sport
Grobe Zylinder	unspezifisch, Akutes Nierenversagen
Renale tubuläre Zellen	interstitielle Entzündung, Abstoßung nach NTX

Tab. 5.2: Befunde im Urinsediment

5.3 Akutes Nierenversagen

☐ ☐ ☐
☺ 😐 ☹

Frage: Was verstehen Sie unter einem **akuten Nierenversagen?** Welche Stadien finden sich beim klassischen akuten Nierenversagen?

tipp Für die Definition des akuten Nierenversagens ist es wahrscheinlich am sinnvollsten, von der Ausscheidungsfunktion der Niere auszugehen. Die Stadieneinteilung dürfte jedem bekannt sein. Dutzende von IMPP-Fragen beziehen sich darauf.

Antwort: Charakteristisch ist eine plötzliche Exkretionsstörung der Niere mit Anstieg der Retentionswerte beim fieberfreien Patienten (1 mg Kreatininanstieg/d). Im zeitlichen Verlauf lassen sich folgende **Stadien** beim akuten Nierenversagen (= ANV) beschreiben:

- **Zeitpunkt der Schädigung** der Nierenfunktion (z.B. Hypovolämie)
- **Stadium der Oligurie** (Urinausscheidung < 500 ml/die) mit Anstieg der Retentionswerte. Hauptgefahr für den Patienten sind Elektrolytstörungen (Hyperkaliämie) und Überwässerung (7 Tage bis 8 Wochen).
- **Stadium der Polyurie:** Die Retentionswerte können auch hier noch weiter ansteigen. Der Patient ist jetzt durch Exsikkose und Elektrolytverluste gefährdet (Tage bis Wochen).
- Kontinuierlicher Übergang von der Polyurie in das **Erholungsstadium** der Nierenfunktion (meist 1–3 Monate).

☐ ☐ ☐
☺ 😐 ☹

Frage: Nennen Sie die wichtigsten **Ursachen** für ein akutes Nierenversagen. Welche Form des akuten Nierenversagens ist am häufigsten?

tipp Man sollte vor Aufzählung einzelner Ursachen erst eine Einteilung anführen.

Antwort: Man unterscheidet prärenale, renale und postrenale Ursachen.

- **Prärenal bedingtes ANV:** am häufigsten liegt eine absolute oder relative **Hypovolämie** aufgrund größerer Blutverluste oder eine „schockbedingte" Kreislaufzentralisation vor. Zur Sicherung der Durchblutung von Gehirn und Herz kommt es durch Vasokonstriktion zur renalen Ischämie („Schockniere"). Operationen, Sepsis und kardiale Insuffizienz spielen ursächlich die Hauptrollen.

- **Renal bedingtes ANV:** Hier sind vor allem die **akute tubuläre Nekrose** und die rasant verlaufenden **Glomerulonephritiden** zu nennen. Auch **Nephrotoxine** wie Antibiotika (z.B. Aminoglykoside) und Schwermetalle (z.B. Quecksilber) können zum ANV führen.
- **Postrenal bedingtes ANV:** Hierzu gehören Abflussbehinderungen des Harns. Beidseitige **Ureterenobstruktion** durch Steine oder Tumoren sowie eine **Prostatahyperplasie** oder **Blasenauslasstumoren** sind typische Beispiele von Krankheiten, die ein postrenales ANV verursachen können.

Frage: Welches Untersuchungsverfahren kann sehr schnell ein renales von einem postrenalen Nierenversagen unterscheiden? **?**

Antwort: Die Sonographie zeigt eine Harnstauung und führt zur Diagnose postrenales Nierenversagen.

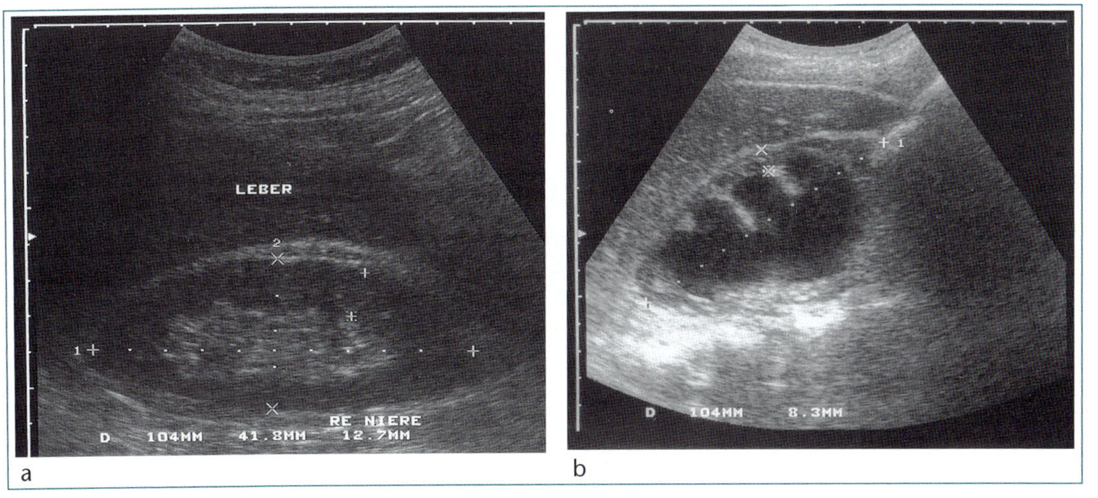

Abb. 5.1: a) Sonographischer Befund einer normalen Niere,
b) Sonographischer Befund der Niere bei Harnstau [3]

Frage: Nennen Sie bitte einige **Behandlungsrichtlinien** beim akuten Nierenversagen. **?**

Antwort: Ein akutes Nierenversagen hat bei Ausschaltung der zugrunde liegenden Noxe in der Regel eine gute Prognose. Notwendig sind:

- Behandlung der Grundkrankheit (Volumenmangel, Harnableitung)
- Flüssigkeits- und Elektrolytbilanzierung
- Blutdruckkontrollen
- strikte Schonung (Bettruhe)
- evtl. Gabe eines Schleifendiuretikums

- evtl. Antibiotikaprophylaxe zur Vermeidung von Harnwegsinfektionen
- Medikamentendosierung anpassen (z. B. Antibiotika)
- regelmäßige Überprüfung der Dialyseindikation (Serumkalium, Serumharnstoff)

☐ ☐ ☐
☺ 😐 ☹

? Frage: Wann stellen Sie die Indikation zur Hämodialyse?

Antwort: Zur Vermeidung von Komplikationen ist die **Indikation zur Dialyse** (meist intermittierend) frühzeitig bei folgenden Befunden zu stellen:

- Hyperkaliämie > 7 mmol/l
- Diuretikaresistente Überwässerung
- Harnstoff > 200 mg/dl oder Anstieg > 60 mg/dl/d
- Lungenödem bzw. akute Links- und Rechtsherzinsuffizienz
- beginnendes Hirnödem
- urämische Perikarditis

Die Höhe des Serum-Kreatininwertes spielt eine sekundäre Rolle.

☐ ☐ ☐
☺ 😐 ☹

? Frage: Sie sprechen von genauer Flüssigkeitsbilanzierung. Durch welche einfache Messmethode kann das Risiko einer Überwässerung minimiert bzw. eine ordnungsgemäße Bilanz täglich überprüft werden?

> tipp Aus dem Stationsalltag heraus ist diese Frage leicht zu beantworten. Obwohl die gesuchte Methode sehr einfach ist, unterschätzt man ihre Bedeutung. Dies wird auch der Grund sein, weshalb dieser Prüfer sie extra betont.

Antwort: Die Bilanzierung kann gut durch eine **tägliche Gewichtskontrolle** überprüft werden. Angestrebt wird dabei ein täglicher Gewichtsverlust von 200 – 400 g wegen der katabolen Stoffwechselsituation während des ANV. Ein stets gleich bleibendes Gewicht würde zu einer Überwässerung führen. Weitere Hinweise auf die intravasale Volumensituation des Patienten gibt die Messung des **zentralvenösen Druckes**. Allerdings werden hier Einlagerungen von Flüssigkeit in das Gewebe nicht erfasst.

5.4 Chronische Niereninsuffizienz

☐ ☐ ☐
☺ 😐 ☹

? Frage: Auf welchen Ebenen, glauben Sie, beeinflusst eine **chronische Niereninsuffizienz** den Gesamtorganismus?

Antwort: Der Ausfall der Nierenfunktion verursacht eine Vielzahl von Schädigungen und Störungen:

- **Ausfall der Ausscheidungsfunktion der Nieren:** Es kommt zum Anstieg der Retentionswerte Kreatinin und Harnstoff. Auch körperfremde Stoffe (Medikamente) oder endogen gebildete Toxine kumulieren leicht.

- **Störung der hormonellen Nierenfunktion:** Hier sind besonders die **renale Anämie** (verminderte Bildung des renalen erythropoetischen Faktors) und die **renale Osteopathie** (fehlende Hydroxylierung des wirksamen Vitamin-D-Metaboliten in der Niere) zu nennen.
- **Ausfall der Regulationsfunktion im Wasser-, Elektrolyt- und Säure-Basen-Haushalt:** Folgen dieses Ausfalls können Überwässerung, Salzverlust, Hyperkaliämie und Azidose sein.
- Schädigung anderer Organsysteme durch bisher im Einzelnen unbekannte Mechanismen (Knochenmarksdepression, erhöhte Kapillarfragilität, Infektionsneigung, etc.).

tipp Hier ist offensichtlich mehr gemeint, als nur ein Anstieg der Retentionswerte. Man muss sich über die verschiedenen Funktionen der Niere im Klaren sein.

Frage: Nennen Sie **Auswirkungen** einer chronischen Niereninsuffizienz bzw. Urämie auf die einzelnen Organsysteme. ?

Antwort:

Nervensystem	Krampfneigung, Verwirrtheit, Polyneuropathie, Koma
Herz-Kreislauf-System	Perikarditis, Hypertonie, Ödeme, Rhythmusstörungen
Lunge	Lungenödem, Pleuritis, Pleuraerguss, Pneumonie
Gastrointestinaltrakt	Durchfälle, Erbrechen, Abdominalkrämpfe
Skelett	sekundärer Hyperparathyreoidismus, Vitamin-D-Mangel
Haut	blasses fahles Kolorit, Atrophie, Pruritus
Blut	Anämie, thrombozytäre Gerinnungsstörungen

Tab. 5.3: Organspezifische Auswirkungen einer chronischen Niereninsuffizienz

Frage: Der Kreatininwert eines Patienten mit Glomerulonephritis liegt seit einigen Monaten relativ konstant bei 3,0 mg/dl. In welchem Stadium einer chronischen Niereninsuffizienz wird sich dieser Patient befinden bzw. welche **Stadien** gibt es? ?

Antwort: Der Patient befindet sich im Stadium der kompensierten Retention. Man kann bei der chronischen Niereninsuffizienz folgende Stadien abgrenzen:

- **Stadium der vollen Kompensation:** Hier liegt bereits eine Schädigung der Niere mit Beeinträchtigung der glomerulären Filtration (Verminderung der endogenen Kreatininclearance) vor. Die Retentionswerte im Serum sind allerdings noch normal.

tipp Wieder eine Stadieneinteilung. Etwas erleichtert wird die Frage durch die Integration eines Fallbeispiels.

- **Stadium der kompensierten Retention:** Das Serumkreatinin und der Serumharnstoffwert sind erhöht. Es hat sich ein neues Fließgleichgewicht zwischen Angebot und Ausscheidung eingestellt.
- **Stadium der dekompensierten Retention:** Kennzeichnend ist ein Anstieg der Retentionswerte oder das Auftreten von Urämiesymptomen.
- **Terminalstadium:** Der Anstieg der Retentionswerte ist nicht mehr aufzuhalten. Meist lassen sich eine Vielzahl von klinischen Befunden, als Zeichen der Urämie, erheben. Ohne Dialyse oder Nierentransplantation würde der Patient im Coma uraemicum sterben.

Frage: Nennen Sie zwei der wichtigsten **Progressionsfaktoren** für eine chronische Niereninsuffizienz.

Antwort: Folgende Begleiterkrankungen bzw. Risikofaktoren führen zu einer Verschlechterung einer Niereninsuffizienz:
- Bluthochdruck
- Diabetes mellitus
- rez. Harnwegsinfekte
- Überalimentation mit Eiweiß
- Harnstauung

Fallbeispiel: Ein 74-jähriger Diabetiker Typ II zeigt folgende Symptome bzw. Befunde. Welches Krankheitsbild liegt vor? Blutdruck 180/110 mmHg, Hb 9,0 g/dl, Pruritus und Foetor, Serum-Glucose 180 mg/dl, Serumharnstoff 180 mg/dl, Serum-Kalium 5,5 mmol/l, Kreatinin 4,1 mg%, mäßige Beinödeme und deutliche Luftnot bei leichter Belastung. Welches Krankheitsbild vermuten Sie?

tipp Typisches Fallbeispiel – Stationsalltag

Antwort: Es liegt eine schwere **diabetische Nephropathie** vor mit wahrscheinlicher terminaler chronischer Niereninsuffizienz und beginnender Urämie.

Frage: Welche **Therapie** leiten Sie ein? Müssen Sie den Patienten dialysieren?

Antwort: Für eine Hämodialyse besteht noch keine absolute Indikation. Allerdings ist mit einem Fortschreiten der Erkrankung zu rechnen, so dass eine regelmäßige Dialysebehandlung in den nächsten Monaten möglich ist. Ziel der Therapie ist es, das Stadium der kompensierten Niereninsuffizienz zu stabilisieren bzw. die Dekompensation zu verzögern.
- Am wichtigsten: engmaschige Blutdruckeinstellung (< 130/80 mmHg) (z.B. ACE-Hemmer, AT1-Antagonisten)

- bilanzierte Eiweißzufuhr (1 g/kg pro Tag)
- Blutzuckeroptimierung
- reichliche natriumarme Flüssigkeitszufuhr > 2 l/die (evtl. zusätzlich Schleifendiuretika)
- kontrollierte Gewichtsabnahme, natriumarme Kost, langsam resorbierbare Kohlehydrate
- bei Hyperlipidämie → Einsatz von Cholesterinsynthesehemmer
- Shuntanlage organisieren, da mit einem Fortschreiten der Erkrankung zu rechnen ist!

Frage: Ab welcher Kreatinin-Clearance werden in der Regel die Symptome der Urämie manifest? **?**

☐ ☐ ☐
☺ 😐 ☹

Antwort: Das Urämische Syndrom beginnt meist bei einer Kreatinin-Clearance < 10 – 20 ml/min.

Merke: Berechnungsformel: **!**

$$\text{Kreatinin-Clearance} = \frac{\text{Kreatinin}_{\text{Urin}}\ (\mu\text{mol/l}) \times \text{Urinvolumen (ml)}}{\text{Kreatinin}_{\text{Plasma}}\ (\mu\text{mol/l}) \times \text{Sammeldauer des Urins (min)}}$$

Frage: Beschreiben Sie kurz Voraussetzung, Technik und Nachbehandlung einer **Nierentransplantation**. **?**

☐ ☐ ☐
☺ 😐 ☹

Antwort: Im Gegensatz zur Dialyse ermöglicht die Transplantation dem Patienten ein fast normales Leben. Allerdings können nicht alle Patienten mit chronischer Niereninsuffizienz einer Transplantation zugeführt werden. Einige der **Voraussetzungen**, die erfüllt sein müssen, sind:

- Es dürfen keine Malignome, Psychosen, Tuberkulose, schwere degenerative Gefäß- oder Hirnkrankheiten oder nicht ausgeheilte Magen- bzw. Duodenalulzera vorliegen.
- Verträglichkeit in den immunologischen Tests: Der Empfänger darf keine zirkulierenden Antikörper gegen Spenderlymphozyten besitzen. Spender und Empfänger sollten weitgehend in der HLA-Typisierung übereinstimmen.
- Vorhandensein eines ausgerüsteten Transplantationszentrums bzw. rechtzeitige Entnahme einer Leichenniere unter Beachtung der warmen Ischämiezeit (20 – 30 Min.).

Durch Kühlung und geeignete Lagerung ist eine Nierentransplantation bis zu 36 h nach der Entnahme des Organs möglich. Die Transplantation selbst erfolgt chirurgisch standardisiert extraperitoneal in der Fossa iliaca.

Um **Transplantat-Abstoßungsreaktionen** zu vermeiden, werden Immunsuppressiva wie **Cyclosporin A, Glukokortikoide** und **Azathioprin** verabreicht. Steroidresistente Abstoßungsreaktionen können durch **Anti-Lymphozyten-Serum** oder **OKT3** (Antikörper gegen den T3-Rezeptor von Lymphozyten) unterdrückt werden. Entscheidend ist die richtige Differenzialdiagnose einer Abstoßungsreaktion gegenüber z.B. einer Pyelonephritis oder einem Virusinfekt. Zur Klärung ist oft eine Nierenbiopsie angezeigt. Durch die Immunsuppression besteht eine erhöhte Infektneigung besonders für opportunistische Erreger (z.B. Pneumocystis carinii, Zytomegalie-Virus oder Listerien).

□ □ □

☺ 😐 ☹

? **Frage:** Im Rahmen einer Niereninsuffizienz kommt es sehr häufig zu einer so genannten **renalen Anämie**. Seit einiger Zeit lässt sich diese effektiv behandeln. Wie?

Antwort: Durch parenterale Gaben von **Erythropoetin** (subkutan) lässt sich die renale Anämie weitgehend beheben (cave: Eisenmangel ausgleichen!).

✚ Die Indikation für eine Bluttransfusion ist sehr streng zu stellen (Hepatitis C, HIV-Risiko, Induktion von zirkulierenden Antikörpern).

5.5 Nephrotisches Syndrom

□ □ □

☺ 😐 ☹

? **Frage:** Nennen Sie die Kennzeichen eines **nephrotischen Syndroms**. Bei welchen Krankheiten tritt es vorwiegend auf?

Antwort: Folgende Befunde sind charakteristisch:
- Proteinurie > 3,5 g/die
- Hypoproteinämie und Ödeme
- Hypercholesterinämie bzw. Hyperlipidämie

In über 70% der Fälle ist eine **primäre Glomerulonephritis** (ca. 30% membranöse GN, ca. 20% minimal change GN) die Ursache für ein nephrotisches Syndrom. Weitere Krankheitsbilder, die zum nephrotischen Syndrom führen können, sind:
- Kollagenosen (bes. Lupus erythematodes), Amyloidose
- Diabetische Glomerulosklerose
- toxische Einflüsse (D-Penicillamin, Quecksilber, Gold etc.)
- Plasmozytom
- Malaria

□ □ □

☺ 😐 ☹

? **Frage:** Nennen Sie **klinische Symptome** eines Patienten mit nephrotischem Syndrom.

Antwort: Im Vordergrund stehen beim nephrotischen Syndrom der hohe Eiweißverlust und die dadurch bedingten Flüssigkeitsverschiebungen.

- Schwäche und Müdigkeit durch Anämie
- Infektneigung durch Immunglobulinverlust
- Gewichtszunahme durch Ödeme (auffallend sind Lid- und Gesichtsödeme)
- Aszites und Lungenödem durch niedrigen plasmaonkotischen Druck
- Hypertonie durch Aktivierung des Renin-Angiotensin-Aldosteron-Systems

Frage: Warum neigen Patienten mit einem nephrotischen Syndrom zu **Thrombosen?** ?

☐ ☐ ☐
☺ 😐 ☹

Antwort: Durch die Proteinurie geht auch Antithrombin III mit dem Urin verloren. Dieses Protein stellt einen wichtigen körpereigenen Thrombininhibitor dar. Daher neigen Patienten mit nephrotischem Syndrom zu Thrombosen, speziell das Risiko für Nierenvenenthrombosen ist deutlich erhöht.

Frage: Erläutern Sie bitte die **Therapieprinzipien** beim nephrotischen Syndrom. ?

☐ ☐ ☐
☺ 😐 ☹

Antwort: Der Versuch einer erfolgreichen Behandlung der Grundkrankheit steht an erster Stelle. Bei den Glomerulonephritiden, als häufigste Ursache des nephrotischen Syndroms, ist dies selten möglich. Eine wichtige Ausnahme stellt die minimal-change Nephritis dar, die sehr gut auf Glukokortikoide anspricht. Ansonsten ist die Behandlung **symptomatisch** orientiert:

- strenge Blutdruckeinstellung (< 130/80 mmHg)
- Kochsalz- und Wasserrestriktion
- eiweißarme Diät (0,8 – 1 g/kg/die)
- Einsatz von Diuretika zur Ödemausschwemmung
- Thromboseprophylaxe (Heparin, Thrombozytenaggregationshemmer)
- evtl. Infusion von Albuminlösungen oder Plasmaexpander zur kurzfristigen Kreislaufstabilisierung
- regelmäßige Gewichts- und Elektrolytkontrollen

tipp Häufig wird nach Therapieprinzipien gefragt. Zuerst die allgemeinen, dann die medikamentösen Maßnahmen erklären. Dosis nur angeben, wenn man sich in puncto Richtigkeit absolut sicher ist oder direkt danach gefragt wird.

Merke: Vorsichtige diuretische Therapie zur Ödemausschwemmung, da sonst die Gefahr des akuten Nierenversagens erhöht wird.
Merke: Eine Reihe neuerer Studien haben den prognostischen Wert einer strengen Blutdruckeinstellung bzw. -senkung belegt, so dass dies eine der vordringlichsten Säulen der Therapie ist. !

5.6 Glomerulonephritis

Frage: Wie würden Sie allgemein eine **Glomerulonephritis** definieren?

tipp Glomerulus = Nierenkörperchen, Nephritis = Nierenentzündung.

Antwort: Es handelt sich um eine **Entzündung der Nierenkörperchen,** meist aufgrund **immunologischer** Prozesse, die häufig strukturelle Zerstörungen zur Folge hat. Typisch sind:

- Mikrohämaturie, Erythrozytenzylinder im Urinsediment
- mäßige Proteinurie
- reduzierte glomeruläre Filtration

Frage: Nennen Sie ein Beispiel für eine aggressive Glomerulonephritis.

Antwort: Bei der **Antibasalmembran-Glomerulonephritis** bilden sich Antikörper der Klasse IgG gegen Basalmembranproteine. Diese Antikörper lagern sich an der Basalmembran der Glomeruli ab und lassen sich immunologisch gut nachweisen. Es kommt zu einer ausgeprägten Entzündungsreaktion mit Einwanderung von Granulozyten und zur Proliferation von glomerulären und extrakapillären Zellen der Bowmanschen Kapsel (z. B. Halbmondbildung).

Frage: Nennen Sie Einteilungsmöglichkeiten und Therapieprinzip einer **rasch progredienten Glomerulonephritis.**

tipp Diese Art von Fragen verdirbt den Spaß an der Nephrologie. Allgemein bleiben; Dosisangaben sind zu vermeiden, da sich diese häufig ändern.

Antwort: Eine Einteilung der rasch progredienten GN ist über das **histologische** Bild möglich:

Typ I	lineare Ablagerungen von IgG und Komplement an den Basalmembranen (Goodpasture-Typ)
Typ II	Ablagerungen von Immunkomplexen
Typ III	immunfluoreszenzmikroskopisch negative Formen (z. T. ANCA-assoziiert)

Tab. 5.4: Einteilung der rasch progredienten GN

Bei der Therapie kommen **frühzeitige Steroidstöße** und konsequente **Immunsuppression** zum Einsatz.

Frage: Wie unterscheidet sich sonographisch eine akute Glomerulonephritis (z. B. Poststreptokokken-GN) von einer langjährigen chronischen GN?

Antwort: Bei einer **akuten GN** sind die **Nieren geschwollen** und daher meist vergrößert. Eine langjährige **chronische GN** führt zu **Schrumpfnieren,** die sich manchmal sonographisch kaum darstellen lassen.

Frage: Welche Symptome macht eine akute **Poststreptokokken-Glomerulonephritis?** In welchem zeitlichen Abstand tritt die Glomerulonephritis zum auslösenden Infekt auf?

Antwort: Einer Poststreptokokken-Glomerulonephritis geht ein Infekt, meist der oberen Luftwege, ca. 8–16 Tage voraus. Auslösend sind **β-hämolysierende Streptokokken** der Gruppe **A** meist vom Typ 12. Es handelt sich nicht um eine akute Infektion, sondern um eine immunologisch bedingte Zweiterkrankung. Bevorzugt sind Kinder und junge Erwachsene betroffen. Als so genannte **Kardinalsymptome** gelten:

- Hypertonie
- Erythrozyturie
- Ödeme

> **tipp** Hier handelt es sich um das klassische Beispiel einer akuten Glomerulonephritis, die im Rahmen der Prüfungsvorbereitung ein absolutes „Muss" ist.

Selten liegt eine höher gradige Proteinurie (3–5 g/die) vor. Häufig klagen die Patienten über ein ausgeprägtes **Krankheitsgefühl, Kopfschmerzen** und **dumpfe Rückenschmerzen** (wegen Nierenkapselspannung). Selten kann es durch Überwässerung zum Lungen- oder Hirnödem kommen.

Frage: Welche **Therapie** und **Prognose** besitzt die Poststreptokokken-Glomerulonephritis?

Antwort: Die Inzidenz der Poststreptokokken-Glomerulonephritiden hat durch die prophylaktische Penicillin-Behandlung einer „Stippchen"-Angina abgenommen. Bei gesicherter Glomerulonephritis sollten die Patienten im akuten Stadium **Bettruhe** einhalten. Weiterhin sind tägliche **Gewichts-** und **Elektrolytkontrollen** unumgänglich. Eine **salzarme Kost** ist im akuten Stadium sinnvoll. Die medikamentöse Therapie besteht in der Gabe von **Penicillin** 3 ME/d ungefähr 2 Wochen lang. Einige Monate nach der Erkrankung sollte eine Herdsanierung (Tonsillektomie) durchgeführt werden. Die Prognose ist vor allem bei Kindern gut. Selten kommt es zu chronischen Verlaufsformen. Gefährlich ist die akute Kreislaufdekompensation bei verschleppter Diagnose.

> **tipp** Wie immer gilt bei Fragen nach der Therapie der Grundsatz: „von einfachen zu schwierigeren Maßnahmen (Medikamente)".

Frage: Was wissen Sie über die so genannte **minimal-change Nephritis** oder Lipoidnephrose?

tipp Neben der Poststreptokokken-GN wird die minimal-change Nephritis sehr oft abgefragt. Besonders bei nephrologisch orientierten Prüfern lohnt sich ein näheres Auseinandersetzen mit der Lipoidnephrose.

Antwort: Es handelt sich um eine Glomerulonephritis ohne lichtmikroskopisch fassbare Veränderungen. Erst elektronenmikroskopisch sind eine Fusion und ein Verlust der Podozytenfortsätze sowie eine mäßige Verdickung der Basalmembran zu erkennen. Die Ätiologie ist ungeklärt. Ein **ausgeprägtes nephrotisches Syndrom** bei einem plötzlichen Krankheitsbeginn ist typisch. Im **Kindesalter** ist die minimal-change Nephritis die häufigste GN, die zum nephrotischen Syndrom führt. In ca. 50% der Fälle mit minimal-change Nephritis bei Kindern finden sich **Spontanheilungen.** Bei Erwachsenen ist dieser Prozentsatz geringer. Ein Teil der Fälle spricht sehr gut auf **Glukokortikoide** an.

5.7 Pyelonephritis

Fallbeispiel: Eine 22-jährige Frau berichtet über Fieber bis 40 °C, Schüttelfrost, Flankenschmerz links und einen übel riechenden Urin. Es besteht hohes Krankheitsgefühl. Ein- bis zweimal jährlich treten zudem Blasenentzündungen auf. Was vermuten Sie?

tipp Wer in der Klinik oder sogar bei sich selbst eine Pyelonephritis erlebt hat, dürfte bei der Beschreibung des klinischen Bildes keine Schwierigkeiten haben.

Antwort: Als Verdachtsdiagnose wäre hier eine **akute Pyelonephritis** anzunehmen.

Frage: Wodurch kann die Entstehung einer Pyelonephritis begünstigt werden? Was zeigt der Harnbefund?

Antwort: Der **Harnbefund** zeigt eine signifikante Bakteriurie, Leukozyturie, Nachweis von Leukozytenzylindern im Sediment und nicht selten eine Hämaturie. Die Entzündungsparameter (BSG, C-reaktives Protein) sind stark erhöht.

Eine Pyelonephritis wird durch Abflussbehinderungen des Urins begünstigt. Hier sind z.B. der **vesikorenale Reflux, Nierensteine** oder eine **Prostatahyperplasie** zu nennen. Weiterhin disponieren **Allgemeinerkrankungen** wie Diabetes mellitus oder Gicht zur Pyelonephritis. **Frauen** sind wegen den anatomischen Gegebenheiten (kurze äußere Harnröhre) und vor allem in der Gravidität gefährdet.

Frage: Sie kennen sicher den Begriff der **signifikanten Bakteriurie**. Was versteht man darunter? Welche Erreger lassen sich hauptsächlich bei einer Bakteriurie finden?

Antwort: Bei der bakteriologischen Untersuchung von Mittelstrahlurin treten häufig bakterielle Kontaminationen auf. Deshalb spricht man erst ab einer nachgewiesenen **Keimzahl > 10^5/ml** Mittelstrahlurin (= Kass-Zahl) von einer signifikanten Bakteriurie. Man unterscheidet je nach Vorliegen von klinischen Zeichen eines Harnwegsinfekts zwischen asymptomatischer und symptomatischer signifikanter Bakteriurie. Bei Nachweis einer signifikanten Bakteriurie ist eine rasche Keimdifferenzierung anzustreben.

Mit Abstand am häufigsten werden Keime aus der **Escherichia-coli-**Gruppe (> 80% der Fälle) nachgewiesen. Weitere Keime, welche häufig Harnwegsinfektionen verursachen, sind Proteus, Enterokokken, Klebsiellen und als besonderer Problemkeim Pseudomonas.

Frage: Sie haben bei einer jungen Frau eine akute Pyelonephritis bestätigt. Welche **Therapie** wählen Sie? **?**

☐ ☐ ☐
☺ 😐 ☹

Antwort: Nach Abnahme von Labor und Mittelstrahlurin zur Keim- und Resistenzbestimmung ist sofort mit einer kalkulierten antibiotischen Therapie zu beginnen:

- **Cotrimoxazol forte** (= Trimethoprim + Sulfamethoxazol) 2 × 1 Tbl./die, entspricht 2 × 160 mg Trimethoprim und 2 × 800 mg Sulfamethoxazol oder
- **Amoxicillin** 3 × 2 g/die i.v. oder
- **Ciprofloxacin** 2 × 250 mg/die per os oder 2 × 200 mg/die i.v. (cave: Keine Gyrase-Hemmer bei Kindern oder Schwangeren!)

tipp Dosisangaben sind hier sinnvoll.

Die Behandlungsdauer umfasst ca. 14 Tage (evtl. Umstellen der Antibiose nach Erhalt der Resistenzbestimmung).

- Analgesie (z.B. Metamizol 3 × 20 Tr./die)
- Bettruhe und reichliche Flüssigkeitszufuhr
- 3 × tägl. Temperaturkontrolle

Nach Abklingen der Symptomatik sollte nach prädisponierenden Ursachen wie Diabetes oder Urolithiasis gesucht werden.

Merke: Harnstauung und Pyelonephritis → Gefahr der Urosepsis. Daher ist bei jeder Pyelonephritis eine Nierensonographie sinnvoll mit evtl. nachfolgender Entlastung der Stauung durch eine Nephrostomie. **!**

Frage: Welche **Antibiotika** sind bei einer unkomplizierten Pyelonephritis **in der Schwangerschaft** einzusetzen? **?**

☐ ☐ ☐
☺ 😐 ☹

Antwort:

- **Erlaubt** sind Penicilline, Cephalosporine, evtl. Makrolid.

- **Verboten** sind Tetrazycline, Gyrase-Hemmer, Trimethoprim, Aminoglykoside

? **Frage:** Warum ist eine chronische Pyelonephritis gefährlich?

Antwort: Eine chronische Pyelonephritis führt zum langsamen, aber fortschreitenden Untergang von Nierengewebe. Meist liegen ausgedehnte Vernarbungen und „Keimnester" (Mikroabszesse) vor, die durch Antibiotika nicht erreicht werden. Patienten mit chronischer Pyelonephritis weisen nicht selten Harnabflussstörungen (rez. Urolithiasis) und/oder Missbildungen (vesikorenaler Reflux) auf. Ca. 10–15% aller dialysepflichtigen Niereninsuffizienzen sind auf chronische Pyelonephritiden zurückzuführen.

? **Frage:** Erklären Sie uns bitte kurz den **Wirkmechanismus** von **Cotrimoxazol**. Nennen Sie einige Nebenwirkungen.

tipp Von häufig gebrauchten Medikamenten werden manchmal Fragen zu Wirkmechanismus und Nebenwirkungen gestellt. Dies gilt besonders für Antibiotika und Digitalispräparate.

Antwort: Co-trimoxazol ist ein Kombinationspräparat und setzt sich aus einem **Sulfonamid** (Sulfamethoxazol) und **Trimethoprim** zusammen. Beide wirken synergistisch hemmend auf die Folsäuresynthese. Sulfonamide wirken durch ihre ähnliche Struktur als kompetitive Antagonisten der Paraaminobenzoesäure und blockieren somit früh die Folsäurebiosynthese. Sie wirken bakteriostatisch. Trimethoprim ist ein Pyrimidinderivat und inhibiert die Dihydrofolatreduktase.

Als **Nebenwirkungen** der **Sulfonamide** sind bekannt:

- hohe Plasmaeiweißbindung, dadurch Pharmakokinetikstörungen anderer Medikamente
- Kernikterus bei Kindern und Säuglingen
- Methämoglobinbildung
- gastrointestinale Beschwerden und Hautausschläge

Trimethoprim führt zu Störungen von Zellteilungsvorgängen. Somit kann besonders die Hämatopoese beeinträchtigt werden (Thrombopenie, Leukopenie). In der Gravidität ist Trimethoprim kontraindiziert.

5.8 Analgetika-Nephropathie

? **Frage:** Sie sehen hier das Sektionsbild einer Niere einer 52-jährigen Frau mit langjährigem Analgetika-Abusus. Erklären Sie den **pathophysiologischen Mechanismus**, der bei nicht-steroidalem Analgetika-Abusus zur Papillennekrose führt.

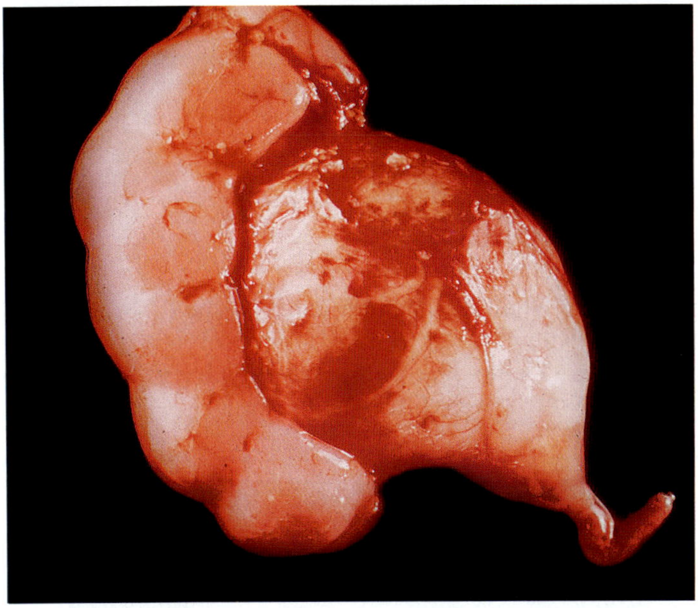

Abb. 5.2: Abbildung einer weitgehend komplett destruierten Niere

Antwort: Durch die langjährige Einnahme von Schmerzmitteln (ungefähr 1 – 2 kg, d.h. Tagesdosen von mehr als 1 – 2 g über Jahre), vor allem phenacetin- und acetylsalicylsäurehaltiger Präparate, kommt es oft zu einer abakteriellen interstitiellen Nephritis. Entscheidend ist, dass die **Nierenmarkdurchblutung durch Prostaglandinbildung** innerhalb der Niere **reguliert** wird. Eine erhöhte Konzentration an Prostaglandinen (speziell Prostaglandin E_2) führt zu einer Steigerung der Durchblutung des Nierenmarkes. Einige nichtsteroidale Analgetika hemmen die Prostaglandinsynthese und bewirken so eine Minderdurchblutung.

Die Kompensationsmechanismen des Nierenmarkes und besonders der Papillen sind gering, so dass ischämisch bedingte Nekrosen auftreten können. Zusätzlich kommt es im Rahmen der Urinkonzentrierung zu einer physiologisch bedingten Anreicherung der Medikamente im Papillenspitzenbereich. Durch die Ischämie und toxische Schädigung entsteht eine **interstitielle Nephritis** mit den typischen **Papillennekrosen.**

Frage: Welche **klinischen Erscheinungen** finden Sie bei einer Analgetika-Nephropathie? **?**

☐ ☺ ☐ 😐 ☐ ☹

Antwort: Die Nephropathie verläuft meist symptomarm. Neben unspezifischen **Allgemeinsymptomen** wie Müdigkeit, Kopfschmerzen (deshalb Analgetika) und Gewichtsverlust fallen die Patienten durch ihr **graugelbes Hautkolorit** und ihre Neigung zu **Harnwegsinfektionen**

auf. Ein Frühsymptom stellt die renal bedingte **Anämie** dar. Manchmal werden durch den Abgang nekrotischer Papillen Koliken ausgelöst. Durch die frühe Einschränkung der Konzentrationsfähigkeit der Niere kann eine **Polyurie** und **Polydipsie** vorliegen.

5.9 Nephrolithiasis

Fallbeispiel: Sie sehen hier die dreidimensionale Rekonstruktion eines CT. Der Patient berichtet über intermittierende Unterbauchschmerzen ohne Fieber. Die Schmerzen strahlen in das linke Genitale aus. Was fällt Ihnen am linken Ureter auf?

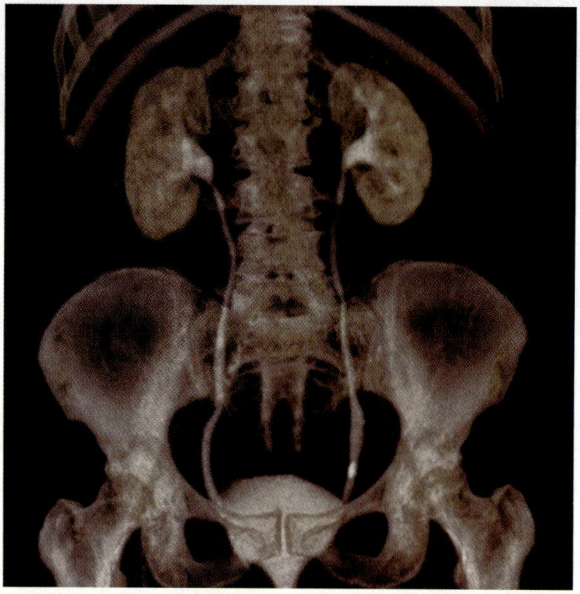

Abb. 5.3: Dreidimensionale CT-Rekonstruktion der Nieren und ableitenden Harnwege

Antwort: Es findet sich eine röntgendichte Struktur im linken distalen Ureter. Es könnte sich um einen **Harnleiterstein** handeln. Eine wesentliche Harnstauung liegt nicht vor. Typisch für die Konkrementlage ist die vom Patienten geschilderte Schmerzausstrahlung.

Frage: Variiert die Qualität und Ausstrahlung der **Koliken** mit der Steinlage?

Antwort: Koliken werden durch Passagehindernisse in Hohlorganen ausgelöst. Es handelt sich um stärkste krampfartige Schmerzen. Je nach Steinlage können (muss aber nicht) bei der Urolithiasis Begleitsymptomatik und Schmerzausstrahlung variieren:

tipp Rethorische Fragen wie diese sind recht häufig.

Steinlage	Schmerzqualität der Koliken	Ausstrahlung und Begleitsymptome
Nierenkelche	intermittierend, dumpf, oft von der Körperlage abhängig	Mittelbauch, Rücken (DD: Pankreatitis, Cholezystitis, Lumbago)
Nierenbecken, Ureterabgang	intermittierend, gelegentlich von der Trinkmenge abhängig	Mittelbauch, Rücken, Unterbauch, Blähungen, Obstipation, Erbrechen
mittlerer Ureter	hell, lang anhaltend	Unterbauch, Leiste, Obstipation, Erbrechen
unterer Ureter (prävesikal)	hell, lang anhaltend	Genitale (Hoden, Schamlippen), Pollakisurie, Obstipation, Erbrechen
Blase	selten, kaum Koliken	Blase (je nach Körperlage), Harnröhre, meist Harnstottern

Tab. 5.5: Lageabhängige Begleitsymptomatik und Schmerzausstrahlung bei Urolithiasis

Frage: Wie behandeln Sie eine **akute Steinkolik** wie in diesem Fall in der Klinik? ?

☐ ☐ ☐

Antwort: Die sehr starken Schmerzen bedürfen einer sofortigen Analgesie. Eine **parenterale Schmerztherapie** während einer akuten Kolik ist einer oralen Behandlung vorzuziehen:

- **Metamizol** 1 – 2 g per inf. (oder Pethidin 30 mg langsam i.v.)
- evtl. zusätzlich Spasmolytika **N-Butylscopolamin** 1 – 2 Amp. (20 – 40 mg) per inf. (orale Gaben kaum wirksam, da sehr geringe Resorption)
- Temperaturkontrolle, bei Fieber sofortige Antibiose und Entlastung der Harnstauung (Urosepsisgefahr!)
- reichlich Flüssigkeit und Bewegung
- Metoclopramid 3 × 20 Tr. bei starker Übelkeit

Cave: **Morphinderivate** möglichst **vermeiden** wegen der Verstärkung der Hohlorganspastik und des reflektorischen Ileus.

Frage: Womit werden heute ca. 80% aller Harnsteine erfolgreich behandelt? ?

☐ ☐ ☐

Antwort: Die **ESWL** (**e**xtrakorporale **S**toß**w**ellen**l**ithotripsie) ist für die meisten Harnsteine Therapie der Wahl (sehr gute Ansprechraten: Niere und Nierenbecken, gute Ansprechraten: oberer Harnleiter, mäßige Ansprechraten: unterer Harnleiter). Das Konkrement in obiger Abbildung ließe sich am besten durch eine ureteroskopische Steinzertrümmerung (URS) behandeln.

☐ ☐ ☐
☺ 😐 ☹

? **Frage:** Welche Steine finden sich am häufigsten im oberen Harntrakt?

Antwort: Am häufigsten sind **Ca^{2+}-Oxalat-Steine** (ca. 80%).

☐ ☐ ☐
☺ 😐 ☹

? **Frage:** Können Sie uns erklären, warum es bei **M. Crohn** oder nach ausgedehnten **Dünndarmresektionen** häufig zu **oxalathaltigen Nierensteinen** kommt?

Antwort: Gallensäuren sind wegen ihrer Fähigkeit zur Mizellenbildung an der Fettresorption im Dünndarm wesentlich beteiligt. Bei **Erkrankungen**, die vor allem das **terminale Ileum** betreffen, geht der Hauptresorptionsort der Gallensäuren verloren. Es entwickelt sich ein **Gallensäurenverlustsyndrom** mit den Folgen einer gestörten Fettresorption und einer daraus resultierenden Steatorrhoe. Durch das Fett wird im Dickdarm Calcium aus dem mit der Nahrung reichlich aufgenommenen Calcium-Oxalat herausgelöst (= so genannte Verseifung).

Oxalat ist im Gegensatz zu Calcium-Oxalat wesentlich leichter löslich und wird in hohem Maße resorbiert. Es kommt zu einer sekundären Hyperoxalurie, welche bei verminderter Diurese, Infekten oder einer evtl. vorliegenden Harnabflussstörung zur Bildung von Oxalat-Steinen disponiert.

☐ ☐ ☐
☺ 😐 ☹

? **Frage:** Wie sieht man auf einer Abdomenübersichtsaufnahme („Leeraufnahme") einen reinen Harnsäurestein?

> tipp Vorsicht! An solchen Fragen, bei denen der Prüfer evtl. auch noch schmunzelt, ist meist etwas faul.

Antwort: Harnsäuresteine gehören zu den **nicht schattengebenden** Konkrementen. Mit anderen Worten, man sieht sie im Gegensatz zu den kalziumhaltigen Steinen auf einer Röntgenaufnahme nicht. Ihr Nachweis erfolgt indirekt, d.h. radiologisch im **Urogramm** durch die Harnabflussstörung mit Dilatation des Hohlsystems der Niere oder mittels der **Sonographie**. Hinweise auf Uratsteine können die Anamnese bzw. der Blut- oder Urinharnsäuregehalt geben.

5.10 Nierenarterienstenose

Frage: Welche Ursachen kennen Sie für eine Nierenarterienstenose?

Antwort: Eine rasche Entwicklung einer Hypertonie und periumbilikale Stenosegeräusche sind hinweisend auf eine Nierenarterienstenose.

- **Arteriosklerose** (ca. 80% aller Fälle, bevorzugt im fortgeschrittenen Alter)
- **Fibromuskuläre Dysplasie** (ca. 20% aller Fälle, eher jüngere Patienten um das 30. Lebensjahr)

Die **Klinik** äußert sich in Hypertonie (bes. diastolisch), evtl. später Herzinsuffizienz, Herzklopfen, Kopfschmerzen, sekundärer Hyperaldosteronismus.

Frage: Nennen Sie einige **Untersuchungsmethoden**, mit denen der Verdacht einer Nierenarterienstenose erhärtet werden kann.

Antwort:

Auskultation	Stenosegeräusch paraumbilikal oder an den Flanken (in 40% der Fälle hörbar)
Doppler-sonographie	Berechnung von Strömungsgeschwindigkeit und Gefäßdurchmesser (untersucherabhängig)
DSA (Angiographie)	optimale Bildgebung, aber invasiv (nur bei therapeutischer Konsequenz sinnvoll)
Captopriltest	bei RR-Abfall und Reninanstieg → Verdacht auf Stenose (relativ geringe Spezifität)
Nierensequenz-szintigraphie	Abschätzung der Nierendurchblutung (evtl. vor und nach ACE-Hemmer)
Frühurogramm	indirekter Nachweis einer verzögerten Perfusion im Seitenvergleich (geringe Spezifität)
Angio-MRT	aufwändig, sehr gute Bildgebung, Methode der Zukunft
Spiral-CT	aufwändig, gute Bildgebung

Tab. 5.6: Diagnostik der Nierenarterienstenose

☐ ☐ ☐
☺ 😐 ☹

Fallbeispiel: Ein Medizinstudent berichtet Ihnen, dass er beim Üben der Auskultation bei sich ein merkwürdiges Strömungsgeräusch links neben dem Nabel und an der linken Flanke gehört hätte. Sie prüfen dies nach und können den Befund bestätigen. Weiterhin fällt ein Blutdruck von 160/110 mmHg auf. Fällt Ihnen eine Ursache für diese Hypertonie ein, die nicht kardial verursacht ist?

tipp Medizinstudenten bieten dankbare Fallbeispiele in der mündlichen Prüfung. Offensichtlich liegt eine Gefäßanomalie vor.

Antwort: Der Hypertonus könnte durch eine **Nierenarterienstenose** bedingt sein. Sie ist für ca. 10–20% der Fälle von Hypertonien verantwortlich. Während bei jungen Patienten die so genannte fibromuskuläre Hyperplasie überwiegt, liegt bei älteren Patienten meist eine arteriosklerotisch bedingte Stenose vor. Bei über einem Drittel der Patienten mit Nierenarterienstenose lässt sich ein Stenosegeräusch auskultieren.

Folgende Mechanismen führen zu einer Blutdrucksteigerung: Durch die Verminderung der Nierenperfusion kommt es zu einer erhöhten Sekretion von Renin mit vermehrter Umsetzung von Angiotensin I zu Angiotensin II.

Neben einer Arteriolenkonstriktion verursacht Angiotensin II eine vermehrte Aldosteronausschüttung (→ Hypokaliämie).

☐ ☐ ☐
☺ 😐 ☹

Frage: Welche **Therapiemöglichkeiten** gibt es bei einer Nierenarterienstenose?

Antwort: Vor allem bei jungen Patienten wird die **perkutane transluminale Dilatation** oder die **operative Korrektur** der Stenose und damit Verbesserung der Nierendurchblutung angestrebt. Besteht der Hochdruck sehr lange (> 5 Jahre), kann sich eine fixierte Hypertonie entwickelt haben, die sich auch nach einer Operation nicht bessert. Dann sind die durch Minderperfusion eingetretenen Nierenschäden nicht mehr reversibel. Im Extremfall liegt ein funktionsloses Organ vor.

5.11 Diabetische Nephropathie

☐ ☐ ☐
☺ 😐 ☹

Frage: Welche **Veränderungen** können bei einem langjährigen **Diabetes mellitus** an der Niere auftreten?

Antwort: Ein Diabetes mellitus kann **vaskuläre, glomeruläre** und **interstitielle** Schäden bzw. Veränderungen an der Niere hervorrufen. Die vaskulären Veränderungen betreffen eine frühzeitige und progrediente **Arterio- und Arteriolosklerose** der Nierengefäße. Spezifisch für eine diabetische Nephropathie ist die so genannte **Glomerulosklerose** mit dem Namen **Kimmelstiel-Wilson**. Es handelt sich hierbei um große noduläre Ablagerungen von hyalinem Material innerhalb der Glomerula. Weiteres Kennzeichen ist eine Mesangiumproliferation.

Sehr häufig sind **rezidivierende Pyelonephritiden** bei Diabetikern, welche unter dem Bild einer interstitiellen Nephritis zu Papillennekrosen führen können. Die Summe der Veränderungen führt im Laufe der Jahre zur manifesten Niereninsuffizienz.

Merke: Sobald ein Diabetiker mehr als 30 mg/Tag Einweiß mit dem Urin verliert, besteht der dringende Verdacht auf eine diabetische Nephropathie! **!**

Frage: Sie finden bei einem Diabetiker trotz einem Blutglukose-Wert von 230 mg/dl keine Glukosurie. Woran könnte das liegen? **?**

☐ ☐ ☐
☺ 😐 ☹

Antwort: Normalerweise kommt es zum Auftreten einer Glukosurie, wenn eine Blutglukosekonzentration von ca. 180 mg/dl überschritten wird, da ab diesem Wert die tubulären Rückresorptionsmechanismen für Glukose erschöpft sind. Liegt eine ausgeprägte diabetische Nephropathie vor, kann aufgrund der Gefäß- und Glomeruliveränderungen die **Filtration von Glukose eingeschränkt** sein. Es kommt trotz der hohen Blutglukosewerte zu keiner Glukosurie. Dies kann zu der Fehlannahme eines gut eingestellten Diabetes führen.

Frage: Bei einem Patienten mit langjährig bekanntem Diabetes mellitus findet sich im Urin eine **Mikroalbuminurie**. Welche **therapeutischen Maßnahmen** ergreifen Sie? **?**

☐ ☐ ☐
☺ 😐 ☹

Antwort: Das Stadium der Mikroalbuminurie (> 30 mg/24 h) bei der Entwicklung der diabetischen Nephropathie sollte frühzeitig erfasst werden. Durch eine konsequente **Blutdruck-** und **Blutzuckereinstellung** kann hier der Übergang zur manifesten diabetischen Nephropathie deutlich verzögert, wenn nicht sogar vermieden werden. Mittel der Wahl zur Blutdruckeinstellung (RR < 140/90 mmHg) sind **ACE-Hemmer** und **AT1-Antagonisten.**

5.12 Amyloidose

Frage: Was verstehen Sie unter einer **Amyloidose?** Wann tritt sie auf? **?**

☐ ☐ ☐
☺ 😐 ☹

Antwort: Unter einer Amyloidose versteht man die **Ablagerung bestimmter Proteine in verschiedenen Organen,** wobei es zu einer Funktionsstörung kommt. Es kann eine **generalisierte** Form von einer **lokalisierten Form** unterschieden werden. Man differenziert zwischen **primären idiopathischen** und **sekundären erworbenen** Amyloidosen.

tipp In den Prüfungsprotokollen vor 1985 kommen Fragen zur Amyloidose recht häufig vor. Jetzt wird kaum mehr danach gefragt. Wir erwähnen kurz das Wichtigste.

Die wesentlich häufigeren sekundären Amyloidosen entstehen im Verlauf von langjährigen chronischen Entzündungen wie Tuberkulose, rheumatoide Arthritis, Colitis ulcerosa, Osteomyelitis etc. Auch beim Plasmozytom und Morbus Waldenström werden oft Amyloidosen gefunden. Nachfolgende Organe sind hauptsächlich von den Amyloidablagerungen betroffen: Herz, Niere, Magen-Darm-Trakt (Rektumschleimhaut), Nervensystem, Pankreas. Dabei sind die Funktionsbeeinträchtigungen von Herz und Nieren für die Prognose des Krankheitsbildes entscheidend.

Frage: Welche Befunde lassen sich bei der **Nierenamyloidose** erheben?

tipp Die meisten Organe reagieren auf verschiedene Schädigungen immer auf die organspezifisch gleiche Weise. So kommt es auch bei der Amyloidose der Niere zu den schon oft beschriebenen Erscheinungen.

Antwort: Die Nierenamyloidose verläuft zunächst symptomarm. Als erstes klinisches Zeichen kommt es meist zu einer **Proteinurie**, welche stark ausgeprägt sein kann. Klinisch sind **Ödeme, Aszites** und **thrombembolische Komplikationen** zu beobachten.

Schließlich kommt es je nach Grundkrankheit zu einer **progredienten Niereninsuffizienz** mit Urämie-Zeichen. Häufig wird das Krankheitsbild durch eine sich entwickelnde **Hypertonie** kompliziert.

Frage: Welches ist die einfachste Methode, um eine Amyloidose zu diagnostizieren?

tipp IMPP-Frage

Antwort: Die Diagnose wird durch eine **Rektum- und Mundschleimhautbiopsie** und nachfolgender lichtmikroskopischer Untersuchung gestellt. Das Amyloid zeigt hierbei nach Kongorotfärbung im polarisierten Licht eine charakteristische Grünfärbung. Dieser Befund im Zusammenhang mit einer Proteinurie und Nierenfunktionseinschränkung macht eine Nierenamyloidose sehr wahrscheinlich.

5.13 Nierentuberkulose

Frage: Eine häufige Organmanifestation einer postprimär gestreuten Lungentuberkulose stellt das Urogenitalsystem und speziell die Niere dar. Kennen Sie eine **Stadieneinteilung** der Nierentuberkulose?

Antwort: Die Stadieneinteilung erfolgt nach dem röntgenologischen Bild im Ausscheidungsurogramm.

Es werden **drei Stadien** unterschieden:

I	**parenchymatöses Stadium**	röntgenologisch keine oder kaum Veränderungen zu sehen; eventuell einige regellose Verkalkungen erkennbar
II	**kavernöses Stadium**	deutliche Nierenkelchverformungen und evtl. Obstruktion des Ureters oder des Nierenbeckens
III	**Kittniere**	Niere ist urographisch stumm, meist völlig destruiert und geschrumpft

Tab. 5.7: Stadieneinteilung der Nierentuberkulose

Bei einer Nierentuberkulose sind oft kanalikulär deszendierend die **Harnleiter**, die **Blase** und beim Mann **Prostata** sowie **Nebenhoden** mit befallen.

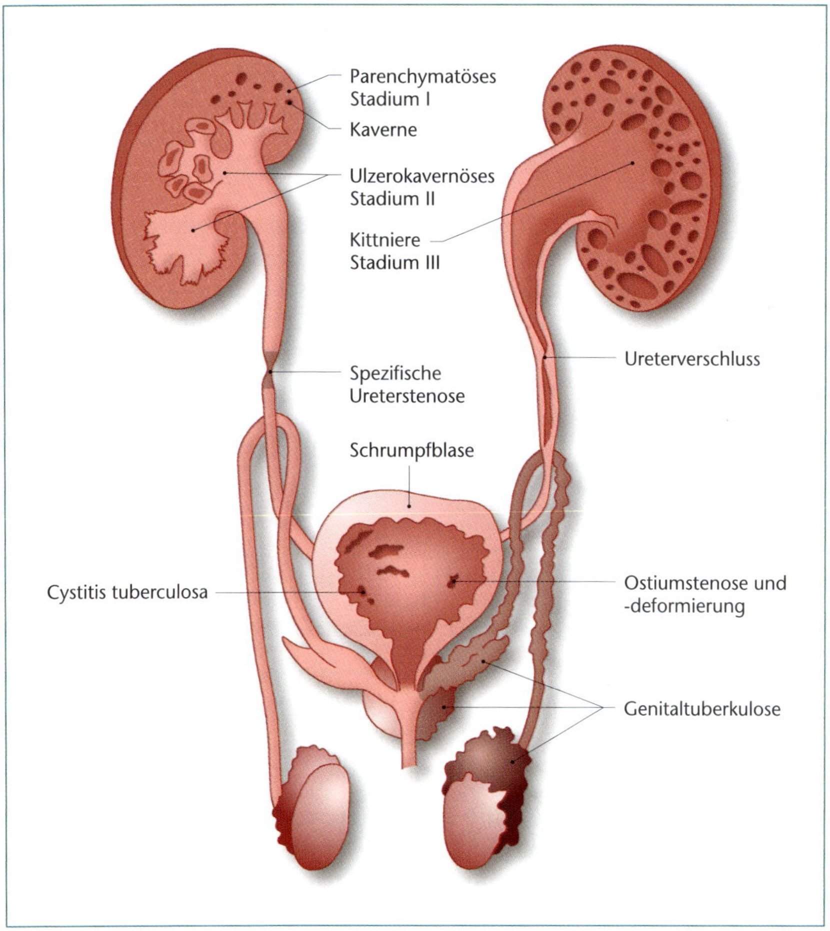

Abb. 5.4: Manifestationen der Tbc im Urogenitaltrakt

☐ ☐ ☐

☺ 😐 ☹

Frage: Über welche **Beschwerden** könnte ein Patient mit Urogenitaltuberkulose klagen? Welchen typischen **Urinbefund** können Sie finden?

tipp Vor allem der typische Urinbefund ist wichtig. Darauf laufen Fragen zur Urogenitaltuberkulose praktisch immer hinaus.

Antwort: Neben unspezifischen **Allgemeinsymptomen** wie Müdigkeit, Leistungsabfall und Nachtschweiß klagen die Patienten über **Pollakisurie** (= häufige Miktion), ziehende unbestimmte **Schmerzen, Tenesmen** und **Nykturie**. Manchmal kommen **Koliken** vor. Bei Befall der Nebenhoden kann eine Hämospermie den Patienten zum Arzt führen.

Der Urinbefund weist typischerweise eine so genannte **sterile Leukozyturie** auf, d.h., es finden sich wiederholt im Urinsediment viele Leukozyten, ohne dass in der Kultur Bakterien nachzuweisen sind. Häufig liegt gleichzeitig eine **Mikrohämaturie** vor.

5.14 Renale tubuläre Azidose

☐ ☐ ☐

☺ 😐 ☹

Frage: Was ist eine **renale tubuläre Azidose?**

Antwort: Es handelt sich um eine Unfähigkeit der Nieren, den Urin, entsprechend dem Anfall saurer Äquivalente aus dem Körperstoffwechsel, ausreichend anzusäuern. Man unterscheidet 2 Formen:

- **Typ 1 = distale tubuläre Azidose:** Mangelnde Ammoniaksynthese der Nieren, durch die H^+-Ionen nicht ausreichend abgepuffert werden können. Klinisch ist dies die am häufigsten vorkommende Form.
- **Typ 2 = proximale tubuläre Azidose:** Bikarbonat wird nicht ausreichend im proximalen Tubulus rückresorbiert (hauptsächlich bei Kindern anzutreffen).

☐ ☐ ☐

☺ 😐 ☹

Frage: Welche Befunde bzw. **Symptomatik** treten beim **Typ 1** der renalen tubulären Azidose auf?

Antwort: Es bestehen neben einer schweren metabolischen Azidose, meist auch eine Hypophosphatämie, Hypokalzämie und Hypokaliämie, da diese Ionen aus Elektroneutralitätsgründen vermehrt mit dem Urin ausgeschieden werden.

Durch die Hyperkalzurie kann es zur **Nephrolithiasis** oder **Nephrokalzinose** kommen. Häufig entsteht eine **Osteomalazie**. Die Hypokaliämie führt zu **Herzrhythmusstörungen** bzw. **Muskelschwäche** und zusätzlicher **hypokaliämischer Nephropathie** (Schädigung der Konzentrationsfähigkeit der Niere).

5.15 Dialyseverfahren

Frage: Wie würden Sie einem interessierten Laien das **Prinzip einer Dialyse** erklären?

Antwort: Bei allen Dialyseverfahren werden dem Körper des Patienten retinierte Stoffe und/oder Flüssigkeit entzogen. Dies geschieht über eine natürliche oder künstliche Membran, welche den Körperkreislauf von einem extrakorporalen Kreislaufsystem trennt. Die Entfernung der im Blut gelösten Stoffe erfolgt entweder durch Diffusion in eine extrakorporale Spülflüssigkeit entlang dem osmotischen Gradienten oder durch Abpressen eines Filtrats mittels eines hohen hydrostatischen Drucks.

tipp Bei der Beantwortung sollte auf komplizierte Fachausdrücke verzichtet werden. Zum Verständnis der Dialyseverfahren muss man sich die physikalischen Grundlagen klar machen.

Frage: Welche wichtigen **Dialyseverfahren** kennen Sie? Nennen Sie zu jedem Verfahren eine typische Indikation.

Antwort:

- **Extrakorporale Hämodialyse:** Hier wird fortlaufend das Blut des Patienten über ein Schlauchsystem an einer isotonen und isoionischen Spüllösung (= Dialysat) vorbeigeführt. Dabei sind Dialysat und Patientenblut durch eine semipermeable Membran getrennt und in ihren Fließrichtungen entgegengesetzt gerichtet (Gegenstromprinzip). Entlang dem osmotischen Gradienten wandern die gelösten Blutbestandteile und insbesondere die retinierten harnpflichtigen Substanzen in das Dialysat. Durch ständigen Austausch des Dialysates wird das Konzentrationsgefälle zum Patientenblut aufrechterhalten. Das „gereinigte Blut" wird mittels einer Pumpe dem Patientenkreislauf wieder zugeführt. Die Hämodialyse wird typischerweise bei der terminalen chronischen Niereninsuffizienz (z. B. nach Glomerulonephritis) angewandt.
- **Peritonealdialyse:** Der Stoffaustausch erfolgt über das Peritoneum als eine biologische Membran. Über einen Katheter wird hier die Spüllösung in den Bauchraum instilliert und nach einiger Zeit abgeleitet und erneuert. Durch mehrfache Wiederholung des Vorgangs wird eine Entfernung der retinierten Substanzen erreicht. Die Peritonealdialyse wird z. B. bei Patienten mit sehr schlechten Gefäßverhältnissen, wenn die Anlage eines Shunts nicht möglich ist, angewandt.
- **Hämofiltration:** Über eine künstliche Membran wird extrakorporal mit hohem hydrostatischen Druck dem Patientenblut ein Ultrafiltrat, ähnlich dem physiologischen Primärfiltrat, abgepresst. Dadurch gehen dem Patienten neben den retinierten Substanzen auch große Flüssigkeits- und Elektrolytmengen verloren, die durch eine Substitutionslösung ersetzt werden müssen. Die Hämofiltration wird be-

tipp Nach Möglichkeit nicht nur die Namen aufzählen, sondern kurz die jeweiligen Besonderheiten erwähnen. Im Unterschied zur vorherigen Frage sollte man hier mehr ins Detail gehen.

sonders zum raschen Entzug großer Flüssigkeitsmengen z.B. bei Lungenödem, Herzinsuffizienz oder Vergiftungen eingesetzt.

☐ ☐ ☐
☺ 😐 ☹

? **Frage:** Was ist eine **Cimino-Fistel?**

tipp Im PJ hat man sicher schon oft Patienten mit dieser Art von arteriovenösen Shunt gesehen, so dass diese Frage keine großen Schwierigkeiten aufwerfen.

Antwort: Um eine extrakorporale Hämodialyse oder Hämofiltration durchführen zu können, benötigt man einen geeigneten Gefäßzugang, über den das Patientenblut in den Dialysator ausgeleitet und wieder in den Körperkreislauf zurückgeführt werden kann. Bei der Cimino-Fistel handelt es sich um eine chirurgisch angelegte **Anastomose zwischen Arteria radialis und einer Hautvene** am Unterarm.

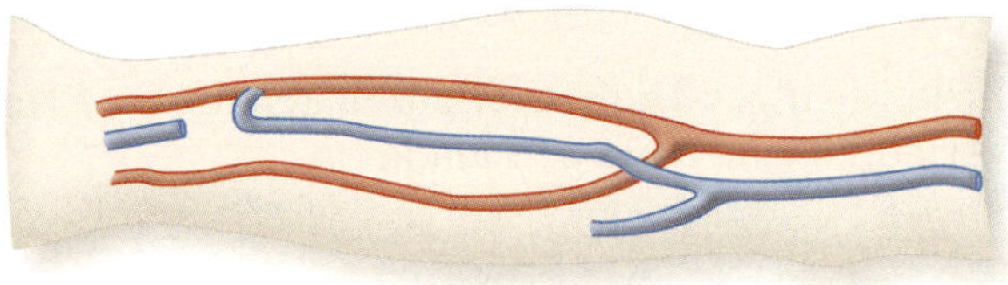

Abb. 5.5: Cimino-Fistel

☐ ☐ ☐
☺ 😐 ☹

? **Frage:** Nach forcierter Dialyse kann ein so genanntes **„Dysäquilibrium-Syndrom"** eintreten. Können Sie sich darunter etwas vorstellen?

tipp Falls man überhaupt keine Ahnung hat – sollte man dies zugeben. Die meisten Prüfer werden es einem nicht übel nehmen. Evtl. den Prüfer bitten einige Symptome zu nennen, damit das Krankheitsbild oder Syndrom „entwickelt" werden kann.

Antwort: Nach plötzlichem Entzug der retinierten Substanzen im Rahmen einer forcierten Dialyse kann es zu **Übelkeit, Erbrechen, Krämpfen** und **sympathikotonen Reaktionen** kommen. Manchmal entsteht ein über mehrere Tage verlaufendes Durchgangssyndrom mit Bewusstseinsstörungen. Als Ursache für diese Erscheinungen wird ein **Flüssigkeitseinstrom nach intrazellulär** angeschuldigt, der durch den plötzlichen Konzentrationsunterschied von harnpflichtigen Substanzen zwischen intra- und extrazellulärem Raum **nach einer raschen Dialyse** auftritt. Folge davon kann die Entwicklung eines **Hirnödems** sein. Vermieden wird das Dysäquilibrium-Syndrom durch eine von Intervallen unterbrochene Dialysebehandlung, womit harnpflichtige Substanzen bzw. überschüssige Flüssigkeit fraktioniert entfernt werden, um plötzliche größere Konzentrationssprünge zu vermeiden.

5.16 Spezielle Nierenerkrankungen

Frage: Was ist eine Gichtniere?

Antwort: Eine anhaltende Hyperurikämie führt zu **Uratablagerungen** in der Niere. Es kommt zu einer **interstitiellen Nephritis**. Harnsteine sind häufig.

tipp Wohlstandserkrankung – ca. 10% aller Deutschen hatten bereits eine harnsäureassoziierte Erkrankung in ihrem Leben.

Merke: Gicht = Stein – Bein – Magenpein

Frage: Was sind **Therapieprinzipien** einer Gichtniere?

Antwort:

- Alkalisierung des Harn (pH-Einstellung auf ca. 7)
- Allopurinol (hemmt Umwandlung von Xanthin in Harnsäure)
- Langzeit-Ernährungseinstellung (cave: keine schnelle Gewichtsabnahme!)
- reichliche Flüssigkeitszufuhr (cave: kein Alkohol)

Frage: Was ist das **Gasser-Syndrom?**

Antwort: Es handelt sich um eine seltene, vorwiegend im **Kindesalter** auftretende Nierenerkrankung: Typisch sind intestinale Infektionen mit **E.coli** Typ 0157. Es kommt zur **Verbrauchskoagulopathie** bei schwerer Endothelschädigung. Typisch sind eine **Thrombozytopenie, hämolytische Anämie** und **Niereninsuffizienz.** Therapeutisch wird nicht selten eine **Plasmapherese** durchgeführt.

tipp Typische universitäre Frage

Frage: Nennen Sie Kennzeichen einer **hyperkalziämischen Nephropathie?**

Antwort: Eine anhaltende Hyperkalziämie (Milch-Alkali-Syndrom, Sarkoidose, Hyperparathyreoidismus) kann zu Kalkausfällungen in den Sammelrohren führen.

- Klinisch häufig sind **Polyurie** und **Polydipsie.**
- Radiologisch finden sich oft feine **Verkalkungen in der Niere.**
- Therapeutisch ist der Serumkalziumspiegel durch Behandlung der Grunderkrankung (z.B. Nebenschilddrüsenentfernung bei Hyperparathyreoidismus) und z.B. die Gabe von so genannten **Biphosponaten** (so genannte Kalziumbinder) durchzuführen.

Frage: Kennen Sie die **Einteilung nach Potter** für **zystische Nierenerkrankungen?**

tipp Häufige Frage aus der Kinderheilkunde – allerdings ältere Klassifikation

Antwort: Zystische Nierenerkrankungen sind häufig und stellen ein sehr heterogenes Syndrom mit unterschiedlicher klinischer und funktioneller Bedeutung dar. Ca. 10% aller Kinder mit dialysepflichtiger Niereninsuffizienz weisen eine zystische Nierendysplasie auf.

Typ	Ätiologie	Besonderheiten	Häufigkeit/Prognose
Potter Typ I	autosomal-rezessiv vererbt	intrauterine Diagnose, Oligohydramnion, Leberfibrose, polyzystisch	Häufigkeit 1:10000; eingeschränkte Prognose
Potter Typ II	Nierendysplasie als frühembryonale Anlagestörung	intrauterine Diagnose, Risiko der malignen Entartung, häufig Ureteratresie	häufigste zystische Nierenerkrankung des Neugeborenen, bilateral mit infauster Prognose
Potter Typ III	autosomal-dominant vererbt	Mutation des PKD1-Gens auf Chromosom 16 (85% der Fälle), Chromosom 4 (15% der Fälle), Manifestation in der 3.–5. Lebensdekade sog. adulte polyzystische Nierenerkrankung	eine der häufigsten Erbkrankheiten 1:1000, die Prognose ist heute durch die Möglichkeit der Dialyse und Transplantation gut
Potter Typ IV	Nierendysplasie bei uteriner Harntraktobstruktion		gute Prognose, falls Obstruktion beseitigt werden kann

Tab. 5.8: Einteilung nach Potter

5.17 Hypernephrom (hypernephroides Nierenzellkarzinom)

Fallbeispiel: Sie stellen bei einem 45-jährigen Patienten als Zufallsbefund mittels der Sonographie eine echodichte rundliche Raumforderung am oberen Nierenpol mit fraglicher Infiltration in der Leber fest. Der Patient berichtet, er hätte vor einer Woche einmalig blutigen Urin bemerkt und keine Schmerzen gehabt. Woran würden Sie bei dieser Anamnese denken?

Antwort: Eine echodichte Raumforderung im Bereich der Niere schließt eine einfache Zyste praktisch aus. Die schmerzlose Makrohämaturie und die sonographisch sichtbare fragliche Infiltration der Leber deuten in Richtung einer malignen Erkrankung. In Frage kommen hauptsächlich ein Hypernephrom oder seltener ein Nierenbeckenkarzinom. Zur näheren Abklärung sollten ein Urogramm und eine CT erfolgen.

tipp Vor der Nennung der Verdachtsdiagnose sollte man ein oder zwei differenzialdiagnostische Erklärungen geben. Dadurch gewinnt man Zeit und macht auf den Prüfer einen überlegten Eindruck.

Frage: Welche **radiologischen Zeichen** sind bei einer CT mit Gefäßdarstellung typisch für ein hypernephroides Nierenzellkarzinom?

Antwort: Hypernephrome sind **stark vaskularisiert** und neigen zu **zentralen Nekrosen**. Folgende radiologische Zeichen sind typisch:

- pathologische Gefäßneubildungen und „Kannibalisierung" von Nachbargefäßen (z.B. Lumbalarterien), Gefäßabbrüche, bogige Verdrängungen von Nachbargefäßen
- inhomogene konstrastmittelaufnehmende Gewebsformation abgegrenzt zum Nierengewebe
- arterio-venöse Shunts und „Kontrastmittelseen" mit verzögertem Kontrastmittelabfluss
- „Tumorzapfen" in der V. renalis oder V. cava (→ hämatogene Metastasen)

tipp Kurz vor der Prüfung sollte man in einem Röntgenatlas die wichtigsten radiologischen Kennzeichen der verschiedenen Malignome durchsehen. Bei den häufigen radiologisch orientierten Fragen stellt dies eine große Hilfe dar.

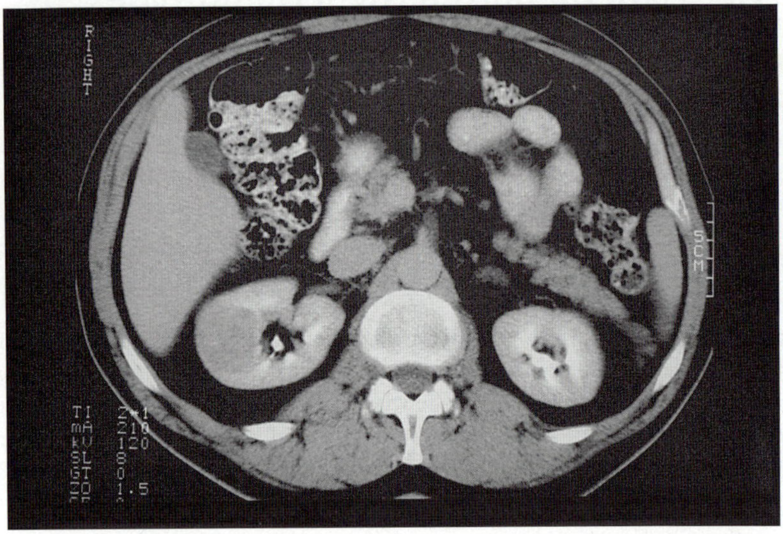

Abb. 5.6: CT-Abdomen mit hyperdenser Raumforderung der rechten Niere

Frage: Wie heißt der häufigste maligne **Nierentumor?**

✚ Das Hypernephrom wird auch Grawitz-Tumor genannt.

Antwort: Das **Hypernephrom** (besser Nierenzellkarzinom) macht ca. 3–4% aller Karzinome (langsam steigende Inzidenz) aus. Es geht von den Tubuluszellen der Niere aus. Männer sind doppelt so häufig betroffen wie Frauen. Der Manifestationszeitpunkt liegt meist zwischen dem 50. und 65. Lebensjahr. Die **hämatogene Metastasierung** erfolgt frühzeitig in Lunge, Skelett und Gehirn.

Frage: Was stellt die **Standardtherapie** eines Nierenzellkarzinoms dar?

Antwort: Die **radikale Tumornephrektomie** ist die Standardtherapie. Bei kleinen peripheren Tumoren (< 4 cm) kann ein Tumorenukleation erfolgen. Die chirurgische Tumorentfernung/-zerstörung ist die einzige kurative Therapie.

Bei metastasierten Tumoren zeigt nach neueren Studien die palliative Tumornephrektomie eine Überlebensverlängerung. Die palliative Immunchemotherapie zeigt Ansprechraten von ca. 30%. Strahlen- und isolierte Chemotherapie sind praktisch wirkungslos. Im metastasierten Stadium beträgt die mittlere Überlebenszeit ca. 2 Jahre.

6 Bewegungsapparat, Weichteile

6.1 Rheumatoide Arthritis (RA)

Fallbeispiel: Es kommt eine ältere Dame mit seit Monaten bestehenden Gelenkschmerzen insbesondere in den Fingern in Ihre Praxis. Ihnen fallen beim Händeschütteln die Hände auf, worauf Sie Röntgenaufnahmen anfertigen lassen. Beschreiben Sie die Hände und die Röntgenaufnahmen (s. Abb. 6.1). Für welche Diagnose sprechen die Bilder?

☐ ☐ ☐

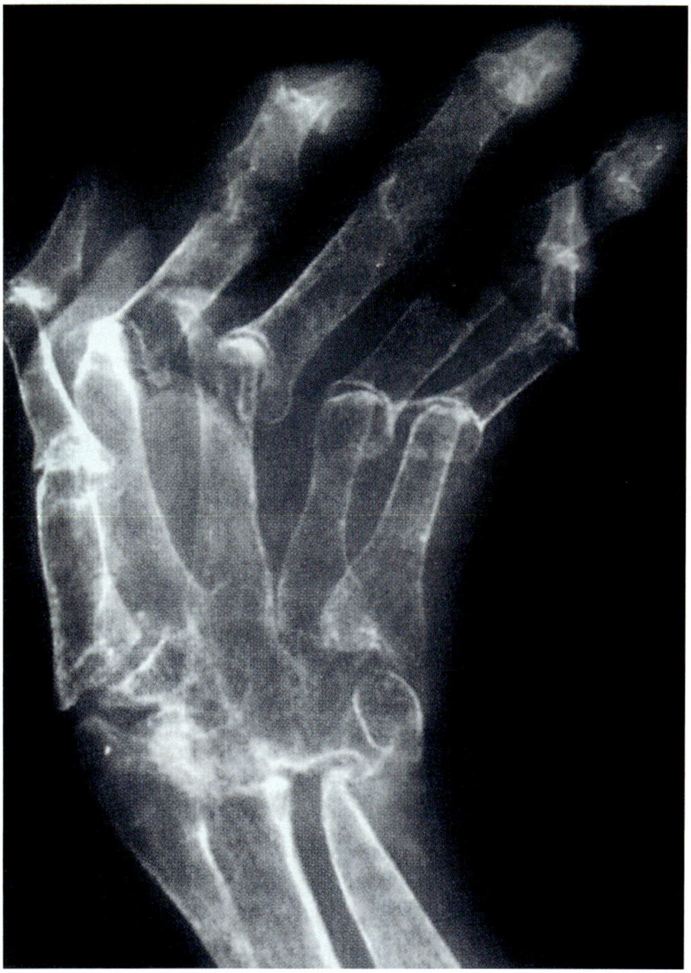

Abb. 6.1 a: Röntgenaufnahme der rechten Hand [3]

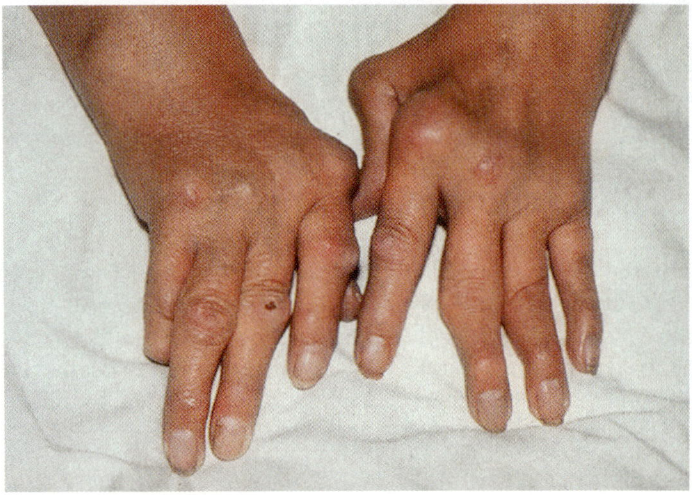

Abb. 6.1 b: Hände einer Patientin [3]

Antwort: An den Händen fällt eine Ulnardeviation auf. Die Röntgenaufnahme zeigt Knochendestruktionen, Ankylosen und Fehlstellungen. Die Gelenkspalten sind verschmälert. Es handelt sich wahrscheinlich um eine rheumatoide Arthritis.

☐ ☐ ☐
☺ 😐 ☹

? **Frage:** Im Rahmen der Diagnostik und Verlaufsbeobachtung einer RA spielen die **radiologischen Veränderungen** eine bedeutende Rolle. Nennen Sie einige dieser Veränderungen.

✚ Besonders gut können diese Veränderungen an Aufnahmen der Hand erkannt und dokumentiert werden.

Antwort: Radiologisch sichtbare Veränderungen treten erst nach längerer Krankheitsdauer auf. Somit sind Frühstadien einer RA oft radiologisch nicht zu erfassen. Die folgende Einteilung beschreibt die nach Steinbrocker und nach Schweregrad geordnete Röntgenstadien der RA:

- **Stadium I:** Eventuelle gelenknahe Osteoporose
- **Stadium II:** Zusätzlich beginnende Knorpel- und Knochendestruktion
- **Stadium III:** Zusätzlich beginnende Subluxationen/Fehlstellungen
- **Stadium IV:** Gelenkzerstörungen und -deformierungen, Gelenkluxationen, Ankylosen

Dem Befall des Atlas-Axis-Gelenkes der Wirbelsäule kommt wegen der möglicherweise fatalen Folge einer Subluxation eine besondere Bedeutung zu, sodass bei aktiver RA und Schmerzen im Halsbereich eine radiologische Diagnostik der Halswirbelsäule erfolgen sollte.

Frage: Beschreiben Sie den klinischen Verlauf, den die Patientin erwarten könnte.

Antwort: Sehr häufig klagen die Patienten zu Beginn der Erkrankung einer rheumatoiden Arthritis (= RA) über **Morgensteifigkeit** besonders der Finger und über schmerzhafte Schwellungen hauptsächlich der **Fingergrund-** und **Mittelgelenke**. Die Beschwerden beginnen charakteristischerweise **symmetrisch** und betreffen zunächst die kleinen Gelenke an Händen und Füßen. Bei fortgeschrittenem Krankheitsverlauf sind auch große Extremitäten- und Wirbelsäulengelenke betroffen.

Manchmal kommt es schon als Frühsymptom durch die begleitende **Vaskulitis** und Gelenkschwellung zur Beeinträchtigung von Nerven und dadurch zu **Parästhesien** und **Durchblutungsstörungen**. Weiterhin kann eine erhöhte Schweißneigung der Handinnenflächen vorliegen. Fieber und deutlicher Leistungsabfall sind im Rahmen einer Frühsymptomatik selten und nur bei hoch aktiven Krankheitsverläufen zu sehen. **Frauen** erkranken deutlich häufiger als Männer an einer RA. Eine **familiäre Häufung** ist zu beobachten.

Frage: Kennen Sie die **Kriterien der American-Rheumatism-Association** (ARA) für die Diagnosesicherung dieser chronischen Polyarthritis?

Antwort: Folgende Kriterien helfen, die Diagnose einer RA zu sichern:

- **Morgensteifigkeit** der Gelenke von mindestens 1 h Dauer
- Arthritis von **mindestens 3 Gelenkbereichen:** Weichteilschwellung oder Erguss gleichzeitig an mindestens 3 Gelenkbereichen
- Schwellung von **Handwurzel, Fingergrund-** und **Fingermittelgelenken** mehr als 6 Wochen lang
- **symmetrische** Gelenkbeschwerden und Schwellungen länger als 6 Wochen
- typische **Röntgenveränderungen** der Hände
- subkutane **Rheumaknoten**
- Nachweis von **Rheumafaktoren** im Serum

Wenn mind. 4 der obigen Kriterien vorliegen, gilt eine RA als gesichert.

☐ ☐ ☐
☺ 😐 ☹

Frage: Was sind **Rheumafaktoren?** Sind Rheumafaktoren für eine RA pathognomonisch?

tipp Der 2. Teil der Frage ist sehr leicht. Bezüglich des 1. Teiles zeigt sich, dass es innerhalb der Vorbereitung nützlich ist, Pathomechanismen von häufigen Krankheitsbildern zu hinterfragen.

Antwort: Bei den Rheumafaktoren (= RF) handelt es sich um **Autoantikörper** verschiedener Ig-Klassen, die gegen das Fc-Fragment des IgG gerichtet sind. Nachgewiesen werden Rheumafaktoren durch den **Latexfixationstest** (= mit IgG beschichtete Latexpartikel agglutinieren bei Anwesenheit von RF) und den **Waaler-Rose-Test** (= mit IgG beladene Schaferythrozyten agglutinieren bei Anwesenheit von RF). Rheumafaktoren sind initial in **40%** der Fälle nachzuweisen, jedoch werden sie im weiteren Krankheitsverlauf (> 6 Monate) in ca. **80%** positiv. Allerdings sind sie nicht pathognomonisch, da sie sowohl bei klinisch Gesunden vorkommen, als auch häufig im Rahmen von Kollagenosen (z.B. Lupus erythematodes diss.) oder Infektionen (z.B. Tbc, Lues) auftreten.

☐ ☐ ☐
☺ 😐 ☹

Frage: Was verstehen Sie unter so genannten **Basistherapeutika** bei der medikamentösen Behandlung dieser Patientin mit RA?

Antwort: Im Gegensatz zu den schnell wirksamen und symptomatisch orientierten Antiphlogistika bzw. Analgetika sollen die Basistherapeutika mehr oder weniger direkt den autoaggressiven Entzündungsprozess bei der RA unterbinden. Kennzeichen dieser Medikamente ist, dass die **Wirksamkeit erst nach einigen Monaten** beurteilt werden kann und eine zusätzliche symptomatische Therapie mit Antiphlogistika notwendig ist.

Daneben weisen Basistherapeutika **beachtliche Nebenwirkungen** auf und erfordern regelmäßige klinische Untersuchungen.

Basistherapeutika sind:

- **Methotrexat** → NW: Knochenmarkshemmung, Leukopenie, Nephrotoxizität, etc.
- **Azathioprin** → NW: Pankreatitis, Knochenmarkshemmung, Hepatitis mit oder ohne Cholestase
- **Sulfasalazin** → NW: Allergische Exantheme, Alveolitis, Alopezie, Pankreatitis
- **Hydroxychloroquin** → NW: Netzhautveränderungen, KM-Aplasien, Kornea-Trübung
- **Cyclophosphamid** → NW: hämorrhagische Zystitis

☐ ☐ ☐
☺ 😐 ☹

Frage: Welche rasch wirksame symptomatische Behandlung würden Sie bei einem Patienten mit **florider RA** veranlassen?

Antwort: Während eines akuten Schubes einer RA kann die Entzündungs- und Schmerzsymptomatik durch **Kälteanwendung** verringert werden. Ziel ist es, möglichst rasch die Bewegungsfähigkeit zurückzuerlangen, um Gelenkversteifungen und Kapselschrumpfungen zu vermeiden.

tipp Hier sollte man nicht nur Medikamente nennen, sondern auch physikalische Maßnahmen erwähnen.

Unter den **nichtsteroidalen Antiphlogistika** werden Acetylsalicylsäure in Tagesdosen zwischen 3–8 g oder Indometacin (Dosis: 150 mg/die) angewandt. Weitere Medikamente wie Ibuprofen oder Diclofenac (Voltaren®) können ebenso eingesetzt werden. Bei den genannten Medikamenten sind Nebenwirkungen häufig, sodass eine sorgfältige Therapieüberwachung nötig ist. Neuere Medikamente wie die unselektiven COX-1/2-Inhibitoren und die selektiven COX-2-Inhibitoren werden zunehmend eingesetzt. Die entzündungshemmende Wirkung läuft über die COX-2-Inhibition. **Glukokortikoide** werden bis zum Wirkungseintritt der Basistherapeutika im schweren Schub einer RA eingesetzt. Steroide sollten möglichst nicht zur Langzeittherapie verwendet werden. Eine niedrig dosierte Steroidtherapie (5 mg Prednisolon/d) kann im Einzelfall bei hochaktiver CP hilfreich sein.

6.2 Reiter-Syndrom

Frage: Welche Befunde sind für ein **Reiter-Syndrom** typisch? Welche pathogenetischen Vorgänge halten Sie für die Entstehung verantwortlich? ?

☐ ☐ ☐
☺ 😐 ☹

Antwort: Es handelt sich um eine **reaktive Arthritis** nach einem **Urogenital-** oder **enteralen Infekt**. Hauptsymptome des Reiter-Syndroms sind:
- Arthritis
- Urethritis
- Konjunktivitis/Iritis
- Reiter-Dermatose

An der Haut treten häufig psoriasiforme Effloreszenzen am männlichen Genitale auf (Balanitis circinata). Hyperkeratosen (Keratoderma blenorrhagica) werden an den Fußsohlen und Händen beobachtet. Ein Erythema nodosum kann vorkommen.

Als Ursache für das Reiter-Syndrom kommen **kreuzreagierende**, d.h. auch gegen körpereigene Antigene reagierende **Antikörper** in Betracht, welche im Rahmen der vorausgegangenen Infektion gebildet wurden. Weiterhin wird eine Ablagerung von **zirkulierenden Immunkomplexen** an artikulären und extraartikulären Strukturen mit nachfolgender entzündlicher Reaktion diskutiert. Sicherlich spielt die **genetische Disposition** eine Rolle, da das Reiter-Syndrom in 80% der Fälle mit dem Vorhandensein des **HLA-B_{27}** Antigens assoziiert ist.

Merke: Zwischen dem HLA-B_{27} und einigen der krankheitsauslösenden Bakterien (z.B. Yersinia pseudotuberculosis) besteht eine Partialantigengemeinschaft. !

☐ ☐ ☐

☺ 😐 ☹

? **Frage:** Nennen Sie mindestens eine Erregerart, welche typisch für einen Infekt vor einem Reiter-Syndrom ist.

tipp Im Zweifelsfall muss man einen Erreger raten.

Antwort: Unter den Keimen, die eine Urethritis verursachen, nach denen ein Reiter-Syndrom auftritt, ist **Chlamydia trachomatis** am häufigsten zu finden. Ungefähr 2–6 Wochen nach dem Infekt manifestiert sich die Polyarthritis und Konjunktivitis. Die Urethritis ist dann meist schon weitgehend abgeheilt.

☐ ☐ ☐

☺ 😐 ☹

? **Frage:** Worin unterscheidet sich die reaktive Arthritis von der RA?

tipp Fragen zur Differenzialdiagnose zwischen den einzelnen Arthritiden werden sehr gerne gestellt.

Antwort: Durch folgende Merkmale lässt sich eine RA von einer reaktiven Arthritis relativ leicht unterscheiden:

- Rheumatoide Arthritis:
  - chronischer Verlauf häufig
  - meist Rheumafaktor positiv
  - Gelenkdestruktionen
  - Hände bevorzugt betroffen
  - symmetrischer Gelenkbefall
  - keine Infektionen zwei Wochen vor Auftreten der Arthritis
- Reaktive Arthritis:
  - heilt meist nach einigen Wochen aus
  - Rheumafaktor negativ
  - keine Gelenkdestruktionen
  - untere Extremitäten bevorzugt betroffen
  - asymmetrischer Gelenkbefall
  - anamnestischer bzw. serol. Nachweis z.B. einer Enteritis oder Urethritis

6.3 Rheumatisches Fieber

☐ ☐ ☐

☺ 😐 ☹

? **Frage:** Schildern Sie den Schmerzcharakter und die Symptomatik der **Arthritis** beim **rheumatischen Fieber**.

Antwort: Ungefähr 3 Wochen nach einem **Streptokokkeninfekt** kommt es zu einer **Polyarthritis**, die besonders die **großen** Gelenke (z.B. Knie, Sprunggelenk) betrifft. Typisch ist, dass diese Arthritis von Gelenk zu Gelenk wandert. Die betroffenen Gelenke sind heiß, geschwollen und **äu-**

ßerst schmerzhaft (die Patienten liegen meist völlig bewegungslos im Bett).

In der Regel bildet sich die Arthritis in wenigen Wochen, ohne Bewegungseinschränkungen zu hinterlassen, zurück. Röntgenologisch finden sich im Gegensatz zur RA keine Gelenkdestruktionen oder Erosionen.

Frage: Erläutern Sie das **diagnostische Vorgehen** beim Verdacht auf ein rheumatisches Fieber. **?**

☐ ☺ ☐ 😐 ☐ ☹

Antwort: Die Diagnose des rheumatischen Fiebers stützt sich zum einen auf Laboruntersuchungen und zum anderen auf den klinischen Befund bzw. die Anamnese. Kennzeichnend ist ein konstant hoher **Antistreptolysin-Titer** (> 300 IE), der im Gegensatz zur blanden Streptokokken-Angina nicht abfällt. Das Titermaximum findet sich meist am Ende der arthritischen Symptome. Weitere Streptokokken-Antikörper, deren Titerbewegungen im Serum bestimmt werden, sind: **Anti-Hyaluronidase, Anti-Streptokinase** und **Anti-Desoxyribonukleotidase B**.

tipp Eine ähnliche Frage findet sich im Abschnitt „Herzklappenerkrankungen". Dennoch wiederholen wir nochmals die Diagnostik in einem anderen Kontext, da dieses Thema in den Prüfungen oft abgehandelt wird.

Während der Arthritis oder Karditis beim rheumatischen Fieber sind die **Entzündungsparameter** (BSG, C-reaktives Protein usw.) im Serum stark positiv und können somit zur Beurteilung des Verlaufes und des Schweregrades des Entzündungsprozesses herangezogen werden. Zur Diagnose werden die so genannten **Jones-Kriterien** eingesetzt, welche sich aus fünf Hauptkriterien und einigen Nebenkriterien zusammensetzen.

Hauptdiagnosekriterien	Nebenkriterien
Karditis Polyarthritis Chorea minor Erythema anulare rheumaticum subkutane Knötchen	Fieber Arthralgien erhöhte BSG, erhöhtes CRP oder Leukozytose verlängerte PQ- oder PR-Zeit im EKG
Beweis einer vorausgegangenen Streptokokkeninfektion: Scharlach vor kurzem, positive Rachenkultur für Streptokokken Gruppe A, erhöhter ASO-Titer oder andere Streptokokken-Antikörper.	

Tab. 6.1: Jones-Kriterien

Bei Vorliegen von **2 Hauptkriterien** oder **1 Hauptkriterium und 2 Nebenkriterien** ist ein rheumatisches Fieber sehr wahrscheinlich.

Frage: Machen Sie Therapievorschläge zur **Behandlung** eines rheumatischen Fiebers mit hauptsächlich arthritischen Beschwerden. **?**

☐ ☺ ☐ 😐 ☐ ☹

Antwort: Am besten wird das rheumatische Fieber präventiv durch Antibiotika-Gabe bei jedem Streptokokkeninfekt der oberen Halswege behandelt. Mittel der Wahl ist **Penicillin G + V,** da alle Streptokokken penicillinempfindlich sind (Dosis: 2 × 500 mg Penicillin G + V/die über zehn Tage). Die Arthritis sollte mit entzündungshemmenden Medikamenten, wie **Acetylsalicylsäure** (2–3 g/d) oder **Indometacin** behandelt werden. Die antiinflammatorische Therapie dauert ca. 4–6 Wochen. Weiterhin ist eine mindestens dreiwöchige **Bettruhe** erforderlich. Die klinische Verlaufsbeobachtung und die Höhe der Entzündungsparameter entscheiden über die Dauer der Behandlung.

Bei Vorliegen einer Karditis sollten zusätzlich **Glukokortikoide** verabreicht werden. Außerdem muss dann eine **Rezidivprophylaxe mit Penicillin** über mindestens 10 Jahre, maximal bis zum 25. Lebensjahr, erfolgen.

6.4 Osteomyelitis

Fallbeispiel: Bei einem 4-jährigen Kind bestehen plötzlich aufgetretene starke **Schmerzen** im Oberschenkel mit darüber befindlicher **Weichteilschwellung** und hohes **Fieber**. Die regionalen Lymphknoten sind druckschmerzhaft geschwollen. An einen Unfall können sich weder die Mutter noch das Kind erinnern. Das Röntgenbild ist unauffällig. Im Blutbild fallen u.a. eine **Leukozytose** und eine **erhöhte BSG** auf. Welche Verdachtsdiagnose haben Sie bzw. welche Untersuchungen können Ihre Diagnose sichern?

Antwort: Wahrscheinlich ist dieses Kind an einer akuten hämatogenen Osteomyelitis erkrankt. Fast immer sind **Staphylokokken** für diese Knochenmarksentzündung verantwortlich, welche sich meist in den reich durchbluteten **Metaphysen** (angrenzend an die Epiphyse) ansiedeln.

Die Diagnose ergibt sich hauptsächlich aus dem klinischen Befund. Nach wenigen Tagen bildet sich ein **palpabler Weichteilabszess,** der sich über eine **Fistel** Abfluss nach außen schaffen kann. Die radiologische Untersuchung bietet in den ersten Tagen der Erkrankung ein unauffälliges Bild, sodass eine Skelett- bzw. Leukozytenszintigraphie in der Frühphase wesentlich aussagekräftiger ist. Später lassen sich radiologisch **osteoporotische** und **periostitische Zeichen,** noch später **Knochensequestrierungen** nachweisen. Differenzialdiagnostisch muss das Ewing-Sarkom in Betracht gezogen werden, welches sich jedoch durch den klinischen Verlauf und den Röntgenbefund abgrenzen lässt.

Frage: Wie behandeln Sie eine akute hämatogene Osteomyelitis beim Jugendlichen?

Antwort: Bei Abszessnachweis ist eine **chirurgische** Eröffnung und sorgfältige Ausräumung des Herdes erforderlich. Eventuell wird eine **Spül-Saug-Drainage** angelegt. Wichtig ist eine Ruhigstellung der Extremität im **Gipsverband** einschließlich der benachbarten Gelenke. Die **antibiotische** Behandlung richtet sich nach dem Antibiogramm und wird hoch dosiert parenteral und in der Spülflüssigkeit durchgeführt. Bei starken Schmerzen können **nichtsteroidale Analgetika** wie z.B. Acetylsalicylsäure verabreicht werden. Eine Verlaufskontrolle muss durch Blutbild, Temperaturverlauf und radiologische Kontrollen erfolgen.

✚ Akute eitrige Entzündungen werden immer nach den gleichen Prinzipien behandelt (= Eröffnung, evtl. Drainage, Ruhigstellung, Antibiose, Analgetika).

6.5 Ankylosierende Spondylitis

Frage: Nennen Sie extravertebrale Manifestationen eines **Morbus Bechterew**.

Antwort: Bei ca. 25% der Patienten tritt eine **Uveitis** (Uvea = mittlere Augenhaut mit Aderhaut, Corpus ciliare und Iris) auf. Ungefähr 10% der Patienten weisen eine **Aortitis,** evtl. mit Aorteninsuffizienz und Reizleitungsstörungen des Herzens (AV-Block I.) auf. Gelegentlich führt eine **Urethritis** zu Verwechslungen mit einer Gonorrhoe oder einer reaktiven Arthritis. Am extravertebralen Skelettsystem werden vor allem die Ansätze von **Bändern, Sehnen** und **Gelenkkapseln** entzündlich geschädigt (Enthesopathien), wobei periphere Ossifikationen mit Ankylosen und Gelenkdestruktionen vorkommen (besonders Ileosakral-, Hüft- und Schultergelenke). Sehr selten sind durch Granulationsgewebe (aus Plasmazellen, Riesenzellen und Osteoblasten bestehend) verursachte **Lungenmanifestationen**, die einer Tuberkulose ähneln.

tipp Die Begriffe „Bambusstabwirbelsäule" und „Sakroiliitis" in Verbindung mit einer ankylosierenden Spondylitis (= M. Bechterew) sind eher bekannt. Insofern erfordert die Frage spezielle Kenntnisse.

Frage: Was wissen Sie über das Histokompatibilitätsantigen **HLA-B_{27}** in Verbindung mit einem Morbus Bechterew? Ist der Nachweis von Rheumafaktoren bei dieser Krankheit häufig?

Antwort: Der genetische Kode für die Histokompatibilitätsantigene ist auf dem kurzen Arm des **Chromosoms 6** zu finden, im Bereich des so genannten **MHC** (= major histocompatibility complex). Sie sind entscheidend an vielen **immunologischen Vorgängen** beteiligt und befinden sich in verschiedenen Kombinationen bzw. Untergruppen an der Oberfläche aller Zellen. Das HLA-B_{27}-Antigen tritt in der Durchschnittsbevölkerung in einer Häufigkeit von annähernd 8% auf.

Bei ca. **90 %** der Patienten mit **Morbus Bechterew** lässt sich das HLA-B_{27}-Antigen nachweisen. Allerdings ist dieses Antigen für die Erkrankung nicht pathognomonisch, sondern kommt auch beim **Morbus Reiter** oder bei der **Colitis ulcerosa** gehäuft vor. Der Nachweis von HLA-B_{27} bei passendem klinischen Befund stellt demnach nur eine Stütze für die Diagnose dar. Bei Patienten mit Morbus Bechterew treten im Allgemeinen keine Rheumafaktoren im Serum auf.

☐ ☐ ☐
☺ 😐 ☹

Frage: Welche **Behandlungsvorschläge** können Sie einem Patienten mit Morbus Bechterew anbieten?

tipp Die häufig abgefragten Therapien bei den rheumatischen Erkrankungen lassen sich meist in das gleiche Schema einordnen: Analgetika, Antiphlogistika, Krankengymnastik, evtl. Kortikoide, evtl. so genannte Basistherapeutika.

Antwort: Die **krankengymnastische** Behandlung mit Atem- und Bewegungsübungen soll einer Beeinträchtigung der Atmung durch eine Thoraxstarre entgegenwirken bzw. die Bildung von Fehlhaltungen und Versteifungen vermeiden (konsequente Bechterew-Gymnastik). Sie stellt mit anderen physikalischen Verfahren **(Hydro-** und **Elektrotherapie** und **Iontophorese)** einen sehr wichtigen Grundpfeiler der Behandlung dar. Besonders während der akuten Schübe erfolgt eine antiphlogistische Behandlung mit **nichtsteroidalen Antirheumatika**, z.B. mit Indometacin (Dosis: 100–150 mg/die). **Glukokortikoide** werden temporär bei schweren entzündlichen Schüben oder bei florider Uveitis lokal verabreicht. Bei peripheren Ankylosen kann ein **prothetischer Gelenkersatz** notwendig werden.

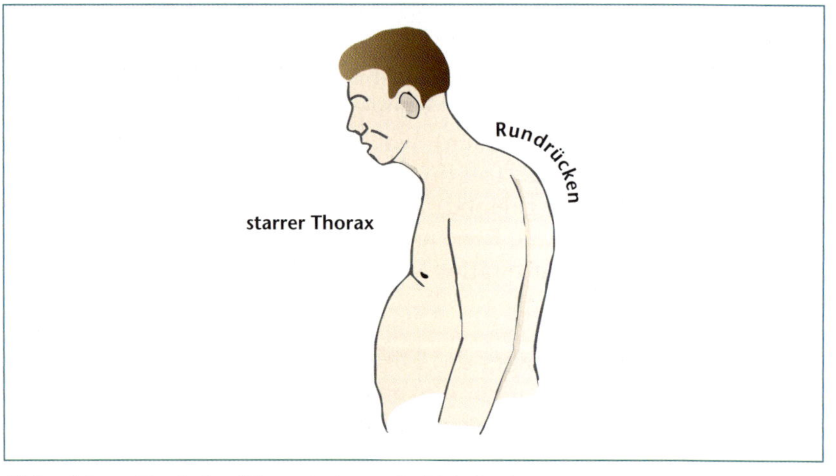

Abb. 6.2: Typische Körperhaltung bei M. Bechterew

6.6 Arthrosis deformans

☐ ☐ ☐
☺ 😐 ☹

Frage: Beschreiben Sie den Schmerzcharakter einer durch Verschleiß bedingten **Gonarthrose**.

Antwort: Frühe Zeichen einer beginnenden Arthrose sind Gelenkgeräusche wie **Knirschen** und **Knacken,** die z.B. bei Kniebeugen hörbar werden. Die Patienten klagen zuerst über Beschwerden bei längerem Stehen oder beim Aufstehen. Typisch ist der so genannte **Anlaufschmerz**, der besonders morgens oder nach einer Ruhepause auftritt und sich bei Bewegung bessert. In fortgeschrittenen Fällen einer Gonarthrose finden sich **Bewegungseinschränkungen, Gelenkergüsse** und **Fehlstellungen** (meist O-Beine = Genu varum).

Frage: Was ist eine **Spondylosis hyperostotica?** Welche Patienten werden häufig davon betroffen?

Antwort: Es finden sich bei der Spondylosis hyperostotica (= Morbus Forestier-Ott) **rechtsseitig** betonte große **Knochenspangen** (Spondylophyten), welche die Zwischenwirbelräume, besonders der **Brustwirbelsäule**, überbrücken. Die Befunde sind radiologisch im seitlichen Strahlengang leicht zu erkennen. Hauptsächlich ältere männliche Patienten mit Diabetes mellitus und/oder Hyperurikämie sind betroffen. Eine spezielle therapeutische Konsequenz ergibt sich nicht. Sinnvoll sind **krankengymnastische Behandlungsmaßnahmen.**

6.7 Dermatomyositis, Myasthenia gravis

Fallbeispiel: Es kommt eine 55-jährige Patientin zu Ihnen mit bläulich-roter Verfärbung der Augenlider und Nase mit leichtem Ödem. Weiterhin besteht seit einiger Zeit eine Schwäche der Schultergürtelmuskeln. Als Laborbefund fällt eine Erhöhung der Creatinkinase (CK) auf. Um welche Erkrankung handelt es sich und welche weiteren diagnostischen Maßnahmen leiten Sie ein?

Antwort: Die angeführten Befunde passen gut zu dem Krankheitsbild einer **Dermatomyositis**. Eine Muskelschwäche liegt bei allen Patienten mit Dermatomyositis vor. Häufig besteht ein Befall des **Larynx-** (Dysphonie) und der **Ösophagusmuskulatur** (Schluckstörungen). Zur Sicherung der Diagnose sollten elektromyographische Untersuchungen und die Entnahme einer Muskel-Hautbiopsie erfolgen.

tipp Es handelt sich um typische Befunde einer Kollagenose. Dennoch kann es in der Prüfung schwer sein, sofort entsprechend zu antworten. Wir empfehlen, die eigenen Gedankengänge laut zu formulieren und sich so indirekt vom Prüfer helfen zu lassen.

Befunde hierbei sind:

- **Elektromyographie:** spontane Fibrillationen und veränderte Muster der Aktionspotenziale
- **Muskelbiopsie:** fokale Degeneration, interstitielle Entzündungszeichen mit Fibrosierung, perivaskuläre und perimysiale CD4-T-Zell-Infiltrate
- **Hautbiopsie:** Ödem, Entzündungszellen, keine Immunglobulinablagerungen

Typisch ist weiterhin eine Erhöhung der **CK**, der **Transaminasen, LDH** und der **Aldolase**. Differenzialdiagnostisch sind die **muskuläre Dystrophie** (familiäre Anamnese, Verteilungsmuster und Verlauf der Muskeldegenerationen), der **Lupus erythematodes** = SLE (Nachweis von Immunkomplexablagerungen, antinukleäre Antikörper etc.) und die

Myasthenia gravis (Nachweis rezeptorspezifischer Antikörper, Tensilon-Test) auszuschließen. Allerdings kommen Mischbilder sog. „Mischkollagenosen" vor. Eine Myositis kann als **paraneoplastische Begleiterkrankung** bei Malignomen auftreten, sodass eine ausgiebige internistische Untersuchung zwecks Tumorsuche notwendig ist.

☐ ☐ ☐
☺ 😐 ☹

? **Frage:** Welche Therapie schlagen Sie bei einer akuten Verschlechterung einer **Myasthenia gravis** vor?

tipp Es besteht Verwechslungsgefahr zur Dermatomyositis.

Antwort: Bei einer Myasthenia gravis kann es zu plötzlichen Schluck- und Atemstörungen kommen. Die beste Therapie ist die sofortige Gabe von **Cholinesterasehemmern** subkutan oder intramuskulär (z.B. Neostigmin). Schreitet die Muskellähmung weiter fort, muss eine **Intubation** bzw. Anlage eines **Tracheostomas** erfolgen (DD: Cholinerge Krise bei Überdosierung von Cholinesterasehemmern).

6.8 Osteomalazie

☐ ☐ ☐
☺ 😐 ☹

? **Frage:** Definieren Sie den Begriff **Osteomalazie** und schildern Sie die Hauptursachen, welche zu diesem Krankheitsbild führen.

tipp So harmlos diese Frage anfangs aussieht, ist sie leider nicht. Eine systematische Beantwortung erfordert ein weitreichendes Eingehen auf pathophysiologische Zusammenhänge.

Antwort: Es handelt sich um eine **relative Verminderung der mineralischen Bestandteile des Skeletts** bei Vermehrung des Osteoidanteils. Hauptverantwortlich für die Mineralisation des Skeletts sind der Kalzium- und Phosphatstoffwechsel und insbesondere das Vitamin D.

Folgende Ursachen können daher zu einer Mineralisationsstörung im Sinne einer Osteomalazie führen:

- **Mangel an Vitamin D:** Durch Mangelernährung bzw. Malabsorption (z.B. Zöliakie) kann ein absoluter Vitamin-D-Mangel auftreten. Ein Großteil des Vitamin D wird in der Haut aus Vorstufen durch UV-Bestrahlung des Sonnenlichts gebildet. Daher sind Mangelerscheinungen bei zu geringer Sonnenexposition möglich. Besonders die Kombination von Mangelernährung und ungenügender Sonneneinstrahlung (z.B. bei älteren Menschen, Heiminsassen) kann für einen Vitamin-D-Mangel verantwortlich sein.
- **Störungen im Vitamin-D-Stoffwechsel:** Vitamin D wird in Leber und Niere zu einer stoffwechselaktiven Form 1,25-$(OH)_2$-Vit.-D_3 hydroxyliert. Bei Leberzirrhose oder Niereninsuffizienz sind somit Vitamin-D-Mangelerscheinungen möglich. Meist kommt es durch Regulationsmechanismen (sek. Hyperparathyreoidismus) zu komplexen Osteopathieformen.
- Osteomalazie durch **renalen Phosphatverlust** bzw. durch **verminderte intestinale Phosphatresorption:** Phosphatverluste treten z.B. bei der renal-tubulären Azidose auf. Zu einer verminderten intestinalen Phosphatresorption führt die lang dauernde Einnahme von

Aluminiumhydroxid (= Phosphatbinder). Eine Hypophosphatämie kann Mineralisationsstörungen des Skeletts verursachen.
- **Vitamin-D-Resistenz der Zielorgane:** sehr seltene Form der Osteomalazie

Zur Diagnosesicherung müssen die **alkalische Phosphatase**, der **Kalzium-** und **Phosphatgehalt** im Serum und Urin, sowie der **Serumparathormon-** und evtl. der **1,25 $(OH)_2$-Cholecalciferol-Spiegel** bestimmt werden. Röntgenaufnahmen sind zur Diagnosestellung unerlässlich.

Frage: Was sind **Pseudofrakturen nach Looser?**

☐ ☐ ☐
☺ 😐 ☹

Antwort: Bei den Pseudofrakturen nach Looser oder Looser-Umbauzonen handelt es sich um für die Osteomalazie charakteristische, meist bilateral symmetrisch ausgebildete Kontinuitätsunterbrechungen an Skelettstellen, welche großen statischen Belastungen ausgesetzt sind.

Im Röntgenbild zeigen sich Unschärfen und linienförmige Aufhellungen (z.B. an den Schambeinästen oder den Schulterblättern quer zur Knochenlängsachse). Loosersche Umbauzonen sind zwar typisch, aber nicht pathognomonisch für die Osteomalazie. Sie kommen auch bei chronischen Ermüdungsbrüchen (Marschfrakturen) vor.

6.9 Osteoporose

Frage: Welcher Kalksalzverlust muss bereits eingetreten sein, damit Sie eine Osteoporose im Röntgenbild erkennen? Nennen Sie weiterhin einige **radiologische Zeichen einer Osteoporose**.

☐ ☐ ☐
☺ 😐 ☹

Antwort: Unter Osteoporose versteht man eine systemische Skeletterkrankung, die durch eine Verminderung der Knochenmasse und eine Verschlechterung der Mikroarchitektur des Knochengewebes charakterisiert ist. Dabei ist die Knochengrundsubstanz (= Osteoid) und der Mineralanteil gleichermaßen vermindert. Radiologisch sichtbar wird die Osteoporose erst, wenn mindestens **30%** des Mineralanteils (= Hydroxylapatit) abgebaut worden ist. Folgende radiologische Befunde lassen sich je nach Schweregrad erheben:

> tipp Einfache Frage. Eine Definition der Osteoporose am Beginn der Antwort bringt sicher einige Pluspunkte in der Prüfung.

- **Rarefizierung** und scharf begrenzte, sichtbare Knochenbälkchen (= Spongiosa) mit vertikaler Betonung
- vermehrte **Strahlentransparenz** der knöchernen Strukturen
- relative Betonung der Wirbelkörperabschlussplatten (= **Rahmenwirbel)**
- Bildung von **Keil-** und **Fischwirbeln** durch Deckplatteneinbrüche; daraus resultierende Hyperkyphosierung und Hyperlordosierung (Patienten werden kleiner)

- **weite „leere" Markräume** in den langen Röhrenknochen
- Schmorl-Knötchen

Viele Grundkrankheiten können zu dem radiologischen Bild einer Osteoporose führen (Plasmozytom, Metastasen, Hyperparathyreoidismus). Daher ist eine Ursachensuche bzw. eine gründliche internistische Diagnostik unumgänglich. Bei den primären Osteoporosen wird die **idiopathische** von der **postmenopausalen** und der **senilen** Osteoporose unterschieden.

☐ ☐ ☐

? **Frage:** Nennen Sie einige Frakturen, welche durch eine senile Osteoporose bedingt sind.

Antwort: Typische **Frakturen des Alters**, verursacht durch eine senile Osteoporose, sind:
- Oberschenkelhalsfrakturen
- Humeruskopffrakturen
- Radiusköpfchenfrakturen
- Wirbelkörpersinterungen

6.10 Morbus Paget

☐ ☐ ☐

? **Frage:** Ein älterer Patient klagt, dass ihm der Hut nicht mehr passt. Bei der Untersuchung fällt Ihnen eine Verkrümmung der Tibia auf. Können Sie sich eine Verdachtsdiagnose vorstellen, zu der beide Befunde passen?

tipp „Dass der Hut nicht passt", könnte verschiedene Ursachen haben. Aber die Kombination von Alter und objektivierbarer Tibiaveränderung lässt die Vermutung aufkommen, dass eine systemische Erkrankung zugrunde liegt.

Antwort: Als Verdachtsdiagnose bietet sich eine **Ostitis deformans** (= M. Paget) an. Es handelt sich um eine chronische, lokalisierte mono- oder polyostotische, progressive Knochenerkrankung mit **subkortikalem Knochenaufbau** und **periostalem Knochenabbau**. Hierbei wird funktionell minderwertiger Knochen gebildet. Dies führt zum histologischen Bild der so genannten Mosaikstruktur. Uncharakteristische Schmerzen sowie **Verdickungen** und **Verbiegungen der Knochen** gehören zu den klinischen Zeichen.

Hauptlokalisationen sind Becken, Femur, Tibia, Schädel, und Lendenwirbel. Eine **Knochenbiopsie** sichert die durch **Skelettszintigraphie** und **Röntgenaufnahmen** vermutete Diagnose. Differenzialdiagnostisch sind Metastasen (z.B. Prostatakarzinom bei älteren Männern) sowie ein Plasmozytom und eine Osteodystrophia fibrosa generalisata (= Morbus von Recklinghausen) abzugrenzen.

☐ ☐ ☐

? **Frage:** Nach Sicherung der Diagnose eines Morbus Paget würden Sie welche **Therapie** vorschlagen?

Antwort: Etwa 70% der Patienten zeigen klinische Beschwerden und erfordern deshalb ein therapeutisches Eingreifen. Ausreichende Zufuhr von **Kalzium** und **Vitamin D** sowie **Krankengymnastik** und **physikalische Therapie** gehören zur symptomatischen Behandlung. Schmerzen können durch **Analgetika** gemildert werden. Für die Besserung der Mineralisation des Knochens und Hemmung der pathologisch gesteigerten Osteoklastenaktivität sind die **Biphosphonate** Mittel der Wahl. **Calcitonin** ist weniger wirksam.

Bei Fehlstellungen bzw. pathologischen Frakturen können **orthopädisch-chirurgische** Maßnahmen erforderlich werden.

6.11 Knochenmetastasen

Frage: Welche 5 „soliden", extraossären Malignome setzen am häufigsten Knochenmetastasen? **?**

☐ ☐ ☐
☺ 😐 ☹

Antwort: Prinzipiell können alle Tumore Knochenmetastasen setzen. **Extraossäre Malignome,** die häufig **Knochenmetastasen** verursachen, sind:
- Mammakarzinom
- Prostatakarzinom
- Nierenkarzinom
- Bronchialkarzinom
- Schilddrüsenkarzinom (besonders follikulärer Typ)

6.12 Systemischer Lupus Erythematodes (= SLE) A

Frage: Für welche Kollagenose ist eine **Libman-Sacks-Endokarditis** typisch? Vervollständigen Sie das klinische Bild dieser Kollagenose. **?**

☐ ☐ ☐
☺ 😐 ☹

Antwort: Bei dieser Endokarditisform handelt es sich um eine kardiale Manifestation eines Lupus erythematodes. Besonders **Mitral-** und **Aortenklappe** sind betroffen. Im Unterschied zum rheumatischen Fieber kommt es meist nicht zur Zerstörung der Klappen.

Der Lupus erythematodes befällt verschiedene Organsysteme. Pathologisch liegt eine **Vaskulitis** bzw. **Perivaskulitis** der kleinen Arterien und Arteriolen, verbunden mit Ablagerungen von **Immunkomplexen**, die aus DNS, Anti-DNS, Komplement und Fibrin bestehen, zugrunde, die zu folgenden Symptomen führen kann:
- **Hautläsionen:** Bekannt sind Schmetterlingserythem und „Tapeziernagelschuppung" (diskoider Lupus), welche sich unter Sonneneinwirkung verstärken. Eine Alopezie findet sich oft.

> **tipp** Nicht nur der Schluss von einer seltenen Manifestation (mit Eigennamen) auf die gesuchte Krankheit, sondern auch die Form der zweiten Frage mit ihrem Vollständigkeitsanspruch können den Prüfling in die Enge treiben. Wer die Libman-Sacks-Endokarditis nicht kennt, bittet den Prüfer, eine andere Manifestation zu nennen.

- **Arthritiden:** Schmerzhafte Schwellungen der Gelenke sind die häufigste Manifestationsform des Lupus erythematodes (Polyarthritis > 80%).
- **Myositis:** Eine Muskelentzündung in diskreter Form liegt bei sehr vielen Patienten vor.
- **Nephritis:** Es handelt sich um eine Immunkomplexnephritis. Sie ist für Patienten oft prognostisch entscheidend.
- **ZNS-Befall:** Praktisch hinter allen psychiatrischen oder neurologischen Bildern kann sich ein SLE verbergen.
- **Pleuritis:** Pleurale und pulmonale Beteiligung können zu einer Pleuritis mit Ergüssen führen.

Weiterhin kommen autoantikörperinduzierte Zytopenien vor. **Anämie, Leukopenien** bzw. **Thrombozytopenien** sind in ca. 50% der Fälle von SLE zu finden.

Die meisten Patienten weisen folgende Symptomkombination auf: **Fieber, Hautveränderungen** (nicht nur im Gesicht), **Arthralgien, Nephritis**. Unter den Kollagenosen bietet der Lupus erythematodes das variabelste klinische Bild. Besonders betroffen sind Frauen im gebärfähigen Alter.

☐ ☐ ☐

☺ 😐 ☹

? **Frage:** Was ist das **SLE-Zell-Phänomen?** Nennen Sie einige immunologische Befunde, die beim Lupus erythematodes vorkommen.

tipp Eine Frage, die bei diesem Thema regelmäßig gestellt wird. Entscheidend ist, sich nur auf das Wichtigste zu beschränken.

Antwort: Typisch für den SLE ist die Bildung von Antikörpern, die gegen Zellkernbestandteile gerichtet sind. Unter dem SLE-Zell-Phänomen versteht man den Nachweis von **phagozytierten Zellkernen.**

Dieses Phänomen ist allerdings nicht für den SLE spezifisch, sondern kommt auch bei anderen Kollagenosen vor. Wichtige immunologische Befunde sind:

- Nachweis von antinukleären Antikörpern. Insbesondere besitzen Antikörper gegen native doppelsträngige DNA (Anti-dsDNS-AK) hohe diagnostische Relevanz (60 – 90%).
- Die Nierenbeteiligung äußert sich in einer meist membranösen Glomerulonephritis mit granulären Ablagerungen von Immunglobulinen und Komplementfaktoren im mesangialen Bereich.
- Häufig besteht eine falsch-positive Wassermann-Reaktion (= Lues-Nachweistest).
- Besonders bei akuten Verlaufsformen liegt eine Verminderung der Komplementfaktoren (C3 und C4) im Serum vor.
- Außer antinukleären Antikörpern können beim SLE auch Antikörper gegen Erythrozyten- (evtl. hämolytische Anämie) bzw. Granulozytenmembranbestandteile auftreten.

SLE-Kriterien des American College of Rheumatology sind:

- Schmetterlingserythem
- Diskoider Lupus erythematodes

- Fotosensibilität
- orale oder nasale Schleimhautulzera
- nichterosive Arthritis von 2 oder mehr Gelenken
- Serositis (Pleuritis, Perikarditis)
- Nierenbeteiligung (Proteinurie > 0,5 g/d Zylindrurie)
- ZNS-Beteiligung
- Hämatologische Befunde: Coombs-positive hämolytische Anämie, Thrombopenie, Leukopenie
- Immunologische Befunde: Anti-ds DNS, Anti-Sm, Antiphospholipidantikörper
- Antinukleäre Antikörper (ANA)

Bei Vorliegen von mindestens 4 Kriterien ist ein SLE wahrscheinlich.

Frage: Es gibt Medikamente, die ein Lupus erythematodes ähnliches Bild erzeugen. Können Sie einige davon nennen?

?

☐ ☐ ☐
☺ 😐 ☹

Antwort: Medikamente, die einen Lupus erythematodes induzieren können sind: **Procainamid, Isoniazid, Hydralazin, Phenytoin, Chlorpromazin, α-Methyldopa.** Wahrscheinlich werden durch diese Substanzen Zellkernbestandteile so verändert, dass sie als Antigen wirken und zum Auftreten antinukleärer Antikörper und meist auch Antihistone führen (Anti-ds DNS findet sich nicht!). Die daraus entstehende Vaskulitis erzeugt dann Symptome bzw. Befunde, die einem SLE sehr ähnlich sind. Nach Absetzen der genannten Medikamente kommt es im Allgemeinen zur völligen Remission.

tipp Bereits vom IMPP favorisierte Frage. Wenn möglich, sollte ein pathophysiologischer Erklärungsversuch gegeben werden.

Frage: Schildern Sie bitte kurz die **Therapiemöglichkeiten** beim Lupus erythematodes.

?

☐ ☐ ☐
☺ 😐 ☹

Antwort: Bei medikamentös induziertem Lupus wird das verursachende Medikament abgesetzt. Bei kutanem Lupus werden **Retinoide**, **Lichtschutzsalbe** und **steroidhaltige Externa** benutzt. In leichten Fällen von systemischem Lupus ohne viszeralen Befall werden **nichtsteroidale Antirheumatika** und **Hydrochloroquin** gebraucht. Durch die Gabe von **Steroiden** bei entzündlichen Schüben lässt sich meist eine deutliche Besserung des Krankheitsbildes erzielen. Nach einer relativ hohen Eingangsdosis (z. B. 100 – 200 mg/die Prednison) wird langsam, je nach dem klinischen Ansprechen, die Dosis reduziert. Ziel ist es eine möglichst niedrige Erhaltungsmedikation zu finden. Bei fulminant verlaufenden Nephritiden wird eine hoch dosierte **Prednisolon-Stoßtherapie** und/oder **Cyclophosphamid-Bolustherapie** verabreicht. Eine Sonnenexposition sollte bei Photosensibilität weitgehend vermieden werden. Regelmäßige Kontrollen von Blutbild und Nierenfunktion sind unverzichtbar.

tipp Immunsuppressiva bzw. Glukokortikoide sind bei fast allen Kollagenosen die Therapie der Wahl. Insofern ist diese Frage leicht zu beantworten.

6.13 Klassische Panarteriitis Nodosa

☐ ☐ ☐
☺ 😐 ☹

? **Frage:** Welche Kollagenose befällt häufiger Männer als Frauen und ist in ca. einem Drittel der Fälle mit dem HB_S-Antigen der Virushepatitis B assoziiert?

Antwort: Eine Erkrankung aus der Gruppe der Kollagenosen, auf welche die in der Frage erwähnte Beschreibung zutrifft, ist die **klassische Panarteriitis nodosa** (cPAN). Es handelt sich um eine **nekrotisierende Vaskulitis**, die vor allem **mittelgroße** Gefäße betrifft, keinen Befall der kleinen Gefäße und auch keine Glomerulonephritis zeigt. Die **mikroskopische Panarteriitis nodosa** (mPAN) unterscheidet sich von der cPAN dadurch, dass sie **kleine** Gefäße befällt, aber auch größere Gefäße einbeziehen kann. Die mPAN ähnelt klinisch der Wegenerschen Granulomatose, histologisch fehlt jedoch die granulomatöse Entzündung.

Immunologische Untersuchungen bieten bei der Panarteriitis nodosa kein spezifisches und aussagekräftiges Bild. Mit der **Arteriographie** der A. lienalis und des Tr. coeliacus können beim cPAN Mikroaneurysmen nachgewiesen werden. Entscheidend für die Diagnosestellung ist der **histologische Nachweis** einer nekrotisierenden Vaskulitis mit Medianekrosen und fokalen Gefäßverschlüssen in einer **Biopsie** aus den betroffenen Arealen.

! **Merke:** cPAN → ANCA-negativ, evtl. Nachweis einer Hepatitis-B-Infektion; mPAN → pANCA in 60% der Fälle.

☐ ☐ ☐
☺ 😐 ☹

? **Frage:** Welche Organe können bei der Panarteriitis nodosa erkranken?

tipp Neben der Nennung der betroffenen Organe sollte die typische Symptomatik erwähnt werden.

Antwort: Die Panarteriitis nodosa befällt verschiedene innere Organe.

- **Gastrointestinal-Trakt:** Typisch sind kolikartige Schmerzen, Erbrechen und Diarrhöen (cPAN).
- **Herz:** Meist sind die Koronararterien betroffen (cPAN). Progrediente Verschlüsse führen zu einer Angina pectoris und zu Myokardinfarkten.
- **Nervensystem:** Eine Polyneuropathie findet sich in 60% der Fälle. Weiterhin können Krampfanfälle und psychotische Zustandsbilder vorkommen, gelegentlich Schlaganfälle bei Beteiligung der Gehirngefäße bei jungen Patienten (cPAN).
- **Nieren:** Es findet sich in einem Großteil der Fälle eine Glomerulonephritis mit Mikrohämaturie und Proteinurie (mPAN). Oft entwickelt sich eine nephrogene Hypertonie.
- **Lunge:** Vaskulitis, evtl. mit alveolärer Hämorrhagie und Hämoptoe (mPAN)

- **Haut:** subkutane Knötchen, palpable Purpura, vorwiegend der unteren Extremitäten, evtl. mit Nekrosen (mPAN)

Eine Vereinfachung ergibt sich aus der Tatsache, dass sich in der Symptomatik die meisten Kollagenosen ähneln. Im Blutbild fällt im Gegensatz zum Lupus erythematodes oft eine **Leukozytose** und **Eosinophilie** auf. Die Blutsenkungsgeschwindigkeit und CRP sind stark erhöht. Häufig sind **Gelenk-** und **Wadenschmerzen**. Eine **Retinopathie** kann zur Erblindung führen.

6.14 Wegener-Granulomatose

Frage: Beschreiben Sie das klinische Bild der **Wegener-Granulomatose**. ?

Antwort: Das klinische Bild der Wegener-Granulomatose wird in **2 Stadien** eingeteilt:

- 1. Lokal begrenztes **Initialstadium** mit fakultativer Manifestation an Kopf, Lunge, Nieren:
  - chronische Rhinitis mit evtl. blutigem Schnupfen, Sinusitis, Otitis
  - Lungenrundherde, evtl. mit Einschmelzungen (Pseudokavernen), evtl. subglottische Larynx- oder Bronchialstenose
- 2. Vaskulitisches **Generalisationsstadium** mit pulmo-renalem Syndrom:
  - Lungenrundherde und Infiltrationen, evtl. Pseudokavernen, evtl. Hämoptoe
  - (Rapid progressive) Glomerulonephritis
  - evtl. Episkleritis, Arthralgien, Myalgien, ZNS-Symptome
  - Fieber, Gewichtsverlust, Nachtschweiß

Frage: Wie wird eine Wegenersche Granulomatose diagnostiziert? ?

Antwort: Die Diagnose der Wegener-Granulomatose erfolgt **histologisch** durch Nachweis **nekrotischer Granulome** und einer **Vaskulitis** in der Gewebeentnahme aus den betroffenen Arealen. Biopsien werden von den Lungen, der Nasopharynx, der Sinusschleimhaut, der Gingiva, der Haut oder den Nieren entnommen.

Weitere Befunde, die auf das Vorliegen einer Wegener-Granulomatose hinweisen, sind:

- positives cANCA (antineutrophiler zytoplasmatischer Antikörper mit zytoplasmatischem Fluoreszenzmuster)
- erhöhte BSG, positives CRP, Leukozytose
- positiver Rheumafaktor

- Hämaturie und Proteinurie
- Röntgenthorax mit Infiltraten, einzelnen oder mehreren Knötchen und Kavernenbildung

Frage: Machen Sie Vorschläge zur **Therapie** der Wegener-Granulomatose.

Antwort: Die Therapie ist **stadienabhängig**. Im lokal begrenzten Initialstadium kann eine Therapie mit **Cotrimoxazol** versucht werden. Längerfristige Remissionen werden in 2/3 der Fälle beobachtet. Im Generalisationsstadium werden **Kortikosteroide** und **Cyclophosphamid** nach dem Fauci-Schema verabreicht. Um infektiöse Komplikationen zu reduzieren, wird nach 4 Wochen die Kortikosteroiddosis in den Bereich der Cushing-Schwellendosis abgesenkt. Nach Erreichen einer Teilremission wird mit reduzierten Cyclophosphamid-Dosen weiterbehandelt oder eine Low-dose-Methotrexat-Therapie angeschlossen. Ziel ist das Erreichen einer Vollremission. Patienten mit Wegenerscher Granulomatose haben unbehandelt eine schlechte Prognose, bei Behandlung nach dem Fauci-Schema liegt die 5-Jahres-Überlebensrate bei 85%, wobei Organschäden (insbes. der Nieren) die Prognose schmälern.

6.15 Progressive Systemische Sklerose (PSS)

Frage: Für welche Kollagenose ist eine radiologisch nachweisbare **Wandstarre des Ösophagus** typisch?

tipp Es gibt Stichworte bei den Kollagenosen, die immer gefragt werden und die man kennen muss. Die „Wandstarre des Ösophagus" gehört dazu. Sinnvoll ist, in der Antwort eine Beschreibung des Krankheitsbildes zu geben.

Antwort: Eine Wandstarre des Ösophagus, hervorgerufen durch eine Fibrosklerose hauptsächlich der Bindegewebsstrukturen, ist für die **systemische Sklerodermie oder systemische Sklerose** typisch. Folge dieser Veränderung sind Motilitätsstörungen des Ösophagus mit Schluckstörungen.

Es handelt sich bei der systemischen Sklerodermie um eine Überproduktion von Kollagen bei verstärkter Fibroblastenproliferation, die zur diffusen **Fibrose von Haut, Lunge** und **anderen Organsystemen** führt. Weiterhin ist eine **obliterierende Angiopathie** nachzuweisen. Die Ätiologie ist weitgehend unbekannt. Es besteht eine gehäufte Assoziation mit **HLA-DR5** bei der diffusen und mit **HLA-DR1, 4, 8** bei der limitierten Verlaufsform vor.

Frage: Was können Sie zur **Behandlung** von Patienten mit einer Sklerodermie sagen?

Antwort: Die Sklerodermie ist durch einen chronischen Verlauf gekennzeichnet. Entscheidend für die Prognose ist der Befall von lebenswichtigen inneren Organen wie Herz, Lunge und Niere. Eine kausale Therapie ist nicht bekannt. In der ödematösen Frühphase werden **Glukokortikoide** eingesetzt. **Immunsuppressiva** oder **D-Penicillamin** werden bei schwerem Verlauf mit Beteiligung innerer Organe angewendet.

Der Erfolg ist allerdings nicht so überzeugend wie bei den anderen Kollagenosen. Eine sekundäre Hypertonie bzw. Pneumonie wird nach den bekannten Prinzipien therapiert. Symptomatische Therapie, einschließlich einer **krankengymnastischen Begleitbehandlung** ist wichtig.
Die **10-Jahres-Überlebensrate** bei diffuser Verlaufsform ist, abhängig vom Ausmaß der Organschäden (Herz, Lunge, Nieren), **ca. 70%**.

6.16 Mammakarzinom

Frage: Nennen Sie Befunde bei der klinischen Untersuchung der Brust, die auf ein **Mammakarzinom** hindeuten.

Antwort: Die Untersuchung der Brust gehört in jede klinisch körperliche Allgemeinuntersuchung. Verdächtige Befunde, die auf ein Mammakarzinom hinweisen können, sind:

- nichtdruckschmerzhafter **tastbarer Knoten**, oft höckerig und unverschieblich gegenüber Haut, Muskulatur oder Drüsengewebe
- **„Plateauphänomen"** = Stufenbildung durch Hauteinziehung über dem Tumor
- einseitiger Mamillenhochstand bzw. Mamillenverziehung
- einseitige Einziehung der Hautporen = **„Apfelsinenhaut"**
- erysipelähnliche **Entzündungen** der Brust
- **Ekzem** der Mamille (besonders bei intraduktalem Karzinom = Morbus Paget)
- einseitige Brustvergrößerung mit Ödem oder einseitige Brustverkleinerung bzw. -verfestigung
- vergrößert tastbare derbe und schmerzlose **Lymphknoten** in der Axilla
- bei fortgeschrittenem Lokalbefund: **Exulzerationen**

> tipp Eine leichte Frage, die in beinahe jeder mündlichen Prüfung vorkommt.

Jede knotige Veränderung oder anderweitig suspekter Befund sollte durch eine **Mammographie** abgeklärt werden. Bestehen dann immer noch Zweifel über die Dignität, muss eine **Feinnadelbiopsie** oder eine Probeexzision erfolgen.

☐ ☐ ☐
☺ 😐 ☹

Frage: Welche Befunde bei der **Mammographie** kennen Sie, die typisch für ein Mammakarzinom sind?

tipp Relativ häufig müssen Mammographieaufnahmen im Rahmen der Prüfung befundet werden.

Antwort: Es handelt sich bei der Mammographie um eine radiologische Untersuchung, welche besonders aussagekräftig bei großen, fettreichen Brüsten ist. Wichtige Karzinomzeichen in der Mammographie sind:

- **strahlige Verschattungen**, die unscharf ins Drüsengewebe übergehen
- gruppenweise angeordnete **Mikroverkalkungen** mit sog. „Krebsfüßchen"
- so genannte **„Krebsvenen"** = in der Mammographie deutlich sichtbare Hautvenen über dem Tumorbezirk

Die Treffsicherheit der Mammographie beträgt bei erfahrenen Untersuchern 85–95%.

☐ ☐ ☐
☺ 😐 ☹

Frage: In welchem Brustquadranten befinden sich statistisch gesehen die meisten Karzinome? Nennen Sie einige häufige histologische Typen von Mammakarzinomen. Können auch Männer Mammakarzinome bekommen?

tipp Drei Fragen, die zusammengefasst wurden, weil sie sehr schnell und kurz zu beantworten sind.

Antwort: Ungefähr 40–50% der Mammakarzinome befinden sich im **äußeren oberen Brustquadranten**. Im weiten Abstand folgen die perimamillären Karzinome und die Karzinome im oberen inneren Quadranten.

Das **szirrhöse** Karzinom ist der häufigste histologische Typ (ca. 40%). Kennzeichnend ist das reichlich entwickelte Bindegewebe. Weiterhin können das **Carcinoma solidum simplex** (~ 30%), das **Carcinoma solidum medullare** (~ 10%) und das **intraduktale Paget-Karzinom** unterschieden werden.

Auch Männer erkranken an einem Mammakarzinom (~ 1% aller Mammakarzinome). Bemerkenswert ist, dass Mammakarzinome bei Männern sich durch ein sehr aggressives Tumorwachstum mit dementsprechend schlechter Prognose auszeichnen. Oft sind Patienten mit Prostatakarzinom und einer Hormontherapie mit Antitestosteron betroffen.

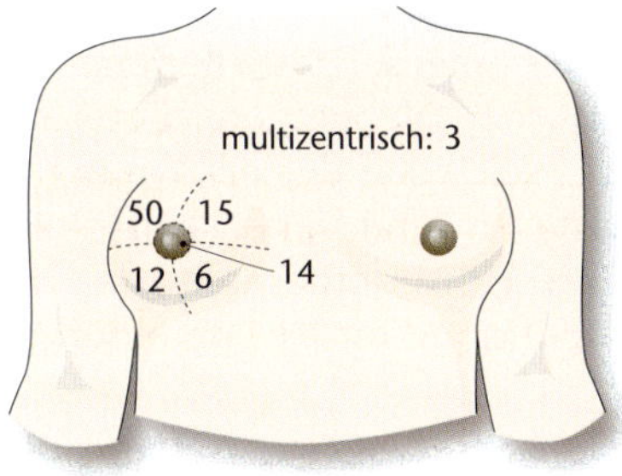

Abb. 6.3: Prozentuale Verteilung des Mammakarzinoms auf die verschiedenen Brustquadranten (nach Pratt-Donegan)

Frage: Was wissen Sie über die **Hormontherapie** bei Mammakarzinom?

?

☐ ☺ ☐ 😐 ☐ ☹

Antwort: Mammakarzinome sind hormonellen Regulationsmechanismen unterworfen. Bei Anwesenheit von Hormonrezeptoren auf Tumorzellen kann deshalb eine hormonelle Therapie effektiv sein. Ungefähr **60–80%** der Mammakarzinome haben **Hormonrezeptoren**. Eine adjuvante Hormontherapie wird jeder Frau mit Hormonrezeptor-positivem Tumor empfohlen, unbeachtet des Alters, des Menopausenstatus, der befallenen Lymphknoten oder der Tumorgröße. Der immunhistochemische Nachweis des Östrogen- oder Progesteronrezeptors ist entscheidend. Bei postmenopausalen Frauen wird am häufigsten eine Hormontherapie in Form einer 5-jährigen Behandlung mit **Tamoxifen** (Anti-Östrogen) angewendet. Bei prämenopausalen Patientinnen mit hormonempfindlichen Tumoren stellt die **chirurgische** oder **medikamentöse Ablation der Ovarien** eine zusätzliche Option dar. Die Ovarablation (heute meist medikamentös) ist bei diesen Frauen gleich effektiv wie einige Chemotherapieprotokolle. Zu diesem Zweck werden GnRH-Analoga (z.B. Goserelin) für die Dauer von mindestens 2 Jahren verabreicht. Hierdurch sistiert die pulsatile GnRH-Ausschüttung, dadurch völlige Suppression der LH- und FSH-Ausschüttung aus dem HVL und Wegfall der ovariellen Östrogen- und Progesteronproduktion. Die Nebenwirkungen entsprechen den klimakterischen Beschwerden. Die Therapie sollte immer in Kombination mit Tamoxifen erfolgen. Bei hormonunempfindlichen Tumoren ist im Allgemeinen eine Chemotherapie indiziert.

In der palliativen Situation werden nach Ausschöpfen von GnRH-Analoga bzw. Tamoxifentherapie bei weiterem Progress in der nächsten Stufe **Aromatasehemmer** eingesetzt; sie hemmen die Umwandlung von Androgenen in Östrogene (Nebenniere, Fettgewebe). Bei weiterem Fortschreiten können auch hoch dosiert **Gestagene** gegeben werden. Bei viszeralen Metastasen und lebensbedrohlicher Situation bzw. Nichtansprechen auf die Hormontherapie kann abhängig von der Gesamtsituation der Patientin auf eine Chemotherapie umgestiegen werden.

☐ ☐ ☐
☺ 😐 ☹

? **Frage:** Nach einem kurativen operativen Eingriff wegen eines Mammakarzinoms ist die Nachsorge der Patienten von großer Bedeutung. Geben Sie bitte ein **Nachsorgeschema für das Mammakarzinom** an.

tipp Die Nachsorgebehandlung bei Tumorleiden wird im Studium vernachlässigt, obwohl dieses Thema für die routinemäßige Patientenversorgung von zentraler Bedeutung ist. Hier zahlt sich eine Famulatur bei einem niedergelassenen Arzt, der Tumornachsorge durchführt, aus.

✚ > 60% der Mammakarzinome werden brusterhaltend operiert.

Antwort: Für die Nachsorge ist eine optimale Zusammenarbeit zwischen Klinik und Hausarzt notwendig. Folgendes Nachsorgeschema wird für die ersten 3 Jahre empfohlen:

- **Alle 3 Monate:** eine gründliche Anamnese und körperliche Untersuchung
- **Alle 6 Monate:** Mammographie bei brusterhaltender OP, gynäkologische Zytologie, evtl. Vaginalschall zur Beurteilung der Ovarien und des Endometriums unter Tamoxifentherapie
- **Alle 12 Monate:** Mammographie und Sonographie der kontralateralen Brust, Sonographie des OP-Gebietes und der Axilla

Nur bei anamnestischem oder klinischem Verdacht auf Fernmetastasen entsprechende apparative Diagnostik (z.B. Rö-Thorax, Lebersonographie, Skelettszintigraphie).

7 Endokrinologie und Stoffwechsel

7.1 Diabetes insipidus

Frage: Was versteht man unter einem **Diabetes insipidus?**

Antwort: Kennzeichnend ist die Unfähigkeit der Niere, auch bei „Wassermangel“ des Körpers den Urin zu konzentrieren. Es wird eine zentrale und eine renale Form unterschieden.

Beim **zentralen Diabetes insipidus** liegt ein partieller oder kompletter Mangel an ADH (= Adiuretin, Vasopressin) vor. Ursache ist eine Funktionsstörung oder Schädigung des hypothalamo-neurohypophysären Systems. Erst nach Untergang von über 95% der Neurone des Nucleus supraopticus kommt es zum Vollbild der Erkrankung (ca. 30% idiopathisch, ca. 60% symptomatisch bedingt, z.B. bei Tumoren). Der **Diabetes insipidus renalis** bezeichnet das Nichtansprechen der Nierentubuli (distaler Tubulus, Sammelrohr) auf ADH. Es gibt angeborene und, aufgrund tubulärer Schädigung bei Nephropathie, erworbene Formen.

+ Der zentrale Diabetes insipidus ist die weitaus häufigere Form.

Durch Ausfall des ADH ist eine Konzentrierung des Urins nicht möglich, sodass ein stark verdünnter Urin ausgeschieden wird. Diese Polyurie führt zu einem Flüssigkeitsdefizit im Körper und reaktiv zu einer Steigerung des Durstgefühls und damit zur Polydipsie.

Frage: Wie diagnostizieren Sie einen zentralen Diabetes insipidus?

Antwort: Für die klinische Diagnostik hat sich die **Bestimmung der Urinosmolarität** unter speziellen Bedingungen, wie **Durstversuch** und Applikation von **Desmopressin-Acetat** (= ADH-Analogon), bewährt.

Im Durstversuch kommt es trotz Dehydratation zu keiner vermehrten ADH-Sekretion. Um eine Exsikkose zu vermeiden, sollte die Dauer des Versuchs auf maximal 24 h beschränkt werden. Der Flüssigkeitsverlust (messbar durch das Körpergewicht „vorher – nachher“) darf nicht mehr als 3–5% des Körpergewichts überschreiten.

Durch die Applikation von Desmopressin wird die Fähigkeit der Niere zur Urinkonzentration nach exogener ADH-Zufuhr geprüft, sofern der Durstversuch keine verstärkte Urinkonzentration ergeben hat. Dadurch kann zwischen peripherem und zentralem Diabetes insipidus unterschieden werden. Eine weitere labordiagnostische Möglichkeit ist die radioimmunologische Bestimmung der **ADH-Serumkonzentration**. Diese unterliegt jedoch einer hohen Schwankungsbreite.

☐ ☐ ☐
☺ 😐 ☹

? **Frage:** Wie sieht die **Therapie** eines zentralen Diabetes insipidus aus?

tipp Bei Fragen nach der Therapie sollte man darauf eingehen, ob die Behandlung symptomatisch oder kausal ausgerichtet ist. Den Namen eines Medikamentes und dessen Wirkungsweise sollte man kennen. Dosisfragen werden bei solchen Erkrankungen fast nie gestellt.

Antwort: Die Therapie richtet sich vorzugsweise nach der Ursache. Eine kausale Therapie zur Verhinderung des Fortschreitens der Erkrankung ist, beispielsweise bei Vorliegen eines Hirntumors, durch eine **Operation** oder **Bestrahlung** möglich.

In allen anderen Fällen kann nur eine symptomatische **Substitutionstherapie** erfolgen. Man verwendet heute fast ausschließlich das synthetische DDAVP (= 1-Desamino-8-D-Arginin-Vasopressin = Minirin®), welches eine stärkere antidiuretische Wirkung als natürliches ADH aufweist. Es wird intranasal (Nasenspray) appliziert. Durch zusätzliche Gabe von Diuretika vom Thiazidtyp kann die Wirkungsdauer verlängert werden.

☐ ☐ ☐
☺ 😐 ☹

? **Frage:** Welche Rolle spielt Kortisol im Rahmen eines Diabetes insipidus centralis?

Antwort: Eine Polyurie kann nur dann auftreten, wenn Kortisol in ausreichender Menge vorhanden ist. Kortisol ist entscheidend an der Weitstellung der Vasa afferentes der Glomerula der Niere beteiligt. Sollte also neben einem ADH-Mangel auch ein ACTH-Mangel (= sekundäre Nebennierenrindeninsuffizienz) bestehen, kommt es zu keiner diagnostisch wegweisenden Polyurie.

7.2 Hypophyseninsuffizienz

☐ ☐ ☐
☺ 😐 ☹

? **Frage:** Ist eine **Hypophysenvorderlappeninsuffizienz** mit dem Leben vereinbar?

tipp Die Form der Fragestellung gibt bereits einen Hinweis auf die Antwort.

Antwort: Eine komplette Hypophysenvorderlappeninsuffizienz ist mit dem Leben nicht vereinbar (fehlende Kortikoide). Im Allgemeinen fallen bei schleichendem Beginn die Gonadotropine zuerst aus. Es folgen TSH, ACTH und Prolaktin. Eine Hypophysenvorderlappeninsuffizienz kann beispielsweise als Folge eines **Blutungsschocks im Rahmen einer Operation** auftreten. Die Hypophyse stellt ein so genanntes „Schockorgan“ dar (**Sheehan-Syndrom** = postpartale Hypophysennekrose).

Frage: Wie äußert sich die **chronische Hypophyseninsuffizienz** bei beiden Geschlechtern?

Antwort: Das klinische Bild ist durch ein teilnahmsloses und **müdes Antlitz, blasse Haut, fehlende Augenbrauen** und **fehlende Sekundärbehaarung** charakterisiert. Bei Frauen findet sich zusätzlich eine sekundäre Amenorrhoe mit Atrophie von den Ovarien und Geschlechtsorganen. Männer klagen über Libido- und Potenzverlust, eine sekundäre Hodenatrophie ist obligat. Bei STH-Mangel in der Kindheit resultiert ein hypothalamo-hypophysärer Minderwuchs.

Frage: Welche **therapeutischen Maßnahmen** ergreifen Sie, wenn bei einem 10-jährigen Jungen ein hypophysärer Minderwuchs diagnostiziert wurde?

Antwort: Die Therapie des hypophysären Minderwuchses richtet sich nach der jeweiligen Ursache. Bei Tumoren oder Granulomen steht die **operative** Therapie an erster Stelle. Bei der idiopathischen Form spielt die **Substitution** der peripheren Hormone eine entscheidende Rolle. Zur Substitution wird gentechnologisch hergestelltes menschliches Wachstumshormon verwendet. Bei dem früheren tierischen STH bestand die Gefahr einer Jakob-Creutzfeldt-Erkrankung.

tipp Eine exotische Frage. Ausnahmsweise ist es hilfreich, sich die IMPP-Fragen ins Gedächtnis zu rufen.

Bei diesem Jungen würde durch eine adäquate Substitution bis ca. zum 15. Lebensjahr das Längenwachstum und die Skelettreifung stimuliert werden und zu fast normaler Körpergröße führen.

Frage: Was wissen Sie zur Entwicklungsgeschichte der Hypophyse?

Antwort: Der Hyphophysenvorderlappen und -hinterlappen weisen eine völlig unterschiedliche Entstehung bzw. Entwicklung auf. Der Hypophysenvorderlappen entwickelt sich aus der Rathke-Tasche, die eine ektodermale Ausbuchtung des Oropharynx darstellt. Der Hypophysenhinterlappen entwickelt sich aus dem Zwischenhirn. Erst im Laufe der Ontogenese kommen die beiden Teile der Hypophyse in Kontakt.

tipp Erneut eine exotische Frage. Fragen aus der Endokrinologie weisen oft Bezüge zur Embryologie und Physiologie auf.

Frage: Welche Funktionen hat das Hormon **Oxytocin?**

Antwort: Oxytocin wird von der **Neurohypophyse** freigesetzt. Es weist eine enge Verwandtschaft zu ADH auf. Die **kontraktionsfördernde** Wirkung auf die **Uterusmuskulatur** und **Milchdrüse** ist gut dokumentiert. Wahrscheinlich wird zudem das Immunsystem und die Libido beeinflusst. Hier sind die Effekte jedoch nicht gesichert.

7.3 Morbus Basedow

Fallbeispiel: Ein 45-jähriger Mann kommt zu Ihnen in die Praxis. Seit einiger Zeit sei er sehr unruhig, schwitze viel und verspüre häufig Herzrasen. Außerdem fiele ihm auf, dass er seine Hemdkragen nicht mehr zubekomme. An welches Krankheitsbild denken Sie bei der Anamnese und dem Bild Ihres Patienten?

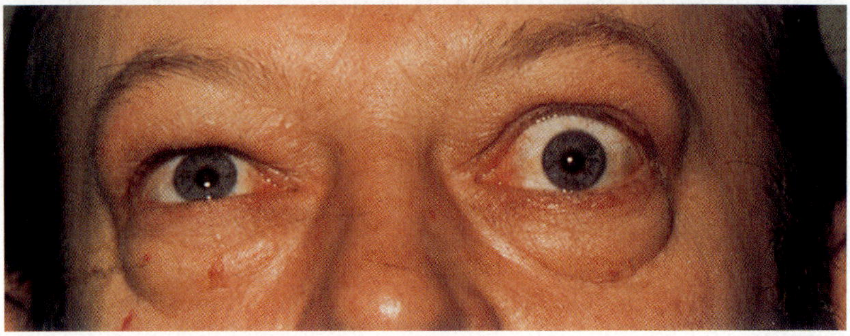

Abb. 7.1: Fazies eines 45-jährigen Mannes [6]

✚ Die endokrine Orbitopathie kann einer Hyperthyreose vorausgehen, parallel auftreten oder sich nachfolgend entwickeln.

Antwort: Es wird sich am ehesten um eine Hyperthyreose vom Typ des Morbus Basedow (= Grave's disease) handeln. Diese zeigt häufig die klassische **„Merseburger Trias": Tachykardie**, **Struma** und **Exophthalmus**. Es handelt sich um eine **Autoimmunerkrankung**, welche mit der Bildung eines TSH-ähnlichen Antikörpers (sog. TSI = thyroid stimulating Ig) einhergeht. Zusätzlich kommt es bei 70% der Fälle zur Bildung von **anti-TPO-Ak**. Kardiale Beschwerden werden durch die katecholaminsensibilisierende Wirkung der Schilddrüsenhormone T_3 und T_4 induziert. Häufig sind **Vorhofflimmern** und **ventrikuläre Extrasystolen**. Typisch ist weiterhin eine **Hypertonie** infolge des unphysiologisch erhöhten Herzminutenvolumens, welches eine gesteigerte periphere Durchblutung bewirkt.

Dies führt zu der charakteristischen **warmen, geröteten,** weichen und **feuchten Haut** des hyperthyreoten Patienten, der Wärme nicht tolerieren kann. Gastrointestinal beobachtet man häufig **Hyperdefäkation**. Der Patient nimmt trotz gesteigerten Appetites an Gewicht ab. Neurologisch fallen **Schlaflosigkeit, Übererregbarkeit** und ein **feinschlägiger Tremor** auf. Eine **Myopathie** und ein **prätibiales Myxödem** finden sich oft zusätzlich. Die **endokrine Orbitopathie** tritt häufig zusammen (ca. 40%) mit dem M. Basedow auf und ist als eigenständige Autoimmunerkrankung aufzufassen.

Frage: Sie haben die **endokrine Orbitopathie** erwähnt. Wissen Sie mehr darüber?

Antwort: Humorale Antikörper lösen das pathologische Geschehen aus. Pathologisch-anatomisch führen die autoimmunologischen Prozesse zu **lymphozytären Infiltraten** des Retrobulbärraumes, Einlagerung sowie **Verquellung von Mukopolysacchariden, Fettgewebsvermehrung** und reaktiver **Fibroblasteneinsprossung** mit bindegewebiger Umwandlung. Selten ist nur ein Auge befallen. Meist erkranken beide Augen nacheinander.

tipp Diese Nachfrage war nach dem vorherigen Schlusssatz zu erwarten. Daher sich stets darüber bewusst sein, womit man seine Ausführungen beendet.

Folgende klinische Zeichen sind typisch:

Gradeinteilung der endokrinen Orbitopathie	
I	anamnestische Beschwerden: Fremdkörpergefühl, Tränen, Lichtempfindlichkeit, retrobulbäres Druckgefühl
II	Lidretraktion, Konjunktivitis, Chemosis (= Ödem der Bindehaut), periorbitale Schwellung
III	Protrusio bulbi
IV	Augenmuskellähmungen mit Doppelbildern
V	Hornhautulzerationen (durch Lagophthalmus)
VI	Visusverlust bis Erblindung

Tab. 7.1.: Stadien der endokrinen Orbitopathie

Hinweise auf einen **Exophthalmus** sind:
- Konvergenzschwäche (Möbius-Zeichen)
- weißer Sklerensaum oberhalb des Limbus beim Geradeausblick (Dalrymple-Phänomen)
- Oberlidretraktion beim Blick nach unten (Zeichen nach Graefe)
- mangelhafter Lidschluss (Lagophthalmus)
- seltener Lidschlag (Stellwag-Zeichen)

Die endokrine Orbitopathie zeigt in ihrem Verlauf oft spontane Besserungen. Restzustände sind jedoch die Regel. Bei vorbestehenden Hyperthyreosen wird nach Erreichen einer euthyreoten Stoffwechsellage in bis zu 50% der Fälle eine Besserung beobachtet. Therapeutisch ist die hoch dosierte Gabe von **Kortikosteroiden** oder eine **Retrobulbärbestrahlung** möglich.

Frage: Welche **bildgebenden Verfahren** zur Untersuchung der Schilddrüse sind im klinischen Alltag wesentlich?

Antwort: Die **Sonographie** und die **Szintigraphie** sind die entscheidenden bildgebenden Verfahren zur Untersuchung der Schilddrüse. Die Sonographie beurteilt die Morphologie, während die Szintigraphie Aussagen über die Funktion (zum Teil auch funktionsmorphologisch = Lokalisation eines „heißen“ Knotens) macht. Beide Untersuchungen ergänzen sich.

Frage: Warum ist eine Schilddrüsenszintigraphie nach einer vorherigen Untersuchung mit jodhaltigem Kontrastmittel (z.B. Urogramm) nicht sinnvoll?

Antwort: Nach Gabe eines jodhaltigen Kontrastmittels nehmen die Thyreozyten für ca. 4–6 Wochen kein Radionuklid mehr auf. Eine Funktionsaussage kann nicht mehr gemacht werden.

Frage: Was sind in der Schilddrüsendiagnostik **kalte** und **heiße Knoten?**

tipp Hier werden Funktion und Morphologie gekoppelt.

Antwort: Bei der Szintigraphie wird die Funktion des Schilddrüsengewebes sichtbar. Die Untersuchung erfolgt mit einem schwach radioaktiven Tracer (Technetium). Bezirke mit **verminderter** oder **fehlender Aufnahme** stellen sich als so genannte **kalte** Areale dar. Bei **erhöhter Aufnahme** liegt ein **heißer** Bereich vor. Korreliert ein knotiger Tastbefund mit Bereichen spezieller Funktion, spricht man von kalten oder heißen Knoten.

Frage: Welche **Funktionsuntersuchungen** stehen zur Verfügung, um eine Hyperthyreose zu sichern?

Antwort: Die wichtigsten Untersuchungen sind die Messung der Konzentration der Hormone $\mathbf{T_3}$ und $\mathbf{T_4}$ sowie des hypophysären Hormons **TSH** im Serum. Im Prinzip weckt die Erhöhung eines oder beider Schilddrüsenhormone den Verdacht auf eine Hyperthyreose.

Die TSH-Werte werden radioimmunologisch bestimmt und sind bei manifester Hyperthyreose erniedrigt. Beim **TRH-Test** kommt es bei Vorliegen einer hyperthyreoten Stoffwechsellage zu keinem TSH-Anstieg nach TRH-Injektion (= negativer TRH-Test).

Isotopenuntersuchungen ermöglichen weiterhin die quantitative Messung der thyreoidalen Aufnahme von Jod- oder Technetiumisotopen.

Ein so erfasster vergrößerter Jodumsatz gibt Anhaltspunkte über Verteilung und Größe hyperthyreoter Schilddrüsenbereiche (= Szintigramm).

7.4 Hypothyreose

Fallbeispiel: Ein 52-jähriger Patient berichtet über eine stetige Zunahme des Körpergewichts. Weiterhin klagt der Patient über Müdigkeit und berichtet, ständig zu frieren. Bei der körperlichen Untersuchung finden sich keine Auffälligkeiten. Blutdruck 140/80 mmHg und Puls 54/min. Folgende Laborwerte liegen vor: Glukose 110 mg/dl, Hab 14,0 g/dl, Cholesterin 360 mg/dl, TSH 40 mU/l, Kreatinin 1,3 mg/dl. Was vermuten Sie?

Antwort: Es liegt offenbar eine Hypothyreose vor. Insbesondere der TSH-Wert ist massiv erhöht (Normbereich: 0,4 – 4,5 mIE/l)

tipp Der Schlüssel zur Antwort liegt im Symptom „Kälteintoleranz" und dem Labor.

Frage: Welche pathologischen Zustände führen zu einer **Hypothyreose?** Wie äußert sich das klinische Bild einer Altershypothyreose?

Antwort: Unter Hypothyreose versteht man ein Krankheitsbild, bei welchem die Körperzellen nicht ausreichend mit Schilddrüsenhormonen versorgt werden. Man unterscheidet angeborene und erworbene sowie primäre, sekundäre und tertiäre Formen.

tipp Es ist vorteilhaft, wenn man Zusammenhänge zeigen und selbstständig Einteilungen anbieten kann. Der Tagesbedarf bei Erwachsenen liegt zwischen **100 – 200 µg** L-Thyroxin.

Die **primäre Hypothyreose** ist durch die ungenügende Hormonproduktion einer gestörten Schilddrüsenfunktion bedingt. Das häufigste Beispiel für eine erworbene, primäre Hypothyreose ist die autoimmunogene **Hashimoto-Thyreoiditis**. Weitere Ursachen sind **neoplastischen, strahleninduzierten** oder **medikamentösen** Ursprungs. Angeborene, primäre Hypothyreosen sind Schilddrüsenaplasien und Schilddrüsendysplasien. Unter **„Kretinismus"** versteht man in diesem Zusammenhang ein Krankheitsbild, das als irreversible Folge einer prä- oder perinatalen Schilddrüseninsuffizienz aufzufassen ist.

Sekundäre Hypothyreosen entstehen durch fehlende TSH-Sekretion (z.B. nach Hypophysenvorderlappen-Nekrose), während **tertiäre Hypothyreosen** durch fehlende TRH-Ausschüttung und somit hypothalamisch bedingt sind.

Das klinische Bild einer Hypothyreose ist abhängig vom Manifestationszeitpunkt und Schweregrad der Funktionsminderung. Die **Altershypothyreose** ist durch einen verlangsamten Stoffwechsel geprägt. Subjektive Beschwerden sind:

- Schwäche und Kälteintoleranz
- Gewichtszunahme und Müdigkeit
- Interesselosigkeit, Leistungsabfall, Konzentrationsschwäche
- Bradykardie

Das Vollbild ist durch generalisierte Hautveränderungen im Sinne eines **Myxödems** gekennzeichnet. Ferner sind eine **kühle, trockene,** meist verdickte und **schuppige Haut, struppiges Haar** sowie eine raue und **heisere Stimme** typisch.

! **Merke:** Bei L-Thyroxin-Substitution einschleichend beginnen, da sonst kardiale Nebenwirkungen resultieren können.

☐ ☐ ☐
☺ 😐 ☹

? **Frage:** Was ist eine **blande Struma** und wie behandelt man sie?

Antwort: Eine blande Struma bedeutet eine **nicht entzündliche** und **nicht maligne** Schilddrüsenvergrößerung bei **euthyreoter** Stoffwechsellage. Hauptursache dieser häufigsten endokrinologischen Erkrankung ist der exogene **Jodmangel**, welcher ca. 15% der Bevölkerung in Deutschland betrifft.

Seltenere Auslösefaktoren sind strumigene Nahrungsbestandteile, Medikamenteneinnahme, angeborene Dyshormonogenese und immunologische Ursachen, die die Ausbildung einer Struma fördern.

Stadieneinteilung der Struma gemäß WHO	
Grad 0	keine Struma sichtbar oder tastbar
Grad I	Struma tastbar
I a	Bei normaler Kopfhaltung ist die Struma nicht sichtbar; kleinere Knoten tastbar bei sonst normaler Schilddrüse
I b	Struma nur bei rekliniertem Kopf sichtbar
Grad II	Struma bei normaler Kopfhaltung sichtbar und tastbar
Grad III	sehr große Struma oder Vorliegen einer oberen Einflussstauung, auf Distanz sichtbar

Tab. 7.2: Strumaeinteilung

Mittel der ersten Wahl ist bei jüngeren Patienten die **Schilddrüsenhormonsubstitution**. Eine frühe Therapie mit L-T_4 Monopräparaten ist indiziert. Die Dosierung erfolgt einschleichend. Optimal ist die Menge an zugeführtem Schilddrüsenhormon, bei der eine TSH-Antwort im TRH-Test gerade noch ausbleibt und der T_4-Serumwert normal ist. Nach 1 – 2

Jahren kann bei Größenabnahme der Drüse die Dosis reduziert und mit einer **Rezidivprophylaxe mit Jodid** fortgesetzt werden. Bei jungen Patienten ist primär ein Versuch mit Jodid indiziert.

Eine **operative** Therapie ist bei mechanischer Kompression von Nachbarstrukturen, bei Autonomie und bei Malignomverdacht indiziert. In der Regel wird dann die Schilddrüse subtotal reseziert. Ist eine Operation zu risikoreich (alte Patienten), kann eine **Radiojodtherapie** angewandt werden.

7.5 Thyreoiditiden

Frage: Wann spricht man von einer **Thyreoiditis?** Welche pathogenetischen bzw. histologischen Unterschiede weisen die verschiedenen Arten auf?

☐ ☺ ☐ 😐 ☐ ☹

Antwort: Man spricht von einer Thyreoiditis, wenn entzündliche Vorgänge das Organ in Gestalt und Funktion verändern. Dabei handelt es sich um eine heterogen zusammengesetzte Krankheitsgruppe, deren Gemeinsamkeit in einer histologisch nachweisbaren entzündlichen Schilddrüseninfiltration liegt. Gemäß dem klinischen Erscheinungsbild, der Ursache und dem Verlauf ist eine Unterteilung in akute, subakute und chronische Thyreoiditiden ausreichend.

tipp Zuerst eine allgemeine Definition nennen und danach in die Differenzialdiagnose einsteigen.

Bei der **akuten Thyreoiditis** handelt es sich um eine **bakterielle** (meist Streptokokken oder Staphylokokken) oder um eine **Strahlen**-Thyreoiditis, beispielsweise in Folge einer Radiojodbehandlung.

Bei der **subakuten Thyreoiditis** liegt eine abakterielle, granulomatöse Entzündung der Schilddrüse, vermutlich **viraler** Genese (z.B. Mumps, Masern, Mononukleose), vor. Die granulomatösen Veränderungen treten in Form von **histiozytären, lymphozytären** und **plasmazellulären** Infiltrationen, in Verbindung mit **Riesenzellen** teils vom Langhans- und teils vom Fremdkörpertyp auf (Thyreoiditis de Quervain).

Die relativ häufig vorkommenden **chronischen Autoimmunthyreoiditiden** werden wahrscheinlich durch eine angeborene Störung der immunologischen Kontrolle verursacht, wobei es zur Bildung von autoaggressiven **T-Lymphozyten** und humoralen Antikörpern gegen Thyreoglobulin **(TAK)** und mikrosomale Zellbestandteile **(anti-TPO-Ak)** kommt. Es folgt eine zytotoxische Reaktion mit erheblicher Vermehrung des lymphatischen Gewebes und langsamer Zerstörung des Schilddrüsenparenchyms.

Die **Riedelstruma**, als besondere Form der Thyreoiditis, ist eine unklare fibrös invasive Entzündung der Schilddrüse, die zu einem **steinharten,** mit den umgebenen Strukturen **fest verbackenem Kropf** führt.

☐ ☐ ☐

Frage: Welche chronische Thyreoiditisform tritt am häufigsten auf und wie sieht die Therapie aus?

tipp Fragen nach der Häufigkeit von Krankheitsbildern sind beliebt. Eine kurze Erläuterung der Diagnostik, obwohl nicht gefragt, bringt Vorteile.

Antwort: Unter den chronischen Thyreoiditiden tritt die hypertrophe lymphozytäre Autoimmunthyreoiditis (Hashimoto-Thyreoiditis) am häufigsten auf. Die Diagnose stützt sich auf den Nachweis von hochtitrigen **Schilddrüsenantikörpern** (Thyreoglobulin-AK, mikrosomale-AK) und auf den typischen histologischen Befund in der **Punktionszytologie**. Weiterhin muss ein Schilddrüsenmalignom ausgeschlossen sein.

Nach gesicherter Diagnose erfolgt eine **lebenslange Substitution** mit Schilddrüsenhormonen (z.B. 100 µg L-Thyroxin), da die Hashimoto-Thyreoiditis fast immer durch Parenchymuntergang zur Hypothyreose führt. Eine Restitutio ad integrum ist nicht zu erwarten. Eine initiale Hyperthyreose kann in seltenen Fällen eine vorübergehende antithyreoidale Medikation erforderlich machen. Die Operation ist bei erheblichen lokalen Komplikationen sowie bei Malignomverdacht indiziert.

7.6 Nebennierenrindeninsuffizienz

☐ ☐ ☐

Frage: In welchen **Zonen der Nebennierenrinde** werden die einzelnen Hormone gebildet?

tipp Anatomische Fragen zum Organaufbau finden sich in ca. 10% der Prüfungsprotokolle.

Antwort: Die Nebennierenrinde wird in 3 Zonen unterteilt:
- **Zona glomerulosa:** Mineralokortikoide (Aldosteron)
- **Zona fasciculata:** Glukokortikoide (Kortisol)
- **Zona reticularis:** Androgene (Dehydroepiandrosteron)

Merke: Nebennieren<u>mark</u> = Bildungsort der Katecholamine

☐ ☐ ☐

Frage: Um welche Uhrzeit findet sich physiologisch im Serum der höchste Kortisolspiegel?

Antwort: Die Sekretion von Glukokortikoiden erfolgt nach einer zirkadianen Rhythmik. Die höchsten Konzentrationen finden sich zwischen 5 und 9 Uhr morgens.

Frage: Was verstehen Sie unter **chronischer** und **akuter Nebennierenrindeninsuffizienz?** Welche **Ätiologie** ist Ihnen bekannt?

Antwort: Bei der **primären chronischen** NNR-Insuffizienz **(Morbus – Addison)** handelt es sich um eine anatomische Läsion bzw. Schädigung der NNR mit Ausfall der für die Bildung von Gluko- und Mineralokortikoiden verantwortlichen Zellen. Die häufigste Ursache ist eine fibrosierende Entzündung aufgrund von Autoimmunprozessen **(Autoimmunadrenalitis)** oder Virusinfektionen. Tuberkulose und Pilzinfektionen sind neben granulomatösen Entzündungen, Amyloidose oder Metastasen weitere mögliche Ursachen für einen Morbus Addison.

tipp Ein Fragentyp, der immer wieder auftritt und wie üblich eine systematische Antwort erfordert.

Die **akute primäre** NNR-Insuffizienz, die Addison-Krise, tritt 6–12 h nach größeren Belastungen (z. B. Operation, Infekt, Trauma) auf, die einen gesteigerten Bedarf an Nebennierenrindenhormonen hervorrufen. Meist lag bereits eine unerkannte latente Nebenniereninsuffizienz vor.

Besonders die **abrupte Unterbrechung einer länger andauernden Steroidtherapie** kann zu dieser endokrinologischen Krise (= **sekundäre NNR-Insuffizienz)** führen, welche sich oft einige Tage vorher durch Nausea und Adynamie ankündigt. Aus diesem Grund wird bei Absetzen einer Medikation mit Steroiden die Dosis langsam verringert („ausschleichen"), um den körpereigenen Regulationsmechanismen Zeit zu geben, eine ausreichende Hormonsynthese wieder aufzubauen.

Frage: Wie diagnostizieren Sie einen Morbus Addison? Welche Therapie ist bei der akuten bzw. chronischen NNR-Insuffizienz angezeigt?

Antwort: Das **klinische Vollbild** des **M. Addison** ist durch folgende Befunde gekennzeichnet:
- Hypotonie und Tachykardie
- Müdigkeit, leise Stimme
- Diarrhoe, Gewichtsabnahme, Appetitlosigkeit, Spontanhypoglykämie

tipp Stets erst mit der Klinik beginnen und später die diagnostischen Verfahren erläutern. Man muss zwischen der Therapie der Addison-Krise und der Behandlung der chron. NNR-Insuffizienz differenzieren. Auf die Dosierung von Medikamenten kann man verzichten.

Die **Hyperpigmentation** durch erhöhte Produktion von ACTH und MSH (melanozytenstimulierendes Hormon) ist ein wesentliches Leitsymptom der primären NNR-Insuffizienz.

Die typische **Serumelektrolytkonstellation** ist:
- Hyperkaliämie
- Hyponatriämie
- Hyperphosphatämie
- Hypochlorämie

Im Blut finden sich eine normochrome **Anämie, Lymphozytose** und **Eosinophilie**. Das Plasma-Renin ist um ein Vielfaches erhöht. Die Diagnose wird durch den negativen Ausfall des **ACTH-Stimulationstests** und den erniedrigten **Serumkortisol-Morgenwert** gesichert. Bei sekundärer (= hypophysär bedingter) NNR-Insuffizienz dagegen würde der Kortisol-Spiegel nach ACTH-Stimulation um das 2–3fache ansteigen.

Die Therapie bei M. Addison besteht in einer **oralen Substitution** von **Kortison** (30–50 mg/die) und einem **Mineralokortikoid** (0,05–0,1 mg/die, z.B. 9-α-Fluorocorticoid). Kochsalz (6–10 g) sollte reichlich zugeführt werden. Präoperativ oder in anderen Belastungssituationen muss die Kortisondosis für mehrere Tage um das 2–5fache erhöht werden. Dagegen ist bei der Addison-Krise initial der Ausgleich des Natrium-, Kalium- und Wasserdefizites bzw. die Azidosebekämpfung vordringlich, da erst dann die Arteriolen auf Kortison reagieren. Die Kortisondosis (200–400 mg/die) wirkt erst mit einer Latenz von 4–6 h, sodass inzwischen oft eine Kreislaufstabilisierung mit Vasokonstriktoren notwendig ist. Eine Gabe von Mineralokortikoiden erhält den Natriumbestand.

7.7 Morbus Cushing, adrenogenitales Syndrom

☐ ☐ ☐
☺ 😐 ☹

? **Frage:** Was ist ein **Morbus Cushing** oder Cushing-Syndrom?

tipp Am besten mit Definition und Ätiologie beginnen und dann auf eine leichte Nachfrage hoffen.

Antwort: Das Cushing-Syndrom resultiert entweder **endogen** aus einer Überproduktion von Kortisol in der Zona fasciculata der Nebennierenrinde (= NNR) oder entsteht durch **exogene** Zufuhr von Glukokortikoiden.

Der endogene exzessive Hyperkortisolismus ist keine häufige Erkrankung und betrifft mehr Frauen als Männer, bevorzugt in der 3–4. Lebensdekade. Dabei unterscheidet man zentrale, adrenale sowie durch ektopische ACTH-Bildung (paraneoplastisches Syndrom) verursachte Formen.

Das **zentrale** Cushing-Syndrom (ca. 70% der Fälle) kann entweder primär-hypophysär durch ein autonomes **ACTH-bildendes Adenom** oder primär-hypothalamisch durch eine Störung des Regelkreises mit vermehrter CRF-Bildung (corticoid releasing factor) bedingt sein.

Dem **adrenalen (peripheren)** Cushing-Syndrom (ungefähr 20% der Fälle) liegen, nach Häufigkeit geordnet, **NNR-Adenome, NNR-Karzinome** oder in seltenen Fällen eine primäre grobknotige **NNR-Hyperplasie** zugrunde. Die meist einseitigen NNR-Adenome sind gutartig und können bis zu 30 g wiegen. Es kommt zur kontralateralen NNR-Atrophie. NNR-Karzinome sind hoch maligne und zeichnen sich durch Bildung atypischer Steroide aus.

Die **ektope ACTH-Bildung** (ca. 10% der Fälle) im Rahmen eines paraneoplastischen Syndroms ist besonders beim **kleinzelligen Bronchialkarzinom** bekannt.

Frage: Welche **Maßnahmen** ergreifen Sie, um ein Cushing-Syndrom zu sichern? ?

☐ ☺ ☐ 😐 ☐ ☹

Antwort: Klinische Befunde wie Vollmondgesicht, Stammfettsucht, Hämatome, Osteoporose und Striae rubrae reichen nicht zur Diagnose eines Cushing-Syndroms aus. Es muss eine Absicherung durch **Hormonanalysen** erfolgen. Die Anamnese kann ein Cushing-Syndrom durch exogene Glukokortikoidzufuhr abgrenzen.

tipp Die verschiedenen Ursachen eines Cushing-Syndroms sollten in der Antwort differenzialdiagnostisch voneinander abgegrenzt werden.

Hinweise zur Unterscheidung zwischen zentralem und adrenalem M.Cushing sind durch den **Dexamethason-Hemmtest** (8 mg über 2 Tage) möglich. Bei der zentralen Form sinkt dabei im Gegensatz zur adrenalen oder paraneoplastischen Form die Ausscheidung von freiem Kortisol im 24-h-Urin um 50% ab. Eine Plasmakortisolerhöhung bei aufgehobener Tagesrhythmik sollte vorher bereits nachgewiesen worden sein.

Die **Computertomographie** weist NNR-Adenome und -Karzinome nach und stellt eine Vergrößerung beider Nebennieren beim zentralen M. Cushing fest. Die Tomographie der Sella, das axiale und koronare Schädel-CT und die **Kernspintomographie** können zum Nachweis von Hypophysenadenomen herangezogen werden.

Die klinisch wichtigste Differenzialdiagnose stellt die Adipositas verbunden mit einem Diabetes mellitus und Hypertonus dar, weil auch hier eine Plasmakortisolerhöhung zu beobachten ist.

Fallbeispiel: Nachfolgend finden Sie das Bild eines weiblichen 2-jährigen Kindes bei dem Veränderungen im Bereich des äußeren Genitale aufgefallen sind. Das Kind ist bereits fast 110 cm groß und liegt damit über der 97% Perzentile. Was vermuten Sie?

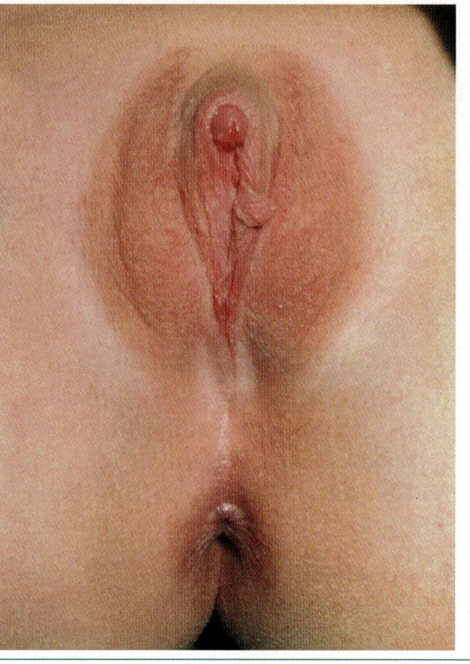

Abb. 7.2: Äußere Genitale eines 2-jährigen Mädchen

Antwort: Auffällig ist die Klitorishypertrophie, die fast als Phallus imponiert. Es könnte ein adrenogenitales Syndrom (AGS) vorliegen.

Frage: Erläutern Sie bitte das **adrenogenitale Syndrom** (= AGS) und beschreiben Sie die Klinik der häufigsten hereditären Form beim weiblichen Geschlecht.

tipp In der Fragestellung ist die Erwartung des Prüfers deutlich zu erkennen. Er möchte den häufigsten Enzymdefekt namentlich hören.

Antwort: Es liegt eine **vermehrte Bildung von Androgenen** aufgrund eines Enzymdefektes der Kortisolsynthese in der Nebennierenrinde vor. Je nach Defekt sind Kortisol- und/oder Aldosteronsynthese vermindert. Häufigste Ursache des hereditären AGS ist der 21-Hydroxylase-Defekt, welcher mit oder ohne Salzverlust auftreten kann. Beim **kompletten 21-Hydroxylase-Defekt** finden sich:

- schwerer Salzverlust mit Hyponatriämie und Hyperkaliämie
- Dehydratation und Hypotonie
- Niereninsuffizienz
- Diarrhoe, Erbrechen

Klinisch steht beim weiblichen Säugling eine penisartige Klitoris im Rahmen des **Pseudohermaphroditismus femininus** im Vordergrund. Die vorzeitige Beschleunigung des Körperwachstums und der Knochenreifung mit **frühem Epiphysenschluss** ab dem 2. Lebensjahr kommt um das Ende des ersten Lebensjahrzehnts zum Stillstand. Pubes- und Axillarbehaarung erscheinen bereits ab dem 2.–4. Lebensjahr **(Pseudopubertas praecox)**. Typisch ist ein vorzeitiger Stimmbruch. Häufig kommt es zu psychiatrischen Auffälligkeiten, wie Krampfanfällen und Verhaltensstörungen.

7.8 Hyperaldosteronismus

Frage: Was verstehen Sie unter einem **Hyperaldosteronismus?** ?

☐ ☐ ☐

☺ 😐 ☹

Antwort: So werden Krankheitsbilder bezeichnet, die durch eine erhöhte Aldosteronsekretion bzw. verminderten Aldosteronabbau charakterisiert sind. Aldosteron wird in der Zona glomerulosa der NNR produziert.

Dem seltenen **primären** Hyperaldosteronismus oder **Morbus Conn** liegt in 70–80% der Fälle ein meist gutartiges einzelnes **Adenom**, in 20–30% der Fälle eine **bilaterale Hyperplasie** der Zona glomerulosa der NNR und sehr selten ein **NNR-Karzinom** zugrunde. Diagnostisches Leitsymptom ist die hypokaliämische Hypertonie mit einer ausgeprägten metabolischen Alkalose.

Die Ursachen des **sekundären** Hyperaldosteronismus liegen außerhalb der NNR und sind entweder durch eine **erhöhte** Stimulierung der **Aldosteronbildung** und/oder den **verminderten Abbau** des Aldosterons bedingt. Sehr häufig besteht eine gesteigerte Renin-Sekretion. Dieses Krankheitsbild wird in folgende Kategorien eingeteilt:

- **Mit Hypertonus:** Maligne Hypertonie, renovaskuläre Hypertonie, reninsezernierende Tumoren
- **Ohne Hypertonus:** Nephrotisches Syndrom, tubuläre Nephropathien
- **Mit Störungen des Aldosteronabbaus:** Leberzirrhose, Herzinsuffizienz
- **Funktionelle Zustände:** Stimulierung des Renin-Angiotensin-Aldosteron-Systems z.B. durch Laxanzienabusus

Frage: Welchen wichtigen klinischen Unterschied weist der **primäre Hyperaldosteronismus** gegenüber dem sekundären, z.B. bei Leberzirrhose, häufig auf? Welche therapeutischen Richtlinien kennen Sie? ?

☐ ☐ ☐

☺ 😐 ☹

tipp Bei mehreren Fragen, die gleichzeitig gestellt werden, ist das Wichtigste, die Übersicht zu behalten. Gegebenenfalls kann man den Prüfer bitten, seine Fragen noch mal zu wiederholen.

Antwort: Beim primären Hyperaldosteronismus besteht durch die Plasmanatriumerhöhung eine **Hypertonie**. Dagegen liegt beim sekundären Hyperaldosteronismus meist keine Hypertonie, sondern eine vermehrte Ödemneigung vor (Ausnahme: renovaskulärer Hyperaldosteronismus). Dies ist eine wesentliche Ursache für die Aszitesbildung bei Leberzirrhose. Die Therapie der Wahl beim aldosteronbildenden Adenom ist nach Korrektur des Elektrolythaushaltes die **Adrenalektomie**. Die Anwendung von **Spironolacton** bildet eine Haupttherapiesäule des sekundären Hyperaldosteronismus.

7.9 Phäochromozytom

Fallbeispiel: Ein junger Mann kommt zu Ihnen in die Praxis und klagt über anfallsweise auftretendes Herzklopfen, Schwitzen und Kopfschmerzen. Gerade hätte er eine solche Episode gehabt und ein Apotheker habe einen Blutdruck von 225/135 mmHg gemessen. Jetzt fühle er sich wieder wohl. Nachdem der Patient dies erzählt hat, messen Sie den Blutdruck und finden einen Wert von 135/85 mmHg. Welche Verdachtsdiagnosen stellen Sie?

tipp Häufig wird die Beschreibung der gesuchten endokrinologischen Erkrankung gegeben. Meist wird kein ausführliches Eingehen auf differenzialdiagnostische Überlegungen erwartet.

Antwort: Bei der erwähnten Anamnese und Symptomatik würde man die Verdachtsdiagnose eines **Phäochromozytoms** stellen. Differenzialdiagnostisch könnte eine Hyperthyreose bzw. ein autonomes Schilddrüsenadenom vorliegen. Das Phäochromozytom stellt einen meist **gutartigen Tumor des chromaffinen Gewebes im sympathikoadrenalen System** dar, der durch überschießende Katecholaminproduktion und -sekretion zur anfallsweisen oder ständigen **Blutdrucksteigerung** führt. In 80–90 % der Fälle findet sich der Tumor unilateral im Nebennierenmark, bevorzugt auf der rechten Seite. Die übrigen Fälle entfallen auf extraadrenale Lokalisationen im lumbalen oder thorakalen Symphatikusnervengeflecht. Meist tritt die Symptomatik zwischen dem 20.–50. Lebensjahr auf. Ungefähr 10 % der Fälle sind mit einer Neurofibromatose vergesellschaftet.

Frage: Vervollständigen Sie bitte die klinische Symptomatik des Phäochromozytoms. Beschreiben Sie mögliche **Verlaufsformen** bei diesem Krankheitsbild.

tipp Der Prüfer greift auf die erste Frage zurück. Er möchte mehr Symptome hören. Die Nennung von Verlaufsformen erschwert die Frage.

Antwort: Das Leitsymptom beim Phäochromozytom ist der **Hochdruck**, der in über der Hälfte der Fälle als Dauerhochdruck und in den übrigen Fällen in Form von Blutdruckkrisen auftritt. Weiterhin sind typisch:

- Kopfschmerz, Nervosität und Schweißausbrüche
- Zittern und Herzrasen

- Nausea und Gesichtsblässe
- Gewichtsverlust

Man unterscheidet folgende Verlaufsformen:
- **Paroxysmale Hypertonie** (ca. 40% der Fälle): Plötzlich beginnende **RR-Krisen**, die entweder spontan oder durch äußere Einflüsse (Aufstehen, Sport) ausgelöst werden. Die Anfallsdauer liegt meistens zwischen 15–120 Minuten. Der Blutdruck kann im Anfall Werte von 250/150 mmHg erreichen. Nach Beendigung der Krise sind häufig eine Harnflut und eine Hautrötung zu beobachten. Danach treten fast immer eine Hypotonie und ein Erschöpfungszustand ein.
- **Persistierende Hypertonie** (ca. 60% der Fälle): Der Dauerhochdruck führt zur Linksherzhypertrophie und Linksinsuffizienz sowie zu den bekannten Hypertoniefolgen an Niere, Augenhintergrund und Gehirn.
- **Hypotone Verlaufsform:** Nach initialem sehr kurzem Blutdruckanstieg kommt es durch Plasmavolumenabnahme zu lang dauernder Hypotonie und ausgeprägter Tachykardie.

Merke: Maligne Phäochromozytome äußern sich alleine durch ihre Metastasen – nicht durch die Histologie. Das sporadisch auftretende Phäochromozytom ist in ca. 10% der Fälle maligne. !

Frage: Welche Maßnahmen stehen Ihnen zur Verfügung, um die **Diagnose** eines Phäochromozytoms zu sichern? Wie sieht die Therapie aus? ?

☐ ☺ ☐ 😐 ☐ ☹

Antwort: Bevor spezielle und teure Untersuchungen zur Tumorlokalisation durchgeführt werden, muss die Diagnose eines Phäochromozytoms labormedizinisch gesichert sein. Die früher angewandten Provokationstests (z.B. Eiswasser, Histamin, Tyramin) sind heute nicht mehr in Gebrauch.

tipp Hier sollte man die apparative Diagnostik von den funktionellen Untersuchungen differenzieren. Die Frage nach der Therapie ist leicht.

Die erhöhte Katecholaminausschüttung ist das entscheidende Nachweiskriterium für die Diagnose. Es erfolgt eine **Katecholamin-Bestimmung** im Serum und eine Bestimmung der Metabolite Metanephrin und Normetanephrin sowie des Abbauproduktes **Vanillinmandelsäure** im angesäuerten **24-h-Urin**. Der Harnsammlung muss eine 5-tägige Phase ohne Medikamenteneinnahme und ohne Verzehr katecholaminhaltiger Nahrung (z.B. Brie-Käse, Rotwein, Bohnenkaffee, Vanille) vorausgegangen sein.

Durch die **Sonographie, CT, NMR** lassen sich Nebennieren-Tumoren bis zu einem Durchmesser von 2–3 cm erfassen. Mittels i.v. Pyelogramm werden nierenbeckenverdrängende Tumoren nachgewiesen. Die **Nebennierenmarksszintigraphie** (mit ^{131}Jod-Benzylguanidin) ist für die Lokalisation kleiner Phäochromozytome sowie von Metastasen und chromaffinen Paraganglien am sensibelsten. Oft kommen eine etagenweise Katheterisierung der V. cava inferior ober- und unterhalb der Nebenniere (NN) mit Hormonanalyse und eine Angiographie in Betracht.

Die **operative** Entfernung des Tumors ist die Therapie der Wahl. Präoperativ muss das meist erniedrigte Plasmavolumen normalisiert und mit dem α-Blocker Phentolamin prämediziert werden. Bei Tumoren mit Blutdruckkrisen sind die Erfolge besser als beim Dauerhochdruck, da der länger bestehende Hypertonus bereits fixiert sein kann.

? **Frage:** Was stellt zurzeit die beste bildgebende Diagnostik für Nebennierentumoren dar?

tipp Radiologischer Co-Prüfer

Antwort: Die **Kernspintomographie** (NMR) bildet Nebennierenprozesse sehr genau ab. Insbesondere können Lipome mit fast 100% Sicherheit diagnostiziert werden.

7.10 Hypoparathyreoidismus

? **Frage:** Welche Ursachen führen zu einem **Hypoparathyreoidismus?** Was sind typische klinische Symptome?

Antwort: Die Unterfunktion der Nebenschilddrüse verursacht einen Parathormonmangel. Man unterscheidet primäre oder idiopathische von sekundären oder erworbenen Formen.

Der seltene **primäre** Hypoparathyreoidismus kann Folge von Autoimmunendokrinopathien oder Folge einer Aplasie bzw. Hypoplasie der Epithelkörperchen **(Di-George-Syndrom)** sein. Als **Pseudohypoparathyreoidismus** bezeichnet man eine Parathormonresistenz der Erfolgsorgane mit den klinischen Zeichen eines Hypoparathyreoidismus, aber mit Epithelkörperchenhyperplasie und Parathormonüberschuss im Blut. Beim häufigen **sekundären** Hypoparathyreoidismus kommen ätiologisch hauptsächlich zwei Faktoren in Betracht:

- **postoperativ** nach Schilddrüsen- oder Kehlkopfeingriffen (versehentliche Entfernung der Epithelkörperchen 1–4%)
- **neoplastische Infiltration** der Epithelkörperchen

Das klassische Bild eines Hypoparathyreoidismus ist durch eine **Hypokalzämie**, die zu einer gesteigerten neuromuskulären Erregbarkeit führt, gekennzeichnet. Typisches klinisches Zeichen ist der **tetanische Anfall** mit schmerzhaften, vorwiegend symmetrischen Krämpfen der Extremitätenmuskulatur. Es treten sowohl isolierte periphere Spasmen (Karpopedalspasmen) als auch organbezogene Krampfzustände (Stenokardien, Gallenkoliken, Broncho- und Laryngospasmen) auf.

Als weitere Befunde können **Kataraktbildung, Papillenödem, Zahnhypoplasien** und **Stammganglienverkalkungen** vorkommen. Im EKG findet sich möglicherweise aufgrund der Hypokalzämie eine QT-Verlängerung.

Frage: Eine **latente Tetanie** kann durch das Prüfen einiger einfacher Zeichen bei der körperlichen Untersuchung erkannt werden.

Antwort: Folgende Zeichen können bei der körperlichen Untersuchung des Patienten eine latente Tetanie aufdecken und auf einen Hypoparathyreoidismus hinweisen:

- **Chvostek-Zeichen:** homolaterale zuckende Kontraktionen der Gesichtsmuskulatur (z.B. Musculus orbicularis oculi) bei Beklopfen des Nervus facialis
- **Trousseau-Zeichen:** Pfötchenstellung der Finger nach Kompression des Oberarms mittels einer Blutdruckmanschette
- **Faustzeichen:** Bei Druck auf den Sulcus bicipitalis brachii schließt sich die Hand zur Faust.

tipp Die körperlichen Untersuchungsmethoden sollten immer betont werden. Am besten ist es, selbst die körperliche Untersuchung anzuschneiden.

Weiterhin tritt oft nach wenigen forcierten Atemzügen eine so genannte **Hyperventilationstetanie** (mit Karpopedalspasmen, Schwindel etc.) auf.

7.11 Hyperparathyreoidismus

Frage: Was stellen Sie sich unter einem **Hyperparathyreoidismus** vor? Welche Einteilung kennen Sie?

Antwort: Hyperparathyreoidismus bezeichnet eine Nebenschilddrüsenüberfunktion. Die **primäre** Form wird durch folgende Ursachen hervorgerufen:

- solitäres Adenom (ca. 85% der Fälle)
- diffuse Hyperplasie aller Epithelkörperchen
- Epithelkörperchen-Karzinom

tipp Die übliche Frage nach Definition und Ätiologie. Nach soviel Übung keine schwere Aufgabe mehr.

Im Serum und Urin finden sich eine **Hyperkalzämie, Hyperkalzurie, Hyperphosphaturie** und **Hypophosphatämie**. Ursache der wegweisenden Hyperkalzämie ist die durch den erhöhten Parathormonspiegel bewirkte:

- vermehrte Kalziummobilisation aus dem Skelett
- erhöhte intestinale Kalziumresorption
- verstärkte tubuläre Kalziumrückresorption bei gleichzeitiger Hemmung der Phosphatrückresorption

Dem **sekundären** Hyperparathyreoidismus liegt eine gestörte Kalziumhomöostase zugrunde. Die erhöhte Parathormonsekretion ist Antwort auf eine Hypokalzämie. Hier kann man **renale** und **intestinale Ursachen** unterscheiden. Durch verminderte Bildung von stoffwechselaktivem Vitamin D (1,25-$(OH)_2$-D_3) in der Niere (z. B. bei chronischer Niereninsuffizienz) erfolgt unter anderem eine mangelhafte intestinale Kalziumrückresorption.

Weiterhin wird durch die bei der Niereninsuffizienz meist vorliegende Azidose die renale Kalziumresorption gehemmt. Vor allem chronische Erkrankungen des Magen-Darm-Traktes verhindern bei der sekundären intestinalen Form des Hyperparathyreoidismus eine ausreichende Kalziumresorption.

Der Begriff des **tertiären** Hyperparathyreoidismus wird dann angewendet, wenn die Nebenschilddrüsen nach längerem Bestehen eines sekundären Hyperparathyreoidismus eine **Autonomie** entwickeln und unabhängig von der Serumkalziumkonzentration vermehrt Parathormon produzieren.

☐ ☐ ☐
☺ 😐 ☹

? **Frage:** Wie sieht die **Symptomatik** beim primären Hyperparathyreoidismus aus?

Antwort: Die Folgen eines primären Hyperparathyreoidismus (= HPT) lassen sich am besten in folgende Bereiche gliedern:
- Hyperkalzämiesyndrom
- urologisches Syndrom (Nephrolithiasis, Nephrokalzinose)
- Skelettsyndrom
- andere Begleiterkrankungen

Das **Hyperkalzämiesyndrom** beschreibt als Symptome: Gewichtsreduktion, Anorexie, Obstipation, Meteorismus, Polyurie und Polydipsie. Hornhauttrübungen sowie Kalkablagerungen an den Konjunktiven kommen vor. Im EKG sind QT-Verkürzungen, die von einer U-Welle gefolgt werden, zu beobachten. Weiterhin können sich neurologische Symptome (meist Somnolenz, Verwirrtheit) bis hin zum Koma entwickeln.

Von renaler Seite kommt es sehr häufig zur **Nierensteinbildung** (z. B. aus Ca-Phosphat oder Ca-Oxalat). Je länger der primäre HPT besteht, desto wahrscheinlicher wird das Auftreten einer Nephrokalzinose.

Der klassische Skelettbefund ist die **Osteodystrophia cystica generalisata v. Recklinghausen**. Neben Osteoporose, subperiostären Osteolysen treten lokalisiert Zysten in Form von so genannten „braunen" Tumoren, bevorzugt in den langen Röhrenknochen, auf. Umschriebene Schmerzen oder eine Spontanfraktur können erste Symptome sein. Ulcus ventriculi et duodeni, Pankreatitis, Cholezystolithiasis und Hypertonus sind häufige Begleiterkrankungen des primären Hyperparathyreoidismus.

Frage: Wie diagnostizieren Sie einen sekundären Hyperparathyreoidismus?

☐ ☐ ☐

Antwort: Die Symptome des **renalen** oder **intestinalen** Grundleidens stehen in den meisten Fällen im Vordergrund. So muss z.B. bei Niereninsuffizienz oder Malabsorptionssyndrom nach einem sekundären Hyperparathyreoidismus gesucht werden.

Röntgenologisch können die gleichen Knochenveränderungen vorkommen wie beim primären HPT, meist handelt es sich um Kombinationsbilder mit Veränderung der Knochenmasse und Mineralisationsstörungen. Sehr hilfreich für die Diagnose können Aufnahmen der Hand sein, die radial gelegene Resorptionszonen der Endphalangen zeigen können.

Ein erhöhter **Parathormon-Spiegel** lässt sich radioimmunologisch bestimmen. In ausgeprägten Fällen ist die **alkalische Serumphosphatase** erhöht. Eine vermehrte Ausscheidung des Hydroxyprolins und cAMP im Urin als Maß für den verstärkten Knochenumsatz ist nur beim intestinalen sekundären HPT aussagekräftig. Bei Niereninsuffizienz ist auch die Ausscheidung des Hydroxyprolins und cAMP vermindert.

tipp Hier liegt der Schwerpunkt auf den diagnostischen Maßnahmen. Die Frage ist klinisch relevant, da der sekundäre Hyperparathyreoidismus häufig vorkommt.

Frage: Zählen Sie einige Krankheitsbilder auf, die bei der **Differenzialdiagnose der Hyperkalzämie** eine Rolle spielen.

☐ ☐ ☐

Antwort: **Häufige Ursachen** einer Hyperkalzämie sind:

- Fehlbestimmung im Labor
- Knochenmetastasen bei Malignomen
- primärer Hyperparathyreoidismus
- Östrogentherapie bei Mamma-Ca
- paraneoplastisch (Bronchial-Ca, Plasmozytom)

Seltene ätiologische Faktoren sind:

- Vit.-D-Vergiftung, Dihydrotachysterol (A.T.10®)-Überdosierung
- Milch-Alkali-Syndrom
- Sarkoidose
- Hyperthyreose (!)
- Thiazid-Therapie (!)
- Lithiumbehandlung
- Morbus Addison
- rheumatoide Arthritis

tipp Der Prüfer will eine Aufzählung. Also sollte man keine ausführlichen Erklärungen der einzelnen Erkrankungen bringen und für so eine Frage dankbar sein.

Frage: Eine ausgeprägte Hyperkalzämie kann u.a. kardiale fatale Auswirkungen haben. Wie therapieren Sie eine ausgeprägte Hyperkalzämie medikamentös?

☐ ☐ ☐

Antwort: Neben **Diuretika** haben sich in den letzten Jahren Medikamente aus der Gruppe der **Bisphosphonate** durchgesetzt. Sie wirken u.a. auf die Osteoklasten stabilisierend.

7.12 Diabetes mellitus

? **Frage:** Wie definieren Sie einen Diabetes mellitus?

Antwort: Der Diabetes mellitus ist eine hormonell bedingte Regulationsstörung vor allem des Kohlenhydratstoffwechsels, welche auch den Eiweiß- und Fettstoffwechsel in Mitleidenschaft zieht.

Nüchtern-Blutzucker-Werte > 120 mg/dl (6,7 mmol/l) und postprandialer 2-h-Blutzucker-Wert > 180 mg/dl sprechen für einen Diabetes mellitus.

Man unterscheidet dabei primäre und sekundäre Diabetesformen, die durch unterschiedliche pathobiochemische und ätiologische Faktoren verursacht werden. Als grobe Einteilung der häufigsten Formen kann man von einem absoluten Insulinmangeldiabetes **(juvenile Form, Typ I)** und von einem relativen Insulinmangeldiabetes, bei verringerter Ansprechbarkeit der Körperzellen auf Insulin **(Altersform, Typ II),** sprechen.

? **Frage:** Worüber würde ein junger Patient mit Typ-I-Diabetes mellitus klagen, und worauf müssten Sie in der Anamneseerhebung achten? Welche differenzialdiagnostischen Überlegungen sollten Sie in Erwägung ziehen?

Antwort: Patienten mit **Diabetes mell. Typ I** klagen häufig über folgende Beschwerden:
- Müdigkeit, Schwindel
- Durst und Harnflut
- Gewichtsabnahme trotz Heißhunger
- Oberbauchbeschwerden, Muskelkrämpfe
- Infektanfälligkeit

Das Leiden kann sich auch von einem Tag auf den anderen mit einem hyperglykämischen Koma manifestieren. Bei der Anamneseerhebung ist nach **genetischer** Belastung oder anderen **Risikofaktoren** (z.B. Medikamenteneinnahme, frühere Pankreatitiden) zu fragen. Die Differenzialdiagnose ist entsprechend der vielseitigen Symptomatik breit gefächert.

So ist zum Beispiel bei höherem Gewichtsverlust und ausgeprägter Leistungsminderung an konsumierende Erkrankungen (Tbc, Lymphome, Leukosen etc.) zu denken. Auch eine Hyperthyreose muss ausgeschlossen werden. Bei vermehrtem Durst und Polyurie ist ein Diabetes insipidus in Erwägung zu ziehen. Die Diagnose eines manifesten Diabetes mellitus lässt sich allerdings schnell durch **Blut-** und **Uringlukosebestimmungen** sichern.

Frage: Welche Blutglukosekonzentration muss vorliegen, damit eine **Glukosurie** auftritt?

Antwort: Normalerweise wird die Glukose aus dem Primärfiltrat vollständig tubulär rückresorbiert. Wird allerdings das tubuläre Transportmaximum für Glukose überschritten, erscheint die Glukose schließlich im Endharn.

Die Plasmaschwellenkonzentration für Glukose beträgt ca. 180 mg/dl. Bei höheren Blutzuckerwerten als 180 mg/dl besteht bei normaler Nierenfunktion eine lineare Beziehung zwischen Blutglukosekonzentration und Glukoseausscheidungsrate im Urin. Für die diabetische Nephropathie mit ausgeprägter Nierenschädigung gilt die Nierenschwelle für Glukose nicht mehr.

tipp Hier wird zwar nach einem bestimmten Wert gefragt, trotzdem empfiehlt es sich, einige physiologische Erläuterungen zu geben.

Frage: Stellen Sie bitte einen längerfristigen allgemeinen **Therapieplan** für einen Patienten mit **juvenilem Diabetes mellitus** auf. Was müssen Sie in diesem Zusammenhang alles beachten?

Antwort: Eine akute Stoffwechselentgleisung erfordert die rasche Beseitigung der Hyperglykämie, der Ketose mit metabolischer Azidose und vor allem der Hypovolämie. Bei der Dauertherapie eines juvenilen Diabetes steht die Normalisierung des Blutzuckers im Vordergrund, um diabetische Spätkomplikationen wie Mikro- und Makroangiopathien zu vermeiden. Für eine erfolgreiche Therapie bedarf es der **gründlichen Schulung** und Zusammenarbeit des Patienten vor allem in Bezug auf diätetische und medikamentöse Maßnahmen. Auch soziale Aspekte sind einzuschließen.

Der Patient sollte sehr genau über seine Krankheit und den Verlauf informiert sein. Er muss die Bedeutung der **regelmäßigen Blutzuckerselbstkontrollen** und des Einhaltens seines individuellen **Diätplanes** erkennen, um mit Eigenmotivation mit seinem Therapeuten zu kooperieren. Eine intensive Körperpflege zur Vermeidung von Infektionen ist wichtig. Das Wirkungsprinzip des Insulins muss ihm genau erklärt werden.

tipp Die Frage ist weit gefächert. Man sollte systematisch die Richtlinien der Therapie des Diabetes mellitus Typ I erläutern und dem Prüfer so zeigen, dass man einen Überblick über die Thematik besitzt.

In der Langzeittherapie des Typ-I-Diabetes mellitus wird ein möglichst gleichmäßiger Dauerschutz durch **Verzögerungsinsulin** erreicht und die nahrungsabhängigen Bedarfsspritzen werden durch **Normalinsulin** abgedeckt (Basis/Boluskonzept). Dieses Basis/Boluskonzept wird mit der Injektion eines lang wirkenden Insulins, abends oder zur Nacht, durchgeführt.

Die Insulin-Bolusgabe erlaubt eine flexible Lebensführung in Bezug auf die Zeit und Menge der Nahrungsaufnahme und in Bezug auf die körperliche Aktivität. Bei einer derartigen Führung des Diabetes unter Anwendung von Normalinsulin und Dosisselbstanpassung durch den Patienten spricht man von einer **intensivierten Insulintherapie**. Häufige Blutglukosekontrollen durch den Patienten sind unumgänglich. Am konsequentesten lässt sich das Basis/Boluskonzept durch steuerbare **Insulinpumpen** (subkutan) realisieren.

☐ ☐ ☐
☺ 😐 ☹

? **Frage:** Sie haben das Stichwort **Insulin** erwähnt. Können Sie bitte die Pharmakologie dieses Hormons verdeutlichen?

Antwort: Insulin ist ein aus 51 Aminosäuren bestehendes Eiweißmolekül. Es wird Insulin aus Rinder- und Schweinepankreas sowie biosynthetisch hergestelltes Humaninsulin verwendet. Pharmakokinetisch entscheidend sind Initialeffekt, Wirkmaximum und Wirkdauer.

Insuline werden eingeteilt in:
- **Kurz wirksame** Insuline (Normalinsulin = Altinsulin): Wirkdauer ca. 30 min – 6 h nach Injektion
- **Intermediär** wirksame Insuline (NPH-Insulin) bzw. **Verzögerungsinsuline:** Wirkdauer bis zu 16 h nach Injektion
- **Lang wirksame** Insuline: Wirkdauer über 24 h nach Injektion

Gebräuchlich sind auch **Mischpräparate** aus Altinsulin und Intermediärinsulin. Weiterhin gibt es Unterschiede in der Herkunft, dem Reinheitsgrad, dem pH der Lösung, dem Aggregationszustand, dem notwendigen Depothilfsstoff (z.B. Protamin) bei Verzögerungsinsulinen und den Konservierungsstoffen. Unter den verschiedenen Allergieformen gegenüber Insulin sind die Reaktionen vom verzögerten Typ die häufigsten. Der **hypoglykämische Schock** bzw. die **protrahierte Hypoglykämie** stellen die wichtigsten Komplikationen der Insulintherapie dar.

☐ ☐ ☐
☺ 😐 ☹

? **Frage:** Wie hängen Insulinresistenz und Diabetes Typ II zusammen?

Antwort: Diese Diabetesform ist auch unter dem Namen Erwachsenendiabetes bekannt. Man findet ein vermindertes und **verzögertes Ansprechen der B-Zellen** der Langerhans'schen Inseln auf Sekretionsreize sowie eine **Resistenz der Erfolgsorgane** auf Insulin. Ein längeres subklinisches Stadium geht dem manifesten Diabetes um Jahre voraus. Ein wesentlicher Faktor für die Manifestation des Diabetes Typ II ist die **Fettsucht**. Nicht selten stehen Beschwerden von Seiten der Spätkomplikationen am Anfang. Ferner begünstigen fieberhafte Erkrankungen, Operationen oder andere Traumata die Entgleisung des bisher normalen Stoffwechsels.

Frage: Wie würden Sie eine ältere, übergewichtige, nicht insulinpflichtige Typ -II-Diabetikerin diätetisch beraten?

Antwort: Zunächst muss der Patientin erklärt werden, wie effektiv Diätmaßnahmen sein können. Je nach Stoffwechselzustand kann durch **Reduktion des Körpergewichtes** und einem **individuell** erstellten **Diätplan** die Insulinsensitivität verbessert und eine Heilung herbeigeführt werden.

tipp Eine schwierige Frage, wenn man bedenkt, dass man im Studium nicht viel über Diätetik und Ernährung gehört hat.

Bei dieser Patientin wäre es ratsam, eine Kalorienbegrenzung vorzunehmen, die eine Energiemenge vorsieht, welche dem physiologischen Bedarf entspricht und zur Gewichtsreduktion führt. Der Grundumsatz beträgt im Allgemeinen 1 kcal pro kg Sollgewicht pro Stunde (d.h. bei ca. 70 kg Körpergewicht bei 170 cm Körpergröße genügen 1700 kcal/die).

Natürlich kann man nicht einfach starre Schemata anwenden, sondern muss die bisherigen Ernährungsgewohnheiten, die Akzeptanz und die Umsetzbarkeit im Tagesablauf der Patientin berücksichtigen. Bei der Erstellung des Diätplanes werden die Kohlenhydratmengen in **Broteinheiten** (1 BE = 12 g Kohlenhydrate) angegeben, um den Austausch einzelner Bausteine zu erleichtern. Die Nährstoffrelationen Eiweiß : Fett : Kohlenhydrate sollten bei etwa 15–20% : 30% : 45–55% der Gesamtnahrungszufuhr liegen. Wichtig ist eine ballaststoffreiche Kost, aufgeteilt in mehrere kleine Mahlzeiten.

Nahrungsmittel, die zu einem schnellen Blutzuckeranstieg führen, wie Honig, Schokolade und Fruchtsäfte sind in der Diät nicht gestattet. Alkohol ist begrenzt zu konsumieren (nicht nur wegen des Diabetes), da dessen hoher Energiegehalt berücksichtigt werden muss. Kalorienfreie Süßstoffe sind der Patientin zu empfehlen.

Frage: Erzählen Sie uns bitte etwas über das diabetische Spätsyndrom.

Antwort: Das diabetische Spätsyndrom umfasst chronische Komplikationen durch **Vaskulopathien** und **Neuropathien** an verschiedenen Körperabschnitten.

tipp Hier gibt es noch eine Möglichkeit, das angestaute Wissen loszureden, aber möglichst nicht in einem übereilten Wirrwarr von Ausdrücken und Namen. Gerade wenn man viel weiß und sagen möchte, muss man Ruhe bewahren.

Die langjährige Hyperglykämie führt zu:
- verstärkter Glykosylierung verschiedener Proteine, die dadurch Änderungen in ihrer Funktion aufweisen
- intrazellulärer Anhäufung von Sorbit, welche zur Ausbildung eines osmotischen Gradienten und dadurch zur verstärkten Wassereinlagerung führt
- Veränderungen an Kapillarwänden, an den Blut- und Plasmabestandteilen und an den Fließeigenschaften des Blutes
- einer diabetischen Mikroangiopathie der Niere, die zur Glomerulosklerose (Kimmelstiel-Wilson) und/oder zur diabetischen Nephropathie (Pyelonephritis, Papillennekrosen usw.) führt
- einer Retinopathie die sich durch Mikroaneurysmen, Netzhautablösungen, Hämorrhagien, intraretinalen Exsudaten und Kapillarverschlüssen auszeichnet. Weiterhin können Glaskörperblutungen entstehen. Ein diabetischer Katarakt und die Entwicklung eines sekundären Glaukoms sind häufig.

Die diabetischen **Neuropathien** sind die wahrscheinlich häufigsten Komplikationen. Sie werden eingeteilt in:
- periphere, symmetrische, vorwiegend sensible Polyneuropathien
- Mononeuropathien → Paresen
- Neuropathien des autonomen Nervensystems

Die sensible Polyneuropathie kündigt sich durch **Taubheitsgefühl** und **Kribbelparästhesien** an. Klinisch sind das Fehlen des Achillessehnenreflexes und eine Abschwächung des Vibrationsempfindens charakteristisch.

Typisch für die diabetische **Makroangiopathie** sind der vorzeitige Beginn und der progrediente schwere Verlauf, weil der Diabetes mellitus Typ II meistens nicht allein, sondern begleitet von anderen Risikofaktoren für Arteriosklerose auftritt wie Hypertonus und Adipositas. Das klinische Bild ist gekennzeichnet durch:
- periphere arterielle Verschlusskrankheit
- koronare Herzkrankheit
- zerebrale Durchblutungsstörungen

Eine häufige Spätkomplikation ist der **diabetische Fuß**, der bei älteren Diabetikern mit langer Krankheitsdauer und schlechter Stoffwechseleinstellung vorkommt. Pathogenetisch ist das Zusammenspiel von Makroangio- und Neuropathie von Bedeutung, welches zu Infektionen, Ulzera, Gangrän und Gelenkveränderungen führt.

☐ ☐ ☐

? **Frage:** Was ist das **Hb A_{1C}** und wozu nützt es dem Kliniker?

Antwort: Das Hb A_{1C} ist ein **glykosyliertes Hämoglobin**, das bei der **Langzeitbetreuung** von Diabetikern eine Rolle spielt. Der Anteil des Hb A_{1C} beträgt normalerweise 5–7% am Gesamthämoglobin.

Die Konzentration der glykosylierten Hämoglobine informiert den Arzt über die längerfristig zurückliegende (6–8 Wochen) Blutzuckereinstellung und Compliance des Patienten. Diese Messgröße ist dann sinnvoll, wenn sie in größeren Abständen kontrolliert und je nach Wert die Therapie darauf eingestellt wird.

Frage: Wie äußern sich **hypoglykämische Zustände** und welche Ursachen können vorliegen? **?**

☐ ☺ ☐ 😐 ☐ ☹

Antwort: Hypoglykämische Zustände liegen vor, wenn Blutglukosekonzentrationen unter 50 mg/dl (2,8 mmol/l) bestehen. Folgende **klinische Zeichen** können auftreten:

- Tachykardie, Krämpfe
- kalter Schweiß
- Parästhesien und Unruhe
- Lähmungen
- Konzentrationsschwäche, Zittern, Angst, Koma

tipp Bewährte Reihenfolge bei der Beantwortung: Definition, Klinik, dann häufige Ursachen.

Eine länger andauernde Hypoglykämie kann wegen der Glukoseabhängigkeit des ZNS zu bleibenden neurologischen Schäden führen. Eine Hyperinsulinämie, die autonom bei organischem Hyperinsulinismus, reaktiv auf Sekretionsreize oder exogen durch Insulinzufuhr und orale Antidiabetika hervorgerufen wird, stellt die häufigste Ursache einer Hypoglykämie dar. Durch die Hemmung der Glykogenolyse kommt es nach Alkoholabusus oft zu hypoglykämischen Zuständen. Seltenere Ursachen sind Glykogenosen und die Nebennierenrindeninsuffizienz.

Frage: Bei der Insulintherapie ist unter anderem auf den **Injektionsort** zu achten. Was wissen Sie diesbezüglich? **?**

☐ ☺ ☐ 😐 ☐ ☹

Antwort: Injektionen in den **Bauch** werden in Allgemeinen **schnell resorbiert**. Injektionen in den **Oberschenkel** werden **langsam resorbiert** und sollten abends erfolgen. Injektionen in den Oberarm werden nicht mehr durchgeführt.

7.13 Gicht

Frage: Können Sie uns etwas über die Ätiologie der **Gicht** erzählen? **?**

☐ ☺ ☐ 😐 ☐ ☹

Antwort: Die Gicht ist eine **Störung des Harnsäuremetabolismus**, die mit Harnsäureablagerungen in verschiedenen Geweben und Organen einhergeht. Ätiologisch unterscheidet man die **primäre** Gicht, die fami-

tipp Offene Frage, bei deren Antwort viel Spielraum besteht. Wir stellen hier eine etwas umfangreichere Antwortmöglichkeit vor.

liär gehäuft vorkommt, von der **sekundären** Gicht, welche symptomatisch bei vermehrtem Uratanfall infolge gesteigerter Zytolyse oder renaler Ausscheidungsstörung auftritt. Ab der **kritischen Harnsäurekonzentration** von **6,4 mg/dl** im Serum kommt es vor allem in den extrazellulären Flüssigkeitsräumen zur Ausfällung und Ablagerung von Urat.

Die meisten Fälle einer manifesten Gicht sind durch eine genetische **Störung der renalen tubulären Harnsäuresekretion** bedingt. Eine gesteigerte Harnsäurebildung kann Folge einer **fleisch- und fischreichen Ernährung** (d.h. reich an Purinen) sein. Deshalb ist die Gicht eine Krankheit der Wohlstandsgesellschaft. Als weiterer pathogenetischer Faktor ist der **Alkoholkonsum** in Betracht zu ziehen, da die nach Alkoholabusus auftretende Laktatazidose die renale Harnsäureausscheidung inhibiert.

Der vermehrte Zellabbau bei der zytostatischen oder radiologischen Therapie von Hämoblastosen ist eine häufige Ursache einer uratbedingten Niereninsuffizienz oder eines akuten Gichtanfalls.

☐ ☐ ☐

? **Frage:** Wie äußert sich ein **akuter Gichtanfall?** Wie stellt man die Sofortdiagnose? Welche Therapie wird eingeleitet?

tipp Klinisch und pragmatisch orientierte Fragen werden meist nach längeren theoretischen Ausführungen gestellt, um zu sehen, ob der Prüfling die Praxis beherrscht.

Antwort: Folgende **Kennzeichen** sind für einen akuten Gichtanfall typisch:

- **plötzlicher** Beginn aus voller Gesundheit
- Beschränkung auf **ein** Gelenk
- enorme **Schmerzhaftigkeit**
- Entzündungsreaktion mit **Rötung** und **Schwellung**
- meist **Männer** ab dem 25. Lebensjahr betroffen
- oft **nächtlicher** Anfall (nach reichhaltigem Abendessen)

Manchmal kommen unspezifische psychische, gastrointestinale und muskelrheumatische Prodromi vor. Meist ist das **Großzehengrundgelenk** als Monarthritis (= Podagra) betroffen. In ca. 10–20% der Fälle sind Sprunggelenke, Fingergelenke (= Chiragra), Fußwurzelgelenke oder Kniegelenke (= Gonagra) Manifestationsort eines akuten Gichtanfalls.

Bei Auftreten der geschilderten Symptome ist die Diagnose „Gichtanfall" sehr wahrscheinlich. Unterstützende Gesichtspunkte sind die Schilderung früherer Attacken, Angaben über Symptomfreiheit zwischen den Anfällen und gelegentlich die Feststellung eines auslösenden Ereignisses (Festessen, Alkoholgenuss, Trauma). Bei allen Gichtanfällen werden weiterhin eine **Hyperurikämie** (Harnsäure > 6,4 mg/dl), **Allgemeinsymptome** (Krankheitsgefühl, Fieber, Tachykardie) und **positive „Akute-Phase-Reaktionen"** (BSG, C-reaktives Protein) gefunden.

Der akute Gichtanfall kann am sichersten mit **Colchicin**, 4 mg in 4 h von da ab 2-stündl. 0,5 – 1 mg bis zur deutlichen Besserung kupiert werden. **Indometacin** und **Phenylbutazon** sind ebenfalls zuverlässig wirksam, haben jedoch nicht die differenzialdiagnostische Bedeutung wie Colchicin (Wirksamkeit von Colchicin beweist praktisch eine Gicht) und weisen größere Nebenwirkungen auf. Ziel jeder Anfallsbehandlung ist die Besserung der Beschwerden nach 24 h und die Schmerzfreiheit nach 2 – 3 Tagen. Als Lokaltherapie werden die betroffenen Gelenke gekühlt (Eisbeutel).

Frage: Wie sieht die **Dauerbehandlung** der Gicht aus? ? ☐ ☐ ☐ ☺ 😐 ☹

Antwort: Die Behandlung umfasst die urikostatische und urikosurische **Pharmakotherapie**, die **Diät**, die **Alkoholabstinenz**, die **Physiotherapie** und evtl. die **operative** Behandlung von Tophi und Gelenkdeformitäten bei fortgeschrittener Gicht. Verfolgt wird die Dauertherapie durch Beobachtung des Plasmaharnsäurespiegels, der zuverlässig in den oberen Normbereich (ca. 5,5 mg/dl) gebracht und dort gehalten werden muss. **Allopurinol** ist ein Xanthinoxidasehemmer, der die Harnsäurebildung verringert. Es gilt als Mittel der Wahl bei Niereninsuffizienz und Harnsäurenephrolithiasis. Die tägliche Dosis liegt um 300 mg.

Probenecid und **Benzbromaron** sind die wichtigsten urikosurisch wirksamen Medikamente, die bei ausreichender Dosierung (Probenecid 0,5 – 3 g/d, Benzbromaron 100 mg/d) die tubuläre Harnsäurerückresorption vermindern und so ihre Ausscheidung fördern. Alkalipräparate und reichliche Flüssigkeitszufuhr sollen zu Beginn einer urikosurischen Behandlung Harnsäuresteine verhüten. Die Diät bei Gichtkranken verfolgt in der Reihenfolge ihrer Wichtigkeit 3 Ziele:

- Verringerung der Purinzufuhr
- Normalisierung des Körpergewichtes
- Einschränkung alkoholischer Genüsse

Durch die Kombination der genannten Maßnahmen ist eine erfolgreiche Therapie der Hyperurikämie und ihrer Folgeerscheinungen an Gelenken, Weichteilen und Nieren möglich.

7.14 Schilddrüsenkarzinom

Frage: Erzählen Sie uns etwas über das **Schilddrüsenkarzinom** und sein klinisches Bild. Vielleicht kennen Sie eine Einteilung? ? ☐ ☐ ☐ ☺ 😐 ☹

Antwort: Schilddrüsenkarzinome sind mit einer Häufigkeit von etwa 0,5 – 1% unter allen Karzinomen vertreten. Mit dem Alter nimmt die

tipp Der Prüfer verdeutlicht hier mit der zweiten Frage seine Erwartungen an den Prüfling. Wieder einmal wird eine Klassifikation verlangt.

Erkrankungswahrscheinlichkeit zu, wobei **Frauen** häufiger als Männer betroffen sind. Karzinome vom **differenzierten Typ** sind in über 65% bei Malignomen der Schilddrüse zu beobachten.

Frühsymptome sind:
- Knotenbildungen
- Verhärtungen der Schilddrüse
- palpable Lymphknoten im Kopf-Hals-Bereich

Als **Spätsymptome** müssen betrachtet werden:
- Schmerzen
- Heiserkeit (Rekurrensparese oder Kehlkopfinfiltration), Stridor
- keine Schluckverschieblichkeit der Schilddrüse
- lokale Exulzerationen
- Horner-Symptomkomplex

Es gibt folgende **histologische Einteilung:**
- **Differenzierte** Karzinome:
  - papilläres Ca → lymphogene Metastasen → zervikale LK
  - follikuläres Ca → hämatogene Metastasen → Knochen, Lunge
- **Undifferenzierte** (anaplastische) Karzinome → hämatogene und lymphogene Metastasierung:
  - spindelzellig
  - polymorphzellig
  - kleinzellig
- **C-Zellkarzinom** = medulläres Schilddrüsenkarzinom
- **Sarkome** (selten)
- **Metastasen** anderer Primärtumoren

Meist bleibt die Schilddrüsenfunktion euthyreot, außer wenn hormonproduzierende Tumoren vorliegen.

☐ ☐ ☐
☺ 😐 ☹

? **Frage:** Schildern Sie genau die Untersuchung der Schilddrüse bei der allgemeinen körperlichen Befunderhebung.

tipp Oft muss man diese Frage praktisch während der Patientenvorstellung beantworten. Wird in der mündlichen Prüfung eine praktische Untersuchungstechnik am Patienten verlangt, sollte man während des Voruntersuchens jeden Schritt gleichzeitig laut kommentieren.

Antwort: Die Untersuchung der Schilddrüse ist in die Untersuchung der Halsregion integriert.

Zunächst wird die Schilddrüsenregion inspiziert. Bei einseitiger Vergrößerung wird dabei eine Asymmetrie auffallen. Ist die gesamte Drüse vergrößert, wird man durch die Zunahme des Halsumfangs bzw. eine Vorwölbung darauf aufmerksam. Die Schilddrüse tastet man als weiche und schluckverschiebliche Masse. Eine sichere Beurteilung ist mit der Innenfläche der Finger durch Umgreifen des Halses von dorsal möglich. Dabei werden die Daumen und die Handflächen des Untersuchers als Stützen am seitlichen Hals leicht aufgelegt.

Frage: Wie diagnostizieren Sie ein Schilddrüsenkarzinom und welche differenzialdiagnostischen Überlegungen haben Sie?

Antwort: Entscheidend für die Verdachtsdiagnose ist der **Tastbefund**. Dies gilt besonders beim fixierten, schnell wachsenden Tumor. Danach wird eine **Sonographie** durchgeführt, mittels der knotige Strukturen bis hinab zu einem Durchmesser von 0,5 cm dreidimensional darstellbar sind. Diese Untersuchung ist zur Dokumentation und Verlaufskontrolle eines fraglichen Befundes unentbehrlich geworden. Eine **Schilddrüsenpunktion** unter sonographischer Sicht kann sich anschließen.

Jodspeichernde Metastasen bzw. Schilddrüsenbezirke werden mit der Ganzkörper- bzw. **Schilddrüsenszintigraphie** erfasst. Bei einer Schilddrüsenszintigraphie sind kalte Areale, d.h. hypoaktive Bezirke eher malignomverdächtig als heiße (hyperaktive) Knoten. Bei Nachweis eines kalten Knotens wird die Entnahme einer **Histologie** im Schnellschnittverfahren durch eine Operation zur Festlegung der Diagnose angestrebt. Trachea-Spezialaufnahmen zeigen besonders gut eine Verdrängung. Der **Ösophagusbreischluck** und das zervikale bzw. mediastinale **CT** zeigen die lokale Ausbreitung eines Malignoms. Differenzialdiagnostisch kommen autonomes Schilddrüsengewebe, Abszesse, Zysten, regressive Veränderungen, Riedel-Struma oder Metastasen anderer Primärtumoren (besonders Hypernephrom) in Betracht.

7.15 Porphyrien

Frage: Was sind **Porphyrien?** Geben Sie bitte einen groben Überblick über Ätiologie und Klassifizierung.

Antwort: Porphyrien sind Stoffwechselerkrankungen, die durch eine Störung der Porphyrinogen- bzw. Hämbiosynthese verursacht sind. Man unterscheidet eine **akute hepatische Porphyrie** mit einem abdominal-neurologisch-kardiovaskulären Syndrom von den **chronisch hepatischen** und **erythropoetischen Porphyrien**, die sich besonders durch Hautsymptome (Lichtdermatosen) auszeichnen.

> tipp: Eine sehr schwierige und detailreiche Frage, die nicht einfach zu beantworten ist. Das Problem ist, eine nicht zu ausführliche Antwort zu geben, da die Gefahr besteht, sich in irrelevanten Sachverhalten zu verlieren.

Bei den erythropoetischen und hepatischen Porphyrien liegt eine angeborene primäre enzymatische Störung bzw. ein durch toxische Einflüsse auslösbarer Enzymmangel vor. Selten ist die kongenitale erythropoetische Porphyrie bei autosomal rezessivem Erbgang **(= Morbus Günther)** mit verminderter Aktivität der Uroporphyrinogen-III-Cosynthetase.

Als häufigste akute Porphyrie gilt die **hepatische intermittierende Porphyrie**, die durch bestimmte Medikamente, Alkohol, Hunger und Infektionen ausgelöst wird (Vererbung: autosomal dominant). Es liegt ein

Mangel an Porphobilinogen-Deaminase vor mit resultierender Erhöhung der Delta-Aminolävulinsäure- und der Porphobilinogenausscheidung im Urin.

Die **Porphyria cutanea tarda** ist die häufigste Porphyrieform. Alkoholabusus und die Einnahme hormoneller Kontrazeptiva sind wichtige Manifestationsfaktoren. Ursache ist eine verminderte Uroporphyrinogen-III-Decarboxylase-Aktivität in der Leber. Weiterhin ist die Bleivergiftung zu nennen, welche eine toxisch bedingte sekundäre Porphyrie darstellt.

☐ ☐ ☐
☺ 😐 ☹

? **Frage:** Die akute hepatische Porphyrie ist ein „Chamäleon" in der Inneren Medizin. Nennen Sie wichtige differenzialdiagnostische Überlegungen.

Antwort: Die relativ häufige **akute hepatische Porphyrie** führt zu einem abdominal-neurologisch-kardiovaskulären Symptomenkomplex. Das Manifestationsalter liegt vorwiegend in der 3. Lebensdekade. Meist liegen folgende Symptome vor:
- Polyneuropathie, psychische Störungen (oft als Psychosen imponierend)
- Hypertonie und Tachykardie
- rot nachdunkelnder Urin
- kolikartige Bauchschmerzen

Folgende Überlegungen kommen als wichtigste **Differenzialdiagnosen** in Betracht:
- **Abdomineller Komplex:** akutes Abdomen bei Ileus, Pankreatitis und Appendizitis, Cholezystitis, Urolithiasis, Ulcus ventriculi et duodeni, Peritonitis, M. Crohn und Colitis ulcerosa
- **Neurologisch-psychiatrischer Komplex:** Depression, Neurosen, Psychosen aller Art, Epilepsie und Intoxikationen mit zerebraler Manifestation
- **Kardialer Bereich:** Angina pectoris, Myokardinfarkt und Myokarditis

Entscheidend ist, überhaupt an eine Porphyrie zu denken. Obwohl **Suchtests auf Porphobilinogene** (Hoesch-Test oder Schwartz-Watson-Test) im Urin im akuten Stadium fast immer positiv ausfallen, ist die Diagnose im Intervall nur durch spezifische Metabolitenuntersuchung im Urin, Serum und Stuhl sicher zu stellen.

☐ ☐ ☐
☺ 😐 ☹

? **Frage:** Wie diagnostizieren Sie eine **akute Bleivergiftung** und welche Therapiemöglichkeiten stehen Ihnen zur Verfügung?

Antwort: Die Symptomatik einer Bleiintoxikation ist ähnlich der einer akuten hepatischen Porphyrie (d.h. Koliken, Erbrechen, Paresen, Polyneuritis, Hypertonie und Tachkardie). Differenzialdiagnostisch wichtig sind eine in 90% der Fälle von Bleiintoxikation auftretende **Anämie** und eine **basophile Tüpfelung der Erythrozyten.**

tipp Auch in den IMPP-Fragen wurde diese Thematik schon oft behandelt. Man sollte diagnostisches Vorgehen an die Klinik der Bleiintoxikation knüpfen.

Die Hämbiosynthese wird an mehreren Stellen gehemmt (z.B. Porphobilinogen-Synthetase). Es kommt zum Auftreten von Porphyrinderivaten im Harn. Zur Diagnose gehört stets die Bestimmung des **Bleispiegels im Blut**. Zur Entfernung des Bleis hat sich die Applikation chelatbildender Verbindungen bewährt, die mit Blei wasserlösliche Verbindungen eingehen und renal ausgeschieden werden. Dazu gehören **Na-EDTA** und **D-Penicillamin.**

7.16 Hämochromatose

Frage: Bei welchem Krankheitsbild tritt ein so genannter **„Bronzediabetes“** auf?

☐ ☐ ☐

Antwort: Der Bronzediabetes ist eine Organkomplikation bei der **Hämochromatose**. Die Hämochromatose ist eine **durch vermehrte Eisenspeicherung** in verschiedenen Organsystemen wie Leber, Pankreas, Herz etc. verursachte Stoffwechselkrankheit, die in eine primäre und sekundäre Form eingeteilt wird:

- **Primäre** Hämochromatose: Autosomal rezessiv vererbt, Männer erkranken wesentlich häufiger als Frauen. Durch einen Enzymdefekt in der Dünndarmschleimhaut wird zu viel Eisen resorbiert und vor allem in den parenchymatösen Organen (Leber) gespeichert.
- **Sekundäre,** erworbene Hämochromatose: Vermehrtes Eisenangebot, z.B. durch Transfusionen, kann vom Körper nicht ausgeschieden werden und wird hauptsächlich in der Leber deponiert.

tipp Bei Stoffwechselerkrankungen ist es wichtig, eine Definition im Kopf zu haben, um eine Antwort gut einleiten zu können.

Die Eisenablagerung erfolgt in Form von **Ferritin** und **Hämosiderin**, wobei sich eine langsam progrediente Funktionsstörung der betroffenen Organe entwickelt. Zum Vollbild gehören:

- Pankreasuntergang → Diabetes mellitus
- Leberzirrhose
- Splenomegalie
- Herzbeteiligung (Arrhythmien) → sekundäre Kardiomyopathie
- Hodenatrophie → endokrinologische Störungen
- Arthropathie der kleinen und großen Gelenke
- graubraune Hautfärbung („Bronze“)

Frage: Nennen Sie einige **diagnostische Kriterien** für die Hämochromatose. Welche **Therapie** würden Sie vorschlagen?

Antwort: Neben einer gestörten Leberfunktion ist eine Erhöhung des **Serumeisens**, der **Transferrinsättigung** und des **Serumferritins** nachweisbar. Der Nachweis von abgelagertem Gewebeeisen erfolgt durch **Biopsien** aus Haut, Leber, Knochenmark oder Gelenken. Eine diabetische Stoffwechsellage zeigt sich im **Glukosebelastungstest**.

Das Behandlungsprinzip bei der primären Hämochromatose ist die Verringerung der Eisendepots im Körper. Im Vordergrund steht eine **regelmäßige Aderlasstherapie**, bei der ca. 250 mg Eisen pro 500 ml Blut entfernt werden. Die Aderlässe werden 1–2mal pro Woche durchgeführt. Dabei müssen Blutbild und Eisenstoffwechselproteine laufend kontrolliert werden. Meist wird der Chelatbildner **Desferrioxamin** eingesetzt, um eine Erhöhung der Eisenausscheidung zu erzielen.

Frage: Wie sieht die **Prognose** einer unbehandelten Hämochromatose aus?

Antwort: Unbehandelt führt die Hämochromatose zum Tod (30% Herzinsuffizienz, 30% hepatozelluläres Karzinom, 30% Leberinsuffizienz).

7.17 Hormonelle Regelkreise, Therapie

Frage: Welche bösartigen Tumoren sind häufig hormonabhängig?

Antwort: Das **Prostatakarzinom** und das **Mammakarzinom** sind häufig **hormonabhängig**. Beim fortgeschrittenen Prostatakarzinom besteht die Therapie u.a. aus der operativen oder medikamentösen Kastration. In 80% der Fälle kann eine Remission (komplett oder inkomplett) für einige Zeit erreicht werden.

Frage: Beschreiben Sie bitte stichwortartig einige **hormonale Regelkreise** mit Steuerung über Rückkopplung.

Antwort: Folgende Regelkreise werden über Rückkopplung gesteuert:
- Blutdruck → Renin↑ → Angiotensin↑ und Aldosteron↑ → Blutdruck↑
- Testosteron → LH-RH↑ → LH↑ → Testosteron↑
- Thyroxin → TRH↑ → TSH↑ → Thyroxin↑

Frage: Welches Hormon ist für die Stimulation des Follikels im Ovar bzw. für die Reifung der Spermien verantwortlich?

Antwort: Das **follikelstimulierende Hormon** (FSH) aus dem Hypophysenvorderlappen ist entscheidend an der generativen Gonadenfunktion beteiligt. (LH steuert Gestagen/Testosteronbildung.)

tipp In der Frage ist die Antwort bereits enthalten.

Fallbeispiel: Es stellt sich ein 27-jähriger junger übergewichtiger Mann mit Hochwuchs und Gynäkomastie vor. Seit zwei Jahren bestehen massive Rückenbeschwerden und ein zunehmender Rundrücken. Die Hoden sind klein und fest. Es besteht eine erektile Dysfunktion. In einem Spermiogramm fand sich eine Azoospermie. Was vermuten Sie?

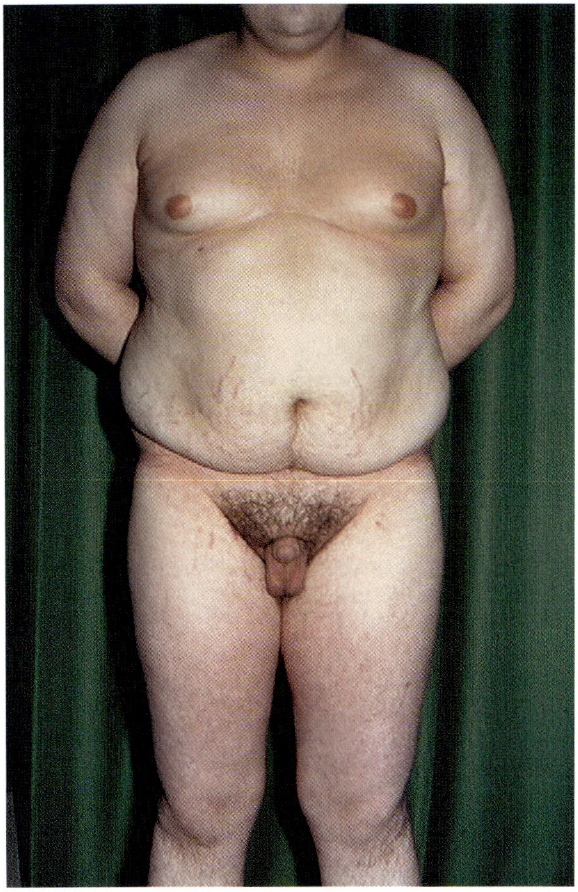

Abb. 7.3: Habitus eines jungen Mannes

Antwort: Offenbar liegt ein Testosteronmangel-Syndrom vor. Mit einer Prävalenz von 0,2% ist der M. Klinefelter die häufigste angeborene Form des männlichen Hypogonadismus. Bei 80% der Patienten besteht ein 47, XXY Karyotyp. Die adäquate Therapie ist die Testosteron-Substitution mit täglicher Gel-Applikation auf die Haut oder Depotinjektion i.m. alle 2–3 Wochen.

☐ ☐ ☐
☺ 😐 ☹

? **Frage:** Welcher Bezug weist der Rundrücken des Patienten zum Testosteronmangel auf?

Antwort: Zunehmender Rundrücken und in die Beine ausstrahlende Schmerzen sind Symptome einer Osteoporose der Wirbelsäule bei beiden Geschlechtern. Normalerweise wird beim Mann das endogene Testosteron durch die Aromatase in knochenanaboles Östrogen umgewandelt. Beim männlichen Hypogonadismus ist dies nicht adäquat möglich.

Östrogene sind für den Knochenerhalt bzw. -aufbau für beide Geschlechter relevant. Bei Frauen besteht nach der Menopause ein altersassoziierter Östrogenmangel, was die häufige Prävalenz der weiblichen Osteoporose erklärt.

7.18 Hyperlipidämien

☐ ☐ ☐
☺ 😐 ☹

? **Frage:** Beschreiben Sie bitte eine klassische Einteilung der **Hyperlipoproteinämien**.

Antwort: Hyperlipoproteinämien sind Phänotype des metabolischen Stoffwechsels der Blutfette, die durch Akkumulation verschiedener Lipoproteine im Kreislauf gekennzeichnet sind. Diese werden auf Grund der spezifischen Lipoproteinklasse, die im Kreislauf erhöht ist, in 6 Gruppen klassifiziert.

Typ	Name	Proteinabnormalität	Akkumulierende Lipoproteine
I	exogene Hypertriglyzeridämie	Mangel an Lipoprotein Lipase und Apo C-II	Chylomikrone +/- VLDL
II a	familiäre Hypercholesterinämie	abnormaler LDL-Rezeptor	LDL
II b	gemischte familiäre Hypercholesterinämie	Überproduktion von VLDL	LDL und VLDL

Typ	Name	Proteinabnormalität	Akkumulierende Lipoproteine
III	familiäre Dysbetalipoproteinämie	abnormales Apoprotein E	IDL
IV	endogene Hypertriglyzeridämie	?	VLDL +/- Chylomikrone
V	gemischte exogene/endogene Hypertriglyzeridämie	partialer Mangel an Lipoprotein Lipase	VLDL +/- Chylomikrone

Tab. 7.3: Einteilung der Hyperlipoproteinämien

Frage: Können Sie einige **klinische Befunde** dieser Hyperlipoproteinämien beschreiben?

Antwort:
- Typ I: Die primäre Form ist durch **Hepatosplenomegalie**, eruptive **papulöse Xanthome** und **Arcus lipoides** charakterisiert.
- Typ IIa und IIb: Patienten mit familiärer Hypercholesterinämie demonstrieren **Xanthome** an den Strecksehnen der Hände und Achillessehnen, **Arcus senilis** und markante **Xanthelasmen**.
- Typ III: Häufig sieht man **tuberöse**, insbesondere **periartikuläre Xanthome**. Bei der familiären Dysbetalipoproteinämie finden sich gelegentlich **gelbliche Handlinien**.
- **Eruptive Xanthome** treten auch bei Typ IV und V der Hyperlipoproteinämien auf.

Frage: Was verstehen Sie unter einer **Serumtrübung?**

Antwort: Triglyzeridreiche Lipoproteine, d.h. Chylomikrone und VLDL-Partikel, verursachen eine Serumtrübung bis hin zur milchigen Veränderung. Die Serumtrübung beginnt **ab einem Triglyzeridgehalt von 400–500 mg/dl**. Bei der exogenen Hypertriglyzeridämie (Typ I) kommt es zur Abrahmung der Chylomikronen am Meniskus des Reagenzglases nach 12 h Stehenlassen des Serums. Die gemischte exogene/endogene Hypertriglyzeridämie (Typ V) ist durch partielle Abrahmung der Chylomikronen am Meniskus charakterisiert, denn die VLDL-Partikel bleiben in Lösung und verursachen den trüben Überstand.

? Frage: Können Sie einige Medikamente beschreiben, die Cholesterin und Triglyzeride reduzieren? Nennen sie auch mögliche Nebenwirkungen dieser Pharmaka.

Antwort:

Lipoprotein	Nikotin-säure	Gallen-säure-binder	HMG-CoA-Reduktase-Inhibitoren, Statine	Gem-fibrozil
Chylomikrone	? reduziert	?	+/-	? reduziert
VLDL	reduziert	+/- oder erhöht	+/-	reduziert
IDL	reduziert	+/- oder erhöht	reduziert	reduziert
LDL	reduziert	reduziert	reduziert	+/- oder erhöht
HDL	erhöht	+/- oder erhöht	erhöht	+/- oder erhöht

Tab. 7.4: Medikamente und Hyperlipoproteinämie

Folgende **Nebenwirkungen** sind bekannt:

- **Nikotinsäure:** Flushing, Hautausschlag, gastrointestinale Krämpfe, Übelkeit und Bauchschmerzen
- **Gallensäurebinder:** Flatulenz, Obstipation
- **HMG-CoA-Reduktase-Inhibitoren und Statine:** Hepatitis, Myopathie
- **Gemfibrozil:** Myopathie, Muskelnekrosen, Cholelithiasis.

! Merke: In prospektiven randomisierten Studien zeigte sich, dass eine frühe Statin-Therapie die Rate an kardiovaskulären Ereignissen inkl. Sterblichkeit deutlich reduziert. Statine gehören mittlerweile zur Standardtherapie der Hyperlipidämie.

Frage: Welchen groben Richtwerte oder Anhaltspunkte für die **Berechnung des Energiebedarfs** hat ein Mensch in Abhängigkeit vom Alter und der körperlichen Leistung?

Antwort: Der Grundumsatz beträgt ca. 1 kcal pro kg Körpergewicht pro Tag. Bei normaler Aktivität ergibt sich ein grober Energiebedarf von 1,2 – 1,5 kcal pro kg Körpergewicht pro Tag. Die Werte sind unbedingt am Einzelfall anzupassen. Richtwerte für die Energiezufuhr nach der Deutschen Gesellschaft für Ernährung (DGE)

Alter	kcal / Tag Männer	kcal / Tag Frauen
15 – 19 Jahre	3000	2400
19 – 25 Jahre	2600	2200
25 – 51 Jahre	2400	2000
51 – 65 Jahre	2200	1800
> 65 Jahre	1900	1700

Tab. 7.5: Tägliche Kalorienzufuhr nach Alter und Geschlecht (Umrechnung: 1 kcal = 4,2 kJoule)

Pauschalberechnungen in Abhängigkeit vom individuellen Leistungsumsatz:

Bettruhe	25 kcal pro kg / Körpergewicht
Leichte Arbeit	32 kcal pro kg / Körpergewicht
Mittelschwere Arbeit	37 kcal pro kg / Körpergewicht
Schwerarbeit	40 kcal pro kg / Körpergewicht

Tab. 7.6: Tägliche Kalorienzufuhr nach Körpergewicht und Arbeitsbelastung

Beispiel: Mann, leichte Arbeit, 70 kg, 32 Jahre
= 32 × 70 kg = 2240 kcal tgl. Energiebedarf (ca. 9400 kJ tgl.)

tipp Ernährungsberatung gewinnt für die Prävention einen entscheidenden Stellenwert. Übergewicht entwickelt sich zur Volksseuche mit dramatischen Auswirkungen auf unser Gesundheitssystem. 20% aller Kinder und Jugendlichen sind übergewichtig.

8 Infektionskrankheiten

8.1 Typhus, Salmonellosen

Fallbeispiel: Der Trend zu Fernreisen ist in Deutschland weiter ungebrochen. Ein 45-jähriger Tourist, seit 2 Wochen aus Mexiko zurückgekehrt, kommt mit anhaltendem Fieber über 39 Grad, Benommenheit, Gliederschmerzen und Obstipation zu Ihnen. Wie gehen Sie diagnostisch vor?

tipp Bei Verdacht auf Tropenkrankheiten sind die genannten Untersuchungen obligat.

Antwort: Bei dieser Anamnese würde man an eine Infektionskrankheit denken. Nach einer gründlichen körperlichen Untersuchung werden als Standard folgende Untersuchungen eingeleitet:

- Blut-, Stuhlkulturen
- Serologie auf Infektionskrankheiten
- Sonographie des Abdomens
- Röntgen-Thorax

Fallbeispiel: Außer Fieber und Obstipation fallen bei dem Patienten eine **Bradykardie**, die folgenden **Hauterscheinungen** auf dem Bauch und eine mäßige **Splenomegalie** auf. Woran denken Sie und wie sichern Sie Ihren Verdacht?

tipp „Bradykardie" und „Roseolen" sind Kardinalsymptome – bekannt von den IMPP-Fragen

Antwort: Es könnte sich um **Typhus** oder **Parathyphus** in einem relativ frühen Stadium, ca. 10 Tage nach der Infektion, handeln. Die Erreger sind **Salmonella typhi** oder **paratyphi.**

Da in den ersten 3 Wochen eine Bakteriämie besteht, fertigt man wiederholt Blutkulturen an. Der Erregernachweis aus dem Stuhl gelingt erst nach der zweiten Krankheitswoche. Die serologische Diagnostik (Gruber-Widal-Reaktion) ist von untergeordneter Bedeutung, da erst 2–3 Wochen nach Infektion signifikante Titerbewegungen (mind. 2fache Titerbestimmung) zu erwarten sind. Bei der Bewertung der Titeranstiege ist zu bedenken, dass Salmonellen der verschiedenen Gruppen O-Antigene gemeinsam haben. Frühere Impfungen können niedrige Basistiter hinterlassen.

Klinisch richtungweisend sind neben dem Auftreten von Roseolen an der Haut das Fehlen von eosinophilen Leukozyten im Blutausstrich bei **Leukopenie** trotz septischem Krankheitsbild.

Frage: Die abgenommenen Blutkulturen ergeben einen positiven Befund. Was veranlassen Sie als Nächstes?

Merke: Es besteht Meldepflicht für Verdacht, Erkrankung, Tod und Dauerausscheider!

Antwort: Der Patient wird auf einer Infektionsabteilung isoliert. Weiterhin ist eine **Meldung** an das Gesundheitsamt zu veranlassen. Als wirksame **antibiotische Therapeutika** gelten:

- Amoxicillin
- Trimethoprim-Sulfamethoxazol (Co-trimoxazol)
- Ciprofloxacin (Gyrase-Hemmer)
- Chloramphenicol

Die Therapie wird meist 10 – 14 Tage nach Entfieberung fortgesetzt, um einem Dauerausscheidertum vorzubeugen. Dennoch kommt es 2 – 3 Wochen nach Therapieende häufig zu Rezidiven.

Frage: Gibt es zur Prophylaxe eine **Impfung** gegen Typhus?

Antwort: Eine dreizeitige orale Schutzimpfung mit einem attentuierten Lebendstamm verleiht für ca. 1 – 3 Jahre einen 60 – 80%igen Impfschutz. Die Impfung ist gut verträglich und sollte ca. 14 Tage vor Beginn einer Reise abgeschlossen sein.

Frage: Die so genannten **Salmonellosen** sind wesentlich häufiger als ein Typhus. Nennen Sie Kernpunkte in Diagnose und Therapie.

Antwort: Es gibt mehr als 2000 Spezies von enteritischen Salmonellen. Sie werden über die O-Antigene in Gruppen eingeordnet und über H-Antigene als spezielle Typen gekennzeichnet (z. B. S. typhimurium).

Die Aufnahme der Keime erfolgt durch kontaminierte Lebensmittel bei einer Inkubationszeit von ca. 8–48 Stunden. Der Beginn der Erkrankung erfolgt mit Durchfällen meist in noch erkennbarem Zusammenhang mit der Nahrungsaufnahme. Die Diagnose gelingt über eine Stuhlkultur, bei Fieber evtl. auch Blutkultur. Der Nachweis von Antikörpern im Blut gelingt eher nicht. Die Krankheitsdauer beträgt ca. 4–7 Tage, wobei eine Ausscheidung der Erreger über den Stuhl ca. 30 Tage möglich ist. Die Therapie ist symptomatisch mit Flüssigkeitsersatz – bei Fieber Cotrimoxazol oder Chinolone.

✚ Während Typhus eine absolute Seltenheit darstellt, sind die enteritischen Salmonellosen häufig. Jeden Sommer kommt es auch in Deutschland zu lokalen Epidemien (verdorbene Eierspeisen, Milchprodukte, nicht genügend erhitztes Hühnerfleisch).

8.2 Bakterielle Ruhr

☐ ☐ ☐
☺ 😐 ☹

? **Frage:** Wie erkrankt man an einer bakteriellen Ruhr? Beschreiben Sie **Pathophysiologie** und **Klinik** dieser Infektionskrankheit.

Antwort: Die bakterielle Ruhr ist eine durch Shigellen, vor allem durch **Shigella dysenteria** und **Shigella sonnei**, verursachte meldepflichtige Darminfektion. Der Mensch, als Erkrankter oder Ausscheider, stellt das alleinige Erregerreservoir dar. Der direkte Kontakt mit durch Shigellen verunreinigten Händen oder Gegenständen spielt in Europa die wichtigste ätiologische Rolle. Die Erkrankung betrifft vorwiegend Kinder.

In der 1–3-tägigen Inkubationszeit vermehren sich die Shigellen im unteren Dünndarm und Dickdarm. Durch ihr Exotoxin und Enterotoxin induzieren sie in den ersten Krankheitstagen **Abdominalkrämpfe, Fieber, wässrige Durchfälle, Übelkeit** und **Erbrechen.** Anschließend rufen sie durch eine Invasion der Darmschleimhaut eine fibrinös-ulzeröse Kolitis mit **blutig-schleimigen Durchfällen** hervor.

Das Vollbild der Erkrankung dauert ca. 1–2 Wochen und heilt dann meist aus. Vital gefährdet sind während dieser Zeit durch die Exsikkose vor allem alte Patienten und Kinder. Die Shigellenausscheidung sistiert in der Regel nach einem Monat, Dauerausscheider kommen vor.

☐ ☐ ☐
☺ 😐 ☹

? **Frage:** Zu welchen **Komplikationen** kann es im Verlauf einer Shigellose kommen? Wie können wir davon ausgehen, dass es sich bei der erwähnten klinischen Symptomatik um eine bakterielle Ruhr und nicht um eine Amöbiasis handelt?

Antwort: Die Hauptkomplikationen der bakteriellen Ruhr können in vier Punkte untergliedert werden:

- **Schock** und **Exsikkose** durch Elektrolyt- und Wasserverlust (besonders relevant bei Kindern und alten Menschen)
- **Perforation** von Darmulzerationen mit nachfolgender **Peritonitis**
- von Darmulzera ausgehende **Bakteriämie** durch Darmbakterien (z. B. Streptokokken, E. coli)
- **Shigellen-Rheumatoid:** Arthritis der großen Gelenke, häufig begleitet von Urethritis und Konjunktivitis, häufig bei HLA B_{27}-positiven Patienten

Im Gegensatz zur Amöbiasis, bei der Antikörper zu finden sind, hat die Serologie bei der Shigellenruhr keine Aussagekraft. Vielmehr beweist der **bakteriologische** und **biochemische Nachweis** von Shigellen im frischen Stuhl die Diagnose.

Frage: Können Sie bei der Ruhr die Shigellen im Serum nachweisen?

Antwort: In der Regel beschränkt sich die Erkrankung auf eine Schädigung der Darmschleimhaut. Allerdings können Darmulzera auftreten, die dann sekundär eine Bakteriämie begünstigen. Shigellen können im Allgemeinen nicht im Serum nachgewiesen werden.

8.3 Cholera

Frage: Zurzeit grassiert in Zentralafrika aufgrund der großen Flüchtlingsströme eine Durchfallerkrankung, die im Mittelalter auch in Europa wütete. Welcher Erreger ist dafür verantwortlich?

Antwort: Es handelt sich um die **Cholera**, die vor allem durch **verunreinigtes Trinkwasser** übertragen wird. Erreger sind gramnegative bewegliche Stäbchen, so genannte Vibrionen (z.B. Subtyp El-Tor).

Frage: Welche klinische Charakteristik weist die Cholera auf?

Antwort:

Übertragungsweg	oral (z.B. Trinkwasser)
Inkubationszeit	12–72 h
Symptome	anfangs Erbrechen, dann Durchfälle, schließlich charakteristische „Reiswasserstühle"
Folgen	Exsikkose, Hypokaliämie, Azidose, Schock, Koma
Therapie	Flüssigkeitsersatz (parenteral), Antibiotika sekundär
Dauerausscheider	möglich (auch symptomlos)

Tab. 8.1: Klinik und Therapie der Cholera

tipp Die Stichworte „Reiswasserstühle" und „Elektrolyt-Verluste" hat sicher schon jeder gehört.

Frage: Beschreiben Sie kurz die **pathophysiologischen Mechanismen** der Cholera-Erkrankung im Dünndarm.

Antwort: Nach oraler Aufnahme der Cholera-Vibrionen werden die beiden Enterotoxine der Bakterien an unterschiedlichen Stellen des Dünndarms wirksam. Ein Toxin bindet sich an Rezeptoren der Zelloberfläche und behindert den aktiven Na^+-Transport in die Zellen. Ein weiteres Toxin aktiviert die Adenylatzyklase der Dünndarmepithelien, was zur AMP-Bildung aus ATP führt. Der Anstieg des AMP-Gehalts bedingt dann eine vermehrte Sekretion von Chlorid aus den Epithelzellen unter Mitnahme von Wasser, Na^+, K^+ und Bikarbonat. Histologisch sind außer einem Ödem keine spezifischen Veränderungen an der Dünndarmschleimhaut festzustellen.

Frage: Was ist die wichtigste **therapeutische Maßnahme** bei einem Patienten mit Cholera?

Antwort: Der **Flüssigkeitsersatz** steht an erster Stelle (oral: WHO-Lösung). Die Gabe von **Antibiotika** ist sekundär. Manchmal muss eine parenterale Infusionstherapie mit bis zu 20 Liter/d erfolgen.

Frage: Was wissen Sie über eine **Cholera-Impfung?**

tipp Fernreisen nehmen zu. Daher werden Fragen zu Impfungen häufiger.

Antwort: Eine Impfung gegen Cholera erfolgt mit abgetöteten Vibrionen, die im Abstand von 1–2 Wochen subkutan oder intramuskulär verabreicht werden. Die Schutzwirkung ist nicht befriedigend und tritt nur bei 40–60% der Impflinge ein. Ein relativer Infektionsschutz besteht für ca. ein halbes Jahr. Hygiene und ausschließliche Verwendung von erhitzten Lebensmitteln und abgekochtem Trinkwasser sind die beste Prophylaxe.

Frage: Bitte beschreiben Sie die **WHO-Formel** für eine **orale Rehydratation**.

Antwort: Bei Zeichen der Exsikkose ist Flüssigkeitsersatz entscheidend. Die Wasserresorption wird durch Glukose gefördert.

WHO-Formel (oral) pro Liter Wasser	vereinfachte Form pro Liter Wasser
3,5 g NaCl	3/4 Teelöffel Salz
2,5 g NaHCO3	1 Teelöffel Bikarbonat
1,5 g KCl	1 Becher Orangensaft
20 g Glucose	4 nicht gehäufte Teelöffel Zucker (oder Reisschleim)

Tab. 8.2: WHO-Formel für orale Rehydratation

8.4 Yersiniose

Frage: Welche **Yersiniose** war im Mittelalter sehr gefürchtet?

Antwort: **Yersinia pestis** ist der Erreger der berüchtigten Lungen- und Beulenpest. Die Übertragung erfolgt durch blutsaugende Ektoparasiten **(Floh)** von Nagetieren **(Ratten)** auf den Menschen. Heutzutage ist die Erkrankung sehr selten. Über regionale Ausbrüche der Pest wurde allerdings 1996 in Indien berichtet.

tipp Gemeint ist der „schwarze Tod" oder Pest.

Frage: Welche Yersiniosen sind auch heute noch in Europa relativ häufig anzutreffen? Welche klinischen Symptome sind häufig?

Antwort: Vor allem in Osteuropa (Rumänien, Albanien) sind Yersinia enterocolitica (und Y. pseudotuberculosis) noch relativ häufig. Kennzeichnend sind:

- Anthropozoonose **(fäkale Übertragung** – Haustiere), gramnegative Stäbchen
- **appendizitisähnliche Symptome**, Ileitis, Lymphadenitis mesenterialis
- Folgekrankheiten: **Yersinien-Arthritis** (HLA-B27-assoziiert), **Erythema nodosum**
- **Diagnose**: Histologie (Lymphknoten-PE) und Serologie
- **Therapie:** Tetrazykline, Gyrasehemmer

Frage: Welchen Wirkmechanismus und welches Nebenwirkungsprofil weisen **Tetrazykline** auf?

Antwort: Tetrazykline sind bakteriostatisch wirkende Antibiotika, welche die bakterielle Proteinsynthese hemmen. Sie werden gastrointestinal gut resorbiert und weisen eine gute Gewebepenetration auf. Besonders wirksam sind sie gegen Yersinien, Hämophilus, Bakteroides, Rickettsien, Chlamydien und Mykoplasmen. Schwach wirksam sind sie gegen Staphylokokken oder Streptokokken. **Nebenwirkungen:**

- Proktitis, Stomatitis, Vaginitis (Störung der Schleimhautflora)
- Einlagerung in Knochen und Zähne (keine Gabe von Tetrazyklinen in der Schwangerschaft und bei Kindern!)
- Photosensibilisierung, Dermatosen, Exantheme
- Leberfunktionsstörungen (Transaminasenanstieg), Übelkeit, Erbrechen

8.5 Diphtherie

Fallbeispiel: Eine Familie mit zwei Kindern kam vor 1 Woche aus Bulgarien vom Urlaub zurück. Die Mutter des 8-jährigen Jungen berichtet, dass ihr Kind vor 2 Tagen starke Halsschmerzen mit Fieber um die 38 Grad bekam. Der Junge war sofort schwerkrank. Im Rachen zeigen sich grau-weiße Beläge mit Mundgeruch. Die Beläge lösen sich teilweise. Seit gestern sind Husten und Luftnot dazugekommen. Der zweite Sohn hätte ebenfalls seit heute über Halsschmerzen geklagt. Woran müssen Sie denken?

tipp Die Diphtherie gehört bei pädiatrischen Prüfern zum Standardrepertoire. Die Diphtherie wird primär klinisch diagnostiziert. Die Erkrankung ist meldepflichtig.

Antwort: Von der Anamnese ist eine **Diphtherie** wahrscheinlich. Es handelt sich um eine **Tröpfcheninfektion** mit dem Exotoxinbildner **Corynebacterium diphtheriae** (grampositives Stäbchen). Corynebacterium diphteriae verursacht nur dann Erkrankungen, wenn es mit einem lysogenen ß-Phagen infiziert ist und dadurch Toxine bilden kann. Das Keimreservoir ist der Mensch. Die Erkrankung ist in Osteuropa noch endemisch. Die Inkubationszeit beträgt 1–6 Tage. Betroffen sind vor allem Säuglinge und Kinder.

Frage: Welche wichtigen klinischen **Erscheinungsbilder** der **Diphtherie** gibt es?

Antwort:

Tonsillendiphtherie	Pseudomembranen, faulig-süßer Geruch
Nasendiphtherie	serös-eitriges Sekret, besonders Säuglinge
Kehlkopfdiphtherie	Aphonie und „bellender Husten" (echter Krupp)
Wunddiphterie	Pseudomembranen, massives Ödem
sehr selten ist die **Nabel- oder Hautdiphtherie**	

Tab. 8.3: Klinische Erscheinungsbilder der Diphtherie

Frage: Welche toxisch bedingte **Sekundärschädigung** ist klinisch bedeutsam?

Antwort: Die **diphtherische Myokarditis** stellt eine häufige Komplikation dar. Regelmäßige EKG-Kontrollen sind wichtig. Meist kommt es zu Überleitungsstörungen bis zum AV-Block III. Grades.

Frage: Welche Maßnahme erfordert die klinische Diagnose einer Diphtherie?

Antwort: Der Verdacht einer Diphtherie zwingt bereits zur Gabe eines **Antitoxins** (vom Pferd 10000–50000 IE i.m. – Vortestung zum Ausschluss einer Überempfindlichkeit erforderlich). **Antibiotika** sind nur unterstützend wirksam und verhindern die Vermehrung der Keime.

Frage: Was wissen Sie über das Antibiotikum **Erythromycin?**

Antwort: Erythromycin ist ein **Makrolid-Antibiotikum**, welches gegen viele Keime eine bakteriostatische Wirkung aufweist (z.B. Haemophilus influenzae, Pneumokokken, Corynebakterien und Legionellen). Wirkmechanismus ist die **Hemmung der bakteriellen Proteinsynthese**. Nach oraler Gabe wird Erythromycin gut resorbiert und in verschiedene Kompartimente verteilt. Die Verträglichkeit ist gut. Es wird z.B. bei folgenden Infektionen angewendet:

- Erysipel
- Lues
- Gonorrhoe
- Mykoplasmenpneumonie
- Mittel der Wahl bei der Legionella-Pneumonie

Unerwünschte Wirkungen sind:

- gastrointestinale Störungen bei hoher Dosierung
- reversible Lebertoxizität
- reversibler Gehörverlust
- lokale Reizungen bei parenteraler Gabe

tipp Häufig folgt der Therapie eines bestimmten Krankheitsbildes, eine Nachfrage bezüglich eines verwendeten Medikamentes. Den Prüfer interessieren dabei weniger Dosierungen, sondern vielmehr die pharmakologische Wirksamkeit, Indikationen und Nebenwirkungen.

8.6 Ornithose und Leptospirose

Frage: Was wissen sie zur **Ornithose?** Welches **klinische Bild** weist diese Infektionskrankheit auf?

Antwort: Die Ornithose wird durch **Chlamydia psittaci** verursacht. Von infizierten Vögeln, besonders Tauben, Papageien und Enten erreichen die Chlamydien durch **Staub-, Kot-** oder **Federpartikel** die Schleimhäute des oberen Respirationstraktes.

Nach bakteriämischer Streuung in die Lunge, aber auch in die Leber und Milz, entsteht eine vorwiegend lymphozytäre, entzündliche Reaktion mit Ödem und hämorrhagischem Exsudat. Hauptmanifestationsort ist die **Lunge**, wobei es zu interstitiellen Infiltrationen kommt.

tipp Auch hier sollte man ruhig nachfragen, falls man mit der Bezeichnung Ornithose nichts anfangen kann. Synonyme sind Psittakose oder Papageienkrankheit.

Folgende klinische Symptomatik setzt 6–14 Tage nach Infektion abrupt ein (> 45% inapperenter Verlauf):

- Schüttelfrost, Fieber
- Übelkeit, Durchfall
- Lichtscheu und Kopfschmerzen
- Husten, Auswurf (gelegentlich blutig)
- Nasenbluten (ca. 25% der Fälle)
- Herzrhythmusstörungen, relative Bradykardie

☐ ☐ ☐

☺ 😐 ☹

? **Frage:** Wie diagnostizieren Sie eine Ornithose? Welche Behandlungsmaßnahmen sind zu ergreifen?

Antwort: Eine genaue Anamneseerhebung, insbesondere mit der Frage nach Vogelkontakten, ist für die Diagnose einer Ornithose von außerordentlicher Bedeutung. Neben der möglichen Anzüchtung von Chlamydien mittels Zellkulturen und im Tierversuch (Beimpfung von Mäusen) wird die Diagnose **serologisch** gestellt (mindestens vierfacher Titeranstieg in der Komplementbindungsreaktion oder im Immunfluoreszenz-Test).

Die **Röntgenthoraxaufnahme** zeigt ausgeprägte interstitielle Lungeninfiltrationen, die im Gegensatz zu den eher spärlichen physikalischen Untersuchungsbefunden stehen. Therapeutisch sind **Tetrazykline** Mittel der Wahl. Häufig ist der Patient nach 2–3 Tagen fieberfrei. Patienten mit unkomplizierter Erkrankung entfiebern auch ohne antibiotische Therapie spontan nach 7–10 Tagen.

☐ ☐ ☐

☺ 😐 ☹

? **Frage:** Was ist ein **Morbus Weil?** Beschreiben Sie die Pathogenese und Klinik dieses Krankheitsbildes.

tipp Wer mit dem Eigennamen „Weil" nichts anfangen kann, sollte den Prüfer bitten, die Frage anders zu formulieren. Meistens sind die Prüfer kooperativ und nennen einen synonymen Begriff, in diesem Fall Leptospirose, oder umschreiben das Krankheitsbild.

Antwort: Der Morbus Weil ist eine meldepflichtige **Anthropozoonose,** die durch Leptospiren **(Leptospira icterohämorrhagiae)** verursacht wird. Die Leptospiren gelangen mit dem Urin von Ratten, Mäusen und anderen Tieren ins Wasser, wo sie die Haut von Menschen an kleinen Läsionen penetrieren. Im Sommer und Herbst sind die Erkrankungen am häufigsten.

Die klinische Symptomatik beginnt nach der Inkubationszeit von 5–20 Tagen mit einer **septikämischen Phase** mit plötzlich einsetzendem hohen **Fieber, Kopfschmerzen, Muskelschmerzen** (besonders Waden) und beidseitiger **Konjunktivitis.** Danach kommt es zu einer temporären Entfieberung. Ein erneuter Fieberanstieg nach einigen Tagen kündigt die **Phase des Organbefalls** an. Häufig tritt eine atypische **Meningitis, Nephritis, Hepatitis** mit **Ikterus** und **Karditis** auf. Diese Verlaufsform wird dann als Morbus Weil bezeichnet, wobei Leber- und Nierenversagen nicht selten sind.

Frage: Wie diagnostizieren Sie eine Leptospirose? Welche Chemotherapeutika setzen Sie ein?

?

☐ ☐ ☐
☺ 😐 ☹

Antwort: Die Anamnese spielt eine entscheidende Rolle bei der Diagnosestellung der Leptospirose. **Tierkontakt, Baden in freien Gewässern** sowie Arbeit auf schlammigen und feuchten Böden (z.B. **Bauern, Kanalarbeiter)** vermitteln wichtige Hinweise.

> tipp Typische Frage. Antwortreihenfolge: Anamnese, Klinik, Diagnostik und Therapie.

Die klinische Symptomatik und vor allem die Serologie sichern die Diagnose. Der Titeranstieg beginnt erst in der zweiten Woche der Erkrankung. Ein Erregernachweis aus Blut und Liquor über Blutkultur und Tierversuch ist in der septikämischen Phase möglich. Später („Organphase") kann man versuchen, die Leptospiren aus dem Urin zu isolieren.

Eine frühzeitige Therapie mit hoch dosiertem **Penicillin G** ist schon bei Erkrankungsverdacht erforderlich. Die Antibiotikatherapie verliert an Effektivität, wenn bereits die Phase des Organbefalls eingetreten ist. Es besteht **Meldepflicht**.

Frage: Penicilline sind Ihnen sicher ein Begriff. Können Sie einige Indikationen für den Einsatz von **Penicillin** nennen? Kennen Sie Nebenwirkungen?

??

☐ ☐ ☐
☺ 😐 ☹

Antwort: Penicilline sind die am häufigsten verwendeten Antibiotika. Sie hemmen die Zellwandsynthese von Bakterien und wirken hauptsächlich auf Keime in der Proliferationsphase. Sie entwickeln eine **bakterizide** Wirkung.

> tipp Mit Penicillinen hat man so oft während des Studiums zu tun gehabt, dass einem die Darstellung der wichtigsten Indikationen nicht schwer fallen dürfte.

- **Penicilline mit schmalem Spektrum:** Penicillin G, Depotpenicilline (Benzathinpenicillin), Oralpenicilline (Penicillin V) und die penicillinaseresistenten Substanzen (Oxacillin, Flucloxacillin) gehören zu den Antibiotika mit schmalem Keimwirkungsspektrum und besitzen folgende Indikationen:
  - Penicillin G – **Endokarditis lenta** (Staphylo-, Stepto-, Meningo- und Gonokokken)
  - Benzathinpenicillin zur Rezidivprophylaxe des **akuten rheumatischen Fiebers**
  - Oralpenicilline – bei **Streptokokkenangina**
  - Dicloxacillin – **Furunkulose** (Staphylokokken)
- **Penicilline mit breitem Spektrum** (nicht bei Staphylokokken) sind die Ampicilline und die „Pseudomonas"-Penicilline (Azlocillin, Piperacillin und Mezlocillin). Einige Indikationen sind:
  - Amoxycillin – **Chronische Bronchitis** (Haemophilus influencae)
  - Azlocillin – Pseudomonas-Infekte
  - Ampicillin – **Harnwegsinfekte**
  - Piperacillin → Enterokokken, Bakteroides-Spezies

Das größte Risiko bei der Therapie mit Penicillinen besteht im Auftreten von **allergischen Reaktionen** (Urtikaria, Exantheme bis hin zum anaphylaktischen Schock).

8.7 Syphilis, Lues

Fallbeispiel: Ein 33-jähriger Patient berichtet über eine lästige Entzündung im Bereich des Penis seit 2–3 Wochen. Schmerzen bestehen eigentlich nicht. Hauptsächlich stört ihn, dass der Befund nicht richtig abheilt. Er möchte von ihnen eine Salbe. Einer Untersuchung willigt er nur ungern ein. Sie sehen folgenden Befund:

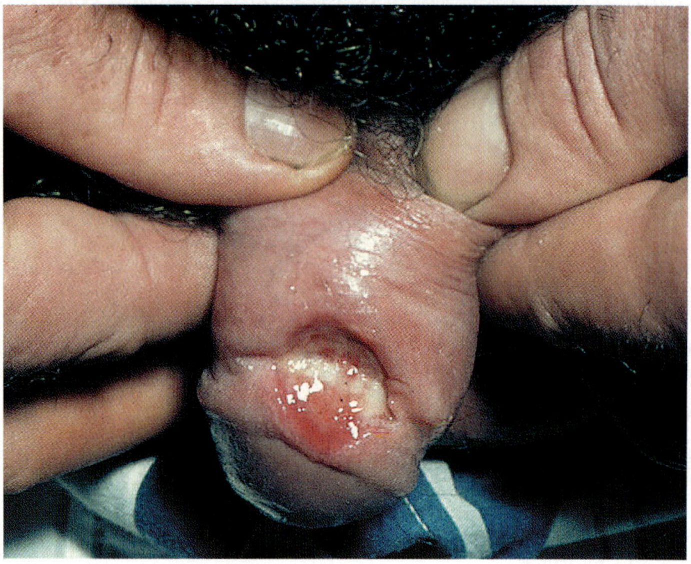

Abb. 8.1: Peniles Ulkus

Frage: Erläutern Sie die **Ätiologie** und **Pathogenese** der **Lues** und beschreiben Sie die übliche klinische Stadieneinteilung.

Antwort: Die Lues ist eine durch den Erreger **Treponema pallidum** sexuell oder intrauterin übertragene meldepflichtige Erkrankung, die sich klinisch in verschiedenen Phasen manifestiert.

0	Infektion und Inkubationszeit
I	Primärkomplex
II	syphilitische Exantheme und Generalisation
III	organische und dermatologische Spätmanifestationen

Tab. 8.4: Klinische Stadieneinteilung der Lues

Bei der Lues der Erwachsenen bleiben die ersten Stadien oft unbemerkt oder werden fehlgedeutet. Nach 3–4 Wochen Inkubationszeit äußert sich die Syphilis durch einen meist solitär auftretenden Primäraffekt **(Stadium I)**. Dieser besteht aus einem **Knötchen**, das rasch zerfällt und zu einem **Ulkus** führt, welches von einem indurierten Ödem umgeben ist. Der Primäraffekt als Stelle des Eindringens der Treponemen ist keineswegs nur am Genitale, sondern auch an anderen Körperstellen (Mund, Rachen) zu finden. Durch eine zusätzliche **Lymphangitis** und Lymphadenitis entsteht der Primärkomplex, der 5–6 Wochen nach Infektion spontan verschwindet.

Das **zweite Stadium** kündigt sich ca. 8 Wochen nach der Infektion durch Fieber, Abgeschlagenheit und Kopfschmerzen an. Nach weiteren 2 Wochen kann sich ein syphilitisches **Exanthem** mit **generalisierten Lymphknotenschwellungen**, Haarausfall, Mundschleimhautveränderungen **(Plaques muqueuses)** und **Condylomata lata** in der Genital- und Analregion ausbilden. Nach 4–5 Monaten klingt das Exanthem ab und es kann ein Leukoderm auftreten.

Im **dritten Stadium** der Erkrankung, nach 2–5 Jahren, sind neben der Haut auch innere Organe betroffen. Es finden sich **Gummata** bzw. Granulome, die z. B. in der Leber und im Gehirn vorkommen. Eine Spätlues imitiert viele virale, internistische bzw. neurologische Erkrankungen.

Frage: Wie wird die **Diagnose** der Syphilis gesichert? Wie sieht die **Therapie** aus? **?**

☐ ☐ ☐

☺ 😐 ☹

Antwort: Die Diagnostik der Lues ist vom Stadienverlauf abhängig. Neben dem klinischen Befund im **Stadium I** wird ein so genanntes Reizserum aus der Tiefe des Ulkus gewonnen. Mittels **Dunkelfeld-** oder **Phasenkontrastmikroskopie** können die Treponemen nachgewiesen werden. **Serologische** Reaktionen werden frühestens 2 Wochen nach der Infektion positiv. Die bekanntesten Reaktionen sind:

- Treponema-pallidum-Hämagglutations-Test (= TPHA) (= **Suchreaktion)**

- Fluoreszenz-Treponemen-Antikörper-Absorptions-Test (= FTA-ABS) (= **Bestätigungsreaktion)**
- Veneral Disease Research Laboratory-Test (= VDRL) (= **quantitative Titerbestimmung** zur Verlaufs- und Therapiekontrolle)

Im **2. Stadium** lassen sich die Erreger meist leicht aus den nässenden Effloreszenzen (Condylomata lata) nachweisen. Es besteht große Ansteckungsgefahr. Die Serologie ergänzt die klinische und mikroskopische Diagnose.

Im **3. Stadium** ist ein direkter Erregernachweis fast aussichtslos. Wieder geben der klinische Befund und die Serologie die entscheidenden diagnostischen Hinweise.

Während aller Stadien der Lues können Veränderungen im Liquor cerebrospinalis zu finden sein. Die **Syphilis cerebrospinalis** ist sowohl durch eine basale Meningitis als auch durch Gummata an Nervenscheiden gekennzeichnet, die sich durch ziehende Schmerzen ausdrücken können. Weiterhin sind Tabes dorsalis, Optikusatrophie und progressive Paralyse im Rahmen einer Neurolues bekannt.

Für die Therapie ist **Penicillin** Mittel der Wahl. Frühzeitige Medikation von Penicillin G vermeidet eine Generalisation der Erreger und unterbindet die Ansteckungsgefahr. Eine regelmäßige klinische Inspektion und Verfolgung des Titerverlaufs der Seroreaktionen geben Auskunft über die Wirksamkeit der Therapie. Bei bekannter Penicillinüberempfindlichkeit kommen alternativ Erythromycin, Chloramphenicol oder Tetrazykline in Betracht. 1–2 Tage nach Therapiebeginn besteht keine Infektiosität mehr.

8.8 Lepra

☐ ☐ ☐
☺ 😐 ☹

? **Frage:** Beschreiben Sie uns die Klinik der **Lepra**.

tipp Eine schwierige und seltene Frage. Schwierig deshalb, weil man sich bei der Vorbereitung auf die mündliche Prüfung Schwerpunkte gesetzt hat, unter denen sich die Lepra wahrscheinlich nicht befindet.

Antwort: Die Lepra ist eine Infektionskrankheit, die durch das Mycobacterium leprae verursacht wird. Es werden eine tuberkuloide, eine lepromatöse Form und eine Zwischenform unterschieden. Die Infektion manifestiert sich nach einer Inkubationszeit von mehreren Monaten bis zu Jahren bevorzugt an **Haut, Schleimhäuten** und **Nerven**. Bei der **tuberkuloiden Form** (allergisch-hyperergische Reaktion bei guter Abwehrlage) sind meist größere makulöse, asymmetrische, schwächer als die Umgebung pigmentierte Hautherde mit fehlender Sensibilität zu beobachten. Gelegentlich sind knotig verhärtete Nervenstränge tastbar. Ein Schleimhautbefall kommt nicht vor.

Bei der **lepromatösen Form** (anerge Form bei Abwehrschwäche) sind die Symptome mehr generalisiert, die Läsionen eher papulös oder knotig sowie meist zahlreich und symmetrisch verteilt. Eine Beteiligung von Augen (Iridozyklitis), Knochensystem (Osteoporose), Hoden (Sterilität), Leber, Milz und Lymphknoten ist häufig.

Auch aseptische Knochennekrosen, Osteolysen und Knochenauftreibungen sind typisch. Die Zwischenstadien („Borderline"-Lepra) zeigen klinische Bilder zwischen tuberkuloider und lepromatöser Form.

Frage: Wie stellt man die **Diagnose** Lepra? Welche **Behandlungsmaßnahmen** stehen uns heutzutage zur Verfügung? **?**

☐ ☺ ☐ 😐 ☐ ☹

Antwort: Die Diagnose der Lepra richtet sich nach den klinischen Befunden (Anamnese, Hauterscheinungen, Sensibilitätsstörungen und motorische Ausfälle) und dem bakteriologischen Nachweis. Die Erreger sind mit Färbungen für säurefeste Stäbchen in **Abstrichen** (z.B. Nasenscheidewand) oder durch **Gewebsbiopsien** aus Organen des RES, Nerven und Lymphknoten nachweisbar.

Therapeutisch werden Kombinationen aus **Dapsone** (= Diaminodiphenylsulfon) und **Rifampicin** verwendet. Treten Erytheme, Hautschwellungen, Ulzerationen und starke Schmerzen auf, werden **Glukokortikosteroide, Antiphlogistika** und **Thalidomid** (nur bei nicht gebärfähigen Frauen) eingesetzt.

8.9 Tuberkulose

Frage: Welche Infektionskrankheit verband man früher mit dem Begriff der **„Schwindsucht"?** **?**

☐ ☺ ☐ 😐 ☐ ☹

Antwort: Die **Tuberkulose** wurde in einigen Schriften als „Schwindsucht" bezeichnet, bevor man (Robert Koch) entdeckte, dass es sich um eine Infektion mit dem Mycobacterium tuberculosis (Varietät hominus oder bovinus) handelt.

> **tipp** Die Tuberkulose tritt in Europa wieder gehäuft auf und wird demzufolge auch öfter in Prüfungen abgefragt. Infektionsepidemiologisch wichtig ist, dass vor allem in Osteuropa und in amerikanischen Großstädten immer häufiger multiresistente Stämme auftreten.

Frage: Wie kommt es zu einer **Primärinfektion** bei der Tbc? **?**

☐ ☺ ☐ 😐 ☐ ☹

Antwort: Es handelt sich um eine **Tröpfcheninfektion** von Mensch zu Mensch. Prinzipiell kann jedes Organ befallen werden, meist ist jedoch die Lunge betroffen. Innerhalb von 6 Wochen bildet sich ein so genannter **Primärkomplex** (= Primärherd + Lymphangitis + Lymphadenitis) aus. Das Ausmaß der klinischen Symptomatik ist abhängig von der Abwehrlage des Wirtes und der Virulenz der Erreger.

Frage: Welche **Risikofaktoren** sind für das Auftreten und den Verlauf der Tbc mit verantwortlich?

tipp Bei dieser Frage sollte man verschiedene Gesichtspunkte erwähnen, um eine möglichst breite Palette an Risikofaktoren darzustellen.

Antwort: Die Resistenz des Organismus gegenüber Tbc-Bakterien wird durch Mangelernährung, Alkoholabusus, psychische Belastungen, körperliche Anstrengungen, in Zeiten hormoneller Umstellung sowie durch eine längere Kortikoid-Therapie oder andere Immunsuppressiva beeinträchtigt.

Außerdem begünstigen folgende Krankheiten und Zustände eine Tbc:
- Masern, Keuchhusten, Silikose
- Diabetes mellitus, Herzfehler
- Leukämie, M. Hodgkin
- Z.n. Magenresektion

Frage: Welche **Chemotherapeutika** stehen uns prinzipiell für die Behandlung einer Tbc zur Verfügung?

Antwort:

Substanz	Dosierung	Nebenwirkungen
Isoniazid (INH)	5 mg/kg oral oder i.v.	Hepatotoxizität, Polyneuropathie
Rifampicin (RMP)	10 mg/kg oral	Hepatotoxizität
Pyrazinamid (PZA)	30–35 mg/kg oral	Nephrotoxizität, Polyneuropathie
Ethambutol (EMB)	15–20 mg/kg oral	Optikusneuritis
Streptomycin (SM)	15 mg/kg i.m.	Ototoxizität, Nephrotoxizität

Tab. 8.5: Chemotherapeutika für die Behandlung einer Tbc

Frage: Wie werden diese Medikamente eingesetzt?

Antwort: Um eine Resistenzbildung zu verhindern, werden obige Medikamente kombiniert. Häufiges Schema bei sensiblen Erregern:

- Dreier-Kombination von INH+RMP+PZA über 2 Monate, dann
- Zweier-Kombination INH+RMP über 4 Monate

Die Medikamente sollten nüchtern und gleichzeitig eingenommen werden. Eine Resistenzprüfung der Erreger vor Behandlungsbeginn ist obligat. Die Patienten müssen regelmäßig ärztlich kontrolliert werden.

✚ Mitarbeit des Patienten (Compliance) und Kontrolle der Therapie sind entscheidend. Ein Grund für das Entstehen von multiresistenten Tuberkulose-Stämmen ist die nicht konsequente und zu kurze medikamentöse Therapie bei z.B. sozialen Randgruppen.

Frage: Welche häufigen **Organmanifestationen** kann eine Tbc aufweisen? **?**

☐ ☐ ☐

Antwort: Prinzipiell kann jedes Organ durch eine Tbc befallen werden. Häufig sind:

- Lungentuberkulose
- Urogenitaltuberkulose
- Darmtuberkulose
- Knochentuberkulose
- Tuberkulöse Meningitis

8.10 AIDS, HIV-Infektion

Frage: In den letzten Jahren sind die viralen Erkrankungen wieder stärker ins Interesse gerückt. Welche Erkrankung, die z.B. eine große Angst vor Blutkonserven in der Bevölkerung hervorgerufen hat, spielte hier eine große Rolle? **?**

☐ ☐ ☐

Antwort: Gemeint ist **AIDS**, das erworbene Immundefektsyndrom. Es handelt sich um ein vielschichtiges Syndrom, das hervorgerufen wird durch eine Gruppe von Retroviren, namens HIV (human immunodeficiency virus). Diese Retroviren verursachen eine Reduktion bzw. Zerstörung der T-Helferzellpopulation und direkte Zerstörung von Nervenzellen.

Ein **erhöhtes Risiko** für eine Infektion besteht für bestimmte Personengruppen, z.B. Homosexuelle, Fixer und Neugeborene von HIV-infizierten Müttern. In zunehmendem Maße werden in den letzten Jahren auch heterosexuelle Personen von einer HIV-Infektion betroffen. Man spricht daher statt von Risikogruppen besser von Risikoverhalten.

Durch den zellulären Immundefekt kommt es vermehrt zu opportunistischen Infektionen, aber auch gehäuft zu bestimmten Tumorerkrankungen wie beispielsweise dem **Kaposi-Sarkom** oder **Non-Hodgkin-Lymphomen.**

☐ ☐ ☐
☺ 😐 ☹

? Frage: Beschreiben Sie immunologische Einzelheiten dieser Virusinfektion.

tipp AIDS, HIV-Infektion und Immunologie sind in den Prüfungsfragen stets miteinander verknüpft.

Antwort: Der Erreger (HIV) ist ein einzelsträngiges **RNS-Virus**. Zielzellen des HIV sind menschliche Zellen, die an ihrer Oberfläche den so genannten **CD4-Rezeptor** tragen. Dieser Rezeptor ist mittels monoklonaler Antikörper nachweisbar. Er findet sich vor allem (aber nicht ausschließlich) auf einer Untergruppe von lymphatischen Zellen, den **T-Helferzellen**.

Nach Einschleusung des Virus in die Zelle wird die virale RNS freigesetzt, durch eine reverse Transkriptase eine virale DNS geschrieben und in die Zell-DNS integriert. In der Latenzphase der Infektion werden nur wenige neue Viren produziert, dies steigert sich nach einigen Jahren, sodass es unter erheblicher Virusproduktion schließlich zur Zytolyse der befallenen T-Zellen kommt.

☐ ☐ ☐
☺ 😐 ☹

? Frage: Wie hoch ist die Prävalenz von Infizierten in Deutschland? Heute infiziert, morgen Vollbild AIDS. Ist das so richtig?

tipp Die Antwort wird vom Prüfer quasi in den Mund gelegt.

Antwort: Man unterscheidet zwei prinzipielle HIV-Typen: HIV-1 ist seit den 60er-Jahren weltweit verbreitet. HIV-2 findet sich vor allem in Westafrika. In Deutschland beträgt die Prävalenz von Virusträgern ca. 0,1%.

✚ Ein HIV-Test nach ungeschütztem GV („one night stand") mit Risikopersonen kann frühestens 6–8 Wochen positiv werden. Ähnliches gilt für eine Stichverletzung im Krankenhaus.

Die klinische Latenzzeit bis zum Auftreten der Immunschwäche schwankt zwischen 2 und 25 Jahren, sie beträgt im Mittel 8–10 Jahre. HIV löst nach der Infektion eine deutliche Immunantwort aus, die über Antikörper im Mittel nach 6 Wochen messbar ist.

☐ ☐ ☐
☺ 😐 ☹

? Frage: Was versteht man unter **CD4/CD8-Ratio?**

Antwort: Die Lymphozyten lassen sich in mehrere Subpopulationen einteilen. T-Lymphozyten mit dem CD4-Rezeptor (T-Helferzellen) und dem CD8-Rezeptor (Suppressorzellen) sind bei der HIV-Infektion entscheidend.

Befund	CD4 T-Lymphozyten	CD4/CD8-Ratio
Normalbefund	> 800/μl	> 1
geringer Immundefekt	500–800/μl	0,5–1
mäßiger Immundefekt	200–500/μl	0,1–0,5
schwerer Immundefekt	< 200/μl	< 0,1

Tab. 8.6: CD4/CD8-Ratio

Frage: Welche **klinische Stadieneinteilung** der HIV-Erkrankung kennen Sie?

Antwort: Am meisten wird die **CDC-Klassifikation** (**C**enter of **D**isease **C**ontrol, letzte Version von 1993) verwendet.

tipp Sie hat sich in den letzten Jahren eher vereinfacht.

Stadium	Krankheitsbilder
A	Akute HIV-Infektion (grippeähnlich) Lymphadenopathie-Syndrom (LAS) Asymptomatische HIV-Infektion
B	Opportunistische Infektionen, jedoch keine AIDS-definierenden Krankheiten Direkt HIV-assoziierte Krankheiten (Meningitis, Polyneuropathie, Mikroangiopathien)
C	AIDS-definierende Krankheiten und Infektionen (z. B. Kaposi-Sarkom, Tuberkulose, Kryptokokkose, Toxoplasmose-Enzephalitis, atypische Mykobakteriosen)

Tab. 8.7: CDC-Klassifikation

Frage: Wie hoch ist die Rate der jährlichen HIV-Neuinfektionen in Deutschland?

Antwort: Bis 12/2003 waren in Deutschland ca. 40000 AIDS-Fälle gemeldet. Die Rate der HIV-Neuinfektionen beträgt in Deutschland ca. 2000/Jahr. Die Rate der AIDS-Todesfälle beträgt in der BRD ca. 600/Jahr (Statistisches Bundesamt 2004).

tipp Nicht zu hoch greifen. HIV-Infektionen und das Vollbild AIDS werden in der BRD in der Häufigkeit leicht überschätzt. In Osteuropa, Asien und vor allem Afrika sieht die Sache komplett anders aus.

Während epidemiologisch die HIV-Infektion in den industrialisierten Ländern von untergeordneter Bedeutung ist, stellt sie in den Entwicklungsländern das zentrale Gesundheitsproblem der Zukunft dar. So sind z.B. in Zentralafrika bis zu 60% der Bevölkerung HIV-positiv. Ähnliches droht in Osteuropa.

☐ ☐ ☐
☺ 😐 ☹

? **Frage:** Welche **Nachweismethoden** stehen für eine HIV-Infektion zur Verfügung?

tipp Kurze schnelle Antwort, da sonst Einzelheiten der Testverfahren abgefragt werden.

Antwort: Der Nachweis einer HIV-Infektion erfolgt über den **Nachweis von Antikörpern**.

Dazu stehen im Wesentlichen zwei Tests zur Verfügung:

- Suchtest: Polyvalenter **ELISA-HIV** mit guter Sensitivität und Spezifität
- Bestätigungstest: **Immunoblot** (Western blot) stellt einen monovalenten Test gegen spezifische Virusproteine dar (sehr hohe Spezifität)

Erst wenn beide Tests eindeutig positiv ausfallen, ist von einer HIV-Infektion auszugehen.

☐ ☐ ☐
☺ 😐 ☹

? **Frage:** Welche rechtlichen Dinge sind bezüglich eines **HIV-Testes** für den Arzt zu beachten?

Antwort: Eine HIV-Testung darf nach gegenwärtiger Rechtslage nur mit Einverständnis des Betroffenen erfolgen. Der Datenschutz muss auch bei negativem Testergebnis unbedingt gewährleistet sein. Die vorschnelle Mitteilung eines nicht überprüften positiven Befundes im Suchtest (ELISA) kann als Kunstfehler gewertet werden.

☐ ☐ ☐
☺ 😐 ☹

? **Frage:** Welche **Therapie** steht uns zurzeit bei einer HIV-Erkrankung bzw. AIDS zur Verfügung?

tipp Man sollte die therapeutischen Möglichkeiten nicht zu schlecht darstellen.

Antwort: Therapie der Wahl ist eine **Kombinationsbehandlung** bestehend aus mindestens zwei Reverse-Transkriptase-Inhibitoren der Klassen A und B, wie z.B. Zidovudin **(Retrovir®)**, 3TC **(Epivir®)**und zusätzlich einem Protease-Inhibitor der Klasse C (z.B. **Indinavir®)** bzw. einem Non-Nukleosid-Reverse-Transkriptase-Inhibitor (z.B. **Delavirdine®)** der Klasse D. Die Therapie sollte spätestens bei Auftreten von HIV-assoziierten Symptomen beginnen. Neuere Empfehlungen setzen den Therapiebeginn bei einer CD4-Zellzahl zwischen 300 und 500/μl und einer HIV-RNA im Plasma von 5000 bis 10000 Kopien/μl fest. Eine lebenslange Therapie ist notwendig. Nach Absetzen der Therapie („drug holidays") kommt es zu einem raschen Anstieg der HIV-RNA-Kopien.

A = Nukleosid-Reverse-Transkriptase-Hemmer	B = Nukleosid-Reverse-Transkriptase-Hemmer	C = Proteaseinhibitor	D = Non-Nukleosid-Reverse-Transkriptase-Hemmer
Zidovudin (Retrovir®)	DdC (Hivid®)	Indinavir (Crixivan®)	Delavirdine (Rescriptor®)
Stavudin (Zerit®)	3TC (Epivir®)	Ritonavir (Norvir®)	Nevirapin (Viramune®)
	ABC (Ziagen®)	Amprenavir (Agenerase®)	Efavirenz (Sustiva®)

Tab. 8.8: Therapiemöglichkeiten bei HIV-Erkrankungen (nicht vollständig)

Bei Patienten mit dem AIDS-Vollbild wurde die Lebenserwartung um 1–4 Jahre verbessert. Bei Einsatz in früheren Krankheitsstadien ist die Wirksamkeit eventuell besser. Ein Impfstoff ist leider zurzeit nicht in Sicht, obwohl in dieser Hinsicht weltweit große Anstrengungen unternommen werden.

Frage: Nennen Sie **häufige Erreger** von so genannten **opportunistischen Infektionen** und deren **Manifestationsort**. ?

Antwort: Hier sind folgende Erreger zu nennen:
- **Candida albincans** – Stomatitis und Ösophagitis
- **Pneumocystis carinii** – interstitielle Pneumonie, bei ca. 60% der Patienten mit AIDS
- **Herpes-simplex-Viren** – Ulzera an Haut, Schleimhäuten, Genitalien und perianal
- **Toxoplasmose** – Enzephalitis
- **Kryptokokken** – Meningitis

Frage: Nennen Sie bei drei der von Ihnen aufgeführten Infekte die zurzeit beste Therapie. ?

Antwort:
- Bei Candidainfekten gibt man lokal Nystatin bzw. bei generalisiertem Befall **Amphotericin B** oder **Ketoconazol**.
- Das Antibiotikum der Wahl bei Pneumocystitis-carinii-Pneumonie ist **Cotrimoxazol** (Trimethoprim-Sulfamethoxazol).
- Bei Herpes-simplex-Infekten gilt als wirksamste Therapie **Aciclovir**.

Frage: Was wissen Sie über **neurologische Manifestationen** der HIV-Erkrankung? ?

Antwort: Ein ZNS-Befall ist bei ca. 30 % der Erkrankten klinisch und bei über 50% histologisch nachweisbar. Gelegentlich fällt die Erkrankung durch eine Enzephalitis als Erstsymptom auf. Sekundärinfektionen mit Toxoplasmen, Kryptokokken, Meningokokken und Herpes-Viren sind häufig.

Frage: Welche Maßnahmen sind nach einer **Nadelstichverletzung** (z. B. bei Blutabnahme) einzuleiten?

tipp Bei Nadelstichverletzungen im Krankenhaus nicht ausschließlich an HIV denken. Hepatitis B und C sind wesentlich häufiger. Jede Stichverletzung beim Betriebsarzt melden und dokumentieren.

Antwort: Am wichtigsten ist es, die Nerven zu bewahren. Folgendes Vorgehen empfiehlt sich:
- Wunde zum Bluten bringen
- großzügige Desinfektion der Wunde
- 250 mg AZT + Didanosin (2 × 150 mg) oral (falls dringender Verdacht – Patient ist infektiös) oder alternatives Kombinationsschema
- D-Arzt-Verfahren einleiten
- HIV und Hepatitis B, C, Testung des Verletzten sofort, nach 6 Wochen und nach 6 Monaten
- HIV, Hepatitis B und C, Testung des Patienten mit dessen Einverständnis.

Nadelstichverletzungen des medizinischen Personals sind sehr häufig. Das Risiko einer HIV-Infektion bei Verletzung durch eine HIV-kontaminierte Nadel beträgt ca. 1/200. Entscheidend ist die Menge des inokulierten infektiösen Materials (z. B. Blut).

8.11 Mononukleose

Frage: Was ist das **Pfeiffersche Drüsenfieber?**

✚ „Kissing disease" oder „Students disease"

Antwort: Es handelt sich um eine virale Erkrankung, die durch das Epstein-Barr-Virus (EBV) verursacht wird. Weitere Namen sind Mononukleose oder Studentenleukämie. Die Übertragung erfolgt durch infizierten Speichel. Die Inkubationszeit beträgt 1–3 Wochen.

Frage: Wie äußert sich eine Mononukleose klinisch?

Antwort: Typisch für eine Mononukleose sind:
- **Lymphknotenschwellungen**, insbes. im Halsbereich
- ausgeprägte **Hepatosplenomegalie** (Risiko der Milzruptur!)
- **Kopfschmerzen**, ggf. Lichtscheu
- **Fieberschübe**, Gliederschmerzen

- **Leukozytose** (ca. 20 000/ml) und atypische Formen (mononukleärer Anteil > 60%)
- Ikterus (7% der Fälle)

Frage: Beschreiben Sie das **diagnostische Vorgehen** bei der infektiösen Mononukleose. Welche Krankheiten kommen differenzialdiagnostisch in Betracht und wie sieht die **Therapie** aus?

Antwort: Neben dem pathognomonischen **Blutbild** (Leukozytose, atypische Lymphozyten, mononukleäre Zellen) kann der Nachweis heterophiler Hammelblutagglutinine im **Paul-Bunnel-Test** zur Sicherung der Diagnose beitragen. **Antikörperbestimmungen** gegen das EBV führen dann zur eigentlichen Klärung der Verdachtsdiagnose. Hier lassen sich z.B. virusspezifische IgM-Antikörper nachweisen.

Differenzialdiagnostisch kommen folgende Krankheiten in Betracht:
- Akute Leukämie, Maligne Lymphome
- Zytomegalievirusinfektion, Infektiöse virale Hepatitis
- Diphtherie, Streptokokken-Angina, Toxoplasmose, Röteln

Die **Therapie** der infektiösen Mononukleose ist rein **symptomatisch**, d.h. Fiebersenkung, Bettruhe etc. Als **Komplikationen** können eine hämolytische Anämie, Milzruptur, Enzephalitis und ikterische Hepatitis auftreten.

8.12 Influenza

Frage: Beschreiben Sie die Klinik und den Infektionsmodus einer **Influenza.**

Antwort: Die Influenzaerkrankungen (echte Grippe) werden durch die drei unterschiedlichen **Influenza-Viren A, B, C** (Orthomyxoviren) verursacht. Die Influenza betrifft primär das respiratorische Epithel und wird von Mensch zu Mensch durch Tröpfcheninfektion verbreitet. Die Inkubationszeit beträgt 1–3 Tage, wobei die Krankheit meist akut beginnt. Folgende **Symptomatik** ist typisch:
- Kopfschmerzen, Frösteln, Fieber, Schüttelfrost
- abdominelle Beschwerden
- Myalgien, Gelenkschmerzen
- trockener, schmerzhafter Husten, Heiserkeit

> **tipp** Einfache Frage, zumal wahrscheinlich schon jeder eine Influenza durchgemacht hat.

Das akute Krankheitsbild dauert 3–4 Tage. In der Rekonvaleszenz sind längere Zeit Husten und eine leichte Ermüdbarkeit zu beobachten.

☐ ☐ ☐
☺ 😐 ☹

Frage: Welche **Komplikationen** können bei einer Influenza auftreten? Beschreiben Sie weiterhin die **Therapie** der gewöhnlichen Virusgrippe.

tipp Es bleibt einfach. Direkte Fortsetzung der vorherigen Antwort.

Antwort: Die wichtigsten Komplikationen der Influenza sind **Pneumonien**. Man unterscheidet:

- primär hämorrhagische Pneumonien
- interstitielle Pneumonien
- sekundäre Bronchopneumonien durch bakterielle Superinfektion (am häufigsten)

Besonders disponieren die Grippe-Erkrankungen zur Pneumokokken-Pneumonie und zu bakteriellen Infektionen der paranasalen Sinus und des Mittelohrs. Staphylokokken- und Klebsiellen-Pneumonien sind wegen der Tendenz zur Abszedierung und der hohen Letalität gefürchtet. In seltenen Fällen treten nach einer Influenza Meningoenzephalitiden, Polyneuritiden und Myokarditiden auf.

Die **Therapie** der gewöhnlichen Virus-Grippe ist bei unkompliziertem Verlauf rein symptomatisch: Fiebersenkung (Wadenwickel), Inhalationen, Bettruhe, leichte und vitaminreiche Kost.

☐ ☐ ☐
☺ 😐 ☹

Frage: Gibt es eine **Prophylaxe** für Influenza-Virus-Erkrankungen?

tipp Von der Art der Fragestellung her muss die Antwort natürlich positiv ausfallen.

Antwort: Eine Prophylaxe für die Virusgrippe kommt vor allem bei folgenden Personengruppen in Betracht:

- **Pflegepersonal** (Krankenschwester, Ärzte) bei engem Kontakt mit gefährdeten Patienten
- Erwachsene und Kinder mit **chronischen Erkrankungen**, vor allem des kardiopulmonalen Systems
- Personen **über 65 Jahre**

Man unterscheidet die passive Impfung, die aktive Impfung und die Chemoprophylaxe. Die **passive Impfung** erfolgt mit Gammaglobulinen (IgG), wobei der Impfschutz zwar unmittelbar nach der Injektion verfügbar ist, aber nur kurz anhält (Tage bis wenige Wochen).

Die **aktive Schutzimpfung** bedient sich abgetöteter Influenza-Viren (Nukleo-Proteine, Membranglykoprotein-Extrakte). Im Allgemeinen wird bei Erwachsenen der Impfstoff in einer einmaligen Dosis im Frühherbst gegeben, bei Kindern in einer zweimaligen Dosis im Abstand von ca. 4 Wochen. Die Schutzwirkung dauert zwischen 0,5–1 Jahr. Sie beeinflusst den Schweregrad der Erkrankung günstig und verringert die Pneumoniehäufigkeit.

Die **Chemoprophylaxe** ist bei der Influenza A wirksam. Es wird Amantadin systematisch oder als Aerosol ca. 2 Wochen lang verabreicht. Es reduziert die Infektionshäufigkeit um annähernd die Hälfte und schwächt die Symptomatik ab. Eine Impfung kann hierdurch allerdings nicht ersetzt werden und ist zudem kostengünstiger.

8.13 Röteln

Frage: Beschreiben Sie Klinik und wichtige Befunde bei **Röteln**. ?

☐ ☐ ☐
☺ 😐 ☹

Antwort:

Erreger	Klinik	Labor	Diagnose
RNA-Virus	Fieber (39 °C)	Leukopenie	KBR
Tröpfcheninfektion	kleinfleckiges Exanthem retroaurikulär beginnend	relative Lymphozytose	IgM-Antikörpernachweis
14–21 Tage Inkubationszeit	zervikale und nuchale LK-Vergrößerungen (dolent)		

Tab. 8.9: Klinische Befunde bei Röteln

Frage: Was ist eine **Rötelnembryopathie?** ?

☐ ☐ ☐
☺ 😐 ☹

Antwort: Eine Rötelnembryopathie entsteht durch eine diaplazentare Infektion des Embryos während der ersten drei Schwangerschaftsmonate. Multiple schwere Missbildungen des Kindes wie **Taubheit, Enzephalitis, Pulmonalstenose** etc. sind möglich.

Frage: Wie lässt sich einer **Rötelnembryopathie** vorbeugen? ?

☐ ☐ ☐
☺ 😐 ☹

Antwort: Frauen im gebärfähigen Alter sollten möglichst gegen Röteln geimpft sein oder die Erkrankung bereits in der Kindheit durchgemacht haben. Eine Impfung seronegativer Frauen wird daher vor dem 12. Lebensjahr empfohlen.

Kommt es dennoch zu einer Rötelnerkrankung während der Frühschwangerschaft, ist sogar ein Schwangerschaftsabbruch zu erwägen.

8.14 Borreliose

Fallbeispiel: Ein Jäger aus der Nähe von Stuttgart berichtet über eine Rötung am Hals, die sich seit 10 Tagen eher vergrößert. Manchmal besteht abends leichtes Fieber von ca. 38,5 Grad. Er fühlt sich seit 2 Wochen nicht direkt krank, jedoch deutlich weniger belastungsfähig. Sie sehen bei der Untersuchung eine kleine Läsion/Wunde am Nacken wie bei einem Insektenstich mit einer mehr als Handteller großen unregelmäßig begrenzten Rötung. Die Halslymphknoten sind geschwollen. An was denken Sie?

tipp Als Krankheitsbild auch in Deutschland immer häufiger. Entsprechend wird oft diese Infektion abgefragt. Nicht verwechseln mit der Frühsommermeningoenzephalitis (FSME) – aber: gleicher Überträger!

Antwort: Die Lyme-Erkrankung oder Borreliose ist eine Infektionskrankheit, die durch den Erreger **Borrelia burgdorferi** verursacht wird. Überträger sind hauptsächlich **Zecken** der Gattung Ixodes. Nach einer lokalen Lymphadenitis um den Insektenstich herum kommt es durch weitere Wanderung der Borrelien zur hämatogenen Streuung. Das klinische Bild wird in 3 Stadien eingeteilt:

- **I. Erythema chronicum migrans:** Gerötete und entzündete Haut im Bereich des Insektenstiches, von Fieber und Lymphadenitis begleitet. Sekundäre Herde an anderen Körperstellen sind möglich. Die Effloreszenzen verschwinden normalerweise nach einigen Wochen.
- **II. Neurologische, gelegentliche kardiale Symptomatik** kennzeichnen das zweite Stadium. Vorher können wechselnde Schmerzen an verschiedenen Körperstellen auftreten. Die neurologische Manifestation wurde früher als **Garin-Bujadoux-Bannwarth-Syndrom** bezeichnet und ist durch eine Meningopolyneuritis mit polytopen peripheren Lähmungen und Hirnnervenbeteiligungen (besonders N. facialis) charakterisiert. Eine Myokarditis ist anhand von EKG-Veränderungen (Rhythmusstörungen) nachzuweisen.
- **III. Lyme-Arthritis:** Die Arthritis ist typisch für das dritte Stadium und kann Wochen bis Jahre nach der Infektion auftreten. Ein häufiger Manifestationsort ist das Kniegelenk. Eine mögliche Hautmanifestation des III. Stadiums ist die **Acrodermatitis chronica atrophicans**.

+ Ca. 30% der Zecken in Süddeutschland können Borrelien übertragen.

Frage: Welche differenzialdiagnostischen Überlegungen kommen bei der **Lyme-Arthritis** in Frage? Wie sichert man die Diagnose? Welche Therapie leiten Sie ein?

tipp Man muss sich leider mit diesem Krankheitsbild ausgiebig befasst haben, um diese Aspekte beschreiben zu können.

Antwort: Die wichtigste **Differenzialdiagnose** ist die **rheumatoide Arthritis**. Klinisch kann die Lyme-Arthritis mit ihrem schubweisen Verlauf zu Gelenkbeschwerden und -steifigkeit sowie symmetrischer Gelenkschwellung führen. Anhand der ARA-Kriterien (American Rheumatism Association) kann die Lyme-Arthritis in den meisten Fällen von der rheumatoiden Arthritis unterschieden werden.

Die Diagnose erfolgt serologisch mittels des indirekten Immunfluoreszenz-Tests und den ELISA-Verfahren. Ein deutlich erhöhter Titer von Antikörpern gegen Borrelia burgdorferi ist bei den neurologischen Manifestationen, bei der Acrodermatitis sowie bei der Lyme-Arthritis zu finden. Ein Antikörpernachweis beim Erythema chronicum migrans (Stadium I) gelingt nicht immer.

Therapie der Wahl in den Frühstadien der Lyme-Borreliose ist die Gabe von **Penicillin G, Tetrazyklinen** oder **Erythromycin**. Spätstadien lassen sich ähnlich wie bei der Lues nur schwer behandeln.

8.15 Candida-Infekte

Frage: Sie haben bestimmt während des praktischen Jahres Patienten mit **Mundsoor** gesehen. Können Sie etwas über Erreger und Krankheitsbild erzählen?

Antwort: Der Soor bzw. die Moniliose oder Candidiasis ist eine Pilzinfektion, die auf zahlreiche Candida-Spezies, insbesondere **Candida albicans**, zurückgeführt wird. Es handelt sich um einen saprophytären, potenziell pathogenen Erreger. Umstände bzw. Krankheiten, unter denen klinische Manifestationen auftreten, sind:

- Diabetes mellitus
- Leukämien, Therapie mit Immunsuppressiva
- Drogenabhängigkeit
- Zustand nach Transplantation
- AIDS

Die Infektion entwickelt sich meist oberflächlich und bleibt lokalisiert. Sie wird dann als nicht systemische Candidiasis oder auch mukokutane Candidose bezeichnet. Häufig betroffen sind Schleimhäute, Nägel, Haut, Mund, Ösophagus und Vagina.

Die seltenere systemische Candidiasis kommt fast nur bei immunsupprimierten Patienten vor. Man beobachtet pulmonale Formen, Leberabszesse, Meningitiden und Endokarditiden.

Frage: Beschreiben Sie das Krankheitsbild und die Therapie der **pulmonalen Candidiasis.**

Antwort: Die pulmonale Candidiasis umfasst folgende Krankheitszeichen:

- Fieber
- Husten, Hämoptoe
- Thoraxschmerzen

tipp Ein seltenes Krankheitsbild. Wer auf hämatologischen Stationen oder im Transplantationswesen gearbeitet hat, kann aus Erfahrung berichten.

Im **Röntgenbild** zeigen sich bronchopulmonale rundliche Verschattungen mit zusätzlichem Pleuraerguss. Eine Gefahr stellt die septische Generalisation des Keimes dar. Die **Diagnose** wird auf folgende Weise gestellt:

- direkter Pilznachweis im Blut, Bronchialsekret und Lungengewebe
- serologisch, mittels Candida-Hämagglutinations-Test
- Immunfluoreszenztest, neuerdings auch ELISA, womit der Antikörper-Titer gegen Candida-Proteine bestimmt wird (bei Immunsuppression nicht aussagekräftig)

Für die **Behandlung** stehen systemisch wirksame Antimykotika zur Verfügung:

- Amphotericin B (nur i.v.)
- Ketoconazol (Nizoral®)
- 5-Flucytosin (Ancotil®)
- Nystatin (z.B. Aerosol)
- Miconazol

8.16 Malaria

☐ ☐ ☐
☺ 😐 ☹

? **Frage:** Welche Bedeutung hat die Malaria in Deutschland?

Antwort: Aufgrund von Klima und fehlender Vermehrungsmöglichkeit der Anopheles-Mücke ist die Malaria in Deutschland keine endemische Krankheit. Die Malaria ist jedoch die häufigste Infektionskrankheit auf der Welt. Jährlich erkranken ca. 2000000 Menschen. In Deutschland werden aufgrund des Tourismus und aufgrund beruflicher Auslandsaufenthalte ca. 1500 Fälle jährlich eingeschleppt. 3–4% (!) aller eingeschleppten Malariaerkrankungen enden letal. Hauptgrund ist eine verspätete Diagnostik.

☐ ☐ ☐
☺ 😐 ☹

? **Frage:** Welche Form der Malaria ist am gefährlichsten?

Antwort: Die gefährlichste Malariaform ist die **Malaria tropica**, hervorgerufen durch **Plasmodium falciparum**. Es kommt hier zu **unregelmäßigen Fieberschüben** mit variablem klinischen Bild, was die Diagnose verzögern kann. Als Folge der Verstopfung der Kapillargebiete durch die Parasiten und durch Zerfall der Erythrozyten sind das **akute Nierenversagen**, **Leberversagen** und die **Verbrauchskoagulopathie** nach massiver Hämolyse lebensbedrohlich.

Frage: Was stellt das entscheidende **diagnostische Verfahren** bei einer akuten Malaria dar?

?

☐ ☐ ☐
☺ 😐 ☹

Antwort: Der **mikroskopische Nachweis** im „dicken Tropfen" ist der einzig zuverlässige Weg in der Diagnostik einer akuten Malaria. Dazu wird ein Tropfen Kapillarblut auf einen Objektträger gebracht. Nach dem Eintrocknen wird er unfixiert mit Giemsa-Lösung gefärbt. Findet ein erfahrener Untersucher in mehreren Präparaten (mind. 4) mikroskopisch keine Plasmodien (evtl. Präparate gleichzeitig an ein kompetentes Institut senden!), liegt wahrscheinlich keine Malaria vor. Der serologische Nachweis von Malaria-Antikörpern ist zurzeit noch nicht zuverlässig.

tipp Zur Malaria wird meist recht oberflächlich gefragt. Der diagnostische Nachweis kommt allerdings häufig vor.

Frage: Wie erklären Sie sich das Fieber bei der **Malaria tertiana?**

?

☐ ☐ ☐
☺ 😐 ☹

Antwort: Es handelt sich um ein Fieber, das durch die synchrone Freisetzung der reifen Schizonten aus den befallenen Erythrozyten hervorgerufen wird. Es folgt eine Parasitämie mit nachfolgendem, wahrscheinlich zentral bedingtem Fieber (ähnlich Bakteriämie). Die ungeschlechtliche Vermehrung in den Erythrozyten dauert 48 h, daher tritt bei der Malaria tertiana **(Plasmodium vivax** und **ovale)** das Fieber jeden 3. Tag auf.

tipp Entscheidend ist auch hier, physiologischen Prinzipien klargemacht zu haben.

Erregertyp	Inkubationszeit	Fieberrhythmus
M. tropica (Pl. falciparum)	7–14 Tage	unregelmäßig
M. quartana (Pl. malariae)	20–40 Tage	ca. 72 h
M. tertiana (Pl. vivax und ovale)	10–20 Tage	ca. 48 h

Tab. 8.10: Erregertypen der Malaria

Frage: Welche **Prophylaxe** würden Sie einem Touristen, der nach Kenia fährt, empfehlen?

?

☐ ☐ ☐
☺ 😐 ☹

Antwort: Da die Malaria durch den Stich der **Anophelesmücke** übertragen wird, sollte man, vor allem abends und nachts, darauf achten, **schützende Kleidung** zu tragen (Strümpfe, Hosen etc.) bzw. unter **Moskitonetzen** schlafen.

Vor Reiseantritt sollte man sich unter Angabe des genauen Reisezieles von einem Tropeninstitut (Internet) beraten lassen. Die weltweiten Resistenzentwicklungen sind dort aktuell erfasst, sodass Empfehlungen

tipp Praktisch orientierte Fragen sind immer möglichst exakt zu beantworten. Die meisten Prüfer erwarten hier Dosisangaben von Medikamenten.

für Prophylaxe und Therapie gegeben werden können (z.B. **Lariam®** 1 × wöchentlich, eine Woche vor Reiseantritt bis vier Wochen nach Rückkehr).

Frage: Welches Medikament wird in der Malaria-Prophylaxe heute nicht mehr empfohlen?

Antwort: Fansidar® (= Pyrimethamin + Sulfadoxin) hat seinen Platz in der Malariaprophylaxe weitgehend verloren, da **schwere Nebenwirkungen** gehäuft auftreten:

- Stevens-Johnson-Syndrom bis hin zum Lyell-Syndrom
- Leberschäden, irreversible Knochenmarksdepression
- psychische Störungen

Frage: Kennen Sie Nebenwirkungen von Chloroquin?

Antwort: Neben allergischen Reaktionen kann es vor allem am Auge zu Korneatrübungen und zu einer Retinopathia pigmentosa kommen.

Frage: Nennen Sie ein modernes **Behandlungsschema** der **Malaria tropica**.

tipp Malaria tropica = gefährlichste Form, Ziel ist eine Eradikation der Erreger.

Antwort:

Therapiebeginn	750 mg Mefloquin (Lariam®)
6 Stunden nach Therapiebeginn	500 mg Mefloquin
12 Stunden nach Therapiebeginn	250 mg Mefloquin

Tab. 8.11: Behandlungsschema der Malaria tropica

Merke: Eine komplizierte Malaria tropica wird immer noch mit Chininsalz per Infusionen behandelt. Überwachung auf Intensivstation und Beratung durch Tropeninstitut sind essentiell (siehe Leitlinie der AWMF).

8.17 Bandwurmbefall

Frage: Was ist die häufigste **Wurmerkrankung?**

Antwort: Die **Oxyuriasis** kommt vor allem bei Kindern vor. Typisch sind **analer Juckreiz** und intermittierende **Bauchschmerzen** (DD Appendizitis). Die kleinen weißen, sehr beweglichen Würmer lassen sich im Stuhl gut sehen. Durch Abziehen eines Tesafilms vom Anus ist ebenfalls ein mikroskopischer Eiernachweis möglich.

Frage: Was sagen Ihnen die Begriffe Taenia saginata und Taenia solium?

Antwort: Es handelt sich um den **Rinder**- bzw. **Schweinebandwurm**. Der Mensch ist jeweils Endwirt (adulte Würmer). Ein Zwischenwirtstadium ist möglich bei Taenia solium. Das Krankheitsbild ist dann die Zystizerkose (eingekapselte Finnen in Muskulatur, Gehirn, Auge).

Frage: Beschreiben Sie uns bitte die Klinik der zystischen **Leberechinokokkose**.

Antwort: Verantwortlich ist eine Infektion mit dem Hundebandwurm **(Echinococcus cysticus)**. Typisch ist ein **Leberbefall** mit blasenförmigen Hydatiden von bis zu Kindskopfgröße. Meist bestehen diffuse Oberbauchschmerzen, Inappetenz und Druckgefühl. Diagnostisch wegweisend sind die Sonographie, CT und die Serologie. Kausale Therapie ist die **chirurgische Resektion.**

Frage: Beschreiben Sie bitte kurz den Entwicklungszyklus der **Askariden.**

Antwort: **Ascaris lumbricoides** (Spulwurm, sieht aus wie ein Regenwurm) ist der häuftigste Parasit des Dünndarms. Die Infektion erfolgt fäkal-oral (Bodendüngung).

Aufnahme von Eiern (oral) → Dünndarm → Portalvenen → Leber → Herz → Lunge (Alveolen) → Trachea → Pharynx → Darm (Ausscheidung von Eiern über den Stuhl)

Frage: Nennen Sie bitte ein potentes **Wurmmittel.**

Antwort: Am häufigsten eingesetzt wird **Mebendazol**. Standarddosierung 2 bis 3 × 500 mg oral für 3 Tage (Ausnahme: infiltrierender Echinococcus multilocularis; Langzeittherapie). Nebenwirkungen: Neuropathien, Hepatopathie

9 Psychische Störungen, Nervensystem

9.1 Apoplex, ischämische Attacken

Fallbeispiel: Sie werden als Notarzt zu einer 68-jährigen Patientin gerufen, die gestürzt ist. Die Patientin kann den rechten Arm und das rechte Bein nicht mehr richtig bewegen und ist verwirrt. Der Blutdruck beträgt 180/110 mmHg. Puls 100/Min. mit häufigen Extrasystolen. Vor 2 Jahren wäre eine Lähmung ebenfalls rechts aufgetreten, die sich langsam gebessert hat. Die Patientin ist Diabetikerin und spritzt unregelmäßig Insulin nach dem Blutzuckerwert. Der Ehemann berichtet, dass seine Frau vor drei Tagen Schwindel und Sehstörungen angegeben hätte, die aber gestern komplett verschwunden waren. Welche Differenzialdiagnosen haben Sie?

tipp Die Antwort langsam entwickeln – mehrere Differenzialdiagnosen nennen.

Antwort: Aufgrund der Befunde muss von einem zerebralen Ereignis ausgegangen werden. Als Verdachtdiagnose kommt vor allem ein linkshirniger **Apoplex** in Frage. Ebenfalls wäre eine diabetische Krise oder eine hypertone Hirnblutung möglich. Vor allem die Angaben über Schwindel und Sehstörungen lassen an einen zerebralen Insult denken.

Fallbeispiel: In der Klinik veranlassen Sie ein CT und erhalten folgenden Befund. Beschreiben Sie die Aufnahme und finden Sie zu einer Diagnose.

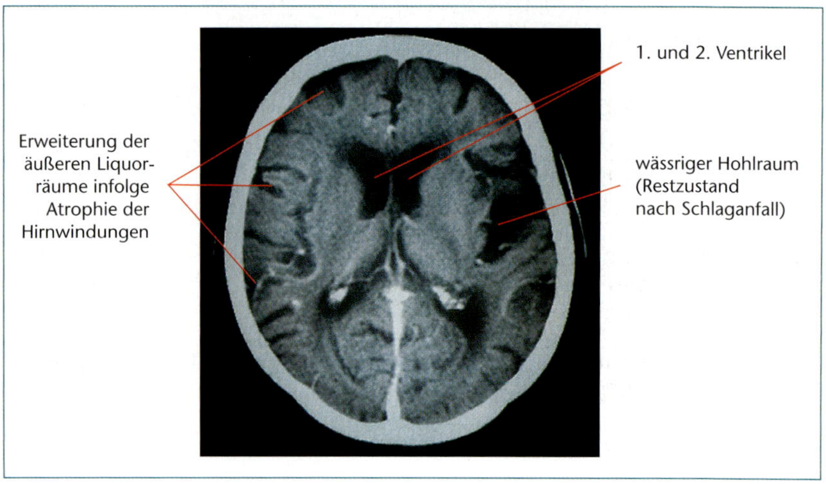

Abb. 9.1: CT-Schädel [3]

Antwort: Das CT zeigt eine Hypodensität im Versorgungsbereich der linken A. cerebri media. Es liegen sicher auch ältere Schädigungen vor. In der Zusammenschau der Symptome und des CT ist von einem Re-Infarkt auszugehen.

Frage: Was sind die **Risikofaktoren** für einen zerebralen Insult? Welche **Einteilung** kennen Sie?

Antwort: Die meisten Ischämien im Gehirn sind durch **Arteriosklerose** und **arterielle Thrombosen** verursacht (70%). Wichtigster Risikofaktor ist die **arterielle Hypertonie**. Weitere Risikofaktoren sind die **koronare Herzkrankheit**, **Diabetes mellitus**, **Rauchen**, **starker Alkoholkonsum** und **Karotisstenosen (Lumeneingengung > 60%).**

Etwa die Hälfte der zerebralen Ischämien haben ihre Ursache in extrakraniellen Gefäßstenosen. Prädilektionsstellen für eine zerebrale Arteriosklerose sind der Abgang zur A.carotis interna und externa in Höhe des Bulbus caroticus sowie der Karotissiphon.

Arterielle Embolien, die entweder aus kardialen oder arterio-arteriellen Quellen stammen, sind weitere Ursachen für einen apoplektischen Insult (30%). Gerinnungsthromben können durch ulzerierende Plaques oder Stenosen der A. carotis und des Aortenbogens, Endokarditis, Herzinfarkt, künstliche Herzklappen oder durch eine Arrhythmie verursacht sein und dann zerebral verschleppt werden.

Merke: Bei chronischem Vorhofflimmern beträgt das Hirnembolie-Risiko ohne Behandlung 6%/Jahr.

Die ischämischen Insulte können folgendermaßen nach dem Schweregrad eingeteilt werden:

Stadium I	**asymptomatische Stenosen,** die zufällig entdeckt werden
Stadium II	**transitorische ischämische Attacke** (TIA) mit Symptomrückbildung < 24 h, (Cave: folgender Schlaganfall, 40% in 5 Jahren)
Stadium III	**prolongiertes reversibles ischämisches Neurologisches Defizit** (PRIND) mit Symptomrückbildung > 24 h oder minor stroke
Stadium IV	**kompletter Hirninfarkt:** partielle oder fehlende Rückbildung neurologischer Ausfälle

Tab. 9.1: Schweregradeinteilung ischämischer Insulte

☐ ☐ ☐
☺ 😐 ☹

? **Frage:** Welche **Routineuntersuchungen** werden Sie bei einem notfallmäßig eingelieferten Schlaganfallpatienten veranlassen? Welche **therapeutischen Maßnahmen** werden Sie sofort ergreifen?

! **Merke:** Jeder Schlaganfall ist ein Notfall – Es geht um Minuten! Unbedingte Krankenhauseinweisung.

Antwort: Eine Krankenhauseinweisung ist unabdingbar. Folgende Untersuchungen werden veranlasst:
- neurologischer Status
- Labor: Blutbild, **Hämatokrit**, Elektrolyte, Gerinnungs-Status, Blutzucker, Serumkreatinin
- EKG
- sofortiges CT **(Angio-CT/Spiral-CT)!**
- Dopplersonographie (extra- und transkraniell), Echokardiographie (optimal transösophageal)

Die Therapie des akuten Schlaganfalls muss sofort beginnen und dem Einzelfall angepasst werden. Folgende Maßnahmen sind nach Ausschluss einer zerebralen Blutung einzuleiten → d.h. nach dem CT:
- Sicherung der **Vitalfunktionen**, Kontrolle von Atmung, Kreislauf, Wasser-/Elektrolythaushalt, Darm- und Blasenfunktion
- Aufrechterhaltung eines hoch normalen oder leicht erhöhten **Blutdrucks** in der Akutphase, vorsichtige Blutdrucksenkung bei hypertensivem Notfall (> 200/110 mmHg)
- **Thrombozytenaggregationshemmer** beim ischämischen apoplektischen Insult (z.B. 100–300 mg ASS/d)
- **Hämodilutionstherapie** mit mittelmolekularen Hydroxyäthylstärkelösungen (HAES steril 10%®) bei pathologisch erhöhtem HKT
- **Vollheparinisierung** (Cave: zerebrale Blutung!), keine Vollheparinisierung bei Masseninfarkt oder schwer einstellbarer arterieller Hypertonie
- **Low-dose-Heparinisierung,** wenn Vollheparinisierung nicht möglich
- **Thrombolyse** bei akutem Mediainfarkt ohne große Infarktdemarkierung sowie bei Basilaristhrombose unter Beachtung von Kontraindikationen und Nebenwirkungen
- Behandlung von Komplikationen: Hirnödem (evtl. Glukokortikosteroide), Hirndruckerhöhung (Intubation und Beatmung + Mannitol)

! **Merke:** Das Zeitfenster für eine erfolgreiche Lyse beschränkt sich auf **< 3 h** nach Insultbeginn. Mittel der Wahl ist **t-PA** 0,9 mg/kg KG (max. Gesamtdosis 90 mg).

Fallbeispiel: Ein 72-jähriger Patient berichtet seit kurzem über rechtsbetonte Sehstörungen. Er hätte das Gefühl, eine „graue Wand" würde von rechts in sein Blickfeld wandern. Auch hätte er dann leichte Schwierigkeiten mit dem linken Arm. Nach einigen Sekunden sei wieder alles normal. RR 160/95 mmHg, leichte Adipositas, AZ gut. Um welches typisches Krankheitsbild handelt es sich? Welche Diagnostik und Therapie halten Sie für sinnvoll?

Antwort: Es handelt sich um **transiente ischämische Attacken** (TIA). Die Sehstörungen werden als **Amaurosis fugax** bezeichnet. Häufig liegen Durchblutungsstörungen im Karotiskreislauf zugrunde (A. carotis interna). Der Patient bedarf dringend einer weiteren stationären Abklärung.

Diagnostik:
- Neuro-Status erheben und Strömungsgeräusche über den Karotiden?
- Doppler-Sonographie der Hirnarterien (A. carotis interna)
- Angio-CT und/oder Angio-/3 D-MRT

Therapie:
- Klinikeinweisung!
- Heparinisierung (falls keine Kontraindikationen)
- falls Karotisstenose > 70%, gefäßchirurgisches Vorgehen (Endarteriektomie) oder PTCA und Stentimplantation
- bei komplettem Karotisverschluss keine OP
- Sekundärprävention: Konsequente Ausschaltung und Behandlung aller Risikofaktoren, Thromboztenaggregationshemmer: ASS 100–300 mg/d oder Clopidogrel 75 mg/d

Frage: Was ist das Wallenberg-Syndrom?

Antwort: Beim Wallenberg-Syndrom handelt es sich um neurologische Ausfälle, hervorgerufen durch **Durchblutungsstörungen** im Versorgungsgebiet der **Arteria cerebelli inf. posterior** (Kleinhirn, Hirnnervenkerne).

tipp Spezialwissen, wird leider aufgrund des eingängigen Eigennamens oft gefragt.

Symptomatik:
- **ipsilateral:** Trigeminus- und Gaumensegelparese, Ataxie, Horner-Syndrom
- **kontralateral:** Sensibilitätsstörungen der Extremitäten
- **allgemein:** Erbrechen, Heiserkeit, Drehschwindel

9.2 Meningitis, Creutzfeldt-Jakob-Krankheit

Frage: Beschreiben Sie die gemeinsame klinische Symptomatik von **Meningitiden** unterschiedlichen Ursprungs. Können Sie uns eine Klassifikation der Meningitiden geben?

tipp Bezüglich der ersten Frage sollte man die Kardinalsymptome nennen bzw. die neurologischen Zeichen und Phänomene erwähnen.

Antwort: Hirnhautentzündungen werden durch eine Vielzahl verschiedener **Erreger** und auf verschiedenen **Wegen** (hämatogen, lymphogen, kanalikulär) verursacht. Neben dem unterschiedlichen **Verlauf** (akut oder chronisch) bestehen auch Unterschiede in ihrer lokalen **Ausbreitung** (umschrieben oder diffus, Konvexitäts- oder Basismeningitis). Demzufolge differiert die klinische **Symptomatik**, doch sind alle Meningitiden durch nachfolgende **Kardinalsymptome** bzw. -befunde charakterisiert:

- Kopfschmerzen
- **Nackensteifigkeit** mit mehr oder minder ausgeprägtem Opisthotonus
- Dehnungsproben sind positiv **(Brudzinski-, Lasègue-** und **Kernigzeichen)**
- allg. **Reizüberempfindlichkeit** z.B. gegenüber Licht, Berührung etc.
- **Bewusstseinsstörung** bis hin zum Koma
- Liquorpleozytose
- Liquorproteinerhöhung durch Störung der Blut-Liquor-Schranke

tipp Bei der Beantwortung der zweiten Frage ist eine einfache Einteilung der Meningitiden ausreichend (z.B. nach den Erregergruppen).

Aus klinisch-ätiologischer Sicht können die Meningitiden in 4 Gruppen eingeteilt werden:

- **akute eitrige** Meningitiden (besonders Haemophilus influenza, Meningo- und Pneumokokken)
- **tuberkulöse** Meningitis
- **akute lymphozytäre** Meningitis (besonders bei neurotropen Viren und Leptospiren)
- **chronisch-lymphozytäre** Meningitiden (z.B. bei Meningiosis carcinomatosa, Lymphomen, Toxoplasmose)

Frage: Welche **Sofortmaßnahmen** ergreifen Sie beim Verdacht auf eine bakterielle Meningitis?

Antwort: Je früher eine Therapie eingeleitet wird, desto besser ist die Prognose. Maßnahmen sind:

- **CT/MRT**
- **Erregernachweis** aus Liquor und Blut (Erregersicherung), mikroskopische Sofortuntersuchung (Diplokokken); falls keine Liquorpunktion möglich, kalkulierte „blinde“ Antibiose
- sofortige hoch dosierte **Antibiose** z.B. Penicillin G 3 × 6 Mio E i.v., je nach Erreger- und Resistenzbefund Anpassung der antibiotischen Therapie nach einigen Tagen

- intensivmedizinische Betreuung
- **Fokussuche** (Pneumonie, Otitis, Sinusitis, Schädel-Hirn-Trauma, Rachenabstrich, etc.).

Frage: Die **Creutzfeldt-Jakob-Krankheit** ist in den letzten Jahren in aller Munde. Warum?

Antwort: Es handelt sich um eine übertragbare zerebrale Amyloidose, die durch einen besonderen Erregertyp, namentlich **„Prione"**, ausgelöst wird. In der aktuellen Diskussion ist eine neue Variante der Creutzfeldt-Jakob-Krankheit, die ausgehend von Schafen (Scrapie, seit Jahrhunderten bekannt) durch die Verfütterung von Tiermehl an Rinder (Rinderwahnsinn) die Artenbarriere überwunden hat. In den letzten Jahren haben sich die Fälle dieser neuen Variante der **Creutzfeldt-Jakob-Krankheit**, die BSE (= Bovine Spongiforme Encephalopathie), die über den Verzehr von infizierten Rinderprodukten möglich ist, deutlich vermehrt.

tipp Nicht selten haben Prüfungsfragen aktuellen gesundheitspolitischen Bezug.

Frage: Welche Empfehlungen geben Sie beunruhigten Patienten, die Sie fragen, welche Rinderprodukte risikofrei sind?

Antwort: Die **Erreger** sind vor allem im **Zentralnervensystem** (Gehirn und Rückenmark) und im **retikulohistiozytären System** (Milz, Lymphknoten) zu finden. Somit sind Wurstwaren, die Innereien und Gehirnanteile verarbeiten, zu meiden. Muskelfleisch und Milch sind wahrscheinlich weniger betroffen.

+ Die vor einigen Jahren befürchtete Epidemie an Creutzfeldt-Jakob-Krankheit ist bislang ausgeblieben.

Frage: Vielleicht ist Ihnen **„Kuru"** ein Begriff?

Antwort: Kuru ist eine infektiöse Erkrankung, die sporadisch bei Frauen und Kindern in **Neuguinea** auftritt. Im Rahmen religiöser Riten wird menschliches Gehirn von den Frauen und Muskelfleisch eher von Männern verzehrt. Nach einer 5–15-jährigen Inkubationszeit entwickelt sich ein progressives neurologisches Krankheitsbild mit **Tremor**, **Ataxie** und **Lähmungen**. Der Tod tritt innerhalb einiger Monate ein. Die Symptomatik ist ähnlich der Creutzfeldt-Jakobschen Erkrankung. Durch das Verbot des Kannibalismus ist diese Rarität praktisch verschwunden.

tipp Es handelt sich nicht um ein Feinschmeckerrezept.

9.3 Alkoholkrankheit

Frage: Beschreiben Sie das Vollbild eines **Alkoholentzugsdelirs.**

Antwort: Das plötzliche Absetzen von Alkohol bei Alkoholikern führt zu mehr oder weniger ausgeprägten Symptomen, über das Prädelir (Dauer: Tage bis Wochen) bis hin zum relativ seltenen Vollbild des Alkoholentzugsdelirs.

Psychiatrisch-neurologische Symptome:
- Tremor
- akustische und taktile Halluzinationen
- Angst, Verwirrtheit, örtliche Desorientierung
- motorische Unruhe
- Bewusstseinstrübung

Klinische Befunde:
- Gesichtsrötung
- Mydriasis
- Schwitzen, gel. Fieber, Tachykardie
- Elektrolytverschiebungen

Gefährlich wird das Alkoholentzugsdelir durch die Elektrolytverschiebungen mit Auswirkungen auf Herz und Niere, sowie durch häufig gleichzeitig auftretende Infekte. Bei einem Teil der Erkrankten kommt es zu epileptischen Anfällen.

Merke: Trias des **Wernicke-Korsakoff-Syndroms:**
1. Bewusstseinsstörung und Verwirrung
2. Augenmuskelparesen
3. Ataxie

Außerdem: Störungen des Gedächtnisses, der Orientierung und Konzentrationsfähigkeit sowie Konfabulation

Frage: Wie therapieren Sie ein Alkoholentzugsdelir?

Antwort: Die **intensivmedizinische Überwachung** des sich im Delirium befindlichen Patienten ist unumgänglich. Kreislauf, Atmung, Elekrolyt- und Glukosehaushalt (Hypoglykämiegefahr!) müssen intensiv überwacht werden. Die Pharmakotherapie besteht in der Verabreichung von **Clomethiazol** (Distraneurin®) bei Fehlen von kardiopulmonalen Vorerkrankungen oder **Diazepam** bei kardiopulmonalen Vorerkrankungen. Patient sollte sediert, aber gut erweckbar sein. Bei starker Angst und Unruhe erweist sich **Haloperidol** als sehr gut wirksam. **Vitamin B1** (Thiamin) 100 mg/die wird zur Prophylaxe von einer Wernicke-Enzephalopathie gegeben. Flüssigkeitssubstitution, Elektrolytausgleich und Blutgaskontrollen sind weitere wesentliche Bestandteile der Behandlung. Das Delirium klingt normalerweise nach 3–5 Tagen ab.

Frage: Ein bewusstseinsgetrübter alkoholisierter Patient wird in ihre Behandlung gebracht. Es findet sich eine Prellmarke am Hinterkopf. Welche Erkrankung müssen Sie ausschließen?

Antwort: Durch einen vorangegangenen Sturz kann ein Schädel-Hirn-Trauma vorliegen. **Subdurale Hämatome** sind in diesem Zusammenhang häufig. Die Bewusstseinstrübung darf nicht unkritisch auf die Alkoholintoxikation zurückgeführt werden.

tipp Die Kombination Sturz auf den Kopf unter Alkoholeinfluss führt fast immer in der diagnostischen Abklärung zu einem CT-Schädel.

α-Trinker	Konflikttrinker	Allein in der Kneipe oder zu Hause
β-Trinker	Gelegenheitstrinker Sozial akzeptiert	Stammtisch Betriebsfest
γ-Trinker	Kontrollverlust Schwer alkoholabhängig Soziales Abseits	Allein und in der Gruppe
δ-Trinker	Gewohnheitstrinker Abhängig – Dauerkonsum Kein Kontrollverlust	Alleine Auch in der Gruppe Am Arbeitsplatz
ε-Trinker	Quartalssäufer mit Kontrollverlust	Unregelmäßig bei Gelegenheit

Abb. 9.2: Alkoholikertypen

9.4 Anorexia nervosa

☐ ☐ ☐
☺ 😐 ☹

? **Frage:** Welche Ursachen hat eine **Anorexia nervosa?** Beschreiben Sie die Ätiologie und Pathogenese.

tipp Das interessante Krankheitsbild der Anorexia nervosa wird ätiologisch kontrovers diskutiert bzw. werden unterschiedliche Schwerpunkte in der Psychodynamik dieser psychosomatischen Erkrankung gesetzt. Wir versuchen bei der Beantwortung einen kurzen Überblick zu geben.

Antwort: Trotz zahlreicher Hypothesen und Einzelaussagen zu dieser **psychosomatischen Erkrankung** bleibt eine Vielzahl von wichtigen Fragen weitgehend ungeklärt. Es werden sowohl mangelhafte Ausbildung von **Persönlichkeitsstrukturen** durch kindliche Fehlentwicklungen als auch konstitutionelle Einflüsse sowie **neurotische** und **psychotische Faktoren** als Ursachen diskutiert. Unbestritten ist eine Zunahme des Krankheitsbildes in den westlichen Überflussgesellschaften. Das weibliche Geschlecht ist vor dem 25. Lebensjahr, meist nach der Pubertät zwischen dem 16. und 18. Lebensjahr, besonders häufig betroffen (95% der Erkrankten sind Frauen). Spätformen können auch im höheren Alter beobachtet werden.

✚ Die These des sozialen Drucks durch „Schönheitsideale" als Mitauslöser einer Anorexie wird ebenfalls durch die Tatsache unterstützt, dass anorektische Krankheitsbilder in den letzten Jahren auch beim männlichen Geschlecht häufiger auftreten.

Psychodynamisch wird die **Nahrungsverweigerung** als Ablehnung der weiblichen Geschlechtsrolle sowie als Kampf gegen den Wunsch nach Annäherung gedeutet. Sozialer Druck oder **Modeströmungen** sowie **Schlankheitsideale** können dabei auslösend sein.

☐ ☐ ☐
☺ 😐 ☹

? **Frage:** Wie äußert sich körperlich diese psychosomatische Erkrankung? Welche wichtigen klinischen Unterschiede weist die Bulimie gegenüber der Anorexia nervosa auf?

tipp Die erste einfache Frage bezieht sich ausschließlich auf die klinische Symptomatik. Bezüglich der zweite Frage ist umfangreicheres Wissen notwendig.

Antwort: Die beim weiblichen Geschlecht in der Pubertät und postpubertären Zeit auftretende **Anorexia nervosa** ist durch charakteristische Merkmale gekennzeichnet. Zum Ersten ist die extreme **Abnahme des Gewichts** zu nennen (> 25% KG), die durch reduzierte Nahrungsaufnahme, selbstinduziertes Erbrechen und/oder durch Abführmittelmissbrauch bedingt ist. Häufig wiegen die Patientinnen zwischen 30–40 kg.

Das nächste charakteristische Leitsymptom ist die **sekundäre Amenorrhoe**, die gewöhnlich 1–3 Jahre nach der Menarche eintritt. **Motorische** und **intellektuelle Überaktivität** sowie **Obstipation** sind weitere Krankheitszeichen, die bei der Anorexia nervosa auftreten. Oft klagen die Patientinnen über Übelkeit und Magenbeschwerden mit Druck- und Völlegefühl.

Die **Bulimie** (Fress-Brechsucht) ist durch heimliches, **anfallsweise** auftretendes **Verschlingen von großen Nahrungsmengen**, gefolgt von **Erbrechen** und/oder **Abführmittelabusus** gekennzeichnet. Neben mancherlei Parallelen und Übergängen zur Pubertätsmagersucht lässt sich die Bulimie durch ein meist **normales Körpergewicht** von der Anorexia nervosa differenzieren.

Frage: Welche Richtlinien sollte die **Therapie** der Anorexia nervosa befolgen?

Antwort: Die Frage nach der angemessenen Behandlung der Anorexia nervosa ist noch sehr umstritten. Die einzuschlagenden Behandlungswege richten sich nach dem Zustand des Patienten. Bei lebensbedrohlicher Abmagerung empfiehlt es sich grundsätzlich, eine **Sondenernährung** (Magen-Nasensonde) bei leichter Sedierung bzw. eine **parenterale Ernährung** einzuleiten. Zwar kann damit zusätzlich eine „traumatische" Essstörung induziert werden, aber anders ist diese kritische Phase nicht zu überwinden. Weiterhin wird argumentiert, dass auf diese Weise der Patientin die Verantwortung zur Nahrungsaufnahme abgenommen werde und dadurch die Magersüchtige Erleichterung empfinde.

tipp Bei der Beschreibung der Therapie sollte man sowohl die somatischen als auch die psychologischen Ansätze erläutern. Die Problematik der Ernährung muss hierbei genau erörtert werden, da dieses Thema für den Internisten von wesentlicher Bedeutung ist.

Baldmöglichst muss die Nahrungszufuhr oral erfolgen. Ein **Essensprogramm unter Aufsicht**, kombiniert mit **Bettruhe**, kann am ehesten zur Gewichtszunahme führen. Therapeutisch entscheidend ist in dieser Phase eine drängende Haltung auf Gewichtszunahme. Die eigentliche **Psychotherapie** (z.B. Verhaltens- oder Familientherapie, analytische Therapie) sollte bei gut tolerablem Gewicht einsetzen, da sich bei konfliktaufdeckender Behandlung Gewichtsverluste nicht vermeiden lassen.

9.5 Funktionelle Herzbeschwerden

Frage: Was verstehen Sie unter funktionellen Herzbeschwerden?

Antwort: Mit dem Terminus „funktionelle Herzbeschwerden" werden Krankheitsbilder bezeichnet, die mit lebhafter, belästigender und sehr variabler subjektiver Symptomatik einhergehen, jedoch **keine morphologisch** beschreibbaren **Organveränderungen** am Herzen aufweisen. Durch eine genaue Anamneseerhebung kann man einen Einblick in den Beschwerdereichtum dieser funktionellen Störung erhalten. **Depressionen** und **Angstneurosen** sind die wichtigsten psychopathologischen Korrelate dieses Syndroms.

tipp Daneben ist es auch von praktischem Interesse, wenn man über das Krankheitsbild informiert ist, da ein großer Teil der Patienten einer Allgemeinpraxis funktionelle Herzbeschwerden aufweist.

Verängstigung, **vermehrte Erregung** und **gesteigerte motorische Aktivität** sind u.a. charakteristische Besonderheiten im Verhalten des Patienten. Bei der körperlichen Untersuchung stellt man häufig einen **Tremor**

der Hände und **lebhafte physiologische Reflexe** fest. Ein Patient mit funktionellen Herzbeschwerden ist kein Simulant, sondern fühlt sich wirklich krank. Für eine Diagnosestellung muss ein genaues Untersuchungsprogramm aufgestellt werden, um sowohl organische Leiden als auch physiologische Phänomene auszuschließen. Die Diagnostik enthält **Funktionsprüfungen**, **Röntgen-** und **Laboruntersuchungen**, sowie **EKG**, **Ergometrie** und **Echokardiographie**.

Frage: Beschreiben Sie die differenzialdiagnostische Abgrenzung funktioneller Herzbeschwerden von der koronaren Herzkrankheit.

tipp Hier liegt der entscheidende Punkt. Um keine Fehler zu machen, sollte man sich in der Prüfung auf allgemeine Aspekte der Differenzialdiagnostik beschränken. Im Zweifel sollte man von einer echten koronaren Herzkrankheit ausgehen.

Antwort: Die Furcht des Patienten vor einer Herzerkrankung in Verbindung mit einer Symptomähnlichkeit zu organischen Herzkrankheiten macht die Differenzialdiagnose schwer. Nachfolgende Faktoren bzw. Befunde sprechen für eine **funktionelle Störung** und gegen eine koronare Herzkrankheit:

- keine Beschwerden bei körperlicher Belastung
- vorwiegend Brust- und Atembeschwerden in Ruhe und in der Herzspitzengegend lokalisiert
- Nitroverbindungen führen zu keiner Beschwerdefreiheit oder erst nach über 20-minütiger Latenzzeit (cave: DD Infarkt)
- Anwesenheit eines Arztes reduziert die Beschwerdesymptomatik deutlich
- keine EKG-Veränderungen in Ruhe und bei Belastung
- jüngerer Patient mit vorsichtiger Lebensweise und wenig Risikofaktoren

Nicht selten muss eine diagnostische Klärung mit aufwändigen Methoden (Angio-CT, evtl. Koronarangiographie) erfolgen.

10 Immunologie

10.1 Physiologie und Pathophysiologie des Immunsystems

Frage: Welche spezifischen und unspezifischen **Abwehrmechanismen** kennen Sie?

?

☐ ☐ ☐
☺ 😐 ☹

Antwort: Man unterscheidet **humorale** und **zelluläre** sowie **spezifische** und **unspezifische** Abwehrmechanismen. Humorale Abwehrmechanismen sind mit dem Medium Blut und speziellen Mediatoren oder Antikörpern verknüpft. Zelluläre Abwehrmechanismen beziehen sich auf spezifische immunkompetente Zellen (z.B. Makrophagen). Unspezifische Abwehrmechanismen gibt es bereits bei primitiven Organismen (Einzeller). Spezifische auf Antigene reagierende Immunreaktionen treten erst bei höheren Lebewesen auf.

tipp Immunologische Fragen werden in den letzten Jahren immer häufiger gestellt. Es stellt sich immer mehr heraus, dass nur durch die Kenntnis immunologischer Zusammenhänge eine Therapie der meisten chronischen Erkrankungen möglich ist.

Frage: Welche verschiedenen Aufgaben besitzen **T-** und **B-Lymphozyten?**

?

☐ ☐ ☐
☺ 😐 ☹

Antwort:

- Aufgaben von **T-Zellen** sind:
  - Erkennung von Antigenen
  - Aktivierung von B-Zellen
  - Immunologische Überwachung
- **B-Zellen** haben folgende Funktionen:
  - Differenzierung zu Plasmazellen
  - Produktion von Antikörpern
  - Immunregulation („Gedächtnisfunktion")

tipp Einfach beginnen und sich Zeit lassen. Wiederholung aus der Vorklinik.

Frage: Nennen Sie **Subpopulationen**, die bei **T-Lymphozyten** unterschieden werden.

?

☐ ☐ ☐
☺ 😐 ☹

Antwort: Hinsichtlich der biologischen Aktivität lassen sich z.B. zwei Subpopulationen differenzieren. Die **Helfer** (= Inducer) **Zellen** tragen das Oberflächenmerkmal **CD4.** Die **Suppressorzellen** besitzen das Oberflächenantigen **CD8.** Beide Populationen exprimieren das **CD3-Antigen**.

☐ ☐ ☐
☺ 😐 ☹

? Frage: Was wissen Sie über die klinische Bedeutung des **Major-Histokompatibilitäts-Komplexes** (MHC)?

Antwort: Der MHC befindet sich auf **Chromosom 6**. Beim Menschen spielt der MHC eine wichtige Rolle bei der **Organtransplantation** und bei der **Antigenerkennung** im Rahmen der Immunantwort. Für das Überleben eines Transplantats ist eine weitgehende Übereinstimmung des MHC von Spender und Empfänger entscheidend.

☐ ☐ ☐
☺ 😐 ☹

? Frage: Was sind Zytokine?

Antwort: Zytokine sind Proteine, die als **Botenstoffe** mit regulierenden Funktionen auf zellulärer Ebene wirken. Es werden u.a. **Lymphokine**, **Monokine**, **Interleukine** und **Interferone** unterschieden. Zytokine werden von unterschiedlichen Zellen gebildet und sind sowohl an physiologischen als auch an pathologischen Immunreaktionen beteiligt. Es gibt eine Vielzahl von Zytokinen mit unterschiedlichen Funktionen. Einige Zytokine werden in den letzten Jahren verstärkt therapeutisch eingesetzt (z.B. Interferon).

☐ ☐ ☐
☺ 😐 ☹

? Frage: Welche Arten von **Interferonen** kennen Sie? Nennen Sie Beispiele für deren therapeutischen Einsatz.

+ Interferone sind in aller Munde. Sie werden zurzeit am meisten therapeutisch eingesetzt.

Antwort: Interferone sind besonders für die Abwehr von Virusinfektionen wichtig. Man unterscheidet je nach dem Bildungsort drei Gruppen:

- **γ-Interferon** von aktivierten T-Zellen
- **β-Interferon** von stimulierten Fibroblasten
- **α-Interferon** von monozytären Granulozyten (zurzeit am meisten eingesetzt)

Interferone regen u.a. Makrophagen oder Monozyten zur Aktivität bzw. zur Produktion von unterschiedlichen Zellmediatoren (Prostaglandine, Leukotriene etc.) an.

Wichtigste Indikation für **Interferon α 2b** ist die Behandlung der **Hepatitis C**. Weiterhin ist Interferon das Mittel der Wahl bei der **Haarzell-Leukämie**. Ebenfalls wird Interferon im Rahmen der Immnunchemotherapie beim **malignen Melanom** und **metastasierten Nierenzellkarzinom** eingesetzt.

Frage: Welche prinzipiellen **Arten von Antigenen** gibt es?

Antwort: Als Antigen bezeichnet man eine Substanz, die eine Immunantwort hervorrufen kann. Man unterscheidet **Xeno-Antigene**, **Alloantigene** und **Autoantigene**. Xeno-Antigene werden z.B. bei Impfungen übertragen. Alloantigene sind speziesidentisch und spielen eine entscheidende Rolle bei Transplantationen. Autoantigene (= körpereigene Antigene) sind ursächlich bei Autoaggressionskrankheiten (Lupus erythematodes) beteiligt.

Frage: Zeichnen Sie grob schematisch die Struktur oder Form eines **Antikörpers** auf.

Antwort: Antikörpermoleküle besitzen eine Struktur von 4 Peptiden, **zwei** so genannten **schweren** H-Ketten (h=heavy) und **zwei leichten** L-Ketten (l = light). Sowohl die H- als auch die L-Ketten sind in ihrer Primärstruktur in einen konstanten und variablen Teil zu gliedern. Die variablen Teile sind für die spezifische Bindung an ein Antigen verantwortlich.

tipp Häufige Frage, wenn eine Tafel im Prüfungsraum steht.

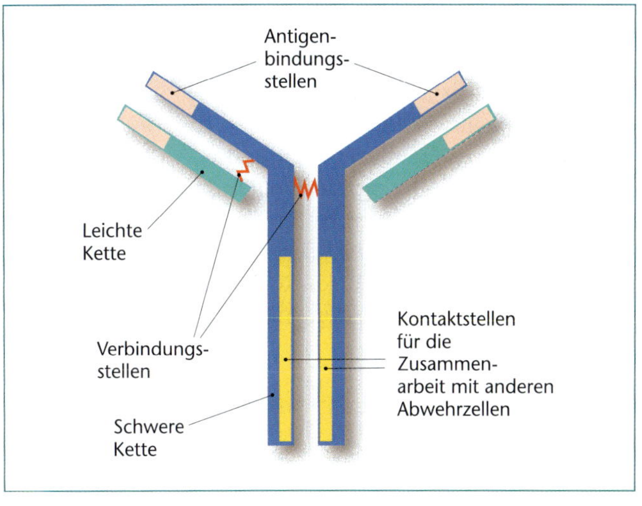

Abb. 10.1: Antikörper

Frage: Welche **Antikörperklassen** (Immunglobuline) gibt es?

Antwort: Man unterscheidet bei den Imunglobulinen IgA, IgD, IgE, IgG und IgM.

tipp Bei kurzen Antworten muss man auf eine Nachfrage gefasst sein.

? **Frage:** Welches ist das größte Immunglobulin und welches Immunglobulin ist plazentagängig?

Antwort: **IgM** stellt mit einem Molekulargewicht von ca. 900 000 Dalton das **größte** Immunglobulin dar. Natürliche Antikörper wie die Isohämagglutinine (Blutgruppen) gehören der IgM-Antikörperklasse an. IgM weist stark agglutinierende und zytolytische Eigenschaften auf. **IgG** hat ein Molekulargewicht von ca. 150 000 Dalton und ist **plazentagängig**. Die Synthese von IgG ist abhängig von der Antigenstimulation. Es besitzt unter den Antikörpern die **längste Halbwertszeit** (ca. 23 Tage).

? **Frage:** In welchen Körperflüssigkeiten kommt **IgA** in relativ hoher Konzentration vor?

Antwort: IgA findet sich vor allem in Sekreten wie **Speichel** (20 mg/100 ml) und **Darmsaft** (30 mg/100 ml).

? **Frage:** Wie stellen Sie sich eine typische **Immunreaktion** z.B. im Rahmen einer Virusinfektion vor?

Antwort: Nach dem Eintritt des Antigens (Virus) in den Körper kommt es zunächst zu unspezifischen Abwehrmechanismen. Phagozytoseaktive Zellen (Monozyten, Makrophagen) sind hier hauptverantwortlich. Die phagozytoseaktiven Zellen bereiten das Antigen auf und präsentieren es Thymus-Helfer-Zellen. In den folgenden Tagen findet in den Lymphknoten und in der Milz die antigenspezifische Reaktion durch Thymus-Effektorzellen und die Produktion von spezifischen Antikörpern (durch Plasmazellen) statt. Durch die Antigen-Antikörperbindung wird das infektiöse Agens (Virus) vernichtet.

? **Frage:** Kann die Gabe von Antibiotika eine autoaggressive Immunreaktion verhindern?

Antwort: Die Antikörperbildung nach bestimmten Infektionen kann sich neben den infektiösen Bestandteilen auch gegen körpereigene Proteine richten. Beispiele sind mesenchymale Reaktionen, die als „rheumatisch“ bezeichnet werden. So kann die frühzeitige Penicillintherapie bei einer Streptokokkeninfektion ein rheumatisches Fieber verhindern, da es durch das Antibiotikum zu einer raschen Antigenelimination kommt. Ein weiteres Beispiel ist die Lyme-Arthritis nach einer verschleppten Borrelieninfektion. Auch hier sind Penicilline wirksam.

Frage: Welche prinzipiellen **autoaggressiven Reaktionsformen** kennen Sie?

Antwort: Autoaggressive Mechanismen laufen meist nicht singulär, sondern häufig kombiniert oder aufeinander folgend ab. Folgende Mechanismen werden unterschieden:

Typ-I-Reaktion	IgE vermittelte Sofortreaktionen (Asthma bronchiale)
Typ-II-Reaktion	zytotoxische Antikörper (autoimmunhämolytische Anämie)
Typ-III-Reaktion	Antigen-Antikörperkomplex-Formationen (Lupus erythematodes, bestimmte Glomerulonephritiden)
Typ-IV-Reaktion	T-Zell vermittelte Autoaggression (Kontaktekzem, Tbc)

Tab. 10.1: Autoaggressive Reaktionsformen

+ Schon 1902 wurde durch Paul Ehrlich mit dem Begriff des „horror autotoxicus" die Fähigkeit des Immunsystems, gegen körpereigene Strukturen zu reagieren, beschrieben.

Frage: Nennen Sie einige Beispiele für **Autoimmunerkrankungen** und die körpereigenen Antigene, die durch diese Krankheiten betroffen sind.

Antwort: Körpereigene Proteine wirken bei Autoimmunkrankheiten als Antigene, gegen die sich Antikörper (AK) richten. **Beispiele** sind:

- **Myasthenia gravis:** gegen Acetylcholinrezeptoren
- **Morbus Addison:** gegen Nebennierenrinde
- **Pemphigus:** gegen Interzellularsubstanz der Haut
- **Vitiligo:** gegen Melanozyten
- **Chronische Hepatitis:** gegen Hepatozyten
- **Juveniler Diabetes:** gegen Inselzellen im Pankreas
- **Morbus Basedow:** gegen Schilddrüsenzellen
- **Systemischer Lupus:** gegen Zellkerne, Doppelstrang-DNS, Neurone

Fallbeispiel: Ein Patient mit Wespengiftallergie wird hyposensibilisiert. Nach wenigen Minuten berichtet er über ein Kribbeln in den Füßen und über Unwohlsein. Mund und Nase sind blass. Auf der Stirn steht kalter Schweiß. Es treten am Körper vereinzelt Quaddeln auf. Schließlich kollabiert der Patient. Was liegt vor und was ist zu tun?

Antwort: Es handelt sich um einen **anaphylaktischen Schock**. Folgende Sofortmaßnahmen sind einzuleiten:

- **intravenöser Zugang** (sofern er nicht schon besteht) mit dicker Braunüle (braun oder gelb)
- reichliche intravenöse **Flüssigkeitszufuhr** (0,9% NaCl oder besser Plasmaexpander)

tipp Eine der häufigsten Fragen, die so oder in abgewandelter Form gestellt wird.

- kontinuierliche **Kreislaufkontrolle**, bei Herzstillstand – Reanimation und evtl. Intubation
- **Adrenalingabe**, Fertigampulle 1:1000, 1 ml verdünnen mit 0,9% NaCl auf 10 ml. Davon 1 ml i.v. unter Kreislaufüberwachung, evtl. mehrmals
- **Kortisongabe** i.v. mindestens 250 mg Prednisolon im Bolus
- **Antihistaminika** i.v.
- bei Larynxödem **Intubation**
- Krankenhauseinweisung bzw. Intensivstation

Frage: Welcher autoaggressiven Reaktion lässt sich die **Kälteagglutininkrankheit** zuordnen?

Antwort: Antikörper der **IgM-Klasse** sind für die Kälteagglutininkrankheit verantwortlich. Unterhalb einer bestimmten Temperatur binden sich IgM-Moleküle an Erythrozyten mit der Folge von **Kapillarverstopfungen** und im Extremfall **Nekrosen** der betroffenen Gewebsabschnitte. Kälteexponierte Bereiche wie die Hände sind besonders gefährdet. Kälteagglutininerkrankungen können im Rahmen von **Virus-** oder **Mykoplasmeninfektionen** auftreten.

Frage: Was ist die **Brutonsche Erkrankung?**

tipp Hier hat sich jemand verewigt und Generationen von Studenten und Assistenten müssen unter dem Eigennamen leiden.

Antwort: Bei der Brutonschen Erkrankung handelt es sich um eine **hereditäre Agammaglobulinämie**. Dies kann selektiv einzelne Immunglobulinklassen betreffen. Der häufigste Defekt (1:700 Personen) ist ein **selektiver IgA-Mangel**. IgA-Mangelzustände gehen besonders oft mit chronischen Erkrankungen des Respirationstrakts und des Gastrointestinaltraktes einher.

Frage: Warum sind **Hornhauttransplantationen** immunologisch im Gegensatz zu anderen Organen relativ unproblematisch?

Antwort: Die Hornhaut stellt transplantationsmedizinisch ein „privilegiertes Organ“ dar. Sie besitzt **keinen Lymphabfluss**. Eine Antigenpräsentation an immunkompetente Zellen des Empfängers bleibt daher oft aus. Somit hängt der Erfolg einer Hornhauttransplantation u.a. davon ab, ob das Organ vaskularisiert (z.B. im Rahmen einer Infektion) wird. Geschieht dies, kommt es oft zur Abstoßung.

Frage: Was sind so genannte **„koloniestimulierende Faktoren (CSF)“?** Wo werden sie eingesetzt?

Antwort: Koloniestimulierende Faktoren sind **spezielle Zytokine**. Es gibt z. B. Granulozyten oder makrophagenstimulierende Faktoren (G-CSF oder M-CSF). Sie regen die Proliferation und Differenzierung von Granulozyten und/oder Monozyten an. CSF's werden im Rahmen von aggressiven **Chemotherapien** eingesetzt, wenn der Leukozytennadir (= niedrigster Leukozytenwert im Laufe eines Chemotherapiezyklus) schneller überwunden werden soll, um einer Infektion vorzubeugen. Als Nebenwirkungen können grippeähnliche Symptome auftreten.

10.2 Spezielle immunologische und hämatologische Probleme

Frage: Welche Vorteile bietet die Bestimmung des C-reaktiven Proteins **(CRP)** im Vergleich zur Blutsenkungsgeschwindigkeit **(BSG)?**

Antwort: Das **CRP** (Norm < 5 mg/dl) ist ein **Akute-Phase-Protein**, welches bei Infektionen ansteigt. Es ist weniger störanfällig und sensibler als die BSG. Ein normaler CRP-Wert schließt eine bakterielle Infektion praktisch aus.

Frage: Welche Grundsätze sind bei der **Transfusion von Fremdblut** zu beachten?

Antwort: Der transfundierende Arzt trägt die Verantwortung für den korrekten Ablauf der Transfusion. Die Aufgabe sollte nicht an Pflegekräfte delegiert werden. Außer bei vitaler Notfalltransfusion (z. B. im OP) ist vor jeder Transfusion ein „Bedside"-Test (Bestimmung der Blutgruppe des Empfängers) anzufertigen. Für die Blutgruppe der Konserve trägt die Blutbank die Verantwortung. Genaue Dokumentation!

tipp Eine Bluttransfusion ist als Organtransplantation zu betrachten.

Bei erythrozytenhaltigen Präparaten muss AB0- und Rhesus-kompatibel transfundiert werden.

Patienten der Blutgruppe	dürfen erhalten
0	0
A	A, 0
B	B, 0
AB	AB, A, B, 0

Tab. 10.2: Blutgruppen und mögliche Transfusion von Erythrozytenkonzentraten

Frage: Was versteht man unter einer Eigenblutspende?

Antwort: Bei planbaren größeren Eingriffen mit voraussichtlich hohem Blutverlust sollten 2–4 Wochen vor dem OP-Termin eine oder mehrere **Eigenblutspenden** durchgeführt werden. Der Bundesgerichtshof verlangt mittlerweile jeden potenziell geeigneten Patienten präoperativ über die Möglichkeit der Eigenblutspende aufzuklären. Das Risiko einer allergischen Reaktion oder Infektion ist bei der Eigenblutspende gering, jedoch nicht Null!

Merke: Eigenblutspenden sind von Logistik und Kontrolle genauso wie Fremdblutspenden zu behandeln. Möglich ist z.B. die Entstehung von Autoantikörpern im Laufe einer malignen Grunderkrankung oder Therapie.

Frage: Sie müssen einen Patienten mit **Glukokortikoiden** behandeln, um autoallergische Reaktionen zu unterdrücken. Was ist zu beachten?

Antwort:
- bei oraler Medikation bevorzugt **Prednisolon** einsetzen; potentere Glukokortikoide bieten keine Vorteile
- Tagesdosis immer **morgens** geben (zirkadiane Rhythmik)
- bei chronischen Erkrankungen möglichst nicht langfristig über der **Cushing-Schwelle** (= 30 mg Hydrocortison) dosieren
- bei **Notfällen** großzügig dosieren und i.v. verabreichen (NW bei Kurzzeittherapie gering)
- wenn möglich, bevorzugt **lokale Glukokortikoide** einsetzen (inhalativ bei Asthma oder Einlauf bei Kolitis)
- Kontrolle auf **Nebenwirkungen** (Diabetes, Magen-Darm-Ulkus etc.)

Substanz	biologische Halbwertszeit	glukokortikoide Potenz	Cushing-Schwelle
Hydrocortison	8–12 h	1	30 mg
Prednison	12–36 h	4	7,5 mg
Triamcinolon	12–36 h	5	6 mg
Dexamethason	36–72 h	30	1,5 mg

Tab. 10.3: Vergleich verschiedener Glukokortikoide

Frage: Welche **Blutbildveränderungen** werden durch die Gabe von Glukokortikoiden verursacht?

Antwort: Folgende Blutbildveränderungen können bei der Gabe von Glukokortikoiden auftreten:
- Thrombozyten ↑
- Erythrozyten ↑
- Neutrophile Granulozyten ↑
- Lymphozyten ↓
- Eosinophile Granulozyten ↓
- Basophile Granulozyten ↓

Frage: Welche Maßnahmen halten Sie als Stationsarzt einer onkologischen Station bei Patienten mit einer **Agranulozytose nach Knochenmarkstransplantation** für notwendig?

Antwort: Jede Infektion kann den Patienten umbringen!
- Betreten der Krankenzimmer nur in Schutzkleidung inkl. Mundschutz
- Händedesinfektion aller Besucher inkl. ärztliches und Pflegepersonal!
- keine Blumen, keine Rohkost, keine frischen Salate (Pseudomonasrisiko)
- Stomatitis-Prophylaxe (Polyvidon-Jod Mundspülung, kein Zähneputzen)
- antibakterielle Nasensalbe
- möglichst wenig parenterale Zugänge
- Antibiotikaprophylaxe und orale Darmdekontamination
- antimykotische Prophylaxe (z.B. Fluconazol 1 × 200 mg oral)
- lokale antimykotische Suppositorien vaginal und rektal
- antivirale Prophylaxe (z.B. Aciclovir 5 × 200 mg oral)
- evtl. Leukozytenstimulation (z.B. G-CSF)

tipp Nicht sofort mit „koloniestimulierenden Faktoren" beginnen. Der Prüfer erwartet hier allgemeine Maßnahmen.

Frage: In letzter Zeit ist es bei Hochleistungssportlern zu Todesfällen gekommen, die ein Medikament als Dopingmittel missbraucht hatten, welches für Anämien nach Chemotherapie oder nach Knochenmarkstransplantation eingesetzt wird. Welche relativ neue Substanz ist gemeint?

Antwort: Seit einigen Jahren ist **Erythropoetin** (Erypo) bei Tumoranämien, chronischer renaler Anämie und nach Knochenmarkstransplantationen in der Anwendung (Dosierung: 2000–5000 IE 3x/Woche s.c.). Bei Gesunden kommt es zu einer Polyglobulie mit mehr Sauerstoffträgern. Dies ist jedoch aufgrund der Viskositätszunahme des Blutes mit einem hohen Risiko an thromboembolischen Komplikationen verbunden.

tipp Interessantes Spezialwissen, sicher nicht für den Verlauf der Prüfung ausschlaggebend.

✚ Der Grad der Anämie ist bei fortgeschrittenen Tumorerkrankungen ein Prognose-Parameter mit hoher Aussagekraft.

In den letzten Jahren ergeben sich zudem immer häufiger Indikationen für Erythropoetin im Bereich der Onkologie. Patienten mit konsumierenden Erkrankungen weisen häufig eine Anämie auf. Eine Behandlung mit Erythropoetin bessert die Anämie und den Allgemeinzustand, wobei sich dann für z. B. im Rahmen einer Radiatio eine bessere Tumoransprechrate ergeben soll.

☐ ☐ ☐

☺ 😐 ☹

Frage: Nennen Sie einige **Autoimmunopathien**, die klinisch eine Rolle spielen.

tipp Einfache Frage. Hier genügt eine Auflistung. Dennoch stets in ganzen Sätzen antworten!

Antwort: Autoimmunopathien und Vaskulitiden sind häufig vergesellschaftet. Beispiele sind:

- Systemischer Lupus erythematodes
- Sklerodermie
- Sjögren-Syndrom
- Riesenzellarteriitis
- Panarteriitis nodosa
- Wegenersche Granulomatose

11 Checkliste für den letzten Tag vor der Prüfung

Wichtigster Grundsatz ist, sich nicht an den letzten Tagen vor einer Prüfung verrückt zu machen!

> **Merke:** Kein Prüfer ist daran interessiert, einen Prüfling durchfallen zu lassen! **!**

Zum Ordnen der Gedanken soll nachfolgende Checkliste dienen, die in einem Tag abgearbeitet werden kann. Es werden wichtige Eckpunkte aufgeführt, die dazu dienen, den roten Faden nicht zu verlieren.

11.1 Untersuchungsablauf und Patientenvorstellung

Die Untersuchung eines Patienten sollte nach einem festen Schema erfolgen. Es ist weder medizinisch noch für die Prüfungssituation sinnvoll, sich alleine auf pathologische Befunde zu konzentrieren. Eine sorgfältige allgemeine Anamneseerhebung ist unabdingbar. Der Patient sollte stets komplett körperlich untersucht werden. Zu jedem der untersuchten Körperregionen und Organsysteme sollte nach der Untersuchung eine kurze Stellungnahme möglich sein. Die Wichtigkeit der Anamnese und körperlichen Untersuchung ist stets zu betonen.

Allgemeines	AZ gut – reduziert – moribund
Bewusstsein	voll orientiert – verwirrt – somnolent – komatös
Ernährungszustand	adäquat– adipös – kachektisch
Haut und Schleimhäute	Exsikkosezeichen – Exanthem – Zyanose – Ikterus – Anämie – Ödeme – Behaarung – Pigmentierung – Abszesse – Wunden/Narben
Kopf und Hals	Pupillen – Mundhöhle – venöse Stauung – Struma – Hirnnervendruckpunkte – Hals – Stimme – Mundgeruch
Thorax/Lunge	Form – Brustdrüse – Deformitäten – Perkussionsbefund – Atemgeräusch – Rasselgeräusche
Herz und Kreislauf	Puls – Seitendifferenz – Pulsrhythmus – Blutdruck – Herzgeräusche – Perkussion und Auskultation
Abdomen	Inspektion – Aszites – Raumforderungen – Schmerzpunkte – Perkussion und Palpation – Darmgeräusche – Bruchpforten – Nierenlager

Rektal	Blut am Fingerling – Prostata – Schmerzen – Verhärtungen
Genitale	Hoden – Penis – Vorhaut – Hautinfektionen – Ausfluss
Wirbelsäule	Deformitäten – Klopfschmerz – Schmerzpunkte – Beweglichkeit
Extremitäten	Beweglichkeit – Spastik – Rigor – Ödeme – Fehlstellungen
Nervensystem	Reflexe – Sensibilität – Koordination – Kraft
Lymphknoten	Nacken – Hals – supraklavikulär – Achsel – Leiste

Tab. 11.1: „Milestones" der körperlichen Untersuchung

11.2 Diagnosen und Untersuchungen

Normalerweise wird ärztliche Hilfe aufgrund von Schmerzen oder beängstigenden Symptomen in Anspruch genommen. Nachfolgende Tabelle listet die Minimal-Untersuchungsreihenfolge auf, die für die Diagnosestellung häufiger Erkrankungen oder Symptome durchgeführt werden müssen. Für die Prüfung empfiehlt es sich, Untersuchungsprogramm und Differenzialdiagnosen auch stets kurz zu schildern. Es wirkt gut, seine Gedanken zu formulieren und so die Prüfer an den eigenen Überlegungen teilhaben zu lassen. Fehler werden so leichter verziehen. Meist hilft der Prüfer dann auf die „richtige Fährte". Die folgende Auflistung soll nur Anhaltspunkte bieten und kann nicht vollständig sein.

Diagnose	Minimaldiagnostik
unklares Koma	Vitalfunktionen sichern! Atemwege – RR/Puls – Fremdanamnese – Labor
Angina pectoris/ Herzinfarkt	EKG – RR/Puls – Labor – Röntgen –Thorax
Herzvitium	Auskultation – Röntgen-Thorax – EKG – Echokardiographie
Apoplex	Reflexstatus – RR/Puls – CT-Schädel – Labor
Struma	Palpation – Sonographie – Labor – Szintigraphie
Pneumonie/ Bronchitis	Auskultation – Röntgen-Thorax – Labor – Mikrobiologie
Embolie	Dopplersonographie – Labor – Röntgen-Thorax – Szintigraphie
Thrombose	Dopplersonographie – Labor
Diabetes	BZ-Profil – Labor – Urin-Status – Augenhintergrund
Ikterus	Labor – Sonographie – CT-Abdomen – ERCP
Pankreatitis	Sonographie – Labor – CT-Abdomen

Hörsturz	Reflexe – MR-Schädel – Labor
Ulkus/Gastritis	Palpation – Endoskopie – Labor
Herzinsuffizienz	Anamnese – Auskultation/Palpation – Rö-Thorax- EKG – Labor – Sonographie
Appendizitis	Palpation – Labor – rektale Untersuchung
Cholezystitis	Palpation – Labor – Sonographie
Encephalitis disseminata	Labor – Liquordiagnostik - Kernspintomographie
Pyelonephritis	Palpation – Sonographie – Urinstatus – Labor – Mikrobiologie
Zystitis	Urinstatus – Labor – Sonographie – Mikrobiologie
Harnverhalt	Palpation – Sonographie – Labor
Nephrolithiasis	Sonographie – Ausscheidungsurogramm
Trainings-Diagnose	Basisuntersuchungsprogramm
(Die letzte Zeile in obiger Tabelle soll dazu animieren, eine Diagnose zufällig auszuwählen und eigenständig ein Basis-untersuchungprogramm zu entwickeln.)	

Tab. 11.2: Diagnose/Symptom und Basisuntersuchungsprogramm

11.3 „Differenzialdiagnosen-Cluster"

Symptome oder Schmerzen führen zu so genannten „Clustern" von Differenzialdiagnosen. In der Prüfung ist es sinnvoll, auf die Frage „Woran denken Sie bei einem akuten Thoraxschmerz?", eine Auswahl von Differenzialdiagnosen zu nennen und diese durch die Aufzählung von entsprechenden Untersuchungsmethoden bzw. -befunden weiter einzugrenzen. Dies zeigt dem Prüfer, dass der Prüfling ein Symptom besonnen zu werten weiß. Nachfolgende Tabelle stellt eine Auswahl von prüfungsrelevanten zusammenhängenden Differenzialdiagnosen dar.

Akuter Thorax-schmerz	Angina pectoris – Herzinfarkt – Lungenembolie – Pleuritis – Pneumonie – Pneumothorax – Aneurysma
Luftnot	Asthma – Angina pectoris – Herzinfarkt – Pneumothorax – Pneumonie
Oberbauchschmerz	Herzinfarkt – Gastritis – Refluxösophagitis – Ulkus – Cholezystitis – Hepatitis – Pankreatitis – Aneurysma
Unterbauch-schmerz	Appendizitis – Divertikulitis – Harnverhalt – Zystitis – M. Crohn – Colitis ulcerosa – Ovarialzysten
Flankenschmerz	Nierensteinkolik – Pyelonephritis – Pleuritis

Akuter Kopfschmerz	Migräneanfall – Aneurysma – hypertone Krise
Sehstörungen	Amaurosis fugax – maligne Hypertonie – Netzhautablösung – Glaukom – Katarakt – Hirntumor – Encephalitis diss.
Schwindel	Rhythmusstörungen – transitorisch ischämische Attacke – Vergiftung – Hörsturz
Ikterus	Hepatitis – Cholezystolithiasis – Pankreatitis – Pankreastumor – Gallengangstumor – Hämolyse
Ödeme	Herzinsuffizienz – Niereninsuffizienz – Vergiftung
Obstipation/ Diarrhoe	Enteritis – Divertikulitis – Darmtumor – Ileus – M. Crohn – Colitis ulcerosa
Foetor ex ore (Mundgeruch)	Hepatitis – Leberzirrhose – Diabetes – Alkoholintoxikation – Karies – Angina tonsillaris – Diphtherie
Hämaturie	Blasentumor – Nierentumor – Zystitis – Nephrolithiasis
Hämoptoe/ Bluthusten	Bronchialkarzinom – Herzinsuffizienz – Ösophagusvarizen – Bronchopneumonie – Ulkus ventriculi/duodeni
Hämatemesis	Ösophagusvarizen – Ulkus – Ösophaguskarzinom
Blut im Stuhl	Darmtumor – Hämorrhoiden – Ulkus – Enterokolitis

Tab. 11.3: „Differenzialdiagnosen-Cluster"

11.4 Wichtige Laborwerte und Normalbefunde

Das unkritische Auswendiglernen von Normwerten ist nicht sinnvoll. Dennoch ist die Kenntnis der wichtigsten Standardwerte und der zugehörigen Maßeinheit für die tägliche Arbeit unabdingbar. In der Prüfungssituation sollten Normalbereiche „beiläufig" in eine Antwort einfließen. Nachfolgend sind die wichtigsten prüfungsrelevanten Normwerte aufgeführt. (Die genannten Normbereiche unterliegen untersuchungsspezifischer oder methodenabhängiger Schwankungen. Entscheidend für die Prüfung ist die Kenntnis der richtigen Größenordnung!)

Allgemein	Normbereich
Blutdruck	120/80 mmHg
Zentraler Venendruck (ZVD)	8–12 cmH_2O
Ruhepuls	60–80 pro Minute

Körpertemperatur	36,8–37,4 °C (rektal)
Body mass index (BMI): Körpergewicht (kg) / Körpergröße $(m)^2$	20–24
Elektrolyte	
Natrium	135–144 mmol/l
Chlorid	97–108 mmol/l
Kalium	3,6–4,8 mmol/l
Kalzium	2,2–2,65 mmol/l
Retentionswerte	
Kreatinin	0,5–1,3 mg/dl
Harnstoff	10–50 mg/dl
Blutbild	
Hämoglobin	12,3–15,3 g/dl (Frauen) 13,5–17,0 g/dl (Männer)
Hämatokrit	36–45% (Frauen) 40–50% (Männer)
Leukozyten	4,4–11,3 pro nl
Thrombozyten	140000–400000 pro µl
Gerinnung	
INR (International Normalized Ratio)	1,0
Quick	80–100%
PTT (Partielle Thromboplastinzeit)	18–40 Sekunden
Metabolismus	
LDL-Cholesterin	< 150 mg/dl
HDL-Cholesterin	> 60 mg/dl
Triglyzeride	< 200 mg/dl (nach 12 h Nahrungskarenz)
Serumglukose	55–100 mg/dl
Glykosyliertes Hämoglobin HbA_{1c}	3,2–6,4%
Glukose im Urin	< 150 mg/l
Harnsäure	2,3–6,1 mg/dl (Frauen) 3,6–8,0 mg/dl (Männer)
Gesamt-Bilirubin	< 1,1 mg/dl

Hormone	
ADH (Antidiuretisches Hormon)	2–8 pg/ml
TSH	0,4–4,5 mIE/l
Thyroxin (T4)	45–115 µg/l
Trijodthyronin (T3)	0,9–1,8 µg/l
Transaminasen und Co.	
Alkalische Phosphatase (AP)	< 170 IE/l
Laktatdehydrogenase (LDH)	120–240 IE/l
HBDH (Isoenzym 1 der LDH)	68–135 IE/l
Pyruvat-Transaminase (GPT, ALAT)	< 23 IE/l
γ-Glutamyl-Transferase (γ-GT)	< 25 IE/l
Glutamat-Oxalacetat-Transferase (GOT, ASAT)	< 19 IE/l
Amylase	< 120 IE/l
Lipase	< 240 IE/l
Cholinesterase (CHE)	2,5–8,5 kU/l
Gesamteiweiß	66–83 g/l
Fibrinogen	1,5–3,5 g/l
Fibrinspaltprodukte (FSP)	< 1 mg/l
C-reaktives Protein (CRP)	< 5 mg/dl
Tumormarker	
CA 125	< 40 IE/ml (Ovarial-Ca)
CEA	< 5 µg/l (Kolorektal-Ca, Mamma-Ca)
β-HCG	< 2 U/l (Hoden-Ca, Chorion-Ca)
α-Fetoprotein (AFP)	< 10 µg/l (Leber-Ca, Hoden-Ca)
Prostata Spezifisches Antigen (PSA)	< 4 ng/ml (Prostata-Ca)
Thyreoglobulin (TG)	13–30 mg/l (Schilddrüsen-Ca)
CYFRA 21	< 3,3 ng/ml (Lungen-Ca)

Tab. 11.4: Prüfungsrelevante Normwerte

11.5 Tipps für die Beurteilung von Untersuchungsbefunden

Röntgenbilder, EKG's etc. gehören mittlerweile zu jeder Prüfung. Entscheidend sind die strukturierte Beschreibung und Darstellung der Befunde. Für einzelne wichtige Verfahren werden nachfolgend tabellarisch die wesentlichen Punkte aufgeführt, die in einer Befundung beschrieben werden sollten. Grundsätzlich ist es in der Prüfungssituation ungeschickt, sich direkt auf auffällige pathologische Befunde zu stürzen oder gar eine Diagnose zu nennen. So sollte z. B. bei einem im Rö-Thorax deutlich sichtbaren Rundherd nicht sofort die Diagnose „Bronchialkarzinom" gestellt werden. Die Befundbeschreibung erfolgt in der Regel vom Allgemeinen zum Speziellen.

Eine differenzierte Befundbeschreibung führt zu einer Reihe von Differenzialdiagnosen und mündet schließlich nach Berücksichtigung der Anamnese, der körperlichen Untersuchung und der übrigen Befunde (z. B. Labor) in eine Verdachtsdiagnose (siehe auch Kapitel 11.3).

Untersuchungsmethode	Wichtige, zu beschreibende Befunde
EKG	Herzfrequenz – Rhythmus – Lagetyp – PQ-Zeit – R-Verlust – ST-Strecke (Senkung/Hebung)
Elektrophorese	Verteilung der einzelnen Proteinfraktionen – Paraproteinämie
seitengetrennte Radioisotopen-Nephroszintigraphie (RIN)	Gesamtclearance – Seitenverteilung – Lasix-Provokation erfolgt? – Harnstauung – Perfusionsausfälle
Skelettszintigraphie	Verteilung der Aktivität – Form, Zahl und Symmetrie von Anreicherungen (hot spots)
Röntgen-Thorax	knöchernes Skelett – Zahl und Form der Rippen – Herzform und Herzgröße – Hilusbereich – Lungenfeinzeichnung – Rundherde – Zwerchfell und Zwerchfellwinkel
CT-Kopf	Weite der Ventrikel – Unterscheidung der Bilder ohne Kontrastmittel von den Bildern mit KM – Perfusionsausfälle – kontrastmittelaufnehmende (durchblutete) Raumforderungen
CT-Abdomen/Becken	Unterscheidung der Bilder ohne Kontrastmittel von den Bildern mit KM – Wo ist links und rechts? Beschreibung von Leber/Galle/Niere/Milz/Aorta/Vena cava/knöcherne Strukturen – Raumforderungen (durchblutet/nicht durchblutet)
Kernsspinttomographie (MRT) Abdomen/Wirbelsäule/Schädel	Nennen der Methode – Beschreibung der Organe – Leber – Niere – Seitenvergleich – große Gefäße – Wirbelsäule – Duraschlauch – Bandscheiben – Protrusionen/Vorfälle – Cauda equina – Rückenmark; bei MRT-Schädel: Ventrikel, Raumforderungen, Signalunterschiede – Vor- und Nachteile gegenüber CT (Strahlenbelastung, Kosten)

i.v. Pyelogramm (Urogramm)	Abdomenübersicht (ohne KM) – knöcherne Strukturen – Weichteilschatten – konkrementverdächtige Strukturen – Seitenvergleich nach Kontrastmittelgabe – Nierenbeckenkelchsystem – Ureteren – Harnstauung – Blase
Röntgen Unterarm / Hand	Radius –Ulna – Mittelhandknochen – Periostschlauch intakt (Kinder) – Epiphysen – Frakturlinien – Gelenkspalt
Blutausstrich	Arten von sichtbaren Zellen – Verteilung – Kernform – Zytoplasma/Nukleus-Relation

Tab. 11.5: Eckpunkte einer Befundbeschreibung

! **Merke nochmals:** Kein Prüfer ist daran interessiert, einen Prüfling durchfallen zu lassen!

Alles Gute und viel Glück!

Index

A

B

Q

R

S

ELSEVIER
URBAN & FISCHER

In Frage und Antwort

Bestellen Sie in Ihrer Buchhandlung oder unter www.elsevier.de bzw. bestellung@elsevier.de

Tel. (0 70 71) 93 53 69
Fax (0 70 71) 93 53 93

„In Frage und Antwort" – das ist die Buchreihe **zum effektiven Lernen für mündliche Prüfungen.** Sie bietet nicht nur „lebensechte" Formulierungen der Prüfungsfragen und ausführliche Kommentare, sondern auch Fallbeispiele, an denen Denkabläufe in der Klinik geübt werden können. Viele Tipps und Tricks unterstützen Sie beim Bewältigen der Prüfungssituation und weisen auf Stolpersteine und Fangfragen hin.

Ihr Vorteil:
- Mehr Sicherheit in mündlichen Prüfungen
- Ideal zum Lernen in der Lerngruppe
- Sie trainieren, frei zu sprechen, Ihre Antworten zu strukturieren und an Fragestellungen fall- und problemorientiert heranzugehen

Von Studenten für Studenten!

In Frage und Antwort gibt's zu folgenden Fächern:

Vorklinik:
- Anatomie
- Biochemie
- Physiologie

Klinik:
- Allgemeinmedizin
- Anästhesie
- Augenheilkunde
- Chirurgie
- Dermatologie
- Gynäkologie
- Innere Medizin
- Neurologie
- Orthopädie
- Pädiatrie
- Pathologie
- Pharmakologie
- Psychiatrie
- Radiologie

Fachliteratur Medizinstudium
Wissen was dahinter steckt. Elsevier.

www.elsevier.de